大学计算机基础教育特色教材系列

首批"国家精品在线开放课程""国家级一流本科课程"主讲教材
"高等教育国家级教学成果奖"配套教材

C++程序设计（第2版）

姜学锋　刘君瑞　周果清　编著

清华大学出版社
北京

内 容 简 介

本书以 C/C++ 语言为基础，系统地介绍程序语言、算法与数据结构，注重系统能力培养。全书由 14 章组成，以程序设计语言、程序设计方法、程序设计技术三大主题组织教材内容，采用"数据表示"和"程序实现"双线索知识体系。

本书结构清晰、语言通俗易懂，具有专业的编程风格；内容由浅入深、知识循序渐进，例题丰富，注重典型案例的精选与提炼，配套有程序设计综合训练平台、系列教学软件、教辅参考书、混合式教学和慕课资源等。

本书可作为高等院校本科生"程序设计""计算机高级语言"等课程的教材，也可作为信息技术类培训课程的教材，还可作为软件开发、学科竞赛实践活动和编程爱好者的自学教材。

本书封面贴有清华大学出版社防伪标签，无标签者不得销售。
版权所有，侵权必究。举报: 010-62782989, beiqinquan@tup.tsinghua.edu.cn。

图书在版编目(CIP)数据

C++ 程序设计/姜学锋，刘君瑞，周果清编著. —2 版. —北京: 清华大学出版社，2022.8(2024.9重印)
(大学计算机基础教育特色教材系列)
ISBN 978-7-302-61743-3

Ⅰ.①C… Ⅱ.①姜… ②刘… ③周… Ⅲ.①C++ 语言—程序设计 Ⅳ.①TP312.8

中国版本图书馆 CIP 数据核字(2022)第 157362 号

责任编辑: 张　民
封面设计: 何凤霞
责任校对: 李建庄
责任印制: 宋　林

出版发行: 清华大学出版社
网　　址: https://www.tup.com.cn, https://www.wqxuetang.com
地　　址: 北京清华大学学研大厦 A 座
邮　　编: 100084
社 总 机: 010-83470000
邮　　购: 010-62786544
投稿与读者服务: 010-62776969, c-service@tup.tsinghua.edu.cn
质量反馈: 010-62772015, zhiliang@tup.tsinghua.edu.cn
课件下载: https://www.tup.com.cn, 010-83470236

印 装 者: 三河市龙大印装有限公司
经　　销: 全国新华书店
开　　本: 185mm×260mm
印　　张: 32.75
字　　数: 754 千字
版　　次: 2012 年 3 月第 1 版　2022 年 9 月第 2 版
印　　次: 2024 年 9 月第 4 次印刷
定　　价: 79.90 元

产品编号: 098776-01

序

大学计算机基础教育特色教材系列

进入 21 世纪,社会信息化不断向纵深发展,各行各业的信息化进程不断加速。我国的高等教育也进入了一个新的历史发展时期,尤其是高校的计算机基础教育,正在步入更加科学、更加合理、更加符合 21 世纪高校人才培养目标的新阶段。

为了进一步推动高校计算机基础教育的发展,教育部高等学校计算机科学与技术教学指导委员会近期发布了《关于进一步加强高等学校计算机基础教学的意见暨计算机基础课程教学基本要求》(以下简称《教学基本要求》)。《教学基本要求》针对计算机基础教学的现状与发展,提出了计算机基础教学改革的指导思想;按照分类、分层次组织教学的思路,《教学基本要求》的附件提出了计算机基础课教学内容的知识结构与课程设置。《教学基本要求》认为,计算机基础教学的典型核心课程包括大学计算机基础、计算机程序设计基础、计算机硬件技术基础(微机原理与接口、单片机原理与应用)、数据库技术及应用、多媒体技术及应用、计算机网络技术与应用。《教学基本要求》中介绍了上述六门核心课程的主要内容,这为今后的课程建设及教材编写提供了重要的依据。在下一步计算机课程规划工作中,建议各校采用"1+ X"的方案,即"大学计算机基础+ 若干必修/选修课程"。

教材是实现教学要求的重要保证。为了更好地促进高校计算机基础教育的改革,我们组织了国内部分高校教师进行了深入的讨论和研究,根据《教学基本要求》中的相关课程教学基本要求组织编写了这套"大学计算机基础教育特色教材系列"。

本套教材的特点如下:

(1) 体系完整,内容先进,符合大学非计算机专业学生的特点,注重应用,强调实践。

(2) 教材的作者来自全国各个高校,都是教育部高等学校非计算机专业、计算机基础课程教学指导委员会推荐的专家、教授和教学骨干。

(3) 注重立体化教材的建设,除主教材外,还配有多媒体电子教案、习题与实验指导,以及教学网站和教学资源库等。

(4) 注重案例教材和实验教材的建设,适应教师指导下的学生自主学习的教学模式。

(5) 及时更新版本,力图反映计算机技术的新发展。

本套教材将随着高校计算机基础教育的发展不断调整,希望各位专家、教师和读者不吝提出宝贵的意见和建议,我们将根据大家的意见不断改进本套教材的组织、编写工作,为我国的计算机基础教育的教材建设和人才培养做出更大的贡献。

"大学计算机基础教育特色教材系列"丛书主编

原教育部高等学校计算机基础课程教学指导委员会副主任委员

冯博琴

前 言

"程序设计"课程是大学计算机教育的核心课程,它既是各类专业技术的计算机基础,又是各种实践环节的软件工具,更是实习实训、学科竞赛、毕业设计、创新创业、创客科技等实践活动的重要平台。

C++语言是国内外广泛使用的计算机程序语言。其功能强大、面向对象、数据表示丰富、代码运行效率高、可移植性好,包含高级语言和低级语言的优点,非常适合编写各种系统程序和应用软件。在 TIOBE 编程语言排行榜上,C、C++ 语言多年来一直位居前列。相比较而言,C++ 比 C 语言更强调代码工程性、软件系统性。

C++ 语言的学习难度较大。面对庞大且复杂的语言知识体系,不少学生在学习过程中会感觉"一叶障目,不见森林",学了前面的忘了后面的,对学过的编程思路了解不深,数据描述不清楚,算法设计不到位,基本知识掌握不好,开发环境不会使用。没有树立思维、能力、素养的学习目标是造成这一局面的重要原因之一。

为此,我们在多年一线教学经验和软件开发工作的基础上,结合自主研发的程序设计综合训练平台等系列教学软件,推出以计算思维为主线、以语言知识为工具、以能力培养为目标、以编程技术为核心的系列教材。遵循"技能提升、思维训练、系统培养、价值塑造"教学理念,在知识体系的选取、深度的把握,以及算法、数据结构与程序设计的结合方面精心设计,力图适合高等院校和专业培训的教学目标和学习要求。

1. 程序设计中的计算思维

程序设计中的逻辑过程如图 1 所示。

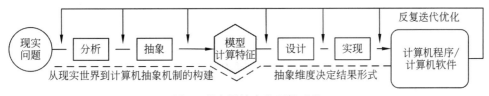

图 1　程序设计中的逻辑过程

从一个待求解的问题,到编写出程序代码,或者从一个现实的需求,到编写出应用软件,中间经过分析、抽象、模型、设计、实现五大逻辑过程,涉及对现实问题的观察、理解能力,对问题现象及本质的分析、归纳能力,对事物的抽象思维能力,建立(数学、计算机)模型的能力,对工程的表达、设计能力,运用计算机程序语言的代码实现、实践能力,以及反复迭代优化的系统思想。模型之前是人类的现实世界,模型之后是计算机世界,因此,编程的实质就是把现实世界抽象为一个计算特征的模型,然后使用计算机语言实现,在计算机里能够正确运行。

在上述展现"武"的技术硬实力过程中,其实隐含着"文"的软实力,彰显"文武"之道,体现了程序员世界观、认识论、方法论的深度,逻辑推理、实证精神、辩证法的高度,科学素养和思想、实践观,情怀,信念意志和品格的高度。

所以,学习程序设计,不仅要学习程序设计语言知识,还要有意识地开展思维训练,有目的地提高综合的、系统的能力,有计划地提升信息素养。为此,学习或教学过程中,阅读计算机科学发展史、计算机科学中的数学、逻辑学、程序员修养等课外读物是十分有益的。

2. 程序设计中的"元知识"

学习科学认为,知识是有层次的,我们需要优先掌握有效知识,即组成知识本身的更基础的知识,以及控制与调节知识的知识——元知识。要形成正确的知识体系,必须从自己的元知识开始,用科学、辩证和逻辑的思维逐渐添加,形成一个小体系,再形成大体系。

C++语言有庞大的知识内容体系,如果只以语言知识为线索,往往会使学生抓不住重点,容易陷入凌乱无序的状态。

本书首创"双线索"程序设计元知识体系,以"数据表示"和"程序实现"作为教学上的两条主线索,螺旋上升、交叉推进,如图2所示。

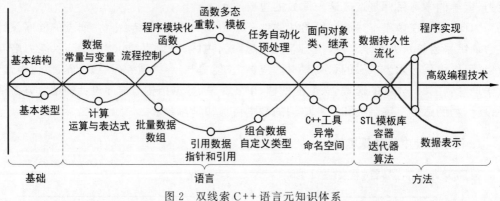

图2 双线索 C++ 语言元知识体系

首先,本书通过简单程序引出程序基本结构,以编程为目标给出两条线索:数据表示和程序实现。其次,从引入简单数据开始,逐步解决计算和程序组织,进而上升到程序模块化的实现。再次,从基本数据类型上升到复杂数据类型,再上升到数据结构层面的数据表示,程序模块进阶到算法实现。最后,两条线索交汇到高级编程技术应用专题,揭示程序设计与软件开发的一般规律。

"双线索"给出了程序语言领域的知识,同时也给出了使用和控制领域知识的元知识。元知识不解决具体编程问题,而是关于程序语言的性质、结构、功能、特点、规律、组成与使用的知识,用来管理、控制和使用程序语言知识,进而使得学习者能够站在更高的高度、更长的时间纬度"俯瞰"程序语言,做到概念为本,理解为先,范式学习。

3. 程序设计中的专业融合

如果是低年级学习程序设计,还会遇到"学在当下、用在未来"的实际问题,那么如何做到"学以致用、知行合一"?

许多编程教学集中于做题,如同数学一般,将程序设计演变成"程序语言 + 计算方法",C++ 成了数学工具。殊不知计算方法(数值计算、非数值计算)仅仅是程序设计方法的一种,程序方法学中还有诸如操作系统、人机界面、图形图像、多媒体、网络通信、数据库、硬件接口等技术领域,每个领域都有独特的编程技术和精巧的解决方法。

衡量程序设计学习效果有两个重要指标:编程累计行数(total lines of code,TLOC)和单个程序行数(single lines of code,SLOC)。以解题为主的编程训练能提高 TLOC,但却止步于 SLOC。即使在在线判题系统(online judge,OJ)上做几百个习题,虽然 TLOC 指标上去了,但 SLOC 却不见长。一般地,在专业的软件开发技术领域,SLOC 小于 300 行时很难让人体会到应用开发的"感觉"。

高级编程技术是本书的创新点之一。通过理工类专业和计算机融合,导入丰富的应用场景,衔接行业领域及 IT 前沿,激发学习的内在需求。通过研究型专题的技术方法教学,拓宽应用知识面,充分认识程序是如何实现应用需求的,使学习者有极大兴趣开展探究式项目学习。在这样的环境下,才能从根本上提高 SLOC,提升技能训练层次。限于篇幅,高级编程技术的内容放在慕课上,可参照后面的方法进入课程自行学习、下载和练习。

4. 程序设计中的系统能力

程序设计与算法、数据结构实际上是一个统一体,不应该也不可能将它们对立与分割。

数据结构——编程之"道"。计算机工作原理的核心就是"计算",用一定方法加工数据。因此,数据是加工的对象,是编程的目的,是应用的主体,这是程序设计亘古不变的规律。数据结构是计算机存储、组织数据的方式,分为逻辑结构和存储结构。当编不出程序来的时候,就要回到数据的"初心",实施"结构性改革"。编程训练时,应该先"头脑风暴"出数据及其结构,**编程之美首先是"结构之美"**。

算法——编程之"法"。算法包括策略思想、算法设计与分析,是经过实践思考、归纳总结出的规则体系和方法原则。编程时,依据结构确定一定的指导思想和策略,然后开展方法的设计以及对方法的性能评估分析,广义的"设计"是"思想→策略→设计→评估→优化"过程。编程训练时,不能只解决问题,还要反复优化,"深度迭代"出系统的方法论,编程之美其次是"设计之美"。

实现——编程之"术"。在"简洁、易懂、高效"等原则下,具体实现技术可以千变万化,包括语言工具、实现方法、编程抽象、编程范式、设计模式等。本质上,程序代码是逻辑演绎的形式化表达,反映的是人类对这个世界的数字化理解。因此,编程具有独创性和艺术性,是知识、技能、理念高度融合的创作,**编程之美实质是"艺术之美"**。

本书在案例教学中给出了算法和数据结构的初步知识,克服了算法与程序设计脱节、数据结构与数据表示脱节的问题,融为一体,力求理论与实际相结合,数据描述与数据表示、算法与实现相统一。

本书有以下特色。

(1) 精选典型案例。

本书针对精选的程序,设计了初等难度语言示范、中等难度算法和数据结构应用、较高难度综合设计三种梯度的案例。这些案例的精选与提炼,有利于提高学生的学习兴趣,有利于在计算机问题求解方面开阔视野,使学习者在程序设计方法、思路、技巧的应用方面有较高层次的锻炼与提高。其中难度较大的高级编程技术综合设计案例可作为课程设计、大作业及课后专题研究选用。

(2) 注重编程风格。

本书主要使用 ISO/IEC 14882—2003 C++ 语言标准(简称 C++ 03 标准),附加 C++ 新特性资源,覆盖 C++ 11、C++ 14、C++ 17、C++ 20 新标准,充分体现了程序语言的最新进展和当前业界的最佳实践。广泛采纳各专业软件公司编程规范,无论语法语义、书写形式、示例代码,均采用专业风格编写,潜移默化地引导学习者与行业领域接轨,书中所有程序均在 Visual C++ 和 GCC(Code::Blocks、Dev- C++)平台调试通过。同时,书中的所有源代码和各章习题代码可在清华大学出版社网站下载。

(3) 配套教学平台。

自 2001 年以来,基于软件开发科研优势,结合一线教学和课程改革的经验,围绕课堂、实验、作业、实训、考核五个教学环节,我们开发了系列教学软件。例如"程序设计在线评测系统 NOJ"大规模开展习题训练解决 TLOC,"软件设计协同开发平台 DevForge"按行业模式管理、评阅学生课程设计解决 SLOC,"远程网络考试系统 inTest"实现线上考试和实践考核,等等。这些教学工具的使用,使得实验机房变成了学生讨论、思考、赛课训练的场所,形成数字化课堂教学、在线教学、电子教室、智能答疑、综合训练等立体化教学环境,为落实教学理念和教学目标提供了先进工具。

(4) 配套教辅参考。

《C++ 程序设计实验教程》分为 4 部分,前两部分详细介绍 Visual C++ 和 GCC 开发工具的使用方法和程序调试技术,第 3 部分是与教材相对应的实验内容,分为验证型、设计型实验,第 4 部分是课程设计专题实验,训练应用程序开发,掌握高级编程技术。

《C++ 程序设计习题与解析》包括 3 方面的内容:知识点与考点提炼、经典例题解析、典型习题与解答,目的是使学习者强化程序语言理论知识的掌握。

(5) 配套混合式教学。

向使用本书的高校提供电子课件文稿和素材,以节省教师的备课时间,包括"教学指南"等文档,方便教学组织、课程管理。本书提供混合式教案,如图 3 所示。

(6) 配套慕课资源。

本书对应课程列入首批国家级精品在线开放课程,可申请 MOOC 或 SPOC 学习,使用方法如下。

① 进入爱课程(中国大学 MOOC)平台,选择"西北工业大学",选择"C++ 程序设计"或者搜索"C++ 程序设计"。

② 进入学堂在线平台,选择"西北工业大学",选择"C++ 程序设计"或者搜索"C++ 程

图 3 融合能力培养的 KTCPD 混合式教学模式

序设计"。

本书第 1～8 章和附加的高级编程技术由姜学锋编写,第 9、10 章由姜学锋、周果清共同编写,第 11～14 章由刘君瑞编写,全书由姜学锋统稿。书中带 * 号的章节是 C++对 C 语言的扩展。相比第 1 版,第 2 版在理念、方法、手段、资源方面有较大进步。在书稿的编写过程中,得到了多位专家的关心和支持,清华大学出版社对本书十分重视,做了周到的安排。在此,对所有鼓励、支持和帮助过本书编写工作的领导、专家、同事和广大读者表示真挚的谢意!

由于时间紧迫以及作者水平有限,书中难免有错误、疏漏之处,恳请读者批评指正。

姜学锋

2022 年 5 月于秦岭·终南山·竹园

目录

第 1 部分 基 础 篇

第 1 章 程序设计基础 ·········· 3
- 1.1 计算机系统和工作原理 ·········· 3
  - 1.1.1 计算机系统的组成 ·········· 3
  - 1.1.2 指令与程序 ·········· 5
- 1.2 信息的表示与存储 ·········· 7
  - 1.2.1 计算机的数字系统 ·········· 7
  - 1.2.2 进位计数制的转换 ·········· 8
  - 1.2.3 数值数据的表示 ·········· 11
  - 1.2.4 非数值数据的表示 ·········· 15
- 1.3 程序设计语言 ·········· 16
  - 1.3.1 机器语言与汇编语言 ·········· 16
  - 1.3.2 高级语言 ·········· 17
- 1.4 程序设计概述 ·········· 18
  - 1.4.1 计算机问题求解的基本特点 ·········· 18
  - 1.4.2 算法的定义与特性 ·········· 18
  - 1.4.3 算法的表示 ·········· 19
  - 1.4.4 结构化程序设计 ·········· 21
  - 1.4.5 面向对象程序设计 ·········· 22
- 1.5 C++ 概述 ·········· 23
  - 1.5.1 C++ 与 C 语言 ·········· 23
  - 1.5.2 C++ 基本词法 ·········· 23
  - 1.5.3 简单的 C++ 程序 ·········· 25
  - 1.5.4 C++ 程序基本结构 ·········· 29
- 习题 ·········· 30

第 2 部分 语 言 篇

第 2 章 数据及计算 …… 33
2.1 数据类型 …… 33
2.1.1 整型 …… 34
2.1.2 浮点型 …… 35
2.1.3 字符型 …… 36
*2.1.4 逻辑型 …… 37
2.2 常量 …… 38
2.2.1 整型常量 …… 38
2.2.2 浮点型常量 …… 39
2.2.3 字符常量 …… 39
2.2.4 字符串常量 …… 41
2.2.5 符号常量 …… 42
2.3 变量 …… 43
2.3.1 变量的概念 …… 43
2.3.2 定义变量 …… 43
2.3.3 使用变量 …… 44
2.3.4 存储类别 …… 45
2.3.5 类型限定 …… 45
2.4 运算符与表达式 …… 47
2.4.1 运算符与表达式的概念 …… 47
2.4.2 算术运算符 …… 49
2.4.3 自增自减运算符 …… 50
2.4.4 关系运算符 …… 51
2.4.5 逻辑运算符 …… 53
2.4.6 条件运算符 …… 54
2.4.7 位运算符 …… 55
2.4.8 赋值运算符 …… 59
2.4.9 取长度运算符 …… 61
2.4.10 逗号运算符 …… 62
2.4.11 圆括号运算符 …… 62
2.4.12 常量表达式 …… 63
2.5 类型转换 …… 63
2.5.1 隐式类型转换 …… 63
2.5.2 显式类型转换 …… 66

		习题 ……………………………………………………………… 67

第3章 流程控制 ……………………………………………………… 69

- 3.1 语句 …………………………………………………………… 69
  - 3.1.1 简单语句 ………………………………………………… 69
  - 3.1.2 复合语句 ………………………………………………… 70
  - 3.1.3 注释 ……………………………………………………… 71
  - 3.1.4 语句的写法 ……………………………………………… 73
- 3.2 输入与输出 …………………………………………………… 74
  - *3.2.1 输入流与输出流 ………………………………………… 75
  - 3.2.2 字符输入与输出 ………………………………………… 82
  - 3.2.3 格式化输出 ……………………………………………… 83
  - 3.2.4 格式化输入 ……………………………………………… 87
- 3.3 程序顺序结构 ………………………………………………… 89
  - 3.3.1 顺序执行 ………………………………………………… 89
  - 3.3.2 跳转执行 ………………………………………………… 90
- 3.4 程序选择结构 ………………………………………………… 91
  - 3.4.1 if 语句 …………………………………………………… 91
  - 3.4.2 switch 语句 ……………………………………………… 94
  - 3.4.3 选择结构的嵌套 ………………………………………… 97
  - 3.4.4 选择结构程序举例 ……………………………………… 101
- 3.5 程序循环结构 ………………………………………………… 103
  - 3.5.1 while 语句 ……………………………………………… 103
  - 3.5.2 do 语句 ………………………………………………… 105
  - 3.5.3 for 语句 ………………………………………………… 106
  - 3.5.4 break 语句 ……………………………………………… 108
  - 3.5.5 continue 语句 …………………………………………… 109
  - 3.5.6 循环结构的嵌套 ………………………………………… 110
  - 3.5.7 循环结构程序举例 ……………………………………… 110
- 习题 ………………………………………………………………… 114

第4章 程序模块化——函数 ………………………………………… 117

- 4.1 函数定义 ……………………………………………………… 117
  - 4.1.1 函数定义的一般形式 …………………………………… 117
  - 4.1.2 函数返回 ………………………………………………… 120
- 4.2 函数参数 ……………………………………………………… 121
  - 4.2.1 形式参数 ………………………………………………… 121
  - 4.2.2 实际参数 ………………………………………………… 122

  4.2.3 参数传递机制 ……………………………………………………… 122
  4.2.4 函数调用栈 …………………………………………………………… 123
  4.2.5 const 参数 …………………………………………………………… 125
  4.2.6 可变参数函数 ………………………………………………………… 125
 4.3 函数原型与调用 …………………………………………………………… 127
  4.3.1 函数声明和函数原型 ………………………………………………… 127
  4.3.2 库函数的调用方法 …………………………………………………… 130
  4.3.3 常用库函数 …………………………………………………………… 131
 4.4 内联函数 …………………………………………………………………… 135
*4.5 默认参数 …………………………………………………………………… 136
  4.5.1 带默认参数的函数 …………………………………………………… 136
  4.5.2 默认参数函数的调用 ………………………………………………… 138
*4.6 函数重载 …………………………………………………………………… 139
  4.6.1 函数重载定义 ………………………………………………………… 139
  4.6.2 重载函数的调用 ……………………………………………………… 142
*4.7 函数模板 …………………………………………………………………… 144
  4.7.1 函数模板的概念 ……………………………………………………… 144
  4.7.2 函数模板的定义和使用 ……………………………………………… 145
 4.8 函数调用形式 ……………………………………………………………… 149
  4.8.1 嵌套调用 ……………………………………………………………… 149
  4.8.2 递归调用 ……………………………………………………………… 151
 4.9 作用域和生命期 …………………………………………………………… 153
  4.9.1 局部变量 ……………………………………………………………… 153
  4.9.2 全局变量 ……………………………………………………………… 154
  4.9.3 作用域 ………………………………………………………………… 155
  4.9.4 程序映像和内存布局 ………………………………………………… 158
  4.9.5 生命期 ………………………………………………………………… 161
 4.10 对象初始化 ……………………………………………………………… 164
 4.11 声明与定义 ……………………………………………………………… 166
 4.12 变量修饰小结 …………………………………………………………… 168
 4.13 程序组织结构 …………………………………………………………… 169
  4.13.1 内部函数 …………………………………………………………… 169
  4.13.2 外部函数 …………………………………………………………… 170
  4.13.3 多文件结构 ………………………………………………………… 170
  4.13.4 头文件与工程文件 ………………………………………………… 171
  4.13.5 提高编译速度 ……………………………………………………… 173
 4.14 函数应用程序举例 ……………………………………………………… 174
习题 ……………………………………………………………………………… 177

第5章 任务自动化——预处理 ... 179

- 5.1 宏定义 ... 179
  - 5.1.1 不带参数的宏定义 ... 180
  - 5.1.2 带参数的宏定义 ... 182
  - 5.1.3 ♯和♯♯预处理运算 ... 186
  - 5.1.4 预定义宏 ... 186
- 5.2 文件包含 ... 187
- 5.3 条件编译 ... 189
  - 5.3.1 ♯define 定义条件 ... 189
  - 5.3.2 ♯ifdef、♯ifndef ... 189
  - 5.3.3 ♯if-♯elif ... 190
- 习题 ... 191

第6章 批量数据——数组 ... 193

- 6.1 一维数组的定义和引用 ... 193
  - 6.1.1 一维数组的定义 ... 193
  - 6.1.2 一维数组的初始化 ... 195
  - 6.1.3 一维数组的引用 ... 195
- 6.2 多维数组的定义和引用 ... 197
  - 6.2.1 多维数组的定义 ... 197
  - 6.2.2 多维数组的初始化 ... 199
  - 6.2.3 多维数组的引用 ... 200
- 6.3 数组与函数 ... 203
  - 6.3.1 数组作为函数的参数 ... 203
  - 6.3.2 数组参数的传递机制 ... 204
- 6.4 字符串 ... 207
  - 6.4.1 字符数组 ... 207
  - 6.4.2 字符串 ... 209
  - 6.4.3 字符串的输入和输出 ... 211
  - 6.4.4 字符串数组 ... 213
  - 6.4.5 字符串处理函数 ... 214
- *6.5 C++字符串类 ... 219
  - 6.5.1 字符串对象的定义和引用 ... 219
  - 6.5.2 字符串对象的操作 ... 220
  - 6.5.3 字符串对象数组 ... 223
- 6.6 数组应用程序举例 ... 224
- 习题 ... 233

第7章 引用数据 ······ 236

7.1 指针与指针变量 ······ 236
7.1.1 地址和指针的概念 ······ 236
7.1.2 指针变量 ······ 237

7.2 指针的使用及运算 ······ 239
7.2.1 获取对象的地址 ······ 239
7.2.2 指针的间接访问 ······ 240
7.2.3 指针变量的初始化与赋值 ······ 242
7.2.4 指针的有效性 ······ 244
7.2.5 指针运算 ······ 245
7.2.6 指针的const限定 ······ 250

7.3 指针与数组 ······ 252
7.3.1 指向一维数组元素的指针 ······ 253
7.3.2 指向多维数组元素的指针 ······ 257
7.3.3 数组指针 ······ 260
7.3.4 指针数组 ······ 262
7.3.5 指向指针的指针 ······ 264

7.4 指针与字符串 ······ 267
7.4.1 指向字符串的指针 ······ 267
7.4.2 指针与字符数组的比较 ······ 269
7.4.3 指向字符串数组的指针 ······ 270

7.5 指针与函数 ······ 272
7.5.1 指针作为函数参数 ······ 272
7.5.2 函数返回指针值 ······ 281
7.5.3 函数指针 ······ 282

7.6 动态内存 ······ 286
7.6.1 动态内存的概念 ······ 286
7.6.2 动态内存的分配和释放 ······ 287
7.6.3 动态内存的应用 ······ 290

7.7 带参数的main函数 ······ 294

*7.8 引用类型 ······ 295
7.8.1 引用的概念与定义 ······ 295
7.8.2 引用的使用 ······ 296
7.8.3 常引用 ······ 299
7.8.4 对象、指针与引用的比较 ······ 300

习题 ······ 301

第 8 章 组合数据——自定义类型 ··· 303

- 8.1 结构体类型 ··· 303
- 8.2 结构体对象 ··· 305
  - 8.2.1 结构体对象的定义 ··· 305
  - 8.2.2 结构体对象的初始化 ··· 308
  - 8.2.3 结构体对象的使用 ··· 308
- 8.3 结构体与数组 ··· 309
  - 8.3.1 结构体数组 ··· 309
  - 8.3.2 结构体数组成员 ··· 310
- 8.4 结构体与指针 ··· 311
  - 8.4.1 指向结构体的指针 ··· 311
  - 8.4.2 指向结构体数组的指针 ··· 313
  - 8.4.3 结构体指针成员 ··· 314
- 8.5 结构体与函数 ··· 315
  - 8.5.1 结构体对象作为函数参数 ··· 315
  - 8.5.2 结构体数组作为函数参数 ··· 315
  - 8.5.3 结构体指针或引用作为函数参数 ··· 316
  - 8.5.4 函数返回结构体对象、指针或引用 ··· 316
- 8.6 共用体 ··· 317
  - 8.6.1 共用体概念及类型定义 ··· 317
  - 8.6.2 共用体对象的定义 ··· 318
  - 8.6.3 共用体对象的使用 ··· 319
  - 8.6.4 结构体与共用体嵌套 ··· 320
- 8.7 枚举类型 ··· 320
  - 8.7.1 枚举类型的声明 ··· 320
  - 8.7.2 枚举类型对象 ··· 321
- 8.8 位域 ··· 321
  - 8.8.1 位域的声明 ··· 321
  - 8.8.2 位域的使用 ··· 323
- 8.9 用户自定义类型 ··· 324
- 习题 ··· 326

第 3 部分 方 法 篇

第 9 章 类与对象 ··· 331

- 9.1 类的定义和声明 ··· 331

9.1.1　类的定义 …………………………………………………… 331
　　9.1.2　成员访问控制 ……………………………………………… 334
　　9.1.3　类的数据成员 ……………………………………………… 335
　　9.1.4　类的成员函数 ……………………………………………… 336
　　9.1.5　类声明与类定义 …………………………………………… 340
　　9.1.6　类之间的关系 ……………………………………………… 341
　　9.1.7　类和结构体的区别 ………………………………………… 343
9.2　对象的定义和使用 ………………………………………………… 343
　　9.2.1　对象的定义 ………………………………………………… 343
　　9.2.2　对象的动态建立和释放 …………………………………… 345
　　9.2.3　对象成员的引用 …………………………………………… 346
9.3　构造函数和析构函数 ……………………………………………… 351
　　9.3.1　构造函数 …………………………………………………… 351
　　9.3.2　构造函数的重载 …………………………………………… 357
　　9.3.3　带默认参数的构造函数 …………………………………… 358
　　9.3.4　默认构造函数 ……………………………………………… 360
　　9.3.5　隐式类类型转换 …………………………………………… 361
　　9.3.6　复制构造函数 ……………………………………………… 362
　　9.3.7　构造函数小结 ……………………………………………… 367
　　9.3.8　析构函数 …………………………………………………… 368
　　9.3.9　构造函数和析构函数的调用次序 ………………………… 370
9.4　对象数组 …………………………………………………………… 371
9.5　对象指针 …………………………………………………………… 372
　　9.5.1　指向对象的指针 …………………………………………… 372
　　9.5.2　类成员指针 ………………………………………………… 372
　　9.5.3　this 指针 …………………………………………………… 374
9.6　类作用域与对象生命期 …………………………………………… 375
　　9.6.1　类作用域 …………………………………………………… 375
　　9.6.2　对象生命期 ………………………………………………… 380
9.7　const 限定 ………………………………………………………… 383
　　9.7.1　常对象 ……………………………………………………… 383
　　9.7.2　常数据成员 ………………………………………………… 384
　　9.7.3　常成员函数 ………………………………………………… 385
　　9.7.4　指向对象的常指针 ………………………………………… 386
　　9.7.5　指向常对象的指针变量 …………………………………… 387
　　9.7.6　对象的常引用 ……………………………………………… 387
9.8　静态成员 …………………………………………………………… 388
　　9.8.1　静态数据成员 ……………………………………………… 388

  9.8.2 静态成员函数 ·················· 390
 9.9 友元 ····························· 392
  9.9.1 友元函数 ···················· 392
  9.9.2 友元类 ······················ 394
 9.10 类模板 ·························· 394
  9.10.1 类模板的定义 ················ 394
  9.10.2 泛型编程 ··················· 397
 9.11 数据封装和信息隐蔽 ················· 398
 习题 ······························· 400

第 10 章 继承与派生 ······················ 402

 10.1 类的继承与派生 ···················· 402
  10.1.1 基类与派生类 ················· 402
  10.1.2 派生类的定义 ················· 404
  10.1.3 派生类的构成 ················· 405
 10.2 派生类成员的访问 ··················· 406
  10.2.1 类的保护成员 ················· 406
  10.2.2 派生类成员的访问权限 ············ 407
 10.3 赋值兼容规则 ····················· 409
 10.4 派生类的构造和析构函数 ··············· 410
  10.4.1 派生类的构造函数 ·············· 410
  10.4.2 派生类的析构函数 ·············· 412
 10.5 多重继承 ······················· 412
  10.5.1 多重继承派生类 ················ 412
  10.5.2 二义性问题及名字支配规则 ·········· 413
  10.5.3 虚基类 ···················· 415
 10.6 多态性与虚函数 ···················· 416
  10.6.1 多态性的概念 ················· 416
  10.6.2 虚函数 ···················· 420
  10.6.3 虚析构函数 ·················· 425
  10.6.4 纯虚函数 ··················· 425
  10.6.5 抽象类 ···················· 426
 10.7 命名的强制类型转换 ················· 427
 习题 ······························· 432

第 11 章 运算符重载 ······················ 433

 11.1 运算符重载的概念 ··················· 433
 11.2 运算符重载的方法 ··················· 433

       11.2.1 运算符函数 ·················· 433
       11.2.2 重载运算符的规则 ············ 436
       11.2.3 运算符重载为类成员函数 ······ 438
       11.2.4 运算符重载为友元函数 ········ 440
   11.3 典型运算符的重载 ·················· 441
       11.3.1 重载双目运算符 ·············· 441
       11.3.2 重载单目运算符 ·············· 443
       11.3.3 重载复合赋值运算符 ·········· 444
       11.3.4 重载流运算符 ················ 444
       11.3.5 重载类型转换运算符 ·········· 446
   习题 ···································· 447

第4部分　工　具　篇

第12章　异常处理 ·························· 451
   12.1 基本概念 ·························· 451
       12.1.1 为什么要异常处理 ············ 451
       12.1.2 程序健壮性 ·················· 452
       12.1.3 异常处理的方法 ·············· 452
   12.2 异常处理的实现 ···················· 453
       12.2.1 抛出异常 ···················· 453
       12.2.2 检测捕获异常 ················ 454
       12.2.3 函数声明中的异常接口说明 ···· 458
       12.2.4 异常处理中的构造与析构 ······ 458
   习题 ···································· 459

第13章　命名空间 ·························· 460
   13.1 命名空间的概念 ···················· 460
   13.2 命名空间的定义与未命名的命名空间 ·· 462
       13.2.1 命名空间的定义 ·············· 462
       13.2.2 未命名的命名空间 ············ 466
   13.3 命名空间的使用 ···················· 467
       13.3.1 命名空间成员的使用 ·········· 467
       13.3.2 类和命名空间 ················ 469
       13.3.3 标准命名空间的使用 ·········· 471
   习题 ···································· 472

第 14 章 标准库 ………………………………………………………… 473

14.1 C++ 标准库 ………………………………………………………… 473
14.2 标准输入输出 ……………………………………………………… 474
  - 14.2.1 C++ 流的概念 ……………………………………………… 474
  - 14.2.2 文件流 ……………………………………………………… 476
  - 14.2.3 字符串流 …………………………………………………… 483
14.3 标准模板库 ………………………………………………………… 485
  - 14.3.1 迭代器 ……………………………………………………… 485
  - 14.3.2 向量 ………………………………………………………… 486
  - 14.3.3 列表 ………………………………………………………… 487
  - 14.3.4 队列 ………………………………………………………… 489
  - 14.3.5 栈 …………………………………………………………… 489
习题 ……………………………………………………………………… 490

附录 A ASCII 码对照表 ………………………………………………… 492

附录 B C++ 关键字 ……………………………………………………… 493

附录 C C++ 运算符及其优先级、结合性 ……………………………… 495

参考文献 ………………………………………………………………… 498

第1部分

基础篇

第1章 程序设计基础

自 1946 年世界上第一台计算机 ENIAC 诞生以来,计算机及其应用已渗透到人类社会的各个领域,有力地推动了整个信息化社会的发展。

计算机(computer)最初用于科学计算并因此得名。今天,计算机已经延伸到数据处理、电子商务、实时控制、辅助设计与制造和人工智能等领域,能够处理数值、文字、图形、图像、动画、声音和视频等多种形式的数据。**一个完整的计算机系统由硬件系统和软件系统两部分组成**。硬件是物理设备,是计算机完成各项工作的物质基础;软件指令计算机完成特定的工作,是计算机系统的灵魂。计算机的功能不仅取决于硬件系统,更大程度上是由所安装的软件系统决定的,没有软件系统的计算机几乎是没有用的。而所有的软件都是用计算机程序语言编写的,**掌握程序设计才能真正发挥出计算机的巨大作用**。

1.1 计算机系统和工作原理

1.1.1 计算机系统的组成

现代计算机系统的体系结构和基本工作原理最初由冯·诺依曼于 1946 年提出,以此为基础的计算机统称为冯·诺依曼计算机,它的主要特点可归纳为以下两点。

(1) 计算机由 5 个基本部分组成,分别是运算器、控制器、存储器、输入设备和输出设备,其结构如图 1.1 所示。当计算机在工作时,有两种信息在流动:数据流和控制流。

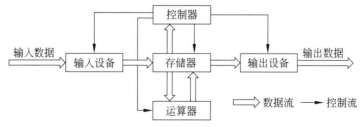

图 1.1 计算机的基本结构

(2) 采用"存储程序"思想,程序和数据均以二进制表示,以相同方式存放在存储器中,按地址寻访。

1. 运算器

运算器又称算术逻辑单元(arithmetic logic unit, ALU)，主要功能是进行算术运算和逻辑运算。运算器由一个加法器、几个寄存器和一些控制线路组成。加法器接收寄存器传来的数据，进行运算并将结果传送给寄存器，寄存器用于存放参与运算的数据、中间结果和最终结果。运算器中的数据取自内存，运算的结果又送回内存，运算器对内存的读写操作是在控制器的控制之下进行的。

在计算机中，算术运算是指加、减、乘、除等基本运算，逻辑运算是指逻辑判断、关系比较以及"与""或""非"等基本逻辑运算。也就是说，运算器只能做这些简单的基本运算，复杂的计算都要通过基本运算一步步实现。然而运算器的运算速度非常快，使得计算机有高速的信息处理能力。

2. 控制器

控制器由程序计数器 PC、指令寄存器 IR、指令译码器 ID 和时序控制电路等组成，指挥计算机的各个部件按照计算机指令的要求协调地工作。

程序计数器指示下一条执行指令的存储地址，从存储器中取得指令存放在指令寄存器，由指令译码器将指令中的操作码翻译成相应的控制信号，再由控制部件将时序控制电路产生的时钟脉冲与控制信号组合起来，控制各个部件完成相应的操作。计算机在控制器的控制下，能够自动、连续地按照编制好的程序完成一系列指定的操作。

中央处理器(central processing unit, CPU)是计算机中最重要的一个部件，由运算器和控制器组成。

3. 存储器

存储器是计算机用来存放数据的记忆装置，通常分为内存储器和外存储器。内存储器简称内存或主存，用来存放执行的程序及其数据。内存划分为很多单元，称为"内存单元"，存放一定数量的二进制数据。每个内存单元都有唯一的编码，称为内存单元的地址。当计算机要从某个内存单元存取数据时，首先要提供地址信息，进而查找到相应的内存单元(称为寻址)才读取数据。

存储器容量是指存储器中最多可存放二进制数据的总和，其基本单位是字节(byte)，每字节包含 8 个二进制位(bit)。常用以下单位表示：KB、MB、GB、TB，它们之间的换算关系是：1KB=1024B，1MB=1024KB，1GB=1024MB，1TB=1024GB。

4. 输入设备

输入设备用来接收用户输入的程序和数据信息，将它们转换为计算机可以处理的二进制形式数据存放到内存中。常见的输入设备有键盘、鼠标、触摸屏、手写板、扫描仪、光笔、数字化仪和 A/D 转换器等。

5. 输出设备

输出设备用来将存放在内存中的计算机处理结果以人们能够识别的形式表现出来。常见的输出设备有显示器、打印机、绘图仪和 D/A 转换器等。

随着计算机技术的发展和应用的推动,计算机的类型越来越多样化,主要有高性能计算机、微型计算机、工作站、服务器和嵌入式计算机等。高性能计算机在过去称为巨型机或大型机,是指速度最快、处理能力最强的计算机。微型计算机又称个人计算机(personal computer,PC),因其小巧轻便、价格便宜等优点迅速发展成为计算机的主流。PC 主要分为 4 类:台式计算机(desktop computer)、笔记本计算机(notebook computer)、平板计算机(tablet computer)和便携移动计算机(mobile computer)。工作站是指专长数据处理和高性能图形功能的计算机。服务器是应用在网络环境中对外提供服务的计算机系统。嵌入式计算机是指作为一个信息处理部件嵌入应用系统之中的计算机。

1.1.2 指令与程序

1. 指令

指令(instruction)是计算机执行某种操作的机器命令,它可以被计算机硬件直接识别和执行。计算机指令常用二进制代码表示,一条指令通常由如下两部分组成:

操作码	操作数

操作码指示该指令要完成的具体操作,如取数、加法、移位、比较等。操作数指明操作对象的数据或所在的内存单元地址,可以是源操作数的存放地址,也可以是操作结果的存放地址。按操作数的个数划分,指令可分为单操作数指令、双操作数指令、三操作数指令和无操作数指令。

一台计算机所有指令的集合称为指令系统。不同类型的计算机,指令类型和数量是不同的,例如 80x86 系列(Intel 公司 16/32 位 CPU)、TMS320 系列(德州仪器公司 16/32 位 DSP)、ARM9TDMI(ARM 公司 32 位 RISC 处理器)等。指令系统一般应具有以下功能的指令。

(1) 数据传送指令:将数据在 CPU 与内存之间进行传送。
(2) 数据处理指令:对数据进行算术、逻辑、比较、位运算。
(3) 程序控制指令:控制程序中指令的执行顺序,例如条件跳转、无条件跳转、调用、返回、停机、中断和异常处理等。
(4) 输入输出指令:实现外部设备与主机之间的数据传输。
(5) 硬件管理指令:对计算机硬件进行管理。
(6) 其他指令:特殊功能处理,如多媒体、DSP、通信、图形渲染等。

2. 计算机的工作原理

计算机的工作过程实际上是快速执行指令的过程,指令的执行过程分为以下3个步骤。

(1) 取指令:按照程序计数器中的地址,从内存中取出指令送到指令寄存器中。

(2) 分析指令:对指令寄存器中存放的指令进行分析,由指令译码器对操作码进行译码,转换成相应的控制信号并确定操作数地址。

(3) 执行指令:由执行部件完成该指令所要求的操作,例如执行加法操作,将寄存器的值与累加器的值相加,结果依然放在累加器中。

一条指令执行完成,程序计数器加1或将跳转地址送入程序计数器,继续重复上述步骤执行下一条指令。

早期的计算机是串行地执行指令的,即在任何时刻只执行一条指令,完成后才能执行下一条指令。在此过程中访问某个功能部件时,其他部件是不工作的。为了提高计算机执行指令的速度,现代的计算机普遍使用指令流水线技术来并行执行指令。

图1.2为3条指令的流水线执行过程示意。当程序生成的指令很多时,流水线技术并行执行的理论速度是串行执行的3倍。

图1.2 流水线技术的指令执行过程

显然,流水线方式的控制是复杂的,硬件成本较高。

3. 程序

计算机程序(computer program)是指**完成一定功能的指令的有序集合**。运行一个程序的过程就是依次执行每条指令的过程,一条指令执行完成后,为执行下一条指令做好准备,即形成下一条指令地址,继续执行,直到遇到结束程序的指令为止。程序执行的过程如图1.3所示。

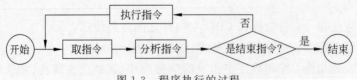

图1.3 程序执行的过程

计算机每一条指令的功能是有限的,但是人们精心编制的一系列指令组成的程序可以完成的任务是无限多的。好比多米诺骨牌游戏,每块骨牌倒下的表现是单一的,但在游戏者精心的设计安排下,多块骨牌连锁反应、依次倒下形成的整体表现是变化万千的。

编写程序(programming,也称为程序设计)不仅考验程序员的体力、耐力和意志力,而且还需要程序员的智力、想象力和创造力。

计算机程序是数据流和控制流的工作过程。数据流是指对数据形式的表示和描述，即程序所使用数据的数据结构和组织形式。控制流是对数据所进行操作的描述，即指定操作的步骤和方法，称为算法(algorithm)。因此，一个程序包含算法和数据两部分，没有数据，程序就没有运算处理的对象，而处理数据对象的算法是程序的灵魂。

简单来说，准确描述数据和设计正确算法是程序设计的两个关键点。以它们作为重要线索出发，结合科学的程序设计方法，就能设计出完成指定任务的程序。因此有

程序设计＝算法＋数据结构＋程序设计方法

4. 软件

软件(software)是指程序、程序运行所需要的数据以及开发、使用和维护这些程序所需要的文档的集合。

计算机软件极为丰富，一般将其分为系统软件和应用软件两大类。系统软件是指控制计算机的运行、管理计算机的各种资源并为应用软件提供支持和服务的一类软件，通常包括操作系统、语言处理程序和各种实用程序。利用计算机的软、硬件资源为某一专门的应用目的而开发的软件称为应用软件，包括办公软件、图形图像处理软件、数据库系统、网络软件、多媒体处理软件以及娱乐与学习软件等。

程序设计是现实问题求解的过程，是软件开发中的重要组成部分。程序设计往往以某种程序语言为工具，包括分析(analysis)、设计(design)、编码(coding)、测试(test)和排错(debug)等不同阶段。

软件开发过程分为需求分析、概要设计与详细设计、编制程序、软件测试和软件维护5个阶段。无论是规模还是质量方面，软件开发对程序员都提出了更高的要求。

1.2 信息的表示与存储

各种信息进入计算机，都要转换成"0"和"1"的二进制形式。计算机采用二进制的原因有以下3点。

(1) 物理上容易实现，可靠性高。电子元器件大都具有两种稳定的状态：电压的高和低、晶体管的导通和截止等。这两种状态恰好用来表示二进制的两个数码0和1。

(2) 运算简单，通用性强。二进制数的运算规则比十进制数的运算规则少很多。

(3) 便于表示和进行逻辑运算。二进制数的0和1与逻辑量"假"和"真"吻合。

1.2.1 计算机的数字系统

十进制数是人类日常生活中使用的计数法，它的数字符号有10个：0,1,2,…,9，逢十进位。计算机中使用的是二进制数0和1，逢二进位。无论哪种数制，都采用进位计数制方式和使用位置表示法，即每一种数制都有固定的基本符号(称为数码)，处于不同位置的数码所代表的值是不同的。

例如，十进制数123.45可表示为

$$123.45 = 1\times 10^2 + 2\times 10^1 + 3\times 10^0 + 4\times 10^{-1} + 5\times 10^{-2}$$

在数字系统中,用 r 个基本符号($0,1,2,\cdots,r-1$)表示数值,称为 r 进制数(radix-r number system),r 称为该数制的基数(radix),而数制中每个位置对应的单位值称为位权。表 1.1 列出了常用的几种数字系统。表 1.2 列出了二进制数、八进制数、十六进制数与十进制数之间的关系。

表 1.1 计算机中常用的数字系统

进　　制	二进制	十进制	八进制	十 六 进 制
进位规则	逢二进一	逢十进一	逢八进一	逢十六进一
基数 r	2	10	8	16
基本符号	0,1	$0,1,2,\cdots,9$	$0,1,2,\cdots,7$	$0,1,2,\cdots,9,A,B,C,D,E,F$
位权	2^i	10^i	8^i	16^i
表示符号	B(binary)	D(decimal)	O(octal)	H(hexadecimal)

表 1.2 二进制数、八进制数、十六进制数与十进制数之间的关系

十进制	二进制	八进制	十六进制	十进制	二进制	八进制	十六进制
0	0	0	0	8	1000	10	8
1	1	1	1	9	1001	11	9
2	10	2	2	10	1010	12	A
3	11	3	3	11	1011	13	B
4	100	4	4	12	1100	14	C
5	101	5	5	13	1101	15	D
6	110	6	6	14	1110	16	E
7	111	7	7	15	1111	17	F

使用位置表示法,各种进位计数制的权值正好是 r 的某次幂。因此,任何一种进位计数制表示的数都可以写成一个多项式之和,即任意一个 r 进制数 N 可以表示为

$$\begin{aligned}
N &= a_{n-1}a_{n-2}\cdots a_1 a_0 . a_{-1} a_{-2} \cdots a_{-m} \\
&= a_{n-1}\times r^{n-1} + a_{n-2}\times r^{n-2} + \cdots + a_1\times r^1 + a_0\times r^0 + \\
&\quad a_{-1}\times r^{-1} + a_{-2}\times r^{-2} + \cdots + a_{-m}\times r^{-m} \\
&= \sum_{i=-m}^{n-1} a_i \times r^i
\end{aligned} \tag{1-1}$$

其中,a_i 是数码,r 是基数,r^i 是位权。

1.2.2 进位计数制的转换

1. 十进制数转换成 r 进制数

由于整数和小数的转换方法不同,将十进制数转换为 r 进制数时,可分别按整数部分

和小数部分转换,然后将结果加起来即可。

(1) 十进制整数转换成 r 进制数。

设有十进制整数 I,根据式(1-1)有

$$I = a_{n-1} \times r^{n-1} + a_{n-2} \times r^{n-2} + \cdots + a_2 \times r^2 + a_1 \times r^1 + a_0 \times r^0 \qquad (1-2)$$

式子两边各除以 r,得

$$\frac{I}{r} = \frac{a_{n-1} \times r^{n-1} + a_{n-2} \times r^{n-2} + \cdots + a_2 \times r^2 + a_1 \times r^1}{r} + \frac{a_0 \times r^0}{r} \qquad (1-3)$$

由于 $a_i < r$,所以 $\frac{a_0 \times r^0}{r}$ 是 I 除以 r 的纯小数或 0,即 a_0 是 I 除以 r 的余数。显然

$$\frac{a_{n-1} \times r^{n-1} + a_{n-2} \times r^{n-2} + \cdots + a_2 \times r^2 + a_1 \times r^1}{r} = a_{n-1} \times r^{n-2} + a_{n-2} \times r^{n-3} + \cdots + a_2 \times r^1 + a_1 \times r^0$$

是 I 除以 r 的商,是一个整数。通过这一步的计算求出了 a_0。

若令 I 除以 r 的商为 I',则

$$I' = a_{n-1} \times r^{n-2} + a_{n-2} \times r^{n-3} + \cdots + a_2 \times r^1 + a_1 \times r^0 \qquad (1-4)$$

比较式(1-2)和式(1-4),重复上述步骤可以依次求出 $a_0, a_1, \cdots, a_{n-1}$,即实现了十进制整数转换成 r 进制数。

总体来说,十进制整数转换成 r 进制数的方法是除 r 取余法:即将十进制整数不断除以 r 取余数,直到商为 0,先得到的余数是 a_0,最后得到的余数是 a_{n-1},则 $a_{n-1}a_{n-2}\cdots a_1 a_0$ 就是转换后的 r 进制数。

(2) 十进制小数转换成 r 进制小数。

设有十进制小数 f,根据式(1-1)有

$$f = a_{-1} \times r^{-1} + a_{-2} \times r^{-2} + \cdots + a_{-(m-1)} \times r^{-(m-1)} + a_{-m} \times r^{-m} \qquad (1-5)$$

式子两边各乘以 r,得

$$r \times f = a_{-1} \times r^0 + a_{-2} \times r^{-1} + \cdots + a_{-(m-1)} \times r^{-(m-2)} + a_{-m} \times r^{-(m-1)} \qquad (1-6)$$

显然 $a_{-1} \times r^0$ 是个整数,因此 a_{-1} 是 $r \times f$ 的整数部分,由此求出了 a_{-1}。若令 $r \times f - a_{-1}$ 为 f',则

$$f' = a_{-2} \times r^{-1} + \cdots + a_{-(m-1)} \times r^{-(m-2)} + a_{-m} \times r^{-(m-1)} \qquad (1-7)$$

比较式(1-5)和式(1-7),重复上述步骤可以依次求出 $a_{-1}, a_{-2}, \cdots$,即实现了十进制小数转换成 r 进制小数。需要注意的是,r 乘式(1-7)左边的结果的小数部分可能永远不会为 0,因此上述步骤可能是无限的。由于计算机物理设备的限制,所以十进制小数转换成 r 进制小数时不可能是无限的二进制位。实际上会根据精度要求对转换结果保留若干二进制位,其余截断,这说明了小数转换时可能是不精确的。

总体来说,十进制小数转换成 r 进制数的方法是乘 r 取整法:将十进制小数不断乘以 r 取整数,直到小数部分为 0 或达到要求的精度为止,先得到的整数是 a_{-1},自左向右排列,则 $a_{-1}a_{-2}\cdots$ 就是转换后的 r 进制小数。

【例 1.1】 将十进制数 $(123.45)_D$ 转换成二进制数。

解:转换结果为 $(123.45)_D = (1111011.011100)_B$。注意,小数部分的转换是不精确的,这里根据精度要求保留 6 位小数。转换步骤如下。

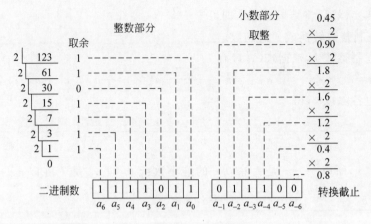

【例 1.2】 将十进制数 $(12345)_D$ 转换成二进制数。

解：由于转换的十进制数较大，所以使用除 2 取余法转换步骤比较多，这里根据二进制数位权关系实现快速转换。图 1.4 是 16 位二进制数的位权。

2^{15}	2^{14}	2^{13}	2^{12}	2^{11}	2^{10}	2^9	2^8	2^7	2^6	2^5	2^4	2^3	2^2	2^1	2^0
1	1	1	1	1	1	1	1	1	1	1	1	1	1	1	1
32768	16384	8192	4096	2048	1024	512	256	128	64	32	16	8	4	2	1

图 1.4　16 位二进制数的位权

因为：$12345 = 8192 + 4096 + 32 + 16 + 8 + 1$

所以：$(12345)_D = (11000000111001)_B$

【例 1.3】 将十进制数 $(123)_D$ 转换成二进制数。

解：由于 123 靠近 $2^7 (128)$，所以可以使用二进制数减法来转换，即

$$123 = 128 - 5 = (10000000)_B - (101)_B = (1111011)_B$$

二进制减法步骤如下。

```
   10000000
 −      101
 ─────────
    1111011
```

2. r 进制数转换成十进制数

将任意 r 进制数按照式(1-1)写成按位权展开的多项式，各位数码乘以各自的权值且累加起来，就得到该 r 进制数对应的十进制数。

例如：

$(100101.11)_B = 1 \times 2^5 + 0 \times 2^4 + 0 \times 2^3 + 1 \times 2^2 + 0 \times 2^1 +$
$\qquad\qquad\qquad 1 \times 2^0 + 1 \times 2^{-1} + 1 \times 2^{-2}$
$\qquad\qquad = (37.75)_D$

$(377.65)_O = 3 \times 8^2 + 7 \times 8^1 + 7 \times 8^0 + 6 \times 8^{-1} + 5 \times 8^{-2} = (255.828125)_D$

$(7FFF)_H = 7 \times 16^3 + 15 \times 16^2 + 15 \times 16^1 + 15 \times 16^0 = (32767)_D$

3. 二进制、八进制、十六进制数相互转换

从前面的例子可以看出,等值的二进制数比十进制数位数要长很多。为了方便起见,在理论分析和程序设计时人们更多使用八进制和十六进制数。

二进制、八进制、十六进制之间存在特殊关系:$8^1=2^3$,$16^1=2^4$,即1位八进制数相当于3位二进制数,1位十六进制数相当于4位二进制数。根据这种对应关系,可以得到它们之间的转换方法。

(1) 二进制数转换成八进制数时,以小数点为中心向左右两边分组,每3位为一组转换成相应的八进制数,两头不足3位用0补足。

(2) 二进制数转换成十六进制数时,以小数点为中心向左右两边分组,每4位为一组转换成相应的十六进制数,两头不足4位用0补足。

(3) 八进制数转换成十六进制数或十六进制数转换成八进制数时,可以借助二进制数。

例如:

$(\underbrace{0011}_{3}\ \underbrace{1010}_{A}\ \underbrace{0101}_{5}.\underbrace{1101}_{D}\ \underbrace{0100}_{4})_B = (3A5.D4)_H$ (整数高位和小数低位补0)

$(\underbrace{001}_{1}\ \underbrace{110}_{6}\ \underbrace{100}_{4}\ \underbrace{101}_{5}.\underbrace{110}_{6}\ \underbrace{101}_{5})_B = (1645.65)_O$ (整数高位补0)

$(512.E)_H = (\underbrace{0101}_{5}\ \underbrace{0001}_{1}\ \underbrace{0010}_{2}.\underbrace{1110}_{E})_B$ (整数前的高位0和小数后的低位0可取消)

$(177.73)_O = (\underbrace{001}_{1}\ \underbrace{111}_{7}\ \underbrace{111}_{7}.\underbrace{111}_{7}\ \underbrace{011}_{3})_B$ (整数前的高位0可取消)

$(7F)_H = (\underbrace{0111}_{7}\ \underbrace{1111}_{F})_B = (\underbrace{001}_{1}\ \underbrace{111}_{7}\ \underbrace{111}_{7})_B = (177)_O$ (借助二进制数转换)

1.2.3 数值数据的表示

1. 整数在计算机中的表示

计算机只有0和1的数据形式,因此数的正(+)、负(−)号也要用0和1编码。通常将一个数的最高二进制位定义为符号位,称为数符,用0表示正数,1表示负数,其余位表示数值。

在计算机中,作为整体参与运算、处理和传送的一串二进制的位数称为字长,字长一般是8的倍数,例如8位、16位、32位、64位等。一个数在计算机中的表示形式称为机器数。假定字长为8位,5的机器数为00000101,−5的机器数为10000101。

当一个带有符号位的数参与运算时,有时会产生错误的结果,例如00000101+10000101的结果并不是0。若在运算时额外考虑符号问题,会增加计算机实现的难度,于是促使人们去寻找更好的表示方法。

下面介绍原码、反码和补码,为了简单起见,以下假定字长为8位。

(1) 原码。

整数 X 的原码是数符位 0 表示正, 1 表示负, 数值部分是 X 绝对值的二进制表示, 记为 $(X)_\text{原}$。原码表示的计算公式为

$$(X)_\text{原} = \begin{cases} X & +0 \leqslant X < 2^{n-1} \\ 2^{n-1} + |X| & -2^{n-1} < X \leqslant -0 \end{cases} \tag{1-8}$$

其中, n 为字长, 原码表示数的范围是 $-(2^{n-1}-1) \sim 2^{n-1}-1$。

例如:

$(+1)_\text{原} = 00000001$, $(+127)_\text{原} = 01111111$, $(+0)_\text{原} = 00000000$
$(-1)_\text{原} = 10000001$, $(-127)_\text{原} = 11111111$, $(-0)_\text{原} = 10000000$

由此可知, 8 位原码表示的最大值为 127, 最小值为 -127, 表示数的范围是 $-127 \sim 127$, 其中 0 有两种表示形式。

原码表示法编码简单, 但它的缺点是运算时要单独考虑符号位和判别 0, 增加了运算规则的复杂性。

(2) 反码。

整数 X 的反码是: 对于正数, 反码就是原码; 对于负数, 数符位为 1, 其数值位为原码中的数值位按位取反。X 的反码记为 $(X)_\text{反}$。反码表示的计算公式为

$$(X)_\text{反} = \begin{cases} X & +0 \leqslant X < 2^{n-1} \\ 2^n - 1 - |X| & -2^{n-1} < X \leqslant -0 \end{cases} \tag{1-9}$$

其中, n 为字长, 反码表示数的范围是 $-(2^{n-1}-1) \sim 2^{n-1}-1$。

例如:

$(+1)_\text{反} = 00000001$, $(+127)_\text{反} = 01111111$, $(+0)_\text{反} = 00000000$
$(-1)_\text{反} = 11111110$, $(-127)_\text{反} = 10000000$, $(-0)_\text{反} = 11111111$

由此可知, 8 位反码表示的最大值、最小值和数的范围与原码相同, 其中, 0 也有两种表示形式。

反码运算也不方便, 很少使用, 一般用来求补码。

(3) 补码。

整数 X 的补码是: 对于正数, 补码与反码、原码相同; 对于负数, 数符位为 1, 其数值位为反码加 1。X 的补码记为 $(X)_\text{补}$。补码表示的计算公式为

$$(X)_\text{补} = \begin{cases} X & 0 \leqslant X < 2^{n-1} \\ 2^n - |X| & -2^{n-1} < X < 0 \end{cases} \tag{1-10}$$

其中, n 为字长, 补码表示数的范围是 $-2^{n-1} \sim 2^{n-1}-1$。

例如:

$(+1)_\text{补} = 00000001$, $(+127)_\text{补} = 01111111$, $(+0)_\text{补} = (-0)_\text{补} = 00000000$
$(-1)_\text{补} = 11111111$, $(-127)_\text{补} = 10000001$, $(-128)_\text{补} = 10000000$

由此可知, 8 位补码表示的最大值为 127, 最小值为 -128, 表示数的范围是 $-128 \sim 127$, 其中, 0 有唯一的编码形式。

补码的实质就是对负数的表示进行不同的编码, 从而方便地实现正负数的加法运算且规则简单。在数的有效表示范围内, 符号位如同数值一样参与运算, 也允许最高位的进位(被丢弃)。需要记住, 机器数、原码、反码和补码等编码总是在特定字

长下讨论的。

【例 1.4】 计算(−9)+9 的值。

解：
    11110111 …… −9 的补码
  + 00001001 …… 9 的补码
    1̄00000000 …… 最高位进位丢弃

丢弃最高位 1，运算结果为 0。

【例 1.5】 计算(−9)+8 的值。

解：
    11110111 …… −9 的补码
  + 00001000 …… 8 的补码
    11111111 …… −1 的补码

运算结果为−1。

【例 1.6】 计算 65+66 的值。

解：
    01000001 …… 65 的补码
  + 01000010 …… 66 的补码
    10000011 …… −125 的补码

两个正数相加，从结果的符号位可知运算结果是一个负数(−125)，其原因是结果(131)超出了数的有效表示范围(−128～127)。由此可见，利用补码进行运算，当运算结果超出表示范围时，会产生不正确的结果。

【例 1.7】 求补码 10000000 对应的十进制数。

解：从符号位判断该数为一个负数，根据式(1-10)可知：$(|X|)_补 + (-|X|)_补 = 2^n$，则

$$(|X|)_补 = 2^n - (-|X|)_补 = 100000000B - 10000000B$$
$$= 10000000B = (128)_D$$

所以，补码 10000000 对应的十进制数为−128。

(4) 无符号整数。

无符号整数是指没有正负之分的整数。无符号整数总是大于或等于 0 的，其数的表示范围是 $0 \sim 2^n - 1$，即二进制的每一位都是数值位。显然，在一定字长情况下，无符号整数的数值比有符号整数的数值大。

【例 1.8】 计算无符号整数 65+66 的值。

解：从前面得到 $65+66 = (10000011)_H$，由于是无符号整数，故直接转换成十进制数为 131。

2. 浮点数在计算机中的表示

数学中的实数在计算机中称为浮点数，是指小数点不固定的数。浮点数用二进制表示，但表示方法比整数复杂得多。

为便于软件的移植，目前大多数计算机都遵守 1985 年制定的 IEEE 754 浮点数标准(最新标准为 IEEE 754—2008)，主要有单精度浮点数(float 或 single)和双精度浮点数

(double)格式。按二进制数据形式,单精度格式具有 24 位有效数字,总共占用 32 位;双精度格式具有 53 位有效数字精度,总共占用 64 位,相对应的十进制有效数字分别为 7 位和 17 位。下面以单精度浮点数为例,介绍浮点数在计算机中的表示。

按 IEEE 754 的规定,浮点数使用下列形式的规格化表示:

$$规格化数 = (-1)^s \times 2^E \times 1.f \tag{1-11}$$

其中,s 为符号,E 为指数,f 为小数。

单精度浮点数存储时占用 4 字节,即 32 位,各位的意义和布局如图 1.5 所示。

1位	8位	23位
s	$e[23:30]$	$f[0:22]$

图 1.5 单精度浮点数存储格式

说明:

(1) 0:22 位是 23 位小数 f,其中,第 0 位是小数的最低有效位,第 22 位是最高有效位。小数中的"1."不用存储,目的是为了节省存储空间。23 位小数加上隐含前导有效位提供了 24 位精度。

(2) 23:30 位是 8 位 e,其中,第 23 位是 e 的最低有效位,第 30 位是最高有效位,$0 < e < 255$。指数 $E = e - 127$,其范围为 $-126 \sim 127$。

(3) 最高的第 31 位是符号位 s,0 表示正,1 表示负。

表 1.3 为单精度存储格式及其 IEEE 值。

表 1.3 单精度存储格式位模式及其 IEEE 值

通用名称	位模式(十六进制)	十进制值	通用名称	位模式(十六进制)	十进制值
$+0$	00000000	0.0	最小正数	00800000	$1.175\ 494\ 35 \times 10^{-38}$
-0	80000000	-0.0	$+\infty$	7F800000	正无穷
1	3F800000	1.0	$-\infty$	FF800000	负无穷
最大正数	7F7FFFFF	$3.402\ 823\ 47 \times 10^{+38}$	非数	7FC00000	NAN

【例 1.9】 求单精度浮点数 50.0 在计算机中的表示。

解:格式化表示:$50.0 = 110010.0B = (-1)^0 \times 2^5 \times 1.100100B$,因此 $s = 0, E = 5, f = 0.100100$。

指数:$e = E + 127 = 132 = 10000100B$

所以 50.0 在计算机中的表示为 42480000(十六进制),其存储格式如图 1.6 所示。

0	10000100	10010000000000000000000

图 1.6 单精度浮点数 50.0 的存储格式

【例 1.10】 求单精度浮点数 -2.5 在计算机中的表示。

解:格式化表示:$-2.5 = -10.1B = (-1)^1 \times 2^1 \times 1.01B$,因此 $s = 1, E = 1, f = 0.01$。

指数:$e = E + 127 = 128 = 10000000B$

所以－2.5在计算机中的表示为C0200000(十六进制),其存储格式如图1.7所示。

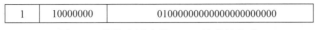

图1.7　单精度浮点数－2.5的存储格式

双精度浮点数在计算机中的表示与单精度浮点数类似,只有两点区别:一是双精度浮点数存储时占用8字节,即64位。其中,s占1位,E占11位,f占52位;二是指数$E=e-1023$。

1.2.4　非数值数据的表示

1. 西文字符

西文字符包含英文字符、数字和各种符号,是不可做数学运算的数据。西文字符按特定的规则进行二进制编码才能进入计算机,最常用的是美国信息交换标准代码ASCII(American Standard Code for Information Interchange)。ASCII码使用7位二进制编码,编码值为0~127,可以表示2^7即128个字符。参考本书附录A,"DEC"列表示编码的十进制值,"HEX"列表示编码的十六进制值,"字符"列为编码所表示的符号。

在ASCII码对照表中,十进制值0~31和127共33个字符称为控制字符,32~126共95个字符称为图形字符(又称为可打印字符),128~255共128个字符称为扩展字符。

在图形字符中,0~9、A~Z和a~z都是顺序排列的,小写字母比对应的大写字母十进制码值大32。一般地,只要记住字符"0"和"A"的码值,其余数字和字母可以推算出来;另外,空格字符的十进制编码是32。

计算机存储与处理一般以字节为单位,因此西文字符的一个字符在计算机内部实际是用8位表示的。

2. 汉字字符

汉字字符种类多,编码上比西文字符复杂。在汉字处理系统中,需要在输入、内部处理以及输出时对汉字字符编码及转换。因此,汉字字符编码有输入码、字形码、国标码、机内码之分。输入码是键盘输入汉字时所用的编码,字形码用于汉字的显示和打印输出。

汉字国标码是指我国在1980年发布的《中华人民共和国国家标准信息交换汉字编码》GB 2312—80,它把最常用的6763个汉字和682个非汉字图形符号按汉语拼音顺序和偏旁部首排列。每个汉字的编码占2字节,使用每字节的低7位,合计14位,可以有2^{14}即16384个字符编码。根据编码规定,所有的国标汉字和字符组成一个94×94的矩阵,即94个区和94个位,由区号和位号确定字符在区中的位置,共同构成区位码。例如"汉"位于第26区第26位,区位码为2626,十六进制为1A1AH。

汉字国标码与区位码的关系是:汉字国标码＝区位码＋2020H。所以"汉"的国标码为3A3AH。为了在计算机内部方便区分汉字编码和ASCII码,将国标码的每一字节的最高位设置成1,变换后的国标码称为汉字机内码,即

$$汉字机内码＝汉字国标码＋8080H＝区位码＋A0A0H$$

这样在文字处理系统中,字节值大于 128 的字符是汉字机内码,字节值小于 128 的字符是 ASCII 码。

除了 GB 2312 国标码外,汉字内码还有 UCS 码、Unicode 码、GBK 码、GB 18030 码和 BIG5 码等。

3. 多媒体信息

除了数值和文字数据外,计算机也可以处理图形、图像、音频和视频信息。这些媒体信息的表现方式可以说是多种多样,但是在计算机中它们都是通过二进制编码表示的。

数字音频是由 A/D(模拟/数字)转换器用一定采样频率采样、量化音频信号,然后使用固定二进制位记录量化值以数字声波文件的形式存储在计算机中。若要输出数字声音,必须通过 D/A(数字/模拟)转换器将数字信号转换成模拟信号输出。

数字图像分图形(graph)和图像(image)。图形一般是指由直线、圆、圆弧、任意曲线等图元组成的画面,以矢量图形文件形式存储,记录描述各个图元的大小、位置、形状、颜色、维数等属性。图像以像素点矩阵组成的位图形式存储,记录每个像素点的亮度、颜色和位图分辨率信息。

数字视频由一系列静态图像按一定顺序排列组成,每一幅图像称为帧(frame)。数字视频处理基于音频、图像处理。

1.3 程序设计语言

程序设计语言是用来编写计算机程序的工具。只有用机器语言编写的程序才能被计算机直接执行,其他任何语言编写的程序都需要翻译成机器语言。按照程序设计语言的发展历程,大致可分为机器语言、汇编语言和高级语言 3 类。

1.3.1 机器语言与汇编语言

机器语言是由二进制 0 和 1 按一定规则组成的、能被计算机直接理解和执行的指令集合。机器语言中的每一条语句实质上是一条指令。

例如,计算 16+10 的机器语言程序如下:

```
10110000 00010000        ;往寄存器 AL 送 16(10H)
00000100 00001010        ;寄存器 AL 加 10(0AH),且送回 AL 中
11110100                 ;结束,停机
```

显然,机器语言编写的程序难写、难记、难阅读。不同的计算机指令系统也不同,因此机器语言通用性差。当然,机器语言也有优点,就是编写的程序代码不用翻译,直接执行。因此,机器语言程序占用存储空间少、运行速度快。

为了解决机器语言的缺点,人们设计出汇编语言,将机器指令的代码用英文助记符来表示,如 MOV 表示数据传送、ADD 表示加、JMP 表示程序跳转、HLT 表示停机等。

例如，计算 16+10 的汇编语言程序如下：

```
MOV     AL,10              ;往寄存器 AL 送 16(10H)
ADD     AL,0A              ;寄存器 AL 加 10(0AH),且送回 AL 中
HLT                        ;结束,停机
```

由此可见，汇编语言一定程度上克服了机器语言难读难写的缺点，同时保持了占用存储空间少、执行效率高的优点。在一些实时性、执行性能要求较高的场合，例如嵌入式控制、视频播放、图像渲染、直接硬件处理、机器指令调试等，仍经常使用汇编语言。

机器语言和汇编语言是面向机器的，对大多数人来说，使用它们编写程序不是一件简单的事情。更关键的在于，由于它们不能适应现代大规模软件生产对开发周期、维护成本、可移植性、可读性和通用性的高要求，使得它们逐渐淡出。

1.3.2 高级语言

高级语言是一种接近人的自然语言和数学公式的程序设计语言。它力求使语言脱离具体机器，不必了解机器的指令系统。这样，程序员就可以集中精力解决问题本身而不必受机器制约，极大地提高了编程的效率。但是，用高级语言编写的程序不能直接在计算机上识别和运行，必须将它翻译成计算机能够识别的机器指令才能执行，翻译程序的方式有编译和解释两种。

编译(compile)是用**编译器**(**compiler**)程序把高级语言所编写的源程序(source code)翻译成用机器指令表示的目标代码，使目标代码和源程序在功能上完全等价，通过**连接器**(**linker**)程序将目标程序与相关库连接成一个完整的可执行程序。其优点是执行速度快，产生的可执行程序可以脱离编译器和源程序独立存在，反复执行。

解释(interpret)是用**解释器**(**interpreter**)程序将高级语言编写的源程序逐句进行分析翻译，解释一句，执行一句。当源程序解释完成时目标程序也执行结束，下次运行程序时还需要重新解释执行。其优点是移植到不同平台时不用修改程序代码，只要有合适的解释器即可。

高级语言的种类繁多，目前应用广泛的主要有以下 5 种语言。

(1) FORTRAN 语言。1954 年推出，是世界上最早出现的高级语言，主要用于科学计算。

(2) C/C++ 语言。1972 年推出的 C 语言功能丰富、使用灵活，代码执行速度快，可移植性强，且具有与硬件打交道的底层处理能力。1983 年推出的 C++ 语言完全兼容 C 语言，并引入了面向对象概念，对程序设计思想和方法进行了彻底的变革。C/C++ 语言适合各类应用程序的开发，是系统软件的主流开发语言。

(3) BASIC/Visual Basic 语言。1964 年推出初学者语言 BASIC，1991 年 Microsoft 公司推出了可视化的、基于对象的 Visual Basic，给非计算机专业的广大用户开发应用程序带来了便利，发展到现在的 Visual Basic.NET 则是完全面向对象的。

(4) Java 语言。1995 年推出，是一种跨平台的面向对象程序设计语言，主要用于 Internet 应用开发。Java 语言编写的源程序既被编译生成为 Java 字节编码，又被解释运

行,因而可以运行在任何环境下,例如 Windows、Linux、Android 系统。Java 语言目前已成为移动计算和云计算环境下的主流开发语言。

(5) C#语言。2000 年推出,是一种易用的、安全的面向对象程序设计语言,专门为.NET 应用而设计。它吸收了 C++、Visual Basic、Delphi 和 Java 等语言的优点,体现了程序设计技术的功能和精华。

TPCI(TIOBE programming community index)指数是每月更新一次的编程语言排行榜,作为编程语言流行程度的业内指标,所依据的数据调查自世界范围内的资深软件工程师和软件厂商。在 2001—2010 年间,排行前三位的始终是 C、C++、Java 语言。读者可以通过互联网查询最新的 TPCI,从中了解编程语言的发展趋势。

1.4 程序设计概述

1.4.1 计算机问题求解的基本特点

利用计算机解决现实问题称为**问题求解**(**problem solving**)。问题求解时,必须事先对各类具体问题进行仔细分析,确定解决问题的具体方法和步骤,并依据该方法和步骤选择程序语言,按照该语言的编码规则编制出程序,使计算机按照人们指定的步骤和操作有效地工作。

程序针对某个事务处理设计为一系列操作步骤,每一步的具体内容由计算机能够理解的指令或语句描述,这些指令或语句指示计算机"做什么"和"怎么做"。程序控制着计算机,使其按顺序执行一系列动作。显然,这些动作是由程序员指定的。因此,程序员的工作是确定完成问题求解该有什么动作,以什么样的顺序执行动作,并精心编排出来。

计算机问题求解的基本步骤如下。

(1) 确定数学模型或数据结构。程序将以数据处理的方式解决问题,因此在程序设计之初,首先应该将实际问题用数学语言描述出来,形成一个抽象的、具有一般性的数学问题,从而给出问题的抽象数学模型,给出该模型对应的数据结构和组织形式。

(2) 算法分析和描述。有了数学模型,就可以制定解决该模型所代表的数学问题的算法,分析算法的性能优劣,采用合适的方法描述出算法,且尽可能利于用程序语言实现。

(3) 编写程序。根据上述的数据结构,定义符合程序语言语法的数据,将非形式化的算法描述转变为形式化的由程序语言表达的算法。

(4) 程序测试。程序编写完成后必须经过科学的、严格的测试,才能确保程序的正确性。

1.4.2 算法的定义与特性

算法是为了**求解问题而采取确定的、按照一定次序进行的操作步骤**,它的基本要素是完成什么操作以及完成操作的顺序如何控制。一个好的算法将会产生高质量的程序。

算法具备以下 5 个特性。

(1) 有穷性,一个算法应包含有限的操作步骤,而不能是无限的。
(2) 确定性,算法中每一个步骤都应当是确定的,而不应当是含糊的或模棱两可的。
(3) 有效性,算法中每一个步骤都应当能有效地执行,并得到确定的结果。
(4) 算法可以有零个、一个或多个输入,这些输入取自特定对象的数据集合。
(5) 算法可以有一个或多个输出,没有输出的算法没有任何实际意义。

1.4.3 算法的表示

1. 用自然语言表示算法

自然语言是人们日常使用的语言,可以是汉语、英语或其他语言。用自然语言表示算法通俗易懂,可以方便地描述算法设计思想。但是,由于自然语言含义不精确,不适合严格的算法。而且自然语言描述的使用范围非常有限,所以只用来对算法作辅助说明。

2. 用流程图表示算法

流程图用一些图元表示各种操作,直观形象,易于理解。图 1.8 是美国国家标准协会(American National Standards Institute,ANSI)规定的常用流程图符号,已被广泛使用。

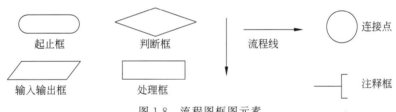

图 1.8 流程图框图元素

这些框图通过流程线连接在一起,构成一个完整的算法逻辑。大多数框图都有一个入口和一个出口,流程线就是连接在一个框图的出口和另一个框图的入口之间,使用箭头指明流程的走向。

传统的流程图用流程线指出各框的执行顺序,但对流程线的使用且没有严格的限制。如果使流程随意地转来转去,则流程图变得毫无规律,增加了人们理解算法逻辑的难度。1966 年,Bohra 和 Jacopini 针对传统流程图的弊端,提出了用 3 种基本结构作为表示算法的基本单元,分别是**顺序结构**、**选择结构**和**循环结构**,如图 1.9 所示。

实践证明,采用 3 种基本结构的顺序处理和嵌套处理,能够描述任何可计算问题的处理流程,解决任何复杂的问题。由基本结构所组成的算法是结构化算法。

3. 用 N-S 图表示算法

既然用基本结构的顺序组合可以表示任何复杂的算法,那么,基本结构之间的流程线就是多余的。为了避免流程图在描述算法逻辑时的随意转向,1973 年,I. Nassi 和

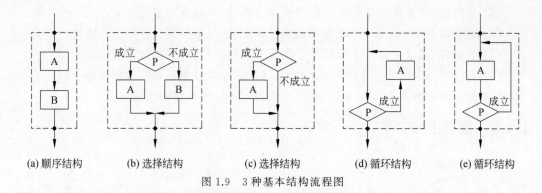

图1.9　3种基本结构流程图

B.Shneiderman提出了一种新的流程图形式。在这种流程图中,去掉了流程线,全部算法写在一个矩形框内,在框内还可以包含其他从属于它的框。这种流程图称为N-S图(又称为盒图或CHAPIN图),非常适于结构化程序设计。

N-S图符号如图1.10所示。

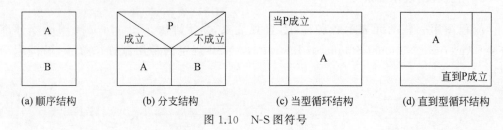

图1.10　N-S图符号

4. 用伪代码表示算法

用流程图和N-S图表示算法直观易懂,但画起来比较费事,而且设计算法时反复修改流程图也是比较麻烦的。因此,流程图适宜表示一个算法,但在设计算法过程中常用伪代码(pseudo code)工具。

伪代码是用介于自然语言和计算机语言之间的文字和符号来描述算法。因此,伪代码书写方便、比较好懂,特别是易于向程序过渡。表1.4为伪代码语句,可以大小写。

表1.4　伪代码语句

开始,结束,赋值,相等判断	BEGIN,END,←,=
条件语句	IF/THEN /ELSE/ENDIF
	REPEAT/UNTIL/ENDREPEAT,FOR i←0 to n ENDFOR,DO/
循环语句	WHILE /ENDDO
分支语句	CASE_OF/ WHEN/ SELECT/ WHEN/ SELECT/ENDCASE

5. UML

统一建模语言(unified modeling language,UML)是用来对软件系统进行可视化建模的一种语言。**UML 的目标是以面向对象图的方式来描述任何类型的系统,最常用的是建立软件系统的模型**,但它同样可以用于描述非软件领域的系统,如机械系统、企业机构或业务过程,以及处理复杂数据的信息系统、具有实时要求的工业系统或工业过程等。

UML 定义了包含类图(class diagram)、对象图(object diagram)等 13 种图示,是面向对象程序设计常用的分析和建模工具。UML 不是程序设计语言,而是一个标准的图形表示法,它仅仅是一组符号而已。

【例 1.11】 用流程图、N-S 图和伪代码表示 $1-\frac{1}{2}+\frac{1}{3}-\frac{1}{4}+\frac{1}{5}+\cdots+\frac{1}{99}-\frac{1}{100}$ 的求解算法。

解:用流程图表示的算法如图 1.11(a)所示,用 N-S 图表示的算法如图 1.11(b)所示,用伪代码表示的算法如图 1.11(c)所示。

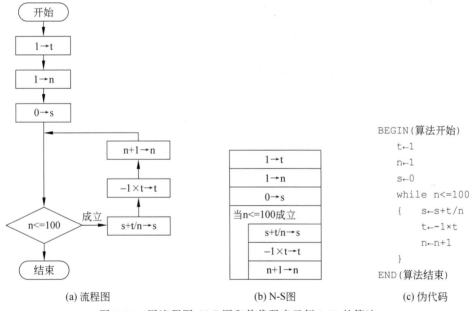

(a) 流程图　　　　　　　　(b) N-S图　　　　　　　(c) 伪代码

图 1.11　用流程图、N-S 图和伪代码表示例 1.11 的算法

1.4.4　结构化程序设计

结构化程序设计(structured programming)是进行**以模块功能和处理过程设计为主的详细设计的基本原则**。其概念最早由 E.W.Dijikstra 在 1965 年提出,是软件发展的一个重要里程碑。目前,结构化程序设计已经成为程序设计的主流方法,它的产生和发展形成了现代软件工程的基础。

结构化程序设计的基本思想如下。

(1) 自顶向下、逐步细化。
(2) 模块化设计。
(3) 使用 3 种**基本结构**。

结构化程序设计的显著特点是代码和数据分离，程序各个模块除了必要的信息交换外彼此独立。这种结构化方式可使程序层次清晰，便于使用、维护和调试。此外，对大型程序的开发，可以将不同的功能模块分给不同的编程人员去完成。

到目前为止，许多应用程序的开发仍在采用结构化程序设计技术和方法，即便是今天流行的面向对象程序设计中也不能完全脱离结构化程序设计。

1.4.5 面向对象程序设计

结构化程序设计方法作为面向过程的设计方法，将解决问题的重点放在描述实现过程的细节上，使数据和对数据的操作分离，淡化了数据的主体地位。如果软件需要对数据结构进行修改或对程序进行扩充，那么所有与之对应的操作过程必将随之进行修改。对于大型软件来说，程序开发的效率难以提高，数据和过程之间的关系极其复杂混乱，从而限制了软件产业的发展。

面向对象程序设计（object oriented programming，OOP）吸收了结构化程序设计的全部优点，**以现实世界的实体作为对象，每个对象都有自身的属性和行为特征。多个相同类型的对象的共同特性的抽象描述形成面向对象方法中的类**。

面向对象程序设计的思路和人们日常生活中处理问题的思路是相似的。当设计一个复杂软件系统时，一是确定该系统是由哪些对象组成的，并且设计所需的各种类和对象，即决定把哪些数据和操作封装在一起；二是考虑怎样向有关对象发送消息，以完成所需的任务。

面向对象程序方法的特征如下。
(1) 类和对象。
(2) 封装与信息隐蔽。
(3) 抽象。
(4) 继承与重用。
(5) 多态性。
(6) 消息传送与处理。

面向对象程序设计方法与面向过程结构化程序设计方法相比较，面向对象方法至少有 3 个优点。

(1) 面向对象技术采用对象描述现实问题，比较符合人类认识问题、分析问题和解决问题的一般规律。

(2) 通过信息隐蔽、抽象、继承和重载技术，可以很容易修改、添加或删除现有对象属性，创建符合要求的对象。

(3) 由于类包装了对象的实现细节，在使用过程中只须了解对象向外提供的接口，降低了使用代码的复杂性。

1.5 C++ 概述

1.5.1 C++ 与 C 语言

C 语言是 1972 年由美国贝尔实验室的 D.M.Ritchie 设计的,最初是研制 UNIX 操作系统的开发工具。随着 UNIX 操作系统的广泛使用,C 语言的突出优点引起人们的普遍关注。其功能强大、灵活自由、数据表示丰富、代码运行效率高、可移植性好,使其得到迅速发展与普及。

随着要解决的问题越来越复杂,程序规模急剧增大,以结构化和模块化为基础的 C 语言在软件开发中渐渐显得有些吃力。同时,20 世纪 80 年代兴起的面向对象程序设计方法和思想逐步被人们所认识和接受。在这样的背景下,贝尔实验室的 Bjarne Stroustrup 博士发明并实现了 C++。

一开始 C++ 是作为 C 语言的增强版出现的,从给 C 语言增加类开始,不断增加新特性,包括虚函数、运算符重载、多重继承、模板、异常、RTTI、命名空间和 STL 等逐渐加入标准。1998 年,国际标准组织公开了 C++ 程序设计语言的国际标准 ISO/IEC 1988—1998,简称 C++ 98;并于 2003 年作了重大更新,发布了最新版本的 C++ 标准 ISO/IEC 14882,简称 C++ 03。本书即采用此标准。

C++ 是由 C 语言发展而来,与 C 语言完全兼容。用 C 语言写的程序基本上可以不加修改地用于 C++,而且 C++ 既可用于面向对象的程序设计,也可用于面向过程的结构化程序设计。因此,学习 C++,绕开 C 语言是不可能的。事实上,C++ 和 C 语言在基本语法方面有很多重叠交织的内容。为此,本书第 9 章之前的内容可以理解为既是 C 语言的也是 C++ 的,部分内容是 C++ 扩展 C 语言的。第 9 章及之后的内容才是 C++ 独有的。

目前,C++ 主要由以下 4 个"子语言"组成。

(1) C 语言。C++ 支持 C 语言几乎全部的功能,主要是 C99 标准,在语法上与 C 语言仅有极微小的差别。

(2) 面向对象程序语言。随着面向对象编程概念的提出,C++ 已支持面向对象功能。

(3) 泛型编程语言。C++ 强大的模板功能使它能在编译期就完成许多工作,从而大大提高运行期效率。

(4) 标准模板库(standard template library,STL)。随着 STL 的不断发展,它已经逐渐成为 C++ 程序设计中不可或缺的部分,其安全性与规范性使它大受欢迎。

1.5.2 C++ 基本词法

1. C++ 字符集

C++ 语法允许使用的字符的集合称为 C++ 字符集。C++ 03 标准的字符集如下。
(1) 小写字母 26 个:a b c d e f g h i j k l m n o p q r s t u v w x y z
(2) 大写字母 26 个:A B C D E F G H I J K L M N O P Q R S T U V W X Y Z

(3) 数字字符 10 个：0 1 2 3 4 5 6 7 8 9
(4) 符号 29 个：_ { } [ ] # ( ) < > % : ; . ? * + - / ^ & | ~ ! = , \ " '
(5) 空白符 5 个：空格　Tab　回车换行　Ctrl+L　Ctrl+K

需要注意，@、$、'、非 ASCII 码西文字符、汉字和日韩文字等不是 C++ 合法的字符。C++ 与 C 语言的字符集完全相同。

2. 空白符

空白符（white-space character）是 **C++ 语法间隔的符号**。C++ 03 标准规定了 5 个空白符，并且注释可以当作语法间隔。C++ 与 C 语言的空白符完全相同。

例如，"ABCD" 是一个词语，而 "AB CD" 是两个词语。值得一提的是，对文字词语来说，符号字符也可以当作分隔符，例如 "AB+CD" 被 "+" 号分隔为两个词语。

C++ 语法规定，连续多个空白符（同一个或多个任意组合）实际被看作一个空白符，如连续多个空格与一个空格的间隔效果是一样的，一个 Tab 与一个空格的间隔效果是一样的，以此类推。

3. 三元符

C++ 03 标准定义了三元符（trigraph sequence），可以替代有些国家计算机系统基本字符集没有包含的某些合法字符，如表 1.5 所示。C++ 与 C 语言的三元符完全相同。

表 1.5　C++ 03 标准定义的三元符

三元符	替换字符	三元符	替换字符	三元符	替换字符
??=	#	??(	[	??/	\
??)	]	??'	^	??<	{
??!	|	??>	}	??-	~

4. 关键字

关键字又称为保留字，是 C++ 规定的有特定含义的词语。C++ 03 标准定义了 63 个关键字，如本书附录 B 所列，主要是关于数据类型和语句的词语。

C++ 关键字比起 C 语言的 37 个关键字要多出不少，说明 C++ 的内容十分丰富。

5. 标识符

与自然语言类似，C++ 使用各种词语描述名字要素。除关键字外，所有用来标识变量名、常量名、语句标号、函数名、数组名、类型名、类名、对象名和命名空间的字符序列称为标识符（identifier）。

C++ 与 C 语言的标识符规定是相同的，具体如下。

(1) 标识符只能由大小写字母、数字和下画线组成，且第一个字符必须是字母或下画线。

（2）字母是区分大小写的，即大写字母和小写字母被认为是两个不同的字符。

（3）标识符不能是 C++ 的关键字。

（4）C++ 标准没有具体规定标识符长度的限制，但各个 C++ 编译器都有自己的规定。例如，Visual C++ 和 GCC 最大允许 32 个字符，超出这个长度的标识符编译器不识别。

（5）C++ 编译规律是从程序文件第一行开始直至结束，逐一扫描程序代码，检查任何词语在之前是否有明确的定义或声明，若没有则报告出错。因此 C++ 对标识符的使用遵循"先说明，后使用"的规律，即在程序中使用了标识符，那么应该确定之前已有该标识符的定义或声明，否则导致语法错误。

下面是合法的标识符：

a,b,sum,tagDATA,Student,nCount,MAX_SIZE,_LABEL,foo,func,DATE

下面是不合法的标识符：

john@nwpu.edu.cn,8849,#123,3abc,a>b

在实际编程中，标识符取名时应尽量做到"见名知义"，以增加程序的可读性。

1.5.3 简单的 C++ 程序

下面介绍几个简单的 C++ 程序，从中分析 C++ 程序的基本结构。

【例 1.12】 几乎每种程序语言都用 hello-world 程序开启学习之旅，C++ 也不例外。

```
1   #include <iostream>
2   using namespace std;              /*使用标准命名空间*/
3   int main()                        /*主函数*/
4   {
5       cout <<"hello,world" <<endl;  /*输出*/
6       return 0;                     /*主函数正常结束返回 0*/
7   }
```

其中，左侧数字表示行号，行号右边是程序代码。请注意，行号不是程序的代码内容，仅是一个标注。本书给出行号标注，目的是使程序代码更清晰。

将上面的程序代码输入计算机，保存到源程序文件中，经过对源程序文件编译、连接、运行后在屏幕上输出以下信息：

hello,world

程序第 1 行 #include 是 C++ 预处理命令，尖括号内是一个文件名，称为头文件。在编译程序之前，预处理命令 #include 将头文件 <iostream> 中的内容包含到程序中。由于程序使用了标准输出流对象 cout，而头文件 <iostream> 中有它的定义，根据 C++ "先定义，后使用"语法要求，需要在使用 cout 之前包含其所在的头文件。同理，标准输入流对象 cin 也要求如此。#include 命令一般习惯写在程序的开始位置。

第 2 行"using namespace std;"的含义是使用 std 命名空间。C++标准输入输出库中的类和函数是在命名空间 std 中声明的,因此若程序中使用到输入输出库的内容,就需要在程序中用"using namespace std;"作声明。

初学 C++,可以不必深究第 1、2 行的细节,只要记住若在程序中使用了标准输入输出库,那么必须在程序的开始位置中写上这两行,否则会导致程序编译出错。

第 3 行 main 是 C++程序的启动函数,称为主函数。每个 C++程序都是从启动函数开始执行的,启动函数结束就代表整个程序的运行结束。一个 C++程序由一个或多个函数组成,但它必须有且只能有一个 main 函数,其他函数都是直接或间接地被 main 函数调用的。根据 C++03 标准,main 函数的写法要求如下:

```
int main()
{
    ...                    //函数体
    return 0;
}
```

其中,一对大括号({})称为函数体,省略号(…)表示函数体内的程序代码。

第 6 行"return 0;"表示 main 函数结束并返回 0 值,表示程序运行结束。通常,程序正常结束要求返回 0 值。

第 5 行的 cout 是输出流对象,"<<"是流插入运算符,整个语句的作用是将双引号内的字符串原样输出到显示设备(屏幕)上,endl 表示换行符,即在输出"hello,world"后再向输出流对象插入一个回车,输出效果为光标换行。

第 5、6 行是 C++语句,需要用分号(;)结尾。其他不是语句,不用分号(;)结尾。

程序中的/*……*/称为注释,即以斜线星号(/*)开始,以星号斜线(*/)结束的整块内容是注释。注释只是对程序代码的说明,对编译和运行不起任何作用。注释可以用英语、拼音、汉字或其他文字书写,可以写在程序中任何位置,语义上相当于一个空白符。

【例 1.13】 编写求两个数之和的程序。

```
1    #include <iostream>          //标准输入输出函数库
2    using namespace std;         //使用标准命名空间
3    int main()                   //主函数
4    {
5        int a, b, sum;           //定义3个变量
6        cin >>a >>b;             //输入两个数
7        sum=a+b;                 //计算两个数之和
8        cout <<"a+b=" <<sum <<endl;  //输出结果
9        return 0;                //主函数正常结束返回0
10   }
```

第 5 行是 main 函数的声明语句,定义 a、b、sum 为整型变量。第 6 行 cin 是标准输入流对象,">>"是流提取运算符,作用是输入两个十进制整数,分别送到 a 和 b 变量中。第 7 行计算 a+b 并送到变量 sum 中。第 8 行的含义是输出"a+b="和 sum 值,并在最

后输出一个换行。

本例使用了 C++03 标准的另一种注释语法，即以双斜线（//）开始直至行末的内容是注释。在实际编程中，简单注释使用//，多行注释使用/*……*/。

程序运行时从键盘输入：

123 456↙
a+b=579

本书用↙表示输入回车，屏幕上输出以下信息：

a+b=579

【例 1.14】 编写求 $\sqrt{a-b}$ 的程序。

```
1    #include <iostream>              //标准输入输出函数库
2    #include <cmath>                 //数学函数库
3    using namespace std;             //使用标准命名空间
4    double root(double x, double y)  //root 函数求 x-y 的平方根
5    {   if (x>=y) return sqrt(x-y);  //只有在 x 大于或等于 y 时，计算 x-y 的平方根
6        else return 0;               //否则返回 0
7    }
8    int main()                       //主函数
9    {   double a, b;                 //定义两个浮点型变量
10       cin >>a >>b;                 //输入两个数
11       cout <<root(a,b) <<endl;     //输出 a-b 的平方根
12       return 0;                    //主函数正常结束返回 0
13   }
```

由于程序使用了求平方根的数学函数 sqrt，因此第 2 行包含 sqrt 函数所在的头文件<cmath>。一般地，C++程序若使用了库函数，那么需要包含相应的头文件。

第 9 行是 main 函数的声明部分，定义了两个浮点型变量，为的是做数学运算。第 10 行使用 cin 输入两个浮点数，送到 a 和 b 中。第 11 行调用自定义函数 root 计算 a-b 的平方根并输出。

第 4～7 行是自定义函数 root。之所以将 a-b 的平方根写成函数，是因为求 a-b 的平方根是有前提条件的（即 a≥b）。第 4 行是 root 函数头，前面的 double 说明 root 返回浮点型；括号内是函数的形式参数，表示调用 root 函数需要提供两个参数。第 5～7 行是 root 函数体，第 5、6 行判断 a≥b 是否成立，若成立则计算 a-b 的平方根，否则返回 0。

程序运行情况如下：

19 3↙
4

【例 1.15】 编写复数类，实现复数加法和输出复数的功能。

```
1    #include <iostream>              //标准输入输出函数库
```

```cpp
2   using namespace std;                              //使用标准命名空间
3   class Complex {                                   //复数类
4   public:
5       Complex(double r=0,double i=0):a(r),b(i) {}  //构造函数初始化复数实部、虚部
6       Complex Add(Complex &c);                     //成员函数实现两个复数相加
7       Complex operator+(Complex &c) {return Add(c);}  //重载运算符+
8       friend ostream& operator<<(ostream& os,Complex &c);  //友元重载流插入运算符
9   private:
10      double a,b;                                  //复数实部和虚部
11  };
12  Complex Complex::Add(Complex &c)                 //类外部定义成员函数
13  {   Complex c2;
14      c2.a=a+c.a, c2.b=b+c.b;                      //实部加实部,虚部加虚部
15      return c2;                                   //返回新对象
16  }
17  ostream& operator<<(ostream& os,Complex &c)
18  {   os<<"("<<c.a<<"+"<<c.b<<"i)";                //复数输出(a+bi)形式
19      return os;                                   //返回 ostream 对象
20  }
21  int main()                                       //主函数
22  {   Complex p(1,9),q(-6,2),x,y;                  //定义 4 个复数对象
23      x=p.Add(q); cout<<p<<"+"<<q<<"="<<x<<endl;   //调用函数 Add 实现 p+q
24      y=p+q;      cout<<p<<"+"<<q<<"="<<y<<endl;   //重载的运算符实现 p+q
25      return 0;                                    //主函数正常结束返回 0
26  }
```

程序运行结果如下：

(1+9i)+(-6+2i)=(-5+11i)
(1+9i)+(-6+2i)=(-5+11i)

第 3~11 行实现了一个复数类。C++ 没有直接表示复数的数据类型，因此在程序中要使用复数，必须自定义数据类型来表示，这里用类表示复数。

第 3 行关键词 class 定义了一个名为 Complex 的复数类。这个类包含两种成员：数据成员（a、b）和函数成员（Add、operator＋等），成员函数的作用是对数据成员进行操作。**类是由数据及对数据操作的函数组成的**，因此类起了**封装数据和函数**的作用。在现实世界中，数据是有物理意义的，不能仅仅从数学角度来看待它，因此对它的操作应该是有约束的。在 Complex 类中，使用 private 将复数的实部和虚部 a、b 指定为私有的，只能由 Complex 类的函数访问；使用 public 将 Complex 类的函数指定为公有的，以便任何外部能访问函数但不能访问数据，访问数据需要通过函数来实现，称为**数据的封装性和信息隐蔽**。这样的好处是访问数据时会由类的函数实施监控，不合理的访问被拒绝，数据的特殊性由类的函数处理（因为只有类自己知道它的数据具有什么特殊性）。如 Complex 类的运算符重载函数 operator<< 会输出复数为（a＋bi）的形式，这样特殊的处理结果使得形

式更接近实际。显然,**一个类是对现实世界中的数据最好的表示**。

　　Add 是 Complex 类的一个成员函数,它实现将两个复数相加的功能;operator+是运算符重载函数,它直接调用 Add 函数,因此这两个函数的功能是相同的。不同的是:由于 Add 是函数,通过它实现复数相加的调用形式是"p.Add(q)";而 operator+是运算符,通过它实现复数相加的调用形式是"p+q"。显然,后一种形式更直观。

　　第 12~16 行是 Complex 类函数 Add 的定义,称为成员函数实现。它与这个类的其他成员函数实现不同,它放在了类定义的外面。之所以这样做是因为它的函数体代码比较长,如果放在类中,它会使得类定义因为长而显得凌乱。通常,C++程序将一个类的定义(第 3~11 行)与一个类的实现(第 12~16 行)分开来写,有利于提高程序的可读性。

　　第 22 行定义了 Complex 类的 4 个对象 p,q,x,y,其中 p 和 q 还进行了初始化。**对象是类的实例化,即类的实体。类是抽象的数据类型**,仅仅表示一个类型,要使用它必须是通过它的一个实体(即对象)来实现的。

　　显然,类功能越丰富,则类的使用就越简捷,越能与现实世界的事物一致。

1.5.4　C++程序基本结构

　　通过上述几个例子,可以看到一个 C++程序是由函数和类构成的,每个函数由若干语句组成,一个程序可以包含多个有用的类,通过对象实现类的功能。

1. 函数结构

　　C++程序的任何函数(包括主函数)都是由函数头和函数体两部分组成的。一般形式为

　　返回类型　函数名(形式参数列表)
　　{
　　　　函数体声明部分
　　　　函数体执行语句
　　}

　　函数头由返回类型、函数名、形式参数列表组成。其中,返回类型是该函数返回值的类型,如果省略则为整型;函数名代表该函数,其后紧跟一对圆括号(()),括号内表示该函数的调用参数。函数可以没有参数,但一对圆括号不能省略。

　　函数体由一对大括号({})括起来,包括声明部分和执行语句,且声明部分必须放置在任何可执行语句的前面。

　　函数是 C++程序的**基本单位**,用来实现特定的功能,程序的所有工作都是由函数完成的。C++的这种特点容易实现程序的模块化。

2. 类结构

　　类一般由类定义和类实现组成,两者可以分开。如类定义可以在头文件中,类实现可以在源文件中,在 C++中称为**接口和实现分离**。

3. 文件结构

C++ 源程序文件包含预处理命令、类和若干函数。

一个 C++ 程序**有且只有一个 main 函数**。C++ 程序的执行总是**从 main 函数开始，并在 main 函数结束**。如果 C++ 程序由若干函数组成，函数的书写顺序是任意的，main 函数可以放在文件的开始或者最后。

除 main 函数之外的其他函数是由程序调用执行的。如果调用 C++ 库对象或函数，必须用预处理命令♯include 包含库函数所在的头文件，向编译器提供必要的信息。C++ 拥有庞大的常规处理、科学计算、图形、多媒体、网络和数据库等标准库可以使用。

4. C++ 程序结构

从逻辑上来讲，C++ 程序是函数或类的集合。从组织结构上来看，一个 C++ 程序可以书写在单个文件中，也可以书写在多个文件中，即 C++ 程序包含若干源程序文件。

多数情况下，使用了类的 C++ 程序会有多个文件。一般将类声明放在一个头文件中，类实现代码放在源程序文件中，头文件和源程序文件名称相同的但扩展名不同。

每个源程序文件可以单独编译，多个文件分别编译后通过连接把它们合并成一个可执行程序。对于大型程序来说，分成多个源程序文件会显著提高编译效率。

当 C++ 程序是多文件的情形，通常是通过工程项目（project）来管理这些文件的。

习题

1. 简述冯·诺依曼体系计算机系统的组成及工作原理。
2. 指令和程序有什么区别？指令串行执行和并行执行有什么区别？简述执行指令的过程。
3. 简述机器语言、汇编语言和高级语言各自的特点。从互联网上查询目前编程语言的排行情况。
4. 简述编译和解释的区别。编译器、连接器和解释器分别是什么？
5. 将 215、127、32767、90.625 转换为二进制、八进制和十六进制；将 7FH、100H、55AAH、FFFFH 转换为二进制和十进制；将八进制数 123、670、37777 转换为二进制、十进制和十六进制。将 10110101101011B、111111111000011B 转换为十进制和十六进制。
6. 假设机器数占 16 位，写出 −20000 的补码，FEDCH 表示的十进制数是多少？
7. 比较各种算法表示的特点，给出 3 种基本结构的算法表示。
8. 简述 C++ 语言标识符的语法规则。
9. 简述 C++ 程序的基本结构和开发步骤。
10. 将本章的例 1.12～例 1.15 分别在 VC 和 CodeBlocks 上完成编译、连接和运行。

第 2 部分

语 言 篇

第2部分

第 2 章 数据及计算

利用计算机求解问题,首先需要**将实际问题的数据引入计算机中**,即在程序中描述这些数据。根据第 1 章的知识我们知道,由于计算机存储和处理上的特点,数据是以某种特定的形式存在的(如整数、浮点数和字符信息等),不同的数据之间还存在某些联系。程序语言通过数据类型描述不同的数据形式,数据类型不同,求解问题的算法也会不同。类型是所有程序的基础,它告诉我们数据代表什么意思以及对数据可以执行哪些操作。

求解问题的基本处理是运算。通过 C++ 丰富的运算符及其表达式构成实现算法的基本步骤,在不同程序结构的控制下有机地组织在一起形成程序。

2.1 数据类型

C++ 可以使用的数据类型如下。

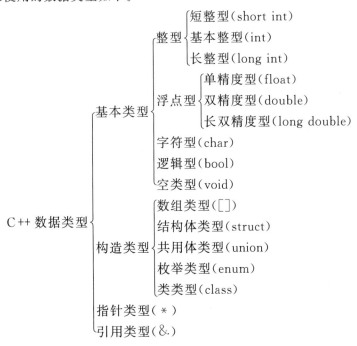

这些数据类型统称为 **C++ 内置数据类型**，它们是 C++ 固有的。由这些内置数据类型还可以构造出自定义数据类型，例如，利用指针和结构体类型可以构成表、队列、栈、树和图等复杂的数据结构，使用类类型可以实现直接反映现实事物的数据对象。

基本类型是 C++ 重要的和常用的数据类型，它们也是数组、结构体、类类型和指针等类型的基本元素。空类型表示无指定数据类型，用在特定场合。

C++ 的数据包括常量与变量，常量与变量都是有类型的。C++ 没有统一规定各种数据类型的内存长度（即数据占用内存单元的字节数）、数值范围和精度，各个编译器有相近但又各自独立的安排。表 2.1 列出了 VC/GCC 基本类型数据的情况。

表 2.1 基本类型数据的内存长度和数值范围

类　　型	类型标识符	内存长度(字节)	数　值　范　围	精度
整型	[signed] int	4(由系统决定)	$-2\,147\,483\,648 \sim +2\,147\,483\,647$	
无符号整型	unsigned [int]	4(由系统决定)	$0 \sim 4\,294\,967\,295$	
短整型	[signed] short [int]	2	$-32\,768 \sim +32\,767$	
无符号短整型	unsigned short [int]	2	$0 \sim 65\,535$	
长整型	[signed] long [int]	4	$-2\,147\,483\,648 \sim +2\,147\,483\,647$	
无符号长整型	unsigned long [int]	4	$0 \sim 4\,294\,967\,295$	
长长整型/64 位整型	long long	8	$-9\,223\,372\,036\,854\,775\,808 \sim +9\,223\,372\,036\,854\,775\,807$	
无符号长长整型/64 位整型	unsigned long long	8	$0 \sim 18\,446\,744\,073\,709\,551\,615$	
字符型	[signed] char	1	$-128 \sim +127$	
无符号字符型	unsigned char	1	$0 \sim 255$	
单精度型	float	4	$3.4 \times 10^{-38} \sim 3.4 \times 10^{38}$	7
双精度型	double	8	$1.7 \times 10^{-308} \sim 1.7 \times 10^{308}$	16
长双精度型	long double	8/12	$1.7 \times 10^{-308} \sim 1.7 \times 10^{308} / 1.2 \times 10^{-4932} \sim 1.2 \times 10^{4932}$	16/19
逻辑型	bool	1	0 或 1	

2.1.1 整型

C++ 的整型分为长整型(long int)、基本整型(int)和短整型(short int)，其中，long int 可以简写为 long、short int 可以简写为 short。int 型数据的内存长度与系统平台相关，通常 int 型为机器的一个字长，short 型不比 int 型长，long 型不比 int 短。例如，VC 中规定 int 型数据占用 4 字节、32 位。

整型数据的存储方式为二进制补码形式，例如，短整型数 123 在内存中的存储形式为

短整型数-123在内存中的存储形式为

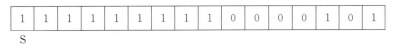

其中,最高位为符号位S,0表示正数,1表示负数。

整型还分有符号(signed)和无符号(unsigned)类型,其中,signed书写时可以省略。例如,int表示有符号整型,unsigned int(或unsigned)表示无符号整型。由于最高位是数值位,因此无符号整型的正数范围比有符号整型的要大一倍。如有符号短整型能存储的最大值为$2^{15}-1$,即32 767,最小值为-32 768;无符号短整型能存储的最大值为$2^{16}-1$,即65 535,最小值为0,具体情况如图2.1所示。

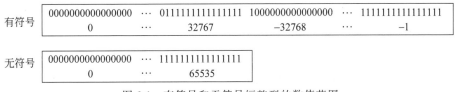

图2.1 有符号和无符号短整型的数值范围

一般地,由于计算机处理整型速度快,因此若运算不涉及小数,就尽量选用整型。而那些没有负值的整数,如学号、逻辑值、字节值、地址和索引值等选用unsigned类型。

不同的数据类型规定了不同的机器数长度,决定了对应数据的数值范围,当一个整数超出此范围时计算机会将其转换为在数值范围内所允许的一个数,称为整型数据的溢出处理。一般地,超过最大值的有符号整型数值会向上溢出变成负数,超过最小值的数据会向下溢出变成正数。因此,在实际编程中要合理选择整型类型,避免运算结果值超出数值范围发生溢出,产生不可预料的计算结果。图2.2以short型为例演示数据溢出,即32 767+1的结果是-32 768,-32 768-1的结果是32 767。

```
  0111111111111111    ···    32767              1000000000000000    ···   -32768
+ 0000000000000001    ···   +    1             +1111111111111111    ···   -    1
  1000000000000000    ···   -32768(补码)        10111111111111111    ···    32767
         (a) 向上溢出                                    (b) 向下溢出
```

图2.2 short型的溢出

2.1.2 浮点型

C++浮点型又称实型,分为单精度(float)、双精度(double)和长双精度(long double)3种。在VC中规定float型在内存中占用4字节,提供7位有效数字;double型和long double型在内存中占用8字节,提供16位有效数字。在GCC中long double型在内存中占用12字节,提供19位有效数字。浮点型数据在内存中的存储方式按IEEE 754浮点数标准处理，不同于整型数据那样直接以二进制表示。

因为浮点型数据长度和精度是有限的，所以浮点数存在舍入误差和计算误差。虽然浮点数精度越高计算结果越精确，但其处理时间也长。

如一个较大的浮点数与一个很小的浮点数做加法时，由于精度限制，使得很小的浮点数被忽略了，从而使得这样的加法无意义。又如两个浮点数做比较，由于有误差，很难做到绝对相等，只能通过它们差的绝对值小于一个很小的数来判断是否近似相等。

实际编程时，float 隐含的精度损失是不能忽视的，使用 double 的代价相对于 float 可以忽略，甚至有些机器上 double 的计算速度比 float 快得多。long double 的精度通常没有必要考虑，而且还需要承担额外的运行代价。在 VC 和 GCC 中，浮点型推荐用 double。

一般地，实际问题的数学运算、物理运算涉及的数据选用浮点型(double)。

【例 2.1】 浮点型数据的误差。

```
1    #include <iostream>
2    #include <iomanip>
3    using namespace std;
4    int main()
5    {
6        float  a=0.00000678f, b=0.00000123f;
7        double c=0.00000678, d=0.00000123, e=100000000000000000000.0;
8        a=a+111111.111f;                            //精度范围外的大浮点数与小浮点数相加
9        b=b+111111.111f;                            //精度范围外的大浮点数与小浮点数相加
10       c=c+111111.111;                             //精度范围内的大浮点数与小浮点数相加
11       d=d+111111.111;                             //精度范围内的大浮点数与小浮点数相加
12       e=e+111111.111f;                            //精度范围外的大浮点数与小浮点数相加
13       cout<<setiosflags(ios::fixed)<<setprecision(16);   //设置输出浮点格式
14       cout<<"a="<<a<<", b="<<b<<endl;             //输出单精度浮点型 a、b
15       cout<<"c="<<c<<", d="<<d<<endl;             //输出双精度浮点型 c、d
16       cout<<"e="<<e<<endl;                        //输出双精度浮点型 e
17       return 0;
18   }
```

程序运行结果如下：

a=111111.1093750000000000, b=111111.1093750000000000
c=111111.1110067800000000, d=111111.1110012300100000
e=100000000000000110000.0000000000000000

a、b 有效数字为 7 位，其余位没有意义。c、d、e 有效数字为 16 位，其余位没有意义。

2.1.3 字符型

C++ 字符型分为有符号(signed char)和无符号(unsigned char)两种，其中，signed 书写时可以省略。字符型数据在内存中占用 1 字节，采用二进制形式存储。

字符型数据可以存储整型数值，有时也称为字节型。字符型数据存储整数时的内存形式与整型一样,只不过其数值范围要小得多。

字符型数据可以存储单字节字符,如 ASCII 码,此时在内存中的数据是字符的 ASCII 码值。例如,字符 'A' 在内存中的存储形式为

| 0 | 1 | 0 | 0 | 0 | 0 | 0 | 1 | 'A'的 ASCII 码值 |

在 C++ 中字符型数据和整型数据之间可以通用。一个字符数据可以赋给整型变量,一个整型数据也可以赋给字符型变量,还可以对字符型数据进行算术运算。

一般地,单字节字符和小范围的整型,如月份、日期和性别等使用字符型。

C++ 比 C 语言新增了一个 wchar_t 类型来表示多字节字符(如汉字)数据类型,称为宽字符数据类型。wchar_t 是一种扩展的字符存储方式,主要用在国际化程序的实现中。wchar_t 数据一般为 16 位或 32 位,不同的 C++ 编译器有不同的规定,如 GCC 规定 wchar_t 为 32 位。总之,wchar_t 所能表示的字符数远超 char 型。

使用 C++ 处理字符数据,一种是用 char 表示的 ASCII 字符,另一种是用 wchar_t 表示的 unicode 字符。通常,应用程序可能还要涉及字符编码的问题,如 GBK 汉字编码、UTF-8 编码等。C++ 提供了许多标准库函数来进行各种编码之间的转换工作,本书仅讨论 ASCII 字符的情形。

【例 2.2】 字符型数据与整型数据的赋值与运算。

```
1   #include <iostream>
2   using namespace std;
3   int main()
4   {
5       int   i, j;
6       char c1,c2;
7       c1='a';                                         //字符数据赋值给字符型
8       c2=98;                                          //整数数据赋值给字符型
9       i='A';                                          //字符数据赋值给整型
10      j=66;                                           //整数数据赋值给整型
11      cout<<"i="<<i<<",j="<<j<<",c1="<<c1<<",c2="<<c2<<endl;
12      cout<<"c1-32="<<c1-32<<endl;                    //字符型可以进行减法运算
13      return 0;
14  }
```

程序运行结果如下:

i=65,j=66,c1=a,c2=b
c1-32=65

*2.1.4 逻辑型

C++ 与 C 语言相比新增了一个逻辑型 bool。逻辑型数据在内存中占用 1 字节,采用二

进制形式存储。逻辑型数据只有两个值：true 和 false。其中，true 表示真，false 表示假。

C 语言没有专门的逻辑型，往往采用整数类型(int、unsigned int、char 或 unsigned char)表示：用 0 表示假，非 0 表示真。

C++ 的逻辑数据是 true(1) 和 false(0)，而 C 语言的逻辑数据是 0 和非 0。多数情况下，使用 bool 类型和使用整数类型表示逻辑数据并无区别。

2.2 常量

常量(constant)是指程序中其值不能被修改的数据，分为**字面常量**和**符号常量**。

从字面形式即可识别的常量称为字面常量(literal constant)，例如 64、3.141 592 6 和 'A' 等。每个字面常量都具有数据类型，由它的书写形式和值来决定。

2.2.1 整型常量

一个整型常量可以用 3 种不同的方式表示。

(1) 十进制整数。以非零十进制数 1~9 组成的整数，如 13 579、-24 680 等。

(2) 八进制整数。以 0 开头和八进制数 0~7 组成的整数，如 0、012、0177 等。

(3) 十六进制整数。以 0x 或 0X 开头和十六进制数 0~9、A~F 或 a~f 组成的整数(字母大小写任意)，如 0x1234、0xab、0xCF 等。

例如，整数 18 可以写成下面任意一种：

```
18          //十进制表示
022         //八进制表示
0x12        //十六进制表示
```

整型常量从字面上区分数据类型的方法如下。

(1) 整型常量默认的类型为 int 型。根据系统平台，若 int 和 long 型数据占用内存大小相同，则一个 int 型常量也是 long 型常量。若 int 和 short 型数据占用内存大小相同，则一个 int 型常量也是 short 型常量。

(2) 一个整数如果其值在 -32 768~+32 767 范围内，则它是 short 型。

(3) 一个整数如果其值超出上述范围，但在 -2 147 483 648~+2 147 483 647 范围内，则它是 long 型。

(4) 在一个整数值后面加一个字母 l 或 L，则它是 long 型。例如，123 是 int 型，123L 是 long 型。后缀符号一般用 L 而不用小写的 l，以避免与数字 1 混淆。

(5) 整数默认是 signed 型，在一个整数后面加一个字母 u 或 U，则它是 unsigned 型。

例如：

```
0              //signed int
168            //signed int
168U           //unsigned int
2147483647     //signed long
-1L            //signed long
```

```
65535Lu                        //unsigned long
```

2.2.2 浮点型常量

一个浮点型常量可以用两种不同的方式表示。

(1) 小数形式。由小数点、十进制整数和小数组成的浮点数,如 1.234、-567.89 等。整数和小数可以省略其中之一,但不能省略小数点,如.123、123.、0.0 等。

(2) 指数形式,又称为科学记数法表示。以 fEn 或 fen 格式组成的浮点数,其中,E 或 e 表示以 10 为底的幂,n 为指数且必须是整型,f 可以是整数或小数。

例如,3.1415926 可以写成下面任意一种:

```
3.1415926                                              //小数形式
0.31415926e+1,314.15926E-2,3.1415926E0,3.1415926e0     //指数形式
```

浮点型常量默认为 double 型。若在浮点数后面加一个字母 f 或 F,则它是 float 型。若在浮点数后面加一个字母 l 或 L,则它是 long double 型。例如:

```
3.1415926                        //double 类型常量
3.1415926F,3.1415926f            //float 类型常量
3.1415926E0f                     //指数形式 float 类型常量
.0012L                           //long double 类型常量
1.2e-2L                          //指数形式 long double 类型常量
```

2.2.3 字符常量

一个字符常量可以用 3 种不同的方式表示。

1. 用字面常量表示字符常量

以一对单引号(' ')括起来的一个字符表示字符常量,如'A'、'0'、'&'等。字符常量表示的是一个字符,存储的是该字符的 ASCII 码值。例如'A'表示英文字符 A,数据值是 65;'2'表示数字字符 2,数据值是 50。单引号是字符常量的边界符,它只能包括一个字符,如'AB'的写法就是错误的。

字符'2'和整数 2 的写法是有区别的,前者是字符常量,后者是整型常量,它们的含义和在内存中的存储形式是完全不同的。

2. 用转义字符表示字符常量

以反斜线(\)开头,后跟一个或几个字符序列表示的字符称为转义字符,如\n 表示换行符。转义字符中的字符序列已转换成另外的含义,故称为"转义"。如\n 中的 n 不代表字母 n 而是换行符。

采用转义字符可以表示 ASCII 字符集中不可打印或不方便输入的控制字符和其他特定功能的字符。如用于字符常量边界符的单引号('),若直接用(''')表示是错误的。因为 C++ 中的单引号要么表示字符常量开始,要么表示字符常量结束,不能作为一个字符

来使用,所以(''')就会导致语义不明确。如果使用转义字符(\'),由于它是一个整体,则(\'')是一个单引号字符。同理,用于字符串常量边界符的双引号(")以及用于转义字符前缀的反斜线(\)都必须用转义字符来表示。常用的转义字符及其含义见表2.2。

表2.2 转义字符及其含义

转义字符形式	含 义	ASCII 码值
\a	响铃符	7
\b	退格符	8
\f	进纸符,将光标位置移到下一页开头	12
\n	换行符,将光标位置移到下一行开头	10
\r	回车符,将光标位置移到本行开头	13
\t	水平制表符,光标跳到下一个 Tab 位置	9
\v	垂直制表符	11
\'	单引号	39
\"	双引号	34
\\	反斜线	92
\?	问号	63
\0	空字符	0
\ooo	用 1~3 位八进制数 ooo 为码值所对应的字符	ooo(八进制)
\xhh	用 1、2 位十六进制数 hh 为码值所对应的字符	hh(十六进制)

\ooo 和\xhh 称为通用转义字符,其中,ooo 表示可以用 1~3 位八进制数作为码值表示一个 ASCII 字符,hh 表示可以用 1、2 位十六进制数作为码值表示 ASCII 字符。C++规定通用转义字符在 3 位或不足 3 位的第一个非八进制数处结束,或在 2 位或不足 2 位的第一个非十六进制数处结束。例如\1234 被识别为"\123 和 4",\128 被识别为"\12 和 8",\19 被识别为"\1 和 9",而\9 是错误的。初学者需要注意不要将\xhh 写成\0xhh。

由于字符型数据在内存中只占用 1 字节,即使按无符号处理,其最大值也仅是 255(八进制为 377),因此 ooo 的数值范围为 0~377(八进制),其他值将使字符型数据溢出。同理,hh 的数值范围为 0~FF。

3. 用 ASCII 码值表示字符常量

前面提到字符型数据和整型数据之间是通用的,因此可以用字符的码值(一个整型数据)来表示字符。例如用十进制整数 65(或八进制整数 0101,或十六进制整数 0x41)表示大写字母'A'。

使用整型数据表示字符的优点是让字符也能做算术运算,缺点是"丢失"了数据的字符特性,从字符角度来看不直观。

例如,字符'A'的各种表示如下:

```
'A'                    //字面常量形式
65,0101,0x41           //ASCII 码值形式
'\101'                 //通用转义字符形式,101(八进制)=65(十进制)
'\x41'                 //通用转义字符形式,41(十六进制)=65(十进制)
```

【例 2.3】 转义字符的使用。

```
1   #include <iostream>
2   using namespace std;
3   int main()
4   {   cout<<"ab c\t de\rf\tg"<<endl;
5       cout<<"h\ti\b\bj k\n123\'\"\\\x41\102CDE"<<endl;
6       return 0;
7   }
```

本书用␣表示空格。上述程序的运行结果如下:

```
f␣␣␣␣␣␣␣␣␣gde
h␣␣␣␣␣␣␣␣j␣k
123'"\ABCDE
```

2.2.4 字符串常量

以一对双引号(" ")括起来的零个或多个字符组成的字符序列称为字符串常量,ASCII 字符集或多字节字符集(如汉字、日韩文字等)都可以组成字符串。双引号是字符串常量的边界符,不是字符串的一部分,如果在字符串中要出现双引号,应使用转义字符(\")。

例如:

```
""                     //空字符串(0 个字符)
" "                    //包含一个空格的字符串
"Hello,World\n"        //包含 Hello,World 和换行符的字符串
"xyz\101\x42"          //包含 x y z A(101) B(x42)的字符串
"\\\'\"\n"             //包含反斜线(\\) 单引号(\')和双引号(\")的字符串
"\"a/b\" isn\'t a\\b"  //字符串"a/b" isn't a\b
```

字符串常量是数组的一种常量形式,请不要将字符串常量与字符常量混淆,二者相比有很大的区别,表现在以下 3 方面。

(1) 边界符不同。字符串常量使用双引号作为边界符,字符常量使用单引号。

(2) 字符数不同。字符串常量允许零个或多个字符包含其中,字符常量有且只有一个字符。

(3) 在内存中的存储形式不同。字符常量固定地占用 1 字节,字符串常量至少占用 1

字节。C++会在每个字符串常量后面自动增加一个\0字符(称为空字符)作为字符串结尾标记,因此零长度的字符串至少包含1个空字符(占用1字节),包含 n 个字符的字符串占用 $(n+1)$ 字节。

如'A'是一个字符常量,在内存中占用1字节。"A"是一个字符串常量,在内存中占用2字节。

字符串常量中如果包含不可打印字符或其他特定功能的字符,需要使用转义字符表示字符。当使用通用转义字符\ooo 或\xhh 时,需要注意 C++ 总是按规则取尽可能的最多位。例如:

```
"\12345"    //由 3 个字符\123、4、5 组成的字符串,而不是\1、2、3、4、5 字符
"\378"      //由 2 个字符\37、8 组成的字符串,因为 8 不是八进制数,故转义字符序列在 8 停止
"\389"      //由 3 个字符\3、8、9 组成的字符串,转义字符序列在 8 停止
"\89"       //错误
```

书写字符串常量时,不能从"…"之间换行,例如:

```
cout<<"C Programming
Language";
```

是错误的。

C++ 允许将两个相邻的仅由空格、Tab 或换行分开的字符串常量连接成一个新字符串常量。这使得可以用多行书写长的字符串常量,如写法

```
cout<<"C" " Programming"
" Language";
```

与写法

```
cout<<"C Programming Language";
```

效果完全相同。

2.2.5 符号常量

为了编程和阅读的方便,C++ 程序中常用一个符号名称代表一个常量,称为符号常量,即以标识符形式出现的常量。

符号常量本质上是第 5 章的预处理命令,其定义形式为

```
#define    标识符    常量
```

其中,#define 是宏定义命令,作用是将标识符定义为常量值,在程序中所有出现该标识符的地方均用常量替换。

【例 2.4】 编程计算圆的周长和面积。

程序代码如下:

```
1    #include <iostream>
2    using namespace std;
```

```
3    #define PI 3.1415926                              //3.1415926 即圆周率 π
4    int main()
5    {
6        double r=5.0;
7        cout<<"L="<<2*PI*r<<", S="<<PI*r*r<<endl;      //PI 替换为 3.1415926
8        return 0;
9    }
```

程序运行结果如下：

L=31.4159, S=78.5398

符号常量不是变量，一经定义，它所代表的常量值在其作用域内不能改变，也不能对其赋值。符号常量名要符合标识符的命名规则，一般用大写英文字母表示，使之以与变量名等其他标识符有明显区别。

使用符号常量可以简化书写格式，提高程序的可读性。更重要的是，符号常量通过标识符使得一个数值有清晰的内涵，便于程序的调试和维护。

2.3 变量

2.3.1 变量的概念

在程序运行期间其值可以改变的量称为变量(variable)。由计算机工作原理可知，程序运行中出现的中间结果、计算数据等都需要使用存储器。**变量实际上就是计算机中的一个内存单元。**

使用计算机内存中的某个单元，需要明确两件事：一是该内存单元在哪里；二是内存单元长度，以便运算和处理时有明确的数据对象。

C++规定变量应该有一个名字，用变量名代表内存单元。在程序编译过程中系统给每个变量分配相应的内存单元，并将程序中对变量的存取转换成对该内存单元的存取，即通过变量名找到相应的存储单元。从编程的角度来看，定义变量即分配内存单元，且用变量名与之关联，此后通过变量名来使用内存单元。

C++通过定义变量时指定其数据类型来确定内存单元的大小，不同的数据类型有不同的数据形式和存储形式，需要一定数量(单位为字节)的内存单元。

除变量名和数据类型外，变量还有地址、作用域和生命期等属性。

2.3.2 定义变量

C++变量必须"先定义，后使用"，定义变量的一般形式为

变量类型　变量名列表；

变量类型可以是C++基本类型，也可以是指针类型以及用户自定义类型。变量名列表是一个或多个变量的序列，各变量之间用逗号(,)分隔，最后必须用分号(;)结束。变量名是标识符的一种，取名必须遵循标识符的命名规则。例如：

```
double a, b, c, d;              //定义变量
```

定义了 4 个 double 型变量。

定义相同类型的多个变量,可以用一个定义或多个定义形式;定义不同类型的多个变量,则需要多个定义形式。例如:

```
int i, j, k;                    //在一个定义中同时定义多个 int 型变量
char m, n;                      //不同类型需要多个定义
int a, char c;                  //错误
```

C++规定变量定义在同一个作用域内不能出现同名的标识符。例如:

```
int a;
double a;                       //错误,变量名不能重复
```

变量定义后,就可以按变量名来使用其对应的内存单元。变量名代表内存单元,而变量值指的是内存单元中的数据。在重新给变量赋值之前,变量会一直保持它的值不变。给予新的变量值后,旧的变量值就被覆盖。

第 1～8 章也使用对象(object)一词来描述变量,意指一个占用内存单元的数据对象,如普通对象(变量)、临时对象、数组对象、结构体对象等。第 9 章后对象的含义是类的实体。

2.3.3 使用变量

变量定义后,变量值是未确定的(除第 4 章的静态存储情形),即变量值是随机的。直接使用此时的变量参与运算,运算结果也是随机的。例如:

```
int x, y;
y=x+1;                          //x 是不确定的值,计算后 y 也是不确定的值
```

因此,使用变量之前需要使它有明确的值,方法有两种:变量初始化或给变量赋值。

1. 变量初始化

在变量定义的同时给变量一个初值,称为变量初始化(initialized),一般形式为

变量类型　变量名=初值;

或

变量类型　变量名 1=初值 1, 变量名 2=初值 2, 变量名 3=初值 3,…;

等号(=)表示将初值数据送到变量中,初值只能是常量或常量表达式,即必须是明确的数据。例如:

```
double pi=3.1415926;            //正确,初始化 pi 为 3.1415926
int x, y, k=10;                 //正确,可以只对部分变量初始化
int a=1, b=1, c=1;              //正确,可以同时初始化多个变量
int d=a, e=a+b;                 //错误,初值不能是变量或表达式
```

```
int m=n=z=5;                    //错误,不能对变量连续初始化
```

上述变量初始化的形式是 C 语言的,C++ 称为复制初始化(copy-initialization)。除此之外,C++ 还有直接初始化(direct-initialization),一般形式为

变量类型　变量名(初值);

或

变量类型　变量名 1(初值 1),变量名 2(初值 2),变量名 3(初值 3),…;

例如:

```
int dx(10), dy(20);             //直接初始化,等价于 int dx=10, dy=20;
```

2. 给变量赋值

定义变量后,可以通过赋值语句为变量赋予新的数据,一般形式为

变量名=表达式;

表示先计算表达式,将其结果送入变量中。赋值后,无论变量原来的值是多少,都将被新值替代。例如:

```
int k;
k=5;                            //对 k 赋值 5
⋮                               //k 保持不变
k=10;                           //重新对 k 赋值 10,k 已改变,不再是 5
```

2.3.4　存储类别

在变量定义时可以使用存储类别修饰符 auto、static 和 register 来限定变量的存储类别,使用 extern 来声明变量的外部连接属性。存储类别是指变量的存储空间分配方式,auto 是变量默认的存储类别,称为自动变量;static 是静态存储类别的变量,称为静态变量;register 称为寄存器变量。例如:

```
int i=3;                        //默认为自动变量,等价于 auto int i=3;
static int m=5;                 //静态变量
register n=6;                   //寄存器变量
```

关于这些修饰符的详细用法将在第 4 章中介绍。

2.3.5　类型限定

在变量定义时可以使用 const 和 volatile 修饰来限定变量的存取行为。

1. const 限定

在变量定义前加上 const 修饰,这样的变量称为**只读变量**(read-only variable)或**常变**

量(constant variable),它在程序运行期间不能被修改。其定义的一般形式为

const　变量类型　变量名列表;

变量一经const限定,就不能对其进行修改操作,如对其赋值或自加自减运算,例如:

int x;
const int i=6, j=10;
x=i+1;   //正确,可以使用const变量
i=10;   //错误,不可以给const变量赋值
j++;   //错误,不可以修改const变量

因为只读变量在定义后不能被修改,所以const限定的变量必须在定义时初始化,例如:

const int i=6;   //正确
const int m;   //错误

本质上,只读变量仍然是变量而不是常量,只是其存取行为像常量。const限定是通过编译器来实现的,即const限定过的变量在编译过程中若发现有修改的操作时会报告编译错误,从而"阻止"对变量的修改。

变量的主要特征就是变化的量,那为什么要对变量进行只读限定呢?

const限定是从应用程序设计的角度提出的,为避免程序员不经意地对重要数据进行错误修改而引发软件故障,有时要求某些变量的值不允许被修改,如函数的参数等。使用const限定强制实现对象的最低访问权限,是现代软件开发的设计原则之一。

2. volatile限定

在变量定义前加上volatile修饰,这样的变量称为**隐式存取变量**,它表示变量在程序运行期间会隐式地(不明显地)被修改。其定义的一般形式为

volatile　变量类型　变量名列表;

编译器在编译程序过程中一般会对变量的存储进行优化,以提高存储使用效率。某些程序如硬件中断服务程序对变量的存取不是明显的直接引用,而是按地址方式间接进行的,称为隐式引用。一旦对这样的变量进行存储优化,而不相应地改变隐式引用方式,就会使得隐式引用得不到当前值。为避免编译器对可能存在隐式引用的变量进行优化,可以在变量定义前加上volatile修饰,"阻止"编译器对这样的变量进行优化。例如:

int x=5, m, n;
volatile int y=6;
m=x*x;   //两次读取x被编译器优化为只读一次,m是x的平方
n=y*y;   //不允许优化,则先取一次y,再取一次y
                          //若两次读取之间y发生变化,n不一定是y的平方

在硬件中断服务程序、并行设备寄存器、多线程任务共享和嵌入式系统中经常使用volatile修饰。

2.4 运算符与表达式

2.4.1 运算符与表达式的概念

C++的运算符(operator)十分丰富,其运算功能强大且灵活方便。运算符描述对运算对象(operand)执行的操作,按功能分为算术运算符、关系运算符、逻辑运算符、位运算符、赋值运算符、成员运算符和指针运算符等。详尽的C++运算符见附录C。

1. 运算对象的数目

运算符所连接的运算对象的数目称为**运算符的目**,C++运算符的目有3种。

(1) 单目运算符(unary operator)。只有一个运算对象,其表达式形式分为两种,即前缀单目运算符

op expr

和后缀单目运算符

expr op

其中,expr 表示运算对象,op 表示运算符。例如:

```
&expr          //前缀单目运算符:取地址运算
expr++         //后缀单目运算符:后置自增运算
```

(2) 双目运算符(binary operator)。包含两个运算对象,其表达式形式为

expr1 op expr2

其中,expr1 和 expr2 表示运算对象,分置在运算符左边和右边,如加法运算 expr1 + expr2。

(3) 三目运算符(ternary operator)。包含3个运算对象,C++中只有一个三目运算符,即条件运算符,其表达式形式为

expr1? expr2 : expr3

其中,expr1、expr2 和 expr3 表示运算对象,问号(?)和冒号(:)一起成为条件运算符。

有的运算符既可以表示单目运算符,又可以表示双目运算符,如符号(+)既可以作为单目取正值运算符,又可以作为双目加法运算符,两种用法相互独立、各不相关。对于这类运算符,需要根据该符号所处的上下文来确定它是单目运算符还是双目运算符。

2. 运算符的优先级

同一个式子中不同的运算符进行计算时,其运算次序存在先后之分,称为**运算符的优先级**(precedence)。运算时先处理优先级高的运算符,再处理优先级低的运算符。例如:

```
a+b/c          //先计算 b 除以 c,然后将计算结果与 a 相加
```

不同的表达式则按式子出现的先后次序决定运算次序,例如:

```
x=a+b;          //先计算
y=a-b;          //后计算
```

本书使用不同大小的整数描述优先级,优先级最高者记为 1 级,数值越大优先级越低。一般地,单目运算符的优先级比双目运算符高,附录 C 列出了所有运算符的优先级。

3. 运算符的结合性

在一个式子中如果有两个以上同一优先级的运算符,其运算次序是按运算符的结合性(associativity)来处理的。C++ 运算符分为左结合(方向)和右结合(方向),左结合自左向右处理,右结合自右向左处理。

在 C++ 中,赋值运算符、条件运算符以及几乎所有的单目运算符都是自右向左,其余都是自左向右。

4. 运算符对类型的要求

C++ 运算符对运算对象的数据类型有要求。例如求余运算符要求两个运算对象必须是整型,否则产生编译错误。

对于双目运算符,通常要求它的两个运算对象具有相同的数据类型,或者其类型可以自动转换为同一种数据类型。大部分的自动类型转换能得到预期的结果,例如整型和浮点型之间的转换,但指针类型不能与基本类型进行转换。

5. 表达式

由运算符和运算对象组成的式子称为表达式(expression),最简单的表达式仅包含一个常量或变量,含有两个或更多运算符的表达式称为复合表达式(compound expression)。

表达式有如下特性。

(1) 表达式的运算对象可以是常量、变量、函数调用和嵌套的表达式等。例如:

5+6,a+b/c,max(m,n)/min(m,n),((a1+a2)*10+a3)*10+a4,x+y>a+b

(2) 表达式的计算是按步骤执行的,称为表达式求值顺序(order of evaluation)。如果表达式只是单个的常量、变量或函数调用,其计算结果就是常量、变量或函数调用值。而在复合表达式中,运算符和运算对象的结合方式决定了整个表达式的值,表达式的计算将按优先级和结合性规定的次序进行。例如:

```
b=x+y >m-n;     //先计算算术运算 x+y 和 m-n,再计算关系运算>,最后赋值
```

多数编译器在不影响计算结果时采用从左向右的数学习惯处理表达式的求值顺序,而且结合最多的运算符号。例如:

```
10+'a'+i*f-m/d  //尽管乘除比加减优先级高,但先计算 10+'a'不会影响整个表达式的值
x+++y           //等价于 x+++y
```

(3) 表达式的运算需要考虑参与运算的数据对象是否具有合法的数据类型以及是否需要进行类型转换。例如：

```
k=10+'a'+i*5.0-d/100.5;      //数据类型不同,需要进行类型转换
```

(4) 每个表达式的结果除确定的值外,还有确定的数据类型。在处理表达式运算时,C++内部用一个临时的内存单元(称为临时对象)来存放计算结果。显而易见,这个临时对象的内存长度由运算对象的数据类型决定。同时,这个临时对象只能临时存放运算结果,在下一个表达式运算时,旧的运算结果将不复存在。一般地,用赋值将表达式的结果保存到变量中以便后面能使用。例如：

```
k=a*x*x+b*x+c;               //计算表达式并将结果保存到 k 中,k 即表达式的结果
```

C++ 表达式要求写在同一个语句中,即中间不能用分号(;)分隔。由于运算符本身可以作为语法分隔符,因此运算符与运算对象之间可以有也可以没有空白符。例如：

```
x*-x+y/z-m%n,(x*-x+y/z)-m%n    //正确,用空格和括号会使表达式更清晰
```

而由两个字符组成的运算符之间不能有空白符,例如：

```
++,--,<<,>>,<=,>=,==,!=,&&,||,+=,-=,*=,/=,%=,&=,^=,|=,<<=,>>=   //均正确
+ +,- -,< <,> >,< =,> =,= =,! =,& &,| |                         //错误
+ =,- =,* =,/ =,% =,& =,^ =,| =,<< =,>> =                       //错误
```

2.4.2 算术运算符

算术运算符见表 2.3。

表 2.3 算术运算符

运算符	功　能	目	结合性	用　法
＋	取正值	单目	自右向左	＋expr
－	取负值	单目	自右向左	－expr
*	乘法	双目	自左向右	expr1 * expr2
/	除法	双目	自左向右	expr1/expr2
%	整数求余/模数运算	双目	自左向右	expr1 % expr2
＋	加法	双目	自左向右	expr1＋expr2
－	减法	双目	自左向右	expr1－expr2

算术运算符中,取正、取负运算符的优先级最高,乘法、除法、整数求余运算符的优先级比加法、减法高。取正、取负运算符得到运算对象的正值、负值结果(运算对象本身不改变),加法、减法、乘法、除法执行四则算术运算,整数求余又称模数运算,a%b 的结果是 a 除以 b 的余数,与下式等价：

```
a-a/b*b     //先计算 a/b 得到整数商,再乘以 b 得到不含余数的结果,再相减得到 a 除
            //以 b 的余数
```

例如：

```
35%6            //结果为5,与35-35/6*6等价
35%7            //结果为0,与35-35/7*7等价
-35%8           //结果为-3,与-35-(-35)/-8*-8等价
35%-8           //结果为3,与35-35/-8*-8等价
-35%-8          //结果为-3,与-35-(-35)/-8*-8等价
```

由算术运算符和运算对象组成的表达式称为算术表达式,如已知 int x＝4,y＝7, z＝3,m＝12,n＝5,则算术表达式 x*－x＋y/z－m%n 的结果为－16。

使用算术运算符时需要注意以下3点。

(1) 算术运算符中的运算对象可以是常量、变量或表达式,通常是数值类型,如整型、浮点型和字符型等。整数求余要求两个运算对象必须都是整型,包括 char、short、int、long 以及对应的 unsigned 类型,不能为其他类型。例如:

```
8%3             //正确,结果为2
8.5%3           //错误
```

(2) 除法(/)运算中,除数不能为0或接近0,否则会发生除0异常错误。

(3) 若两个运算对象是相同的数据类型,则算术运算结果是该数据类型。若运算对象是不同的数据类型,则需要先进行类型转换再计算,运算结果是转换后的类型。特别地,两个整型进行除法(/)运算,其结果仍为整型,如1/3结果为0,3/2结果为1。如果整型与浮点型进行运算,则结果为浮点型,如5.0/2的结果为2.5。

【例2.5】 已知 int x＝1234,求 x 的千位、百位、十位和个位数。

解:x/1000 为千位数,x%10 为个位数,x/10%10 为十位数,x/100%10 为百位数。

【例2.6】 已知每45行文字要用一页纸来写,求 n(n≥1)行文字需要多少页。

解:令 n 为整型,设需要 pages 页,则 pages＝(n－1)/45＋1。

2.4.3 自增自减运算符

1. 自增自减运算符及其表达式

自增自减运算符见表2.4。

表2.4 自增自减运算符

运算符	功能	目	结合性	用法
++	后置自增	单目	自右向左	lvalue++
--	后置自减	单目	自右向左	lvalue--
++	前置自增	单目	自右向左	++lvalue
--	前置自减	单目	自右向左	--lvalue

自增自减运算符中,后置自增自减运算符的优先级比前置自增自减运算符的优先级高,自增自减运算符的优先级比算术运算符高,lvalue 必须是变量。自增运算的功能是使变量增1,自减运算的功能是使变量减1。前置自增自减运算是"先运算后使用",即使用变量之前先使变量加1或减1。后置自增自减运算是"先使用后运算",即使用变量之后,

变量再加 1 或减 1。例如：

```
int m=4, n;
```
① n=++m;   //m 先增 1,m 为 5,然后表达式使用 m 的值,赋值给 n,n 为 5
② n=--m;   //m 先减 1,m 为 4,然后表达式使用 m 的值,赋值给 n,n 为 4
③ n=m++;   //表达式先使用 m 的值,赋值给 n,n 为 4,然后 m 增 1,m 为 5
④ n=m--;   //表达式先使用 m 的值,赋值给 n,n 为 4,然后 m 减 1,m 为 3

显然,前置和后置自增自减运算对变量本身来说作用是一样的,但对于使用它的表达式来说是有区别的。当表达式仅为自增自减运算时,前置和后置的效果完全相同。例如：

```
int n=4, m=4;
```
① n++;   //运算后 n 为 5
② ++m;   //运算后 m 为 5

自增自减的运算对象可以是字符型、整型和指针类型的变量,不能是常量、const 变量、表达式和函数调用等。例如：

```
const int k=6;
5++;              //错误
--(a+b);          //错误
k++;              //错误
max(a,b)--;       //错误
```

2. 自增自减运算符的求值顺序

当一个表达式中对同一个变量进行多次自增自减运算,例如：

```
k=i++ + i++ + i++        //写法不直观,应写成 k=(i++)+(i++)+(i++)
k=(i++)+(++i)+(++i)      //可读性差,难于明确求值顺序
```

不仅表达式的可读性差,而且不同编译器对这样的表达式求值顺序的处理也不尽相同,使得运算结果不明确。在实际编程中,一个表达式中尽量不要出现过多的 ++ 或 -- 运算,如果需要可以拆成多个表达式来写。

2.4.4 关系运算符

1. 关系运算符及其表达式

关系运算符见表 2.5。

表 2.5 关系运算符

运算符	功能	目	结合性	用法
<	小于比较	双目	自左向右	expr1 < expr2
<=	小于或等于比较	双目	自左向右	expr1 <= expr2
>	大于比较	双目	自左向右	expr1 > expr2
>=	大于或等于比较	双目	自左向右	expr1 >= expr2

续表

运 算 符	功 能	目	结 合 性	用 法
==	相等比较	双目	自左向右	expr1==expr2
!=	不等比较	双目	自左向右	expr1!=expr2

在关系运算符中,小于(<)、小于或等于(<=)、大于(>)和大于或等于(>=)的优先级比等于(==)和不等于(!=)高,整个关系运算符的优先级低于算术运算符。关系运算符的运算规则是:若关系成立,结果为 true(真);关系不成立,结果为 false(假)。C++中用数值 1 表示真,用数值 0 表示假。例如:

```
int a=5,b=6,c=6,k;
3>4                //结果为假
a<b                //结果为真
k=b!=c             //k 为 0
k=b>=c             //k 为 1
```

关系表达式由关系运算符(<、<=、>、>=、==、!=)和运算对象组成,其运算结果为逻辑值(真或假),类型为整型(1 或 0)。

使用关系运算符时需要注意以下 4 点。

(1) 关系运算符的运算对象可以是常量、变量或表达式,可以是数值类型或指针类型等。数值数据按大小进行比较,字符数据按 ASCII 码值大小进行比较。

(2) 判断相等应使用双等号(==),不要误写成作为赋值运算符的单个等号(=)。

(3) 由于计算机存储的浮点数与数学上的实数有一定的误差,因此对浮点数不能用(==、!=)做相等或不等的比较运算,而是比较相对误差。例如,已知浮点型 x、x0:

```
x==x0              //即使数学上是相等的 x 和 x0,这样的 C++写法也可能永远得不到"真"
fabs(x-x0)<1e-6    //通过比较 x 和 x0 差的绝对值小于一个非常小的数来判定 x 和 x0 相等
```

(4) 关系运算符主要用于比较判定、选择语句或循环语句中。例如,根据 x%3==0 式子的真假来判定 x 是否能被 3 整除,根据 m%2!=0 判定 m 是否是奇数。

2. 关系运算符的求值顺序

关系运算符很少有如 a>b>c 这样的连续比较。因为按关系运算符的结合性先计算 a>b,得到的结果是个逻辑值,将这个逻辑值再与后面的 c 比较,不合常理。而且用 a>b>c 的运算结果并不能判定 b 是否在 a 和 c 之间。例如:

若 a=5,b=0,c=-5,则

```
a>b>c              //b 在 a 和 c 之间,表达式为真
```

若 a=5,b=9,c=-5,则

```
a>b>c              //b 不在 a 和 c 之间,表达式也为真
```

实际上 a>b 的结果按数值来看,要么为 0(假),要么为 1(真)。

2.4.5 逻辑运算符

1. 逻辑运算符及其表达式

逻辑运算符见表 2.6。

表 2.6 逻辑运算符

运算符	功　　能	目	结合性	用　　法
!	逻辑非	单目	自右向左	!expr
&&	逻辑与	双目	自左向右	expr1 && expr2
‖	逻辑或	双目	自左向右	expr1 ‖ expr2

在逻辑运算符中,逻辑非(!)的优先级最高,逻辑与(&&)的优先级次之,逻辑或(‖)的优先级最低。逻辑非的优先级高于算术运算符,而逻辑与(&&)和逻辑或(‖)的优先级低于算术运算符和关系运算符。逻辑运算规则按真值表确定,见表 2.7。

表 2.7 真值表

expr1	expr2	expr1 && expr2	expr1 ‖ expr2	!expr1	!expr2
假(0)	假(0)	假(0)	假(0)	真(1)	真(1)
假(0)	真(非 0)	假(0)	真(1)	真(1)	假(0)
真(非 0)	假(0)	假(0)	真(1)	假(0)	真(1)
真(非 0)	真(非 0)	真(1)	真(1)	假(0)	假(0)

逻辑表达式由逻辑运算符(!、&&、‖)和运算对象组成,其运算结果为逻辑值 true(真)和 false(假)。

使用逻辑运算符时需要注意以下 3 点。

(1) 逻辑运算符的运算对象可以是常量、变量或表达式,按逻辑值对待。在 C++ 中,true 或非 0 数据当作真,false 或 0 当作假。一般情况下,逻辑运算符的运算对象应是关系运算或逻辑运算的结果。因为这两种运算的结果是逻辑值,符合其要求。

(2) 逻辑运算符主要用于逻辑判断、选择语句或循环语句中,通常和关系运算符一起使用。如 a>b&&b>c,如果式子为"真",则说明 a>b 和 b>c 是同时成立的,反之则说明至少有一个不成立。于是,可以根据 a>b && b>c 的真假来判定 b 是否在 a 和 c 之间,根据'z'>=ch && ch>='a'的真假判定 ch 是否为小写字母。

(3) 表达式 expr!=0 与 expr 的写法是等价的,可以相互替代。因为当 expr 为非 0 时,expr!=0 结果为真,expr 结果也为真;当 expr 为 0 时,expr!=0 结果为假,expr 结果也为假。同理,表达式 expr==0 与 !expr 的写法是等价的,表达式 expr==true 和 expr 等价,expr==false 和 !expr 等价。

在 C++ 中,表示逻辑值既可以是逻辑型数据,又可以是整数。当逻辑值是整数时,初学者常常混淆数值和逻辑值之间的转换。请记住:当表达式计算出的结果是逻辑值时,用 1 表示真,用 0 表示假。将数值数据当作逻辑值时,非 0 当作真,0 当作假。

2. 逻辑运算符的求值顺序

C++ 逻辑与表达式 expr1 && expr2 的执行过程是:先计算 expr1 的值,若 expr1 的值为真,则计算 expr2 的值,并根据 expr2 的值结合真值表决定 expr1 && expr2 的结果(当 expr2 为真时结果为真,否则结果为假);若 expr1 的值为假,则不再计算 expr2 的值,直接得到 expr1 && expr2 的结果为假,如图 2.3(a)所示。

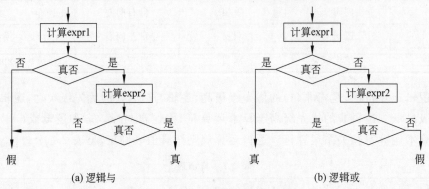

图 2.3 逻辑与和逻辑或的求值顺序

C++ 逻辑或表达式 expr1 ‖ expr2 的执行过程是:先计算 expr1 的值,若 expr1 的值为假,则计算 expr2 的值,并根据 expr2 的值结合真值表决定 expr1 ‖ expr2 的结果(当 expr2 为假时结果为假,否则结果为真);若 expr1 的值为真,则不再计算 expr2 的值,直接得到 expr1 ‖ expr2 的结果为真,如图 2.3(b)所示。

上述两个执行过程提醒编程者注意:在执行逻辑与(expr1 && expr2)、逻辑或(expr1 ‖ expr2)表达式时,expr2 有可能没有得到执行。在实际编程中需要考虑 expr1 和 expr2 的左右顺序。例如:

```
b!=0 && a/b==5        //正确,当 b 是 0 时 a/b 不执行,避免了除数为 0
a/b==5 && b!=0        //错误
```

2.4.6 条件运算符

1. 条件运算符及其表达式

条件运算符见表 2.8。

表 2.8 条件运算符

运算符	功能	目	结合性	用法
?:	条件运算	三目	自右向左	expr1 ? expr2 : expr3

条件运算符是 C++ 唯一的一个三目运算符,其优先级低于算术运算符、关系运算符

和逻辑运算符,仅高于赋值运算符和逗号运算符。条件运算符的执行过程是:先计算 expr1,若 expr1 结果为真则继续计算 expr2,并将 expr2 的结果作为条件运算的结果;若 expr1 结果为假则计算 expr3,并将 expr3 的结果作为条件运算的结果。换言之,条件运算符的结果是 expr2 或 expr3,数据类型是 expr2 或 expr3 的类型,究竟是 expr2 或 expr3 哪一个,由 expr1 来决定。

使用条件运算符时需要注意以下两点。

(1) 条件运算符的运算对象可以是常量、变量或表达式,可以是任意数据类型。无论类型和结果如何,expr1 总是按逻辑值对待。

(2) 当使用条件运算符的结果时,expr2 和 expr3 常常要统一数据含义,否则运算结果就有二义性,例如:

```
r=a>b?length:volume      //若 length 是长度,volume 是体积时,则结果 r 出现二义性
```

当不使用关系运算符的结果时,expr2 和 expr3 是可以各自独立的,例如:

```
a>b?L=length:V=volume    //根据 a>b 的真假选择两个赋值之一
```

利用条件运算符可以实现分项处理、分段函数计算等。

【例 2.7】 写出分段函数 $y=\begin{cases} ax+b & x\geq 0 \\ x & x<0 \end{cases}$ 的 C++ 表达式。

解:

```
y=x>=0?a*x+b:x;
```

2. 条件运算符的求值顺序

虽然条件运算符的结合性为自右向左,但是条件表达式(expr1 ? expr2 : expr3)本身的求值顺序却是先求解 expr1,再求解 expr2 或者 expr3,其运算符结合性和运算符求值顺序是两个不同的概念。例如:

```
x>0?a=6*x:x==0?b=7*y+x:c=x/4-y
```

执行过程如下。

(1) 计算 x>0,若为真计算 a=6*x。

(2) 否则计算 x==0,若为真计算 b=7*y+x。

(3) 否则计算 c=x/4-y。

2.4.7　位运算符

位运算是指数据以二进制位形式进行的运算,C++ 提供的位运算符见表 2.9。在编写硬件、操作系统、检测和嵌入式控制领域的程序时,位运算是非常有用的。

在位运算符中,按位取反(~)优先级最高,位移运算(>>、<<)优先级次之,按位与(&)、按位异或(^)、按位或(|)优先级低。

表 2.9 位运算符

运算符	功能	目	结合性	用法
~	按位取反	单目	自右向左	~expr
<<	按位左移	双目	自左向右	expr1<<expr2
>>	按位右移	双目	自左向右	expr1>>expr2
&	按位与	双目	自左向右	expr1 & expr2
^	按位异或	双目	自左向右	expr1^expr2
|	按位或	双目	自左向右	expr1|expr2

由于是按二进制位进行运算，所以位运算符的运算对象应是整型数据。如果是有符号整型，位运算操作会连同符号位一起执行，使得符号发生不正常的变化。所以位运算符一般使用无符号整型，如字节（unsigned char）、字（unsigned short）、双字（unsigned int）等。

下面以 unsigned char 字节型为例分别介绍各个位运算符，读者可自行推广到其他整型。

1. 按位与运算符（&）

参加运算的两个数据按二进制位进行与运算，运算规则是

0 & 0=0, 0 & 1=0, 1 & 0=0, 1 & 1=1

例如，7&9 的结果是 1，运算过程为

$$
\begin{array}{r}
00000111 \quad \cdots\cdots \quad 7 \\
\&\ 00001001 \quad \cdots\cdots \quad 9 \\
\hline
00000001 \quad \cdots\cdots \quad 1
\end{array}
$$

如果参加运算的是负数，则以补码形式进行位与运算。例如，-7 & -9 的结果是 -15，运算过程为

$$
\begin{array}{r}
11111001 \quad \cdots\cdots \quad -7 \\
\&\ 11110111 \quad \cdots\cdots \quad -9 \\
\hline
11110001 \quad \cdots\cdots \quad -15
\end{array}
$$

从上例可以看出，位运算与算术运算有很大区别，符号位的处理更是有天壤之别。另外，按位与和逻辑与也是不同的。例如，1&2 按位与的结果是 0，而 1&&2 逻辑与的结果是 1（真）；4&7 按位与的结果是 4，而 4&&7 逻辑与的结果是 1（真）。

按位与能够实现如下一些特殊要求的运算。

（1）指定的二进制位清零。假设某二进制位为 X(0 或 1)，显然 0 & X=0,1 & X=X。利用这个特点可以将整数中指定的二进制位清零，方法是构造一个与之按位与的整数，清零位为 0，其余位为 1。例如，将 170(10101010) 的 D3、D4 位清零（最右边为 D0 位），运算过程为

```
        10101010     ……     170
    &   11100111     ……     231
        10100010     ……     162
```

(2) 取整数中的指定二进制位。构造一个整数，所取位为 1，其余位为 0，则按位与后能得到指定的二进制位。例如，取 170 的低 4 位，运算过程为

```
        10101010     ……     170
    &   00001111     ……      15
        00001010     ……      10
```

(3) 保留指定位。构造一个整数，保留位为 1，其余位为 0，则按位与后能将指定二进制位保留下来。例如，保留 170 的最高位，运算过程为

```
        10101010     ……     170
    &   10000000     ……     128
        10000000     ……     128
```

2. 按位或运算符(|)

参加运算的两个数据按二进制位进行或运算，运算规则是

0|0=0, 0|1=1, 1|0=1, 1|1=1

例如，7|9 的结果是 15，运算过程为

```
        00000111     ……       7
    |   00001001     ……       9
        00001111     ……      15
```

按位或和逻辑或是不同的。例如，1|2 按位或的结果是 3，而 1‖2 逻辑或的结果是 1（真）；4|7 按位或的结果是 7，而 4‖7 逻辑或的结果是 1（真）。

假设某二进制位为 X(0 或 1)，显然 0 | X=X，1 | X=1。因此按位或常用来设置一个整数中指定二进制位为 1，方法是构造一个与之按位或的整数，设置位为 1，其余位为 0。例如，将 170(10101010) 的 D6 位置 1，运算过程为

```
        10101010     ……     170
    |   01000000     ……      64
        11101010     ……     234
```

3. 按位异或运算符(^)

参加运算的两个数据按二进制位进行异或运算，所谓异或是指两个二进制数相同为 0，相异为 1，运算规则是

0^0=0, 0^1=1, 1^0=1, 1^1=0

例如，7^9 的结果是 14，运算过程为

```
              00000111    ……    7
          ^   00001001    ……    9
              00001110    ……   14
```

特别地,a&b+a^b 等于 a|b。

假设某二进制位为 X(0 或 1),显然 0^X=X,1 & X=X,X^X=0。$\overline{X}$ 是 X 的翻转,即当 X 是 0 时,$\overline{X}$ 是 1;当 X 是 1 时,$\overline{X}$ 是 0。

异或的作用是判断两个对应的位是否为异,按位异或能够实现如下一些特殊要求的运算。

(1) 使指定位翻转。方法是构造一个与之按位异或的整数,翻转位为 1,其余位为 0。例如将 170 低 4 位翻转,运算过程为

```
              10101010    ……   170
          ^   00001111    ……    15
              10100101    ……   165
```

(2) 将两个值互换。假设 a=7,b=9,下面的赋值语句可以将 a 和 b 的值相互交换,互换后 a=9,b=7。

a=a^b, b=b^a, a=a^b;

其运算过程为

① 前两个表达式执行后,b=b^(a^b),而 b^(a^b) 等于 a^b^b,因此 b 的值等于 a^0,即 a;

② 由于 a=a^b,b=b^a^b,第 3 个表达式执行后,a=(a^b)^(b^a^b),即 a 的值等于 a^a^b^b^b,等于 b。

4. 按位取反运算符(~)

~ 是单目运算符,将一个整数中所有二进制位按位取反,即 0 变 1,1 变 0。例如,7 按位取反的结果是 248,运算过程为

```
              00000111    ……    7
          ~       ↓       ……
              11111000    ……   248
```

无论是何种整型数据,−1 按补码形式存储时二进制位全是 1,因此一个整数 m 与 ~m 的加法或者按位或结果必然是 −1,即 m+~m=−1,m | ~m=−1。

5. 左移运算符(<<)

expr1<<expr2 的作用是将 expr1 的所有二进制位向左移 expr2 位,左边 expr2 位被移除,右边补 expr2 位 0。例如整数 7(00000111) 左移两位,即 7<<2 的结果是 28(00011100)。

左移 1 位相当于 expr1 乘以 2,因此 7<<2 相当于 7*4=28。计算机内部处理中左移比乘法运算快得多,因此乘以 2^n 的幂运算可以用左移 n 位替代。

上述结论仅针对无符号类型,若是有符号类型,由于向左移位会使符号位发生变化,结论不成立。例如-128(10000000)向左移1位,即-128<<1的结果是0,不是-128*2=-256。

6. 右移运算符(>>)

expr1>>expr2的作用是将expr1的所有二进制位向右移expr2位,右边expr2位被移除,左边补expr2位0。例如整数9(00001001)右移两位,即9>>2的结果是2(0000010)。

右移1位相当于expr1除以2,因此9>>2相当于9/4=2(整型)。计算机内部处理中右移比除法运算快得多,因此除以2^n的幂运算可以用右移n位替代。

【例2.8】 取1字节型整数的D3~D5位。

解: 令整数为m,其二进制位形式为XXnnnXXX,nnn为D3~D5位,X为其余位。

首先使m右移3位,将nnn移到低位,m>>3的结果是000XXnnn。

其次将结果与7(00000111)按位与,(m>>3) & 7的结果是00000nnn,得到m的D3~D5位。

【例2.9】 将1字节型整数m循环移动n位。

解: 循环移位是指将m向右或向左移动n位,移除的位放在m的左边或右边。如XXXXXXnn循环右移2位的结果是nnXXXXXX,nnnXXXXX循环左移3位的结果是XXXXXnnn。

(1) m循环右移n位。

首先m右移n位,如XXXXXXnn右移2位得到00XXXXXX,然后m左移8-n位,如XXXXXXnn左移8-2位得到nn000000,将两个结果按位或即得到nnXXXXXX,表达式为

m>>n|m<<8-n

(2) m循环左移n位。

首先m左移n位,如nnnXXXXX左移3位得到XXXXX000,然后m右移8-n位,如nnnXXXXX右移8-3位得到00000nnn,将两个结果按位或即得到XXXXXnnn,表达式为

m<<n|m>>8-n

2.4.8 赋值运算符

1. 赋值运算符及其表达式

赋值运算符见表2.10。

表 2.10 赋值运算符

运算符	功能	目	结合性	用法
=	赋值	双目	自右向左	lvalue=expr
+= -= *= /= %= &= ^= |= <<= >>=	复合赋值	双目	自右向左	lvalue+=expr lvalue-=expr lvalue*=expr lvalue/=expr lvalue%=expr lvalue&=expr lvalue^=expr lvalue|=expr lvalue<<=expr lvalue>>=expr

赋值运算符的优先级在所有运算符中较低,仅高于逗号运算符。其作用是将运算符右侧的 expr 表达式的值赋给左侧的 lvalue 变量,并且将该值作为整个表达式的值。例如:

```
int k,i=7,j=-8;
k=i*i*i-2*j;          //运算后 k 的值以及整个表达式的结果为 i*i*i-2*j 的结果
```

复合赋值运算符的含义如表 2.11 所示。

表 2.11 复合赋值运算符的含义

复合赋值	等价表达式	含义
lvalue+=expr	lvalue=lvalue+(expr)	先执行加法运算,然后执行赋值
lvalue-=expr	lvalue=lvalue-(expr)	先执行减法运算,然后执行赋值
lvalue*=expr	lvalue=lvalue*(expr)	先执行乘法运算,然后执行赋值
lvalue/=expr	lvalue=lvalue/(expr)	先执行除法运算,然后执行赋值
lvalue%=expr	lvalue=lvalue%(expr)	先执行求余运算,然后执行赋值
lvalue&=expr	lvalue=lvalue&(expr)	先执行按位与运算,然后执行赋值
lvalue^=expr	lvalue=lvalue^(expr)	先执行按位异或运算,然后执行赋值
lvalue|=expr	lvalue=lvalue|(expr)	先执行按位或运算,然后执行赋值
lvalue<<=expr	lvalue=lvalue<<(expr)	先执行左移位运算,然后执行赋值
lvalue>>=expr	lvalue=lvalue>>(expr)	先执行右移位运算,然后执行赋值

例如:

```
int a=6,c=10,m=21,n=32;
a=a-1;                //正确,a 减 1 后再赋值给 a,等价于--a
c*=m+n;               //正确,等价于 c=c*(m+n),不是 c=c*m+n
```

使用赋值运算符时需要注意以下两点。

(1) 赋值运算符与运算对象构成的式子称为赋值表达式。赋值表达式除完成赋值功能外,它本身也可以当作一个普通的表达式项参与运算。例如:

```
int a,b,c,m=25;
c=(a=12)%(b=5);          //正确,运算结果 a 为 12,b 为 5,c 为 2,等价于 a=12,b=5,c=a%b
m=m+=m*m-=15;            //正确,运算结果 m 为 200
```

但表达式中包含过多的赋值表达式时会降低程序的可读性,理解困难,故不提倡。

(2)赋值运算符要求运算对象 expr 的类型应与 lvalue 类型相同,如果不相同会自动将 expr 的类型转换成 lvalue 的类型再赋值。转换过程中可能会产生精度丢失、数据错误等,例如:

```
char a;
a=4.2;                   //a 为 4,精度丢失,发生在浮点型转换成整型时
a=400;                   //a 为-112,数据错误,发生在数据溢出时
```

2. 左值与右值

左值(lvalue)是指可以出现在赋值表达式左边或右边的表达式,右值(rvalue)是指只能出现在赋值表达式右边,而不能出现在左边的表达式。

C++中只有变量或对象、下标运算([ ])、间接引用运算(*)和引用类型才能作为左值,下标运算、间接引用运算和引用类型将在后面章节讲到,在此之前可以将左值简单地理解为变量。常量、const 变量、表达式和函数调用均不能作为左值,而右值可以是常量、变量、函数调用或表达式。例如:

```
int k=95,a=6,b=101;
const int n=6;
b-a=k;                   //错误,b-a==k 的写法为合法的关系运算
5=b-a;                   //错误
n=b-a*k;                 //错误
```

赋值运算左边的运算对象、自增自减运算的运算对象要求必须是左值。能成为左值的数据对象必须是有内存单元的对象。

2.4.9 取长度运算符

取长度运算符见表 2.12。

表 2.12 取长度运算符

运算符	功能	目	结合性	用法
sizeof	取长度运算	单目	自左向右	sizeof expr、sizeof(expr)或 sizeof(typename)

sizeof 是单目运算符,用来计算数据类型、变量或表达式的内存长度(即内存单元的的字节数)。sizeof 有 3 种形式:

```
sizeof(typename)         //取类型 typename 的长度
sizeof(expr)             //取变量、常量或表达式的长度
sizeof expr              //取变量、常量或表达式的长度
```

例如：

```
sizeof (char)              //结果是 char 类型的内存大小,为 1
sizeof (unsigned long)     //结果是 unsigned long 类型的内存大小,为 4
sizeof a                   //结果是变量 a 的内存大小,即 a 的类型的内存大小
sizeof (a+b)               //结果是表达式 a+b 的内存大小,即 a+b 的类型的内存大小
```

sizeof 是在编译时自动确定长度的,运行时 sizeof 表达式实际是一个无符号整型常量。程序中用 sizeof 运算,而不是直接用内存长度值,可以提高程序的可移植性。

2.4.10 逗号运算符

逗号运算符见表 2.13。

表 2.13 逗号运算符

运算符	功能	目	结合性	用法
,	逗号运算	双目	自左向右	expr1, expr2

逗号运算符的优先级是所有运算符中最低的,其作用是连接多个表达式项。逗号运算符的运算对象可以是任意类型的表达式,当有多个表达式项时,从左向右依次求出每个表达式的值,整个逗号表达式的值是最右边表达式的值。例如：

```
int i=3,j=5;
k=i++,i+1,j++,j+1;         //k 值为 3(i++的值),表达式的值为 7
k=(i++,i+1,j++,j+1);       //k 值为 7(j+1 的值),表达式的值为 7
```

【例 2.10】 将两个整型变量 a 和 b 的值相互交换。

解：方法一,借助第三方变量

```
int t;
t=a, a=b, b=t;             //交换 a 和 b 的值
```

方法二,不使用第三方变量

```
a=a+b, b=a-b, a=a-b;       //交换 a 和 b 的值
```

2.4.11 圆括号运算符

圆括号运算符见表 2.14。

表 2.14 圆括号运算符

运算符	功能	目	结合性	用法
()	括号和函数调用	单目	自左向右	(expr)

圆括号运算符的优先级是所有运算符中最高的,其作用是提升其括起来的表达式的优先级。圆括号运算符的运算对象可以是任意类型的表达式,并且允许嵌套使用。嵌套

时最内层的括号优先级最高,最外边的括号优先级最低。例如:

(((a*x+b)*x+c)*x+d)*x+e   //$ax^4+bx^3+cx^2+dx+e$

(a+b)/2/x,(a+b)/(2*x)   //$\frac{a+b}{2x}$,(a+b)/2*x 是错误的

一般地,为了清楚地表达求值顺序,应该使用圆括号运算符清晰地表明求值顺序,而不是写合法的但难于阅读的表达式。

2.4.12 常量表达式

仅由常量、const 变量和运算符组成的式子称为常量表达式。常量表达式在编译时就确定它的值了,因此在程序运行时常量表达式本质上就是一个常量值。例如:

```
const int i=9;
int m;
m=i+10;        //编译时 i+10 就已经确定为 19,因此运行时这条语句实际为 m=19;
```

2.5 类型转换

C++表达式是否合法以及合法表达式的含义是由运算对象的数据类型决定的。不同类型的数据混合运算时需要进行类型转换(conversion),即将不同类型的数据转换成相同类型的数据后再进行计算。类型转换有两种:隐式类型转换和显式类型转换。

2.5.1 隐式类型转换

隐式类型转换(implicit type conversion)又称自动类型转换,它是由编译器自动进行的。编译器根据需要,在算术运算、赋值和函数调用过程中将一种数据类型的数据自动转换成另一种数据类型的数据。

1. 何时进行隐式类型转换

编译器在必要时将类型转换规则应用到 C++内置数据类型的对象上,在下列情况下,将发生隐式类型转换。

(1) 在混合类型的算术运算、比较运算和逻辑运算表达式中,运算对象被转换成相同的数据类型。例如:

```
int m=10,n=20;
m=m*1.5+n*2.7;        //发生隐式类型转换
m+n>30.5            //发生隐式类型转换
```

(2) 用作条件的表达式转换为 bool 型。例如:

```
int ival;
…
if(ival)…            //ival 转换为 bool
```

(3) 用表达式初始化变量时,或赋值给变量时,该表达式被转换为该变量的数据类型。例如:

```
int x=3.1415926;          //发生隐式类型转换
x=7.8;                    //发生隐式类型转换
```

(4) 调用函数的实参被转换为函数形参的数据类型。

2. 混合运算中的隐式类型转换

在表达式中经常有不同类型数据之间的运算,称为混合运算。例如:

10+'a'+150/1.5-3.7*'b'

在算术运算中,如果运算符的两个运算对象是不同的类型,C++会在计算表达式之前将其自动转换成同一种类型后才进行运算。转换的规则按"存储空间提升原则"进行,即存储空间小的类型转换成存储空间大的类型,或精度低的类型转换成精度高的类型,以保证运算结果尽可能精确。

如图 2.4(a)所示,数值型数据间的混合运算规则如下。

(1) 整型数据中字符型(char)和短整型(short)转换成基本整型(int),基本整型(int)转换成长整型(long),有符号(signed)转换成无符号(unsigned)。
(2) 浮点型数据中单精度(float)转换成双精度(double)。
(3) 整型数据与浮点型数据运算时,都转换成双精度(double)。
(4) 类型转换是按步骤执行的,即运算到哪步就转换哪步。

例如,已知:

int i; float f; double d; long m;

表达式 32+'A'+i*f-m/d 的运算步骤如图 2.4(b)所示。

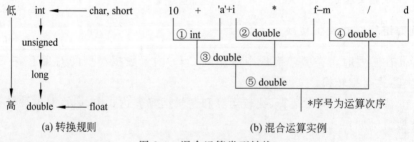

(a) 转换规则 (b) 混合运算实例

图 2.4 混合运算类型转换

3. 位运算时的类型转换

两个不同类型的数据进行位运算时,会按"存储空间提升原则"进行隐式类型转换,即按右端对齐长度小的数据左边进行扩展。当此数为正数时,左边扩展位补满 0;当此数为负数时,左边扩展位补满 1;如果是无符号整数,左边扩展位补满 0。

例如,已知:

unsigned short A=7;   //A 是 2 字节,16 位
unsigned char B=9;   //B 是 1 字节,8 位
char C=-7;   //C 是 1 字节,8 位

A&B 的运算过程为

```
    00000000 00000111    ……    A=7
&   00000000 00001001    ……    B=9(符号扩展)
    ─────────────────
    00000000 00000001    ……    1
```

A|C 的运算过程为

```
    00000000 00000111    ……    A=7
|   11111111 11111001    ……    C=-7(符号扩展)
    ─────────────────
    11111111 11111111    ……    65535
```

4. 赋值运算中的隐式类型转换

如果赋值运算符左右两边的类型不一致,且都是数值型数据时,在赋值时需要进行隐式类型转换。即先计算等号右侧表达式的值,转换成与左侧变量相同的类型,再赋值。

转换规则如下。

(1) 将浮点型数据赋给整型变量时,舍弃浮点数的小数部分。如 n 是整型变量,n=6.18 的结果是 n 的值为 6。

(2) 将整型数据赋给浮点型变量时,数值不变,但以浮点数形式存储到变量中。如 78 按 78.0 处理(根据浮点类型分别有 7 位或 16 位有效数字)。

(3) 将 double 型数据赋给 float 变量时,截取前面 7 位有效数字存储到 float 变量。将 float 型数据赋给 double 变量时,数值不变,有效数字扩展到 16 位。

(4) 将 char 型数据赋给 short、int 变量时,数据存储到变量的低 8 位,高位补 0。将 short、int 型数据赋给字符型变量时,只将数据的低 8 位存储到字符型变量中。

(5) 将 unsigned short 型数据赋给 int、long 变量时,数据存入低位,高位补 0。将 short 型数据赋给 int、long 变量时,数据存入低位,高位补 0 或者补 1。

(6) 将存储空间长度大的整型赋值给小的整型时,低字节复制,高字节"丢弃"。将长度相同的无符号和有符号整型相互赋值时,符号位与数值位同时复制。

可以看出,整型数据赋值时,实际上是按内存中的存储形式直接进行的,只不过需要考虑内存单元的长度和补码。

不同类型数据之间的赋值运算,如果右侧数据类型高于左侧变量时,将会丢失一部分数据,从而造成数据精度降低;或者发生数据溢出,导致结果错误。

5. 算术类型与 bool 类型的转换

可将算术值转换为 bool 类型,bool 类型也可以转换为 int 型。将算术类型转换为 bool 类型时,0 转换为 false,其他值转换为 true。将 bool 类型转换为算术类型时,true 转

换为 1,false 转换为 0。

6. 转换为 const

当使用非 const 对象初始化 const 对象的引用时,系统将非 const 对象转换为 const 对象。此外,还可以将非 const 对象的地址(或非 const 指针)转换为指向相关 const 类型的指针。

7. 枚举类型转换

C++ 可以自动将枚举类型的对象或枚举器转换为整型,其转换结果可用于任何要求使用整数值的地方,如算术表达式。

将枚举类型对象或枚举成员提升为什么类型由机器定义,并且依赖于枚举成员的最大值。无论其最大值是什么,枚举类型对象或枚举成员至少提升为 int 型。如果 int 型无法表示枚举成员的最大值,则提升到能表示所有枚举成员值的、大于 int 型的最小类型,如 unsigned int、long 或 unsigned long。

2.5.2 显式类型转换

不能进行自动类型转换时,或在程序中要指定数据类型时,就要利用类型转换运算符进行强制类型转换,称为显式类型转换(explicit cast)。显式类型转换运算符见表 2.15。

表 2.15 显式类型转换运算符

运算符	功能	目	结合性	用法
(type)	显式类型转换	单目	自右向左	(type)expr
type()	函数式显式类型转换		自左向右	type(expr)

显式类型转换运算符是单目运算符,优先级要高于所有双目运算符,如算术运算符、赋值运算符等。显式类型转换运算的结果是得到将表达式 expr 转换成指定类型的值。

使用显式类型转换运算符时需要注意以下两点。

(1)显式类型转换运算符的运算对象可以是任意类型的常量、变量或表达式。如果是表达式,一般应该用圆括号确定表达式的起止,否则容易发生歧义。例如:

```
(int)x+y              //将 x 转换成整型
(int)(x+y)            //将 x+y 转换成整型
```

(2)显式类型转换的目的是人为进行类型强制转换,使不同类型数据之间的运算进行下去。显式类型转换后会产生一个指定类型的临时数据对象继续参与运算,但 expr 中原有类型和数据值不会改变。例如:

```
(int)x%3              //x 的类型和数据值不变,表达式引用转换成 int 后的 x 值
```

隐式类型转换有时会产生意料之外的结果,而且难于发现。因此实际编程中常使用显式类型转换来避免可能的隐式转换。但使用显式类型转换会占用运行时间,影响程序

运行效率,所以设计程序时还是尽量设计好数据类型及其表达式,以减少不必要的类型转换。

上述显式类型转换是 C 语言的,称为 C 风格类型转换(C-style cast),C++兼容这种转换方式。另外,C++显式类型转换还有函数式的形式:

类型(表达式)

例如:

```
int ival=20; double dval=16.34;
ival+=int (dval);            //转换 double 为 int
```

但这些显式转换的可视性较差,难以跟踪错误的转换。C++为了加强类型转换的可视性,引入了新的显式类型转换运算符和类类型的转换,为安全的类型转换提供了更好的工具。本书后面章节会陆续讨论它们。

【例 2.11】 将一个浮点型变量 d 保留两位小数(四舍五入)。

解:

(int)(d*100+0.5)/100.0   //d=1.2356,d*100=123.56+0.5=(int)124.06=124/100.0=1.24

习题

1. 写出下列整数的 C++的八进制和十六进制写法。
(1) 10   (2) 31   (3) 65   (4) 127   (5) −128
(6) −625   (7) −111   (8) 12 345   (9) −25 536   (10) 32 767
(11) 65 535   (12) 255

2. 将 7 个整数赋给不同整型变量,如表 2.16 所示,写出赋值后数据的内存形式。

表 2.16 数据的内存形式

变量类型	−32 768	−128	−1	168	32 767	65 535	2 147 483 647
int							
unsigned int							
short							
unsigned short							
char							
unsigned char							

3. 简述 C++ "先定义、后使用"的含义。

4. 计算下列各个表达式的值。
(1) ① 45/2+(int)3.14159/2   ② 36−36/7*7
(2) 4&&5−3&&5

(3) ① 0x13^0x17　② 0x13&0x17　③ ~(~0<<4)　④ 10<<3+1　⑤ ((4|1)&3)

(4) sizeof(int)+sizeof(char)*10+sizeof(double)

(5) 已知 int k=7,x=12,求

① x%=(k%=5)　　② x%=(k-k%5)　　③ (x%=k)-(k%=5)

(6) 已知 x=5,a=17,y=2.7,求 x+a%5*(int)(x+y)%2/7

(7) 已知 a=3,求 a=b=(c=a+=6)

(8) 已知 int a=1,b=2,c=3,求

① a>b>c　　　② a<b&&b<c　　　③ !a+1&&!b+2&&!c+3

(9) 已知 a=3,求 (int)(a+6.5)%2+(a=b=5)

(10) 已知 x=0123,求 (5+(int)(x))&(~2)

(11) 已知 char a=0x95,求

① (a & 0x0f)<<4　　② (a & 0xf0)>>4

(12) 已知 int j=5,求 j+=j-=j*j

(13) 已知 double n=1.234 56;int m,求 m=n*100+0.5,n=m/100.0

(14) 已知 int a=3,b=4,c=5,求 !(a+b)+c-1&&b+c/2

(15) 已知 int k=6,x=12,求

① x%=++k%10　　② x-=++k%5　　③ x-=k++%5

(16) 已知 int a=-3,b=7,c=-1,求 (a=a%b<b/c)&&(a==0)

(17) 已知 int a=2,b=3;double x=4.6,求 (float)(a+b)/2+(int)x%(int)y

(18) 已知 a=12,求

① a+=a　　　　　② a-=2　　　　　③ a*=2+3
④ a/=a+a　　　　⑤ a<<=1　　　　⑥ a+=a-=a*=a/=2

5. 写出符合下面运算要求的 C++ 表达式。

(1) 求 x,y 之和的立方。

(2) 已知 a、b、c 是一个十进制数的百位、十位和个位,求这个十进制数。

(3) 计算公式① $x^6-2x^5+3x^4+4x^3-5x^2+6x+7$　② $\frac{1}{2}\left(ax+\frac{a+x}{4a}\right)$　③ $\frac{3ae}{bc}$。

(4) 已知 x、y 分别为 a、b、c 中的最大值和最小值,求 a、b、c 的中间值。

(5) 求 a 和 b 的最小值。

(6) 判断 y 能被 4 整除但不能被 100 整除,或 y 能被 400 整除也能被 100 整除。

(7) 判断 x、y、z 中有两个为负数。

(8) 判断 n 是小于 m 的偶数。

(9) 判断 a、b、c 是否为一个等差数列中的连续 3 项。

(10) 判断 n 是否为两位正整数。

第 3 章

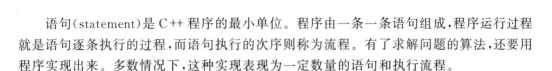

语句(statement)是 C++ 程序的最小单位。程序由一条一条语句组成,程序运行过程就是语句逐条执行的过程,而语句执行的次序则称为流程。有了求解问题的算法,还要用程序实现出来。多数情况下,这种实现表现为一定数量的语句和执行流程。

C++ 语句分为简单语句、复合语句和控制语句,具有顺序结构、选择结构和循环结构 3 种基本控制结构。

3.1 语句

3.1.1 简单语句

简单语句包括表达式语句、函数调用语句、空语句和声明语句。

1. 表达式语句

在任何表达式后面加上一个分号(;)就构成了一个表达式语句(expression statement),语句形式为

表达式;

例如:

```
x=a+b;                    //赋值语句
```

为赋值表达式语句,执行加法和赋值运算。又如:

```
t=a,a=b,b=t;              //a 和 b 交换
```

为逗号表达式语句,组合了多个赋值运算。

表达式语句用于计算表达式,但下面的语句:

```
a+b+c;                    //能运算但无实际意义
```

却没有任何意义,因为 3 个变量加起来的结果没有用于赋值或其他用途,计算结果被舍弃了。一般地,表达式语句所包含的表达式应该在计算时对程序的状态或数据有影响,例如赋值、自增自减、输入或输出等操作。

2. 函数调用语句

函数调用语句是由函数调用加分号(;)形成的,语句形式为

函数调用(实参);

例如:

```
cout<<"a+b="<<a+b<<endl;        //输出流函数调用语句
```

表达式语句和函数调用语句是程序中用得最多的语句,因为程序多数情况下表现为计算和功能执行。

3. 空语句

仅有一个分号就形成了空语句(null statement),它什么也不做,语句形式为

```
;                               //空语句
```

空语句往往用在语法上要求必须有一个语句,而逻辑上不需要做什么的地方,例如循环语句中的循环体。下面语句的功能是从键盘连续输入多个字符直到输入回车符。

```
while(cin.get()!='\n');         //使用空语句
```

这里的循环体就是空语句,因为 while 语句要求必须有循环体,而 cin.get()!='\n'已经完成了语句功能,此时的循环体不需要做什么。

由于空语句是一个语句,因此可用在任何允许使用语句的地方。而意外出现的多余分号(即空语句)不是语法错误,不会由编译器报告出来,因而有时容易让程序员忽视而产生难以消除的程序漏洞(bug)。

4. 声明语句

在 C++ 中对象的定义或类型的声明也是语句,称为声明语句(declaration statements),它可以放在程序中任何允许语句出现的地方,例如:

```
1    int a, b;
2    a=10, b=20;
3    int t;                     //正确,声明语句只要放在使用之前即可
4    t=a, a=b, b=t;
```

第 3 行的变量定义放在了第 2 行程序语句的后面,这种做法在 C 语言中是不合法的,而 C++ 允许这样做,增强了对象定义或类型声明的灵活性,可以很方便地实现定义或声明的局部性,即作用范围从声明语句开始到函数或块的结束。

一般地,声明语句最好放在函数或语句块开头位置。

3.1.2 复合语句

将多个语句组成的语句序列用一对大括号({})括起来组成的语句称为复合语句

（compound statement），又称语句块，简称块（block）。语句形式为

```
{
    [局部声明部分;]
    语句序列;
}
```

其中，"语句序列"表示任意数目的语句，方括号内的局部声明部分是可选的。例如：

```
{                                           //复合语句
    double s, a=5, b=10, h=8;               //局部声明
    s=(a+b)*h/2.0;
    cout<<"area="<<s<<endl;
}                                           //复合语句不需要分号结尾
```

复合语句内的每条语句必须以分号（;）结尾，但复合语句的右大括号（}）已表示结尾，因此其后不需要分号。如果在后面添加分号，意思就变为一个复合语句与一个空语句。

复合语句内部可以进行变量定义或类型声明，这些定义或声明仅在复合语句内部可以使用，称为块的局部作用域，将在第 4 章详细讨论作用域。例如：

```
{
    int t,a=10,b=7;                         //定义局部变量 t、a、b
    t=a,a=b,b=t;                            //仅在这个复合语句中使用
}
```

复合语句允许嵌套，即在复合语句中还可以包含复合语句。例如：

```
{                                           //复合语句
    double v1,r=5;                          //局部声明
    v1=4*3.1415926*r*r*r/3;
    {                                       //嵌套的复合语句
        double v2,h=12;                     //嵌套的局部声明
        v2=3.1415926*r*r*h;
        cout<<v1<<","<<v2<<endl;
    }                                       //嵌套的复合语句结尾
}                                           //复合语句结尾
```

使用复合语句嵌套，程序有了更大能力应付复杂的流程处理。

如果复合语句中没有任何内容，如{}，称为空复合语句，空复合语句与空语句等价，它为空语句提供了一种替代语法。

尽管复合语句内部有许多语句，但从语法角度来看，复合语句是一个语句的意思，因此凡是简单语句能出现的地方都可以使用复合语句。使用复合语句的目的是描述长而复杂的语句序列，利于将复杂的语句形式简单化和结构化。

3.1.3 注释

可以在程序中编写注释（comments），有两种形式。

/*……*/块注释语法形式:

/*
注释内容
*/

//行注释语法形式:

//注释内容

说明:

(1) 注释仅是对源程序的说明文字,它不是程序代码,对程序运行没有任何影响。实际上,在编译程序时所有注释内容将被忽略。

(2) /*……*/块注释允许多行注释,以/*开头,以*/结尾,这中间的任何内容均是注释内容。注释可以是任何来自字符集的字符组合,包括换行符,也允许中文等非ASCII字符。/*……*/不允许嵌套。例如:

```
/* 第 1 个注释
   ……
   /* 第 2 个注释
      ……
    */
 */
```

是错误的,因为编译器将第2个注释的*/当作第1个注释的结尾,从而使得后续部分出现编译错误。显而易见,编译器一旦遇见/*开头,就表示注释开始,在遇到*/注释时才会结束。因此只给出/*而没有*/也会产生编译错误。

(3) //行注释是C++标准允许的另一种注释方法,//注释表示从//开始直到本行末尾的所有字符均是注释内容。例如:

```
s=3.1415926*r*r*h/3;                //计算圆锥体积
```

显而易见,编译器一旦遇见//开头,就表示注释开始,直至本行末尾。

//注释只能注释一行,如果要注释多行就要写多次。一般//注释适用于短小精简的注释,/*……*/注释适用于大段注释。

(4) 编译器将整个注释理解为一个空白字符,相当于一个空格的作用。在编译阶段,所有的注释均被忽略,所以执行程序不包含注释内容;换言之,注释对于程序的执行是没有任何效用的。例如:

```
1    int/*这里有注释*/t, a, b;
2    //t=a, a=b, b=t;
```

第1行在int和t之间的注释起到了空格的作用,第2行实际上没有程序代码。

尽管注释对程序运行没有作用,但编程时还是提倡在适当的地方写注释。这是因为注释出现在程序的源文件中,可以对源程序作出说明,从而增加程序的可读性。而且,从上述程序段第2行中,还可以学到将一段程序代码临时"屏蔽"起来,即让某段程序"暂时失效"的调试技巧。

注释内容应该是那些能够确切描述程序代码功能、目的、接口、概括算法、确认数据对象含义以及阐明难以理解的代码段的说明性文字,编程时要养成习惯添加注释,但注释也不是越多越好。一般来说,处理复杂的程序注释多些,简单程序甚至可以不写注释,总之从方便程序的阅读和增强对程序的理解出发。

3.1.4 语句的写法

在 C++ 中,对于语句的写法有以下规定或惯例。

(1) 多数情况下,在一个程序行里只写一个语句,这样的程序写法清晰,便于阅读、理解和调试。

(2) 注意使用空格或 Tab 作合理的间隔、缩进或对齐,使程序形成逻辑相关的块状结构,养成优美的程序编写风格。

(3) C++ 允许在一行里写多个语句。例如:

```
a=i/100; b=i/10%10; c=i%10;                    //3个语句
```

由于行是多数编译器在编译或调试时的基本单位,即使编译器指明了某一行有错误也不能明确判明是哪个语句出错,所以在一行里写多个语句的风格并不好。

(4) C++ 允许将一个语句拆成多行来写。例如:

```
cout<<"a="<<a<<",b="<<b<<",c="<<c<<",d="<<d<<",e="<<e<<",f="
    <<f<<",g="<<g<<",h="<<h<<endl;
```

计算机屏幕宽度有限,过长的语句拆成多行来写是可能的。但需要注意两点:一是 C++ 规定回车换行也是空白符,所以不能在关键字、标识符等中间拆分,否则人为间隔了这些词语,会产生编译错误;二是在 C++ 中字符串常量是不能从中间拆分的,因为编译器会认为字符串没有正确结束。例如:

```
1    cout<<"This is a very long
2    string of examples";
```

第 1 行会产生编译错误。

解决字符串常量拆分的办法是使用反斜杠(\)行连接符,行连接符的作用是用程序的下一行(从第一列开始)替换当前的行连接符。例如:

```
1    "one \
2    two \
3    three"
```

第 2 行会替换第 1 行的行连接符\,第 3 行会替换第 2 行的行连接符\,从而第1、2、3行实质上合并为一行,故上述写法与下面的写法等价:

```
"one two three"
```

请注意,如果//注释后面不幸有一个行连接符,那么下一行也依然是注释。例如:

```
1    int t, a=10, b=7;              //本行的注释\
2    t=a, a=b, b=t;
```

与下面等价：

```
int t, a=10, b=7;                   //本行的注释 t=a, a=b, b=t;
```

3.2 输入与输出

所谓输入是指从外部输入设备(如键盘、鼠标等)向计算机输入数据，输出是指从计算机向外部输出设备(如显示器、打印机等)输出数据。

C++的输入输出操作是用流(stream)对象实现的，以标准的终端设备(键盘和显示器)为输入输出设备。cout是输出流对象，cin是输入流对象。通过cout的<<流插入运算符将需要输出的内容插入到输出流中(即显示出来)，通过cin的>>流提取运算符从输入设备(键盘)的输入流中读取内容到指定的对象。

程序中使用流对象cin、cout和流运算符时，应该用文件包含预处理命令将标准输入输出流库的头文件<iostream>包含到源文件中，即使用输入输出流对象的程序一般在文件开头应有以下命令：

```
#include <iostream>                 //C++标准输入输出流类库
using namespace std;                //C++标准输入输出流类库要求使用标准命名空间
```

需要注意的是，C++标准库头文件一般是不加文件扩展名(.h)的。

C++的输入输出操作本质上是类成员函数调用，通常在不引起概念混淆的情况下，将由cin和流提取运算符(>>)实现输入功能的函数调用语句称为输入语句，将由cout和流插入运算符(<<)实现输出功能的函数调用语句称为输出语句。

C++还兼容C语言的输入输出操作，由标准库函数来实现。不同的库函数能够处理形式多样的输入输出操作，支持不同的输入输出设备。C语言标准中定义了"标准输入输出函数"，以标准的终端设备(键盘和显示器)为输入输出设备，可以使用字符输出putchar、字符输入getchar、格式输出printf和格式输入scanf等函数。

程序中使用标准输入输出函数时，应该用文件包含预处理命令将C语言头文件<stdio.h>包含到源文件中，即调用输入输出库函数的程序，一般文件开头应有以下命令：

```
#include <stdio.h>                  //C++兼容C语言,可以不用标准命名空间
```

或

```
#include <cstdio>                   //C++新方法
using namespace std;                //C++新方法要求使用标准命名空间
```

*3.2.1 输入流与输出流

1. cout 和 cin 对象的使用

使用 cout 输出数据的一般形式为

cout << 表达式 1 << 表达式 2 <<…;

表达式 1、表达式 2……依次按先后顺序插入输出缓冲区中,然后刷新到标准输出设备(显示器)上。

使用 cin 输入数据的一般形式为

cin >> 变量 1 >> 变量 2 >>…;

从标准输入设备(键盘)上输入的数据依次按先后顺序提取到变量 1、变量 2……而且只能提取到变量中,不能提取到常量或表达式。

例如:

```
int x, y;
cin>>x>>y;                          //键盘输入
cout<<"x="<<x<<",y="<<y<<endl;      //输出到显示器上
```

运行时先等待键盘输入

12 34↙

再输出

x=12,y=34

cout 输出时,并不是插入一个数据就马上输出,而是把插入的数据顺序存放到一个输出缓冲区中,直到输出缓冲区满或遇到刷新(endl、'\n'、ends 或 flush)为止。此时将缓冲区中已有的数据一起输出,并清空缓冲区。

cin 输入时,缓冲区不为空时,直接从缓冲区中提取数据;否则等待键盘输入。键盘输入必须用 Enter 键结束输入,如图 3.1 所示。

图 3.1 输入输出工作原理

cin 输入时,为了分隔多项数据,默认要求在两个键盘输入数据之间使用空白符。空白符有 3 个:空格、Tab 键、Enter 键,可以任选其一。例如:

cin>>a>>b>>c>>d;

由键盘输入

12␣34 → 56↙
78↙

其中,␣表示空格,→表示 Tab 键,↙表示 Enter 键。输入后 a=12、b=34、c=56、d=78。

在输入输出数据时,为简便起见,往往不指定其数据格式,而由系统根据数据的类型采取默认格式。如表 3.1 所示为 cin 所能识别的输入数据类型及默认的输入格式,表 3.2 为 cout 所能识别的输出数据类型及默认的输出格式。

表 3.1 cin 所能识别的输入数据类型及默认的输入格式

输入数据类型	输入格式	输入数据类型	输入格式
bool	1 或 true,0 或 false	short、int、long(signed、unsigned)	整型常量
char(signed、unsigned)	第 1 个非空白字符	float、double、long double	浮点数常量
void * 地址值	十六进制数	char *(signed、unsigned)	空白符之前所有字符

表 3.2 cout 所能识别的输出数据类型及默认的输出格式

输出数据类型	输出格式	输出数据类型	输出格式
bool	1 或 0	short、int、long(signed、unsigned)	整数
char(signed、unsigned)	单个 ASCII 字符	float、double、long double	浮点或指数格式
void * 地址值	十六进制数	char *(signed、unsigned)	字符串

2. 格式控制

有时希望数据按指定的格式输入输出,如要求以十六进制或八进制形式输入一个整数,对输出的小数只保留两位小数,输出的多行数据能够对齐等。有两种方法可以达到这样的要求。

(1) 可以在输入输出流中使用控制符进行格式控制。表 3.3 为常用格式控制符,其中<iomanip>表示若使用了该控制符,除<iostream>外,程序还需要包含头文件<iomanip>,即输入输出操纵器(manipulator)库。

使用格式控制符的形式如下:

cout <<…<<格式控制符 <<表达式 <<…;
cin >>…>>格式控制符 >>变量 >>…;

格式控制符仅设置其后的输入输出的格式,对它前面的输入输出没有影响。

表 3.3　输入输出格式控制符

格式控制符	含　义
endl	插入换行符且刷新缓冲区输出到设备上
ends	插入空字符('\0')
flush	所有在缓冲区的字符立即输出到设备上
boolalpha	逻辑型用文字值 true 或 false 输入输出
noboolalpha	逻辑型用整数值 1 或 0 输入输出
dec	用十进制形式输入输出整数
oct	用八进制数形式输入输出整数
hex	用十六进制形式输入输出整数
setbase(int base)	设置整数进制基数，base 只能是 8、10 或 16 之一
left	在设定的域宽内左对齐输出，右端用填充字符填满
right	在设定的域宽内右对齐输出，左端用填充字符填满
internal	在设定的域宽内右对齐输出，但若有符号（-或+），符号置于最左端
setfill(char c)	＜iomanip＞。设置填充字符为 c 所指定的字符
setw(int n)	＜iomanip＞。设置域宽为 n。输入域宽只对字符串有效，输出时指最小输出宽度。当实际数据宽度小于域宽时，多余的位用填充字符填满；当实际数据宽度大于域宽，按实际的输出。初始域宽为 0，表示所有数据按实际输出。域宽设置只对一次输入输出有效，它是所有格式中唯一的一次有效的设置。在完成一次输入输出后，域宽自动恢复为 0
fixed	定点形式输出浮点数，未设置时用浮点形式输出浮点数
scientific	指数形式输出浮点数
setprecision(int n)	＜iomanip＞。设置精度为 n。对于默认浮点形式精度决定输出的有效位个数，默认为 6 位，小数点的相对位置随数据的不同而浮动；对于定点或指数形式精度决定输出的小数位数，小数点的相对位置固定不变，必要时进行舍入处理或添加 0
showbase	输出进制整数的前缀，十六进制为 0x，八进制为 0
noshowbase	清除 showbase 的设置
showpoint	强制输出小数点，未设置时只在非整数情况下才输出小数点
noshowpoint	清除 showpoint 的设置
showpos	强制输出数的正负符号，未设置时只在负数情况下才输出符号
noshowpos	清除 showpos 的设置
uppercase	若数据是十六进制或有 0x 前缀时，设置数据中的字母为大写。未设置时为小写
nouppercase	清除 uppercase 的设置
skipws	输入时读取连续多个空白符并丢弃，即跳过空白符，空白符包含空格、Tab 和回车。未设置时空白符当作数据内容的一部分

续表

格式控制符	含 义
noskipws	清除 skipws 的设置
unitbuf	设置每次输出插入操作立即刷新缓冲区内容，未设置时只有在缓冲区满或 flush、endl、ends 时才刷新缓冲区内容
nounitbuf	清除 unitbuf 的设置
setiosflags(mask)	<iomanip>。设置 ios 标志值，mask 为 ios_base::fmtflags 类型，格式标志值如下： ① 逻辑：ios_base::boolalpha ② 进制：ios_base::dec、ios_base::oct、ios_base::hex、ios_base::basefield ③ 浮点：ios_base::fixed、ios_base::scientific、ios_base::floatfield ④ 对齐：ios_base::left、ios_base::right、ios_base::internal、ios_base::adjustfield ⑤ 显示：ios_base::showbase、ios_base::showpoint、ios_base::showpos、ios_base::uppercase ⑥ 其他：ios_base::skipws、ios_base::unitbuf 可以使用位或运算(|)一次设置多个标志值
resetiosflags(mask)	<iomanip>。清除 ios 标志值

（2）可以调用输入输出流对象的成员函数进行格式控制。表 3.4 为格式控制的流对象成员函数。

表 3.4 流对象成员函数

函　　数	含　　义
precision(int n);	等价于 setprecision(int n)
width(int n);	等价于 setw(int n)
setf(mask);	等价于 setiosflags(mask)
unsetf(mask);	等价于 resetiosflags(mask)
fill(char c);	等价于 setfill(char c)

get();
get(char& c);
get(char *s,streamsize n);
	提取一个字符，函数返回其值
	提取一个字符给 c
	提取 n-1 个字符(遇到 Enter 键结束)到字符数组 s 或字符指针 s 指向区域

get(char *s,streamsize n,char delim);
get(streambuf& sb);
get(streambuf& sb,char delim);
	同上，遇到分隔字符 delim 时结束
	提取 n-1 个字符(遇到 Enter 键结束)到字符串流缓冲对象
	同上，遇到分隔字符 delim 时结束

getline(char *s,streamsize n);	提取 n-1 个字符(遇到 Enter 键结束)到字符数组 s 或字符指针 s 指向区域
getline(char *s,streamsize n,char delim);	同上，遇到分隔字符 delim 时结束
put(char c);	输出一个字符 c
write(const char *s,streamsize n);	输出 n 个字符数组 s 或字符指针 s 指向区域的字符
flush();	所有在缓冲区的字符立即输出到设备上

【例 3.1】 使用 cin 和 cout 输入输出数据。

程序代码如下：

```
1    #include <iostream>            //标准输入输出流类库
2    #include <iomanip>             //输入输出操纵器库
3    using namespace std;           //标准输入输出需要 std
4    int main()
5    {
6        bool v; int a, m, n;
7        double x,y,z, p, f; float f1;
8        cin>>boolalpha>>v;                              //输入文字值逻辑数据
9        cin>>oct>>a>>hex>>m>>dec>>n;                    //输入进制整数数据
10       cin>>p>>f>>f1>>x>>y>>z;                         //输入小数、指数浮点数据
11       cout<<v<<'\t'<<boolalpha<<v<<'\t'<<noboolalpha<<v<<endl;   //逻辑型输出
12       cout<<a<<'\t'<<p<<endl<<a*p<<endl;                         //整型输出
13       cout<<hex<<m<<'\t'<<oct<<m<<'\t'<<dec<<m<<endl;            //进制整型输出
14       cout<<showbase<<hex<<m<<'\t'<<oct<<m<<'\t'<<dec<<m<<endl;  //进制前缀
15       cout.precision(5); cout<<x<<'\t'<<y<<'\t'<<z<<endl;        //浮点型输出
16       cout<<fixed<<x<<'\t'<<y<<'\t'<<z<<endl;                    //定点形式
17       cout<<scientific<<x<<'\t'<<y<<'\t'<<z<<endl;               //指数形式
18       cout<<left<<setw(6)<<n<<'\t'<<internal<<setw(6)<<n<<'\t';  //对齐
19       cout.width(6);cout<<right<<n<<setfill('0')<<endl;          //对齐
20       cout<<setw(10)<<77<<'\t'<<setfill('x')<<setw(10)<<77<<endl; //填充
21       cout<<setprecision(5)<<f1<<'\t'<<setprecision(9)<<f1<<endl; //精度
22       cout<<fixed<<setprecision(5)<<f<<'\t'<<setprecision(9)<<f<<endl;
23       cout<<scientific<<setprecision(5)<<f<<'\t'<<setprecision(9)<<f<<endl;
24       cout<<setiosflags(ios_base::floatfield|ios_base::showpoint); //标志
25       cout<<setprecision(0)<<f<<'\t'<<setprecision(9)<<f<<endl;    //小数位数
26       cout<<showpos<<1<<'\t'<<0<<'\t'<<-1<<endl;                   //符号
27       cout<<noshowpos<<1<<'\t'<<0<<'\t'<<-1<<endl;
28       return 0;
29   }
```

程序运行情况如下：

```
true↙
144 46 -77↙
3.14 3.14159 3.14159↙
3.1415926534 2006.0 1.0e-10↙
1              true            1
100            3.14
314
46             106             70
0x46           0106            70
3.1416         2006            1e-010
```

3.14159	2006.00000	0.00000
3.14159e+000	2.00600e+003	1.00000e-010
-77	-77	-77
0000000077	xxxxxxxx77	
3.14159e+000	3.141590118e+000	
3.14159	3.141590000	
3.14159e+000	3.141590000e+000	
3.	3.14159000	
+1	+0	-1
1	0	-1

下面集中给出使用 cout 格式化输出数据的例子。

```
//①输出逻辑型数据(默认格式、文字值格式)
cout<<v1<<","<<v2<<","<<boolalpha<<v1<<","<<v2<<","<<noboolalpha<<v2<<endl;
//输出结果: 1,0,true,false,0
//②输出整型数据
//十进制、十六进制和八进制
cout<<a<<","<<hex<<a<<","<<oct<<a<<dec<<endl;
//输出结果: 123,7b,173
//十进制、十六进制和八进制,负数为补码
cout<<b<<","<<hex<<b<<","<<oct<<b<<dec<<endl;
//输出结果: -1,ffffffff,37777777777
//十六进制大小写数字
cout<<hex<<a<<","<<b<<uppercase<<","<<a<<","<<b<<nouppercase<<endl;
//输出结果: 7b,ffffffff,7B,FFFFFFFF
//填充十六进制、八进制前缀
cout<<showbase<<hex<<a<<","<<oct<<a<<noshowbase<<dec<<endl;
//输出结果: 0x7b,0173
//无符号十进制
cout<<u1<<","<<u2<<endl;
//输出结果: 1,4294967295
//短整型,负数为补码
cout<<i<<","<<hex<<i<<","<<oct<<i<<dec<<endl;
//输出结果: -1,ffff,177777
//③输出带格式的整型数据
//域宽、右对齐、左对齐、实际宽度
cout<<"["<<a<<"],["<<setw(4)<<a<<"],["<<setw(4)<<left<<a<<"]"<<right<<endl;
//输出结果: [123],[ 123],[123 ]
cout<<"["<<setw(4)<<c<<"],["<<setw(4)<<left<<c<<"]"<<right<<endl;
//输出结果: [12345],[12345]
//显示正负符号
cout<<showpos<<"["<<a<<"],["<<-a<<"]"<<noshowpos<<endl;
```

```
//输出结果：[+123],[-123]
//填充空格
cout<<setfill(' ')<<"["<<setw(5)<<a<<"],["<<setw(5)<<-a<<"]"<<endl;
//输出结果：[  123],[  -123]
//填充0
cout<<setfill('0')<<"["<<setw(5)<<a<<"],["<<internal<<setw(5)<<-a<<"]"<<endl;
//输出结果：[00123],[-0123]
//④输出字符型数据(字符型数值、ASCII码)
cout<<k<<","<<int(k)<<setfill(' ')<<endl;
//输出结果：a,97
//⑤输出带格式的字符型数据(宽度、右对齐、左对齐)
cout<<"["<<setw(12)<<k<<"],["<<left<<setw(12)<<k<<"]"<<right<<endl;
//输出结果：[           a],[a           ]
//⑥输出浮点型数据
//默认浮点格式、小数格式、指数格式
cout<<x<<","<<fixed<<x<<","<<scientific<<x<<endl;
//输出结果：12.3456,12.345600,1.234560e+001
cout<<setiosflags(ios_base::floatfield);        //设置默认浮点格式
cout<<y<<","<<fixed<<y<<","<<scientific<<y<<endl;
//输出结果：12,12.000000,1.200000e+001
//⑦输出指定精度的浮点型数据
//默认精度、域度
cout<<setiosflags(ios_base::floatfield);        //设置默认浮点格式
cout<<"["<<x<<"],["<<setw(10)<<x<<"]"<<endl;
//输出结果：[12.3456],[    12.3456]
//设置精度
cout<<setprecision(2);
cout<<"["<<x<<"],["<<setw(10)<<x<<"],["<<fixed<<setw(10)<<x<<"]"<<endl;
//输出结果：[12],[        12],[     12.35]
//⑧输出带格式的浮点型数据
cout<<setprecision(6)<<showpos<<"["<<y<<"],["<<-y<<"]"<<noshowpos<<endl;
//输出结果：[+12.000000],[-12.000000]
cout<<setfill(' ')<<"["<<setw(10)<<y<<"],["<<setw(10)<<-y<<"]"<<endl;
//输出结果：[12.000000],[-12.000000]
cout<<setfill('0')<<internal<<"["<<setw(15)<<y<<"],["<<setw(15)<<-y<<"]"<<endl;
//输出结果：[00000012.000000],[-0000012.000000]
cout<<setfill(' ')<<"["<<setw(15)<<y<<"],["<<setw(15)<<-y<<"]"<<endl;
//输出结果：[      12.000000],[-     12.000000]
//⑨输出字符串
cout<<"["<<"Java"<<"],["<<setw(6)<<"Java"<<"],[";
cout<<left<<setw(6)<<"Java"<<"]"<<endl;
//输出结果：[Java],[  Java],[Java  ]
```

下面集中给出使用 cin 输入格式化数据的例子。

```
//输入整型、长整型、短整型、浮点型
cin>>a>>h>>i>>x>>y;
//输入: 1 2 3 1.23 3.25            结果 a=1,h=2,i=3,x=1.23,y=3.25
//输入: 1 -1 12345 12.3 12e5        结果 a=1,h=-1,i=12345,x=12.3,y=1.2e6
//连续输入用空格、Tab、Enter 键间隔
cin>>a>>b>>c;
//输入: 1 2 3                      结果 a=1,b=2,c=3
//输入: 1,2,3                      结果 a=1,b,c 不确定(输入逗号不匹配空白符,cin 终止)
cin>>a>>k>>b>>m;
//输入: 12c34a                     结果 a=12,k=c,b=34,m=a
//输入: 12 c 34 a                  结果 a=12,k=c,b=34,m=a
cin>>a>>m>>b>>m>>c;
//输入: 12,34,56                   结果 a=12,b=34,c=56
```

3.2.2 字符输入与输出

1. 字符输出 putchar 函数

putchar 函数的作用是向显示终端输出一个字符,一般形式为

putchar(c);

其中,参数 c 为整型,使用低 8 位的值,输出的字符是 c 值对应的 ASCII 符号。函数调用时,c 可以是常量、变量或表达式,可以是整型数据、字符型数据或转义字符。

putchar 函数可以直接输出附录 A 的 ASCII 码对照表中可显示的字符(ASCII 值为 0x20～0x7f),控制字符(ASCII 值为 0x00～0x1f)的输出有特殊的含义。例如,'\n'输出换行符,使光标移到下一行的开头;'\r'输出回车符,使光标回到本行开头。

2. 字符输入 getchar 函数

getchar 函数的作用是从键盘终端输入一个字符,一般形式为

getchar()

getchar 函数没有参数,函数返回值为输入的字符。通常将 getchar 的返回值赋给一个字符型变量或整型变量。例如:

c=getchar();   //输入字符保存到 c 中,以便后续能使用它(用 c)

或者作为表达式的一部分直接使用。例如:

putchar(getchar());   //将输入字符直接输出
putchar(c=getchar());   //将输入字符保存到 c 中,并且输出

getchar 函数的输入操作步骤如下。
① 检查键盘缓冲区是否有字符。
② 若有字符则直接从缓冲区中提取一个字符返回,且缓冲区移向下一个字符。

③ 若没有字符则 getchar 等待键盘输入,直到输入 Enter 键结束等待,重复步骤①。例如执行:

c=getchar();

getchar 将等待键盘输入,如果输入 1↙(本书用↙表示按 Enter 键),则键盘缓冲区有两个字符,c 提取了字符"1",键盘缓冲区还留有一个字符"↙"。又如执行:

1   c1=getchar();
2   c2=getchar();

执行第 1 行时 getchar 等待键盘输入,如果输入 1↙,那么 c1 提取了字符"1";执行第 2 行时由于键盘缓冲区还有一个字符,故第 2 行不用等待键盘输入,直接提取字符"↙"。

由此可见,getchar 函数执行时从键盘上可以连续输入多个字符,直到遇到 Enter 键为止。输入的多个字符放到键盘缓冲区,一次 getchar 函数调用会从缓冲区中提取一个字符,直到缓冲区没有字符时才从键盘输入。

有时,程序员为调试目的在程序中会写出下面的调用:

getchar();

其含义是让程序执行到这一行时停下来,便于观察运行情况,按 Enter 键继续执行。

3.2.3 格式化输出

1. printf 函数

printf 函数的作用是向标准输出设备(显示终端)输出格式化的数据,一般形式为

printf(格式控制,输出项列表);

例如:

printf("a=%d,b=%d\n",a,b);

printf 函数的参数包括两部分。
(1) 格式控制。
格式控制为字符串形式,称为格式控制串,它主要有两种内容。
① 格式说明。格式说明总是以百分号(%)字符开始,后跟格式控制字符,例如 %d、%f 等。它的作用是将输出项转换为指定格式输出。
② 一般字符。除格式说明外的其他字符,包含转义字符。一般字符根据从左向右的出现顺序直接输出到显示终端上,ASCII 控制字符的输出有特殊的含义。
(2) 输出项列表。
输出项列表为将要输出的数据,可以是常量、变量或表达式。输出项可以是零个或多个,但必须与格式说明一一对应,即一个格式说明决定一个输出项。

下面是没有输出项且无格式说明的 printf 函数调用例子:

```
printf("hello,world\n");              //没有输出项,且无格式说明
```

2. 格式控制

格式控制串按照从左向右的顺序,当遇到第 1 个格式说明时,那么第 1 个输出项被转换为指定的格式输出,第 2 个格式说明转换第 2 个输出项,以此类推。如果输出项多于格式说明,则多出的输出项被忽略。如果没有足够的输出项对应所有的格式说明,则输出结果无法预料。

(1) 格式说明域。

格式说明由可选(用方括号括起)及必需的域组成,其形式如下:

%[flags] [width] [.prec] [h|l|L|F|N] type

格式说明域是个表明具体格式选项的单个字符或数字。最简单的格式说明只有百分号和 type 字符(如％s)。可选域出现在 type 字符前,控制格式的其他特征。表 3.5 解释了每个域的含义,如果百分号后的字符作为格式说明域没有意义,则该字符直接输出。

表 3.5　printf 格式说明域含义

域	域选	描述	含　　义
type	必需	类型字符	决定输出项转换为字符、字符串还是数值
flags	可选	标志字符	控制输出的对齐、符号、空格及八进制和十六进制前缀。可以出现多个标志
width	可选	宽度说明	指定输出项的最小显示宽度
.prec	可选	精度说明	指定输出项的最大输出字符数或浮点数的小数精度
h/l/L/F/N	可选	大小修饰	指明输出项类型大小或指针的远近

(2) type 类型字符。

类型字符是 printf 函数唯一必需的格式说明域。它出现在任何可选域之后,用来确定输出项的类型。表 3.6 列出了常用类型字符的含义。

表 3.6　printf 类型字符含义

字符	类型	输　出　格　式
d	int	带符号的十进制整数
u	int	无符号十进制整数
o	int	无符号八进制整数
x 或 X	int	无符号十六进制整数(若输出为字母,x 用 abcdef,X 用 ABCDEF)
f	double	具有[—]dddd.dddd 格式的带符号数值,其中,dddd 为一位或多位十进制数字。小数点前的数字个数取决于数的量级;小数点后的数字个数取决于所要求的精度
e 或 E	double	具有[—]d.dddde[+/—]ddd 格式的带符号数值,其中,d 为单个十进制数字,dddd 为一位或多位十进制数字,ddd 为 3 位十进制数,用 e 或 E 表示指数

续表

字符	类型	输出格式
g 或 G	double	以 f 或 e 格式输出的带符号数值,对给出的值及其精度,f 和 e 哪个简洁就用哪个。只有当值的指数小于-4 或大于或等于精度说明时才使用 e 格式。尾部的 0 被截断,只有小数点后跟一位或多位数字时才出现小数点。用 e 或 E 表示指数
c	char	单个字符
s	字符串指针	直到第一个非空字符('\0')或满足精度的字符串
%		输出百分号'%'

(3) 格式。

标志字符是一个字符,可以调整对齐、符号、空格以及八进制和十六进制前缀,格式说明中可以有多个标志字符。宽度说明是非负的十进制整数,它规定输出占位的最小宽度。但输出大于宽度时,按实际值的输出,小的宽度不会引起输出值的截断。精度说明是以圆点(.)开头的非负十进制整数,它规定了输出的最大字符数或有效数字位数。精度说明可以引起输出值的截断,或使浮点数输出值四舍五入。大小修饰指明输出结果的类型大小。

表 3.7 列出了常用标志、宽度、精度和大小修饰的含义。

表 3.7　printf 常用格式

项目	值	含　义
标志	-	在给定域宽内左对齐输出结果(右边用空格填充),默认右对齐(左边用空格或 0 填充)
	+	如果输出值是有符号数,则总是加上符号(+或-),默认只在负数前加-
	空格	如果输出值是有符号数或为正数,则以空格作为前缀加到输出值前;如果空格和+标志同时出现,则忽略空格
	#	指明使用如下的"转换样式"转换输出参数 x 或 X:在任何非 0 输出值前加上 0x 或 0X o:在任何非 0 输出值前加上 0
宽度	n	至少有 n 个字符宽度输出,如果输出值中的宽度小于 n 个,则输出用空格填充直到最小宽度规定(如果 flags 为-,则填充在输出值的右边,否则在左边)
	0n	至少有 n 个字符宽度输出,如果输出值中的宽度小于 n 个,则输出用 0 填充在输出值的左边(对于左对齐无效)
	*	间接设置宽度,此时由输出项列表提供宽度值,且它必须在输出项的前面
精度	.n	精度值指定浮点型小数点后数字的个数(默认 6 位),四舍五入。或指定可输出字符的最大数目,超出精度值范围的字符不予输出
	.0	浮点型输出不打印小数点(及其后的小数)
	.*	间接设置精度,此时由输出项列表提供精度值,且它必须在输出项的前面。如果宽度说明和精度说明同时使用*,则先出现宽度值,接着是精度值,然后才是输出项
大小修饰	h	对于 d、o、x、X 类型为 short,u 为 unsigned short
	l	对于 d、o、x、X 类型为 long,u 为 unsigned long,e、E、f、g、G 为 double
	L	对于 e、E、f、g、G 为 long double

请注意,一个浮点类型值若是正无穷大、负无穷大或非 IEEE 浮点数时,printf 函数输出＋INF、－INF、＋NAN 或－NAN。

下面集中给出调用 printf 函数格式化输出数据的例子。

```
int a=123,b=-1,c=12345; long h=-1; short i=-1,j=32767;
char c1=97; double x=12.3456,y=12,z=12.123456789123;
//①输出整型数据
printf("%d,%u,%x,%X,%o\n",a,a,a,a,a);        //十进制、无符号、十六进制和八进制
//输出结果: 123,123,7b,7B,173
printf("%d,%u,%x,%X,%o\n",b,b,b,b,b);        //十进制、无符号、十六进制和八进制,负数为补码
//输出结果: -1,4294967295,ffffffff,FFFFFFFF,37777777777
printf("%ld,%lu,%lx,%lo\n",h,h,h,h,h);       //长整型,负数为补码
//输出结果: -1,4294967295,ffffffff,37777777777
printf("%hd,%hu,%hx,%ho\n",i,i,i,i,i);       //短整型,负数为补码
//输出结果: -1,65535,ffff,177777
printf("%hd,%hd\n",j,j+1);                   //短整型,数据溢出
//输出结果: 32767,-32768
//②输出带格式的整型数据
printf("[%d],[%4d],[%-4d],[%4d],[%-4d]\n",a,a,a,c,c);
                                             //宽度、右对齐、左对齐、实际宽度
//输出结果: [123],[ 123],[123 ],[12345],[12345]
printf("[%+d],[%+d],[%d],[%d]\n",a,-a,a,-a); //填充正负符号、填充空格
//输出结果: [+123],[-123],[ 123],[-123]
printf("[%04d],[%04d],[%04d],[%-04d]\n",a,b,c,a);//左边填充 0,右边不影响
//输出结果: [0123],[-001],[12345],[123 ]
printf("%#d,%#x,%#X,%#o\n",a,a,a,a);         //填充十六进制、八进制前缀
//输出结果: 123,0x7b,0X7B,0173
printf("[%*d]\n",5,a);                       //由输出项指定宽度
//输出结果: [  123]
printf("[%8.2d],[%-8.2d]\n",a,a);            //精度对整型无作用
//输出结果: [     123],[123     ]
//③输出字符型数据
printf("%d,%c\n",c1,c1);                     //字符型数值、ASCII 码
//输出结果: 97,a
//④输出带格式的字符型数据
printf("[%12c],[%012c],[%-012c]\n",c1,c1,c1);//宽度、右对齐、左对齐
//输出结果: [           a],[00000000000a],[a           ]
//⑤输出浮点型数据
printf("%lf,%e,%g\n",x,x,x);                 //小数格式、指数格式、最简格式
//输出结果: 12.345600,1.234560e+001,12.3456
printf("%lf,%e,%g\n",y,y,y);                 //小数格式、指数格式、最简格式
//输出结果: 12.000000,1.200000e+001,12
//⑥输出指定精度的浮点型数据
printf("[%lf],[%10lf],[%10.2lf],[%.2lf]\n",x,x,x,x);  //默认精度、宽度、精度
```

```
//输出结果：[12.345600],[ 12.345600],[      12.35],[12.35]
//⑦输出带格式的浮点型数据
printf("[%+lf],[%+lf],[%lf],[%lf]\n",y,-y,y,-y);    //填充正负符号、填充空格
//输出结果：[+12.000000],[-12.000000],[ 12.000000],[-12.000000]
printf("[%06.1lf],[%-06.1lf]\n",y,y);               //左边填充0，右边不影响
//输出结果：[0012.0],[12.0  ]
printf("[%.*f],[%*.*f]\n",6,x,12,3,x);              //由输出项指定宽度、宽度与精度
//输出结果：[12.345600],[      12.346]
//⑧输出字符串
printf("[%s],[%6s],[%-6s]\n","Java","Java","Java"); //宽度对字符串的影响
//输出结果：[Java],[  Java],[Java  ]
printf("[%s],[%.3s],[%6.3s]\n","Basic","Basic","Basic"); //精度对字符串的影响
//输出结果：[Basic],[Bas],[   Bas]
//⑨特殊输出
printf("%%\n",c1);                                  //两个%%表示输出一个%,输出项
//输出结果：%
printf("%d,%d\n",a,b,c);                            //格式数目小于输出项数，忽略多余输出项
//输出结果：123,-1
printf("%d,%d,%d\n",a,b);                           //格式数目大于输出项数，输出结果不确定
//输出结果：123,-1,2367460
printf("%d,%lf\n",x,a);                             //类型不对应，输出结果不确定
//输出结果：2075328197,0.000000
```

3.2.4 格式化输入

1. scanf 函数

scanf 函数的作用是从标准输入设备（键盘终端）读取格式化的数据，一般形式为

scanf(格式控制,输入项列表,…);

例如：

scanf("%d%d", &a, &b)

scanf 函数将数据读到输入项列表中。每个输入项必须为地址形式（& 变量）。格式控制可以包含下列情况的一种或多种。

(1) 空白符：①空格('␣')；②Tab('\t')；③换行('\n')。空白符使 scanf 读输入数据中的连续空白符，但不保存它们，直至读到下一个非空白字符为止。格式串中的一个空白字符可以匹配任意数目（包括 0 个）和任意组合的空白符。

(2) 除百分号（%）外的非空白符：非空白符使 scanf 读入一个匹配的非空白字符，但不保存它。如果输入中的字符并不匹配，则立即终止 scanf。

(3) 格式说明符：由百分号%开头。格式说明符使 scanf 读入输入数据中的字符，并将它转换成指定类型的值，该值将保存到输入项中。

格式控制自左向右地处理。遇到第 1 个格式说明符时，读入第 1 个输入数据，并存放

到第 1 个输入项中,以此类推,直到格式控制串结束。其他字符用来匹配输入中的字符序列,输入中的匹配字符被读入但不保存;如果输入中某个字符与格式说明相冲突,则 scanf 终止,该字符将留在输入流中,就像没有读过一样。

输入数据被定义为:下一个空白符之前的所有字符;下一个不能按格式说明转换的字符之前的所有字符(如在八进制下出现 8);到达域宽之前的所有字符。

如果输入项个数比给定的格式说明符多,多余的输入项被忽略;如果输入项个数比格式说明符少,则读入结果是不可预料的。scanf 函数经常会引发灾难性的结果,其原因就是格式说明、输入项与实际输入数据不匹配。

2. 格式控制

(1) 格式说明域。

格式说明由可选(用方括号括起)及必需的域组成,其形式如下:

%[*][width][h|l|L|F|N]type

格式说明域是个表明具体格式选项的单个字符或数字。最简单的格式说明只有百分号和 type 字符(如%s)。如果百分号(%)后面紧跟的字符作为格式控制没有意义,该字符和下一个百分号(%)之前的所有字符被当作必须与输入匹配的字符序列。

(2) type 类型字符。

类型字符是 scanf 函数唯一必需的格式说明域。它出现在任何可选域之后,用来确定输入项的类型。表 3.8 列出了常用类型字符的含义。

表 3.8　scanf 类型字符的含义

类型字符	期望读入(应输入)的类型
d	十进制整数
o	八进制整数
x 或 X	十六进制整数
u	无符号十进制整数
e, E, f, g, G	由下列成分组成的浮点数:可选的符号+或-,包括小数点在内的一个或多个十进制数字序列,可选的指数符('e'或'E')其后的带符号整数。[+/-] dddddddd [.] dddd [E|e] [+/-] ddd
c	字符。指定 c 后,通常被跳过的空白符将被读入,如果要读下一个非空白符,要使用%1s
s	字符串。默认情况下,输入字符串以空白符作为结束

(3) *禁止字符。

*禁止字符的含义是从输入数据中读取类型相当的数据,但跳过这个数据,即不将它保存到输入项中。

（4）宽度说明。

宽度说明控制从输入数据中读出的最大字符数。转换并存放到相应输入项中。如果读 width 个字符前遇到空白符或不能根据指定格式进行转换的字符，则读入的字符个数将少于 width 个。

（5）大小修饰。

大小修饰指明输入的类型大小，与 printf 的大小修饰含义相同。

下面集中给出调用 scanf 函数输入格式化数据的例子。

```
int a,b,c; long h; short i; char k,m; double x,y;
scanf("%d%ld%hd%lf%le",&a,&h,&i,&x,&y);           //输入整型、长整型、短整型、浮点型
//输入：1 2 3 1.23 3.25        结果 a=1,h=2,i=3,x=1.23,y=3.25
//输入：1 -1 32768 12.3 12e5    结果 a=1,h=-1,i=-32768,x=12.3,y=1.2e6
scanf("%d%d%d",&a,&b,&c);                         //连续输入用空格、Tab、回车间隔
//输入：1 2 3       结果 a=1,b=2,c=3
//输入：1,2,3       结果 a=1,b,c 不确定(输入逗号不匹配空白符,scanf 终止)
scanf("%d,%d,%d",&a,&b,&c);                       //输入必须匹配一般字符
//输入：1,2,3       结果 a=1,b=2,c=3
//输入：1 2 3       结果 a=1,b,c 不确定(输入空格不匹配逗号,scanf 终止)
scanf("a=%db=%dc=%d",&a,&b,&c);                   //输入必须匹配一般字符
//输入：a=1b=2c=3    结果 a=1,b=2,c=3
//输入：1 2 3       结果 a,b,c 不确定(输入不匹配 a=,scanf 终止)
scanf("%4d%4d",&a,&b);                            //指定宽度
//输入：12 12345     结果 a=12,b=1234
//输入：123456789    结果 a=1234,b=5678
scanf("%1d%*2d%3d",&a,&b);                        //禁止字符
//输入：123456789    结果 a=1,b=456,23 读取但不保存
scanf("%d%c%d%c",&a,&k,&b,&m);                    //输入字符型
//输入：12c34a       结果 a=12,k=c,b=34,m=a
//输入：12 c 34 a    结果 a=12,k=空格,b,m 不确定(输入 c 不匹配%d,scanf 终止)
scanf("%d%d",&a,&b,&c);                           //格式数目小于输入项数,多余输入项未被输入
scanf("%d%d%d",&a,&b);                            //格式数目大于输入项数,崩溃性错误
scanf("%d%lf",&x,&a);                             //类型不对应,严重错误
```

printf 和 scanf 函数格式繁杂，读者可以通过上机实验摸索其规律，积累经验，逐步掌握。在实际编程中，使用最多的情形是无格式的 printf 和 scanf 函数调用，即格式说明简单为%type。

3.3 程序顺序结构

3.3.1 顺序执行

通常情况下，语句以其出现的顺序执行，一个语句执行完会自动转到下一个语句开始执行，这样的执行称为顺序执行。顺序执行反映了程序"按部就班"的执行规律，多数情况

下，程序的执行就是这样的。

顺序执行的次序是很重要的，例如求圆面积，其执行次序就应该如图 3.2 所示。

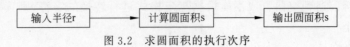

图 3.2　求圆面积的执行次序

显然，3 个步骤中颠倒任意一个次序，结果都不会正确。

顺序执行有一种特殊的情形就是函数执行。程序执行到函数时，会暂停当前的执行流程，进入函数中开始一段新的执行流程，从函数返回后再继续当前的执行流程。

函数中的执行流程可以是程序流程的任意形式，它似乎是顺序执行中的一段"小插曲"。然而正是这种执行机制使得程序可以由简单的顺序执行激活更多层次、更多嵌套、更复杂的执行流程，从而满足算法求解的执行需要。

3.3.2　跳转执行

除最简单的程序外，顺序执行对于必须要解决的问题来说是不够的。从问题求解的一般过程来看，还需要跳转执行。

例如，编程求解 $ax^2+bx+c=0$ 的根时，需要根据 b^2-4ac 的值是否大于 0、等于 0、小于 0 选择相应的代码来分别处理，这是选择。

例如，编程判断 m 是否为素数时，需要对 $2\sim m-1$ 的数逐一判断是否整除，这是循环。

例如，有时需要从最深的嵌套结构中直接退出去，这是直接跳转。

C++ 的控制语句用于控制程序的流程，实现跳转执行，它们由特定的语句组成。C++ 有 9 种控制语句，可分成以下 3 类。

(1) 选择语句：if 语句、switch 语句。

(2) 循环语句：while 语句、do 语句、for 语句。

(3) 跳转语句：goto 语句、break 语句、continue 语句、return 语句。

这里先介绍 goto 语句。

goto 语句的作用是使程序无条件跳转到别的位置，语法形式为

goto 标号；

这里的标号是一个自定义的标识符，标号语句形式为

标号：语句序列

其中，"语句序列"表示多个语句的意思。

当程序执行到 goto 语句时，就直接跳转到标号语句的位置继续运行。例如：

```
1      goto L1;
⋮      ⋮      //语句序列
10     L1: x=a+b;
⋮      ⋮      //语句序列
```

执行第 1 行时,程序跳转到 L1 标号语句所在的第 10 行继续运行。

C++ 规定,goto 语句只能在函数内部跳转,不能跳转到别的函数中。标号语句的标号一般用大写,后跟冒号(:),后面可以是任意形式的 C++ 语句。如果要跳转到的位置是语句块的结束,右大括号(})的前面,需要在标号后面使用空语句。例如:

```
    ...                  //语句序列
    L_END:  ;            //空语句
}
```

goto 语句不能向前跳过没有被语句块包围的声明语句。例如:

```
int main()
{
L_START:
    int a=10;
    ...                  //语句序列
    goto L_START;        //错误,跳过声明部分
    return 0;
}
```

早在 1968 年,计算机科学家 Dijkstra 发表了论文 *GoTo Statement Considered Harmful*(《GoTo 有害论》),证明了所有 goto 语句都可以改写成不用 goto 语句的程序,提出"一个程序的质量与程序中所含的 GoTo 语句的数量成反比"。因为 goto 语句无条件的跳转破坏了程序的结构化,导致可阅读性降低,所以少用或不用 goto 语句是编程的好习惯。

3.4 程序选择结构

3.4.1 if 语句

if 语句的作用是计算给定的表达式,根据结果选择执行相应的语句,语句形式有两种。

(1) if 形式:

if (表达式) 语句 1;

(2) if-else 形式:

if (表达式) 语句 1; else 语句 2;

其中,语句 1 或语句 2 称为子语句,两个转向分支称为 if 分支和 else 分支,圆括号内的表达式称为选择条件。

第(1)种形式的 if 语句的执行过程是先计算表达式,无论表达式为何种类型,均将这个值按逻辑值处理。如果其值为真,则执行子语句 1,然后执行 if 语句的后续语句;如果其值为假,则什么也不做,直接执行 if 语句的后续语句,其执行流程如图 3.3(a)所示。

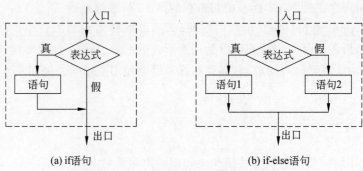

(a) if语句　　　　　　　　(b) if-else语句

图3.3　两种形式的if语句执行流程

第(2)种形式的if-else语句执行过程是先计算表达式,无论表达式为何种类型,均将这个值按逻辑值处理。如果其值为真,则执行子语句1,然后执行if语句的后续语句;如果其值为假,则执行子语句2,然后执行if语句的后续语句。其执行流程如图3.3(b)所示。

if语句提供了程序选择执行。例如:

if (a>b) t=a, a=b, b=t;

当a>b时,执行t=a,a=b,b=t运算,即a和b相互交换;若a≤b则什么也不做。总而言之,无论a和b之前是什么数,执行这段程序后,a肯定小于或等于b。

下面对if语句的用法作详细说明。

(1) if语句中的子语句既可以是简单语句,也可以是复合语句或控制语句,但必须是"一个语句"的语法形式。例如:

```
1    if (a>b)
2        x=a+b; y=a-b;
3    else
4        x=a-b; y=a+b;
```

第2行语法错误,因为if分支子语句是两个语句的形式,不符合语法要求;第4行虽然没有语法错误,但有写法歧义性问题,即y=a+b;这个语句并不是else分支子语句,而是这个if语句的后续语句。

(2) 子语句往往会有多条语句,甚至更复杂的情形,这时可以使用复合语句。例如:

```
1    if (a>b) {
2        x=a+b; y=a-b;
3    }
4    else {
5        x=a-b; y=a+b;
6    }
```

(3) 从两种形式的if语句的执行流程图可知,if语句都有一个共同的入口和出口,执行流程的不同依赖子语句的不同,这种形式就是程序选择结构。从流程图的虚框上来看,

if 语句所形成的选择结构可以抽象为顺序结构的一步。反过来提示我们在编程时可以先抽象设计顺序结构的一步，再使用选择结构细化。

(4) if 语句后面的圆括号是语法规定必须有的，表达式可以是 C++ 的任意表达式；但由于其结果是按逻辑值来处理的，通常情况下，选择条件是关系表达式或逻辑表达式，应该谨慎出现别的表达式。

下面给出 3 个示例。

情形一，选择条件是赋值表达式，例如：

a=5, b=2;
if (a=b) x=a*10;

这时表达式的含义是先将 b 赋值给 a，再将赋的值按逻辑值来处理；C++ 中任何其他类型的值转换为逻辑值的规则是 0 为假、非 0 为真，表达式现在的结果是 2，故选择条件为真，执行子语句。表达式是赋值可能还有一个原因就是误将相等比较写成了赋值，即＝＝少写了一个等号变成了＝。例如：

a=5, b=2;
if (a==b) x=a*10;

先比较 a 和 b 是否相等，由于不相等选择条件为假，子语句没有执行。

情形二，选择条件是数值、指针值或算术运算。例如：

a=5,b=2;
if (a) x=a*10;

这时表达式直接将 a 按逻辑值来处理，故选择条件为真，执行子语句。仔细研究表 3.9，可以得出，按逻辑值处理，写法"a"和"a!＝0"是等效的，"!a"和"a＝＝0"是等效的。

表 3.9 数值按逻辑值处理的结果

数 值	逻 辑 值			
a	a	a!＝0	!a	a＝＝0
0	假	假	真	真
非 0	真	真	假	假

情形三，选择条件是常量。例如：

if (0) x=a*10;

这时表达式恒为假，子语句永远也不可能得到执行。这种极端写法通常用来调试，即通过安排表达式为假来"屏蔽"尚未完工的子语句。

(5) if-else 语句和条件运算符似乎很像。例如：

if (c1>='A' && c1<='Z') c=c1+32;
else c=c1;

和

```
c=(c1>='A' && c1<='Z') ? c1+32 : c1;
```

结果是完全一样的,条件运算符的写法似乎更简洁。实际上 if-else 语句是语句,它可以包含任意多的表达式,或任意多的语句组合。而条件运算符则能力有限,它仅局限于表达式。因此 if-else 语句可以替代条件运算符,反之则不成立。

【例 3.2】 利用下面的 Heron 公式计算三角形面积。

设三角形的三边长为 a、b、c,构成三角形的条件是:$a+b>c, b+c>a, c+a>b$ 同时成立,则面积为

$$s = \sqrt{t(t-a)(t-b)(t-c)}$$

其中,$t = \dfrac{a+b+c}{2}$。

程序代码如下:

```
1   #include <iostream>
2   #include <cmath>
3   using namespace std;
4   int main()
5   {
6       double a,b,c;
7       cin>>a>>b>>c;                          //输入三角形三边长
8                                              //判断三边长是否构成三角形
9       if (a+b>c && a+c>b && b+c>a) {
10          double s,t;
11          t=(a+b+c)/2.0;
12          s=sqrt(t*(t-a)*(t-b)*(t-c));       //用 Heron 公式计算三角形面积
13          cout<<"area="<<s<<endl;
14      }
15      else cout<<"error"<<endl;
16      return 0;
17  }
```

程序运行情况如下:

3 4 5↙
area=6

3.4.2 switch 语句

switch 语句的作用是计算给定的表达式,根据结果选择从多个分支入口执行,语句形式为

```
switch (表达式) {
    case 常量表达式 1: 语句序列 1
```

```
    case 常量表达式 2: 语句序列 2
        ⋮
    case 常量表达式 n: 语句序列 n
        default: 默认语句序列
}
```

语法形式中的转向分支约定称为 case 分支和 default 分支,圆括号内的表达式称为分支选择,"语句序列"表示允许多个语句。

switch 语句的执行过程是先计算表达式,然后将该值与 case 的值逐一进行比较。若与某个常量表达式的值相等,就从该 case 分支后的语句序列开始执行,执行完一个语句序列继续下一个语句序列,直到没有语句或遇到 break 语句为止;若均没有相等的值,则转向 default 分支,从默认语句序列开始执行,其执行流程如图 3.4 所示。

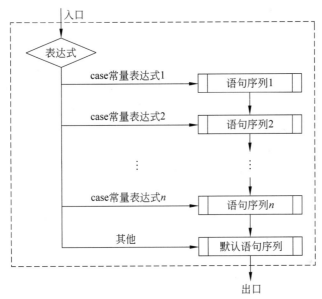

图 3.4 switch 语句执行流程

下面对 switch 语句的用法作详细说明。

(1) switch 语句中 case 分支的语句序列既可以是一个语句,也可以是任意多的语句序列,还可以没有语句;既可以是简单语句,也可以是复合语句和控制语句。如果没有语句,则一旦执行到这个 case 分支,什么也不做,继续往下执行。例如:

```
1   switch (n) {
2       case 7 : cout<<"step5"<<endl;
3       case 6 :
4       case 5 : cout<<"step4"<<endl;
5       case 4 :
6           {
7               cout<<"step3"<<"step2"<<endl;
8           }
```

```
9       case 2 : cout<<"step1"<<endl;
10      default: cout<<"step0"<<endl;
11  }
```

case 6 没有语句,执行到这里时直接往下执行,case 4 的语句是复合语句的写法。

(2) switch 语法中各个 case 分支和 default 分支的出现次序在语法上没有规定,但次序的不同安排会影响执行结果。比较下面的程序段:

```
1   //程序 A                       //程序 B
2   switch (n) {                   switch (n) {
3       case 1 : cout<<"1";            default: cout<<"0";
4       case 2 : cout<<"2";            case 1 : cout<<"1";
5       default: cout<<"0";            case 2 : cout<<"2";
6   }                              }
```

但 n 为 3 时,程序 A 输出 0,程序 B 输出 012,因为程序 A 只执行第 5 行,而程序 B 依次执行第 3、4、5 行。

(3) switch 语法中 default 分支是可选的,若没有 default 分支且没有任何 case 标号的值相等时,switch 语句将什么也不做,直接执行其后续语句。

(4) switch 语句后面的圆括号是语法规定必须有的。分支选择可以是 C++ 的任意表达式,但其值必须是整数(含字符类型)、枚举类型,或者包含能转换成这两种类型的类型。如果有其他类型的值,例如浮点数或逻辑型结果,则会产生隐式类型转换;如果不能隐式类型转换,则出现语法错误。通常情况下,分支选择是整型的算术运算表达式,应该谨慎出现别的表达式。例如:

```
switch (k<=12||k>=65)
{
    case 0: cout<<"false"<<endl;
    case 1: cout<<"true"<<endl;
}
```

分支选择为逻辑运算表达式,按整数处理,真为 1,假为 0,除此之外的其他 case 分支是不可能转换的。

(5) switch 语法中的 case 分支必须是常量表达式且互不相同,即为整型、字符型或枚举类型的常量值,但不能包含变量。例如,若 c 是变量,则"case c>='a' && c<='z':"的写法是错的。case 分支后面的冒号是必须的,即使没有后面的语句序列。

从 switch 语句的语法上来看,一旦开始执行某个分支,就会一直执行到没有语句为止;换言之,从某个分支开始执行,也会将另一个分支的语句序列执行到。但实际问题求解中,多分支选择却不是这样的,它往往要求某个分支的语句执行后,switch 就结束,所要求的执行流程如图 3.5 所示。

为了实现这样的控制流程,可以使用 break 语句,语句形式为

break;

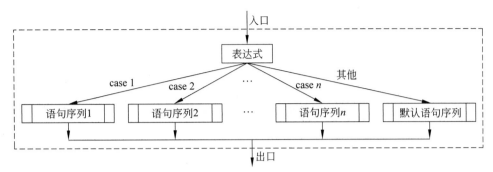

图 3.5　结构化的 switch 流程

在 switch 语句中任意位置上,只要执行到 break 语句,就结束 switch 语句的执行,转到后续语句。所以,更常见的 switch 结构应该如下,它提供了程序多分支选择执行流程。

```
switch (表达式) {
    case 常量表达式 1：语句序列 1; break;
    case 常量表达式 2：语句序列 2; break;
        ⋮
    case 常量表达式 n：语句序列 n; break;
    default: 默认语句序列; break;
}
```

最后的分支是可以不用 break 语句的。

3.4.3　选择结构的嵌套

在 if 语句和 switch 语句中,分支的子语句可以是任意的控制语句,当这些子语句是 if 语句或 switch 语句时,就构成了选择结构的嵌套。

1. if 语句的嵌套

第一种形式,在 else 分支上嵌套 if 语句,语法形式为

```
if (表达式 1) 语句 1
else if (表达式 2) 语句 2
else if (表达式 3) 语句 3
    ⋮
else if (表达式 n) 语句 n
else 语句 m
```

子语句 n 若要执行,则前面的表达式均为假和表达式 n 为真;子语句 m 若要执行,则所有的表达式均为假,其余以此类推,其执行流程如图 3.6 所示。

【例 3.3】　编程输出成绩分类,90 分及以上为 A,80～89 分为 B……60 分以下为 E。

分析:如图 3.5 所示,大于 90 分及以上为一个分支,80～89 分为一个分支,以此

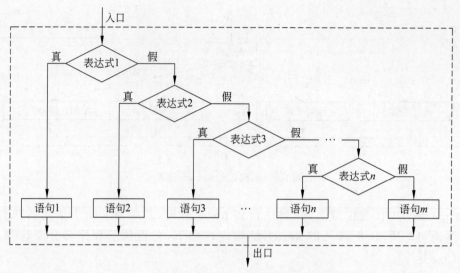

图 3.6 嵌套 if 语句第一种形式的执行流程

类推。

程序代码如下:

```
1   #include <iostream>
2   using namespace std;
3   int main()
4   {
5       int score;
6       cin>>score;
7       if (score >=90) cout<<"A"<<endl;          //90分及以上
8       else if (score >=80) cout<<"B"<<endl;     //80～89分
9       else if (score >=70) cout<<"C"<<endl;     //70～79分
10      else if (score >=60) cout<<"D"<<endl;     //60～69分
11      else cout<<"E"<<endl;                     //60分以下
12      return 0;
13  }
```

由于前一级判断已经排除 90 分及以上的情形,所以"score>=80 && score<=89"可以优化为"score>=80";显然,逐级判断下去,60 以下对应的是排除"score>=60"的情形。

第二种形式,在 if 和 else 分支上嵌套 if 语句,语法形式为

```
if (表达式 1)
    if (表达式 2) 语句 1
    else 语句 2
else
    if (表达式 3) 语句 3
    else 语句 4
```

子语句 2 若要执行,则表达式 1 为真且表达式 2 为假;子语句 3 若要执行,则表达式 1 为假且表达式 3 为真,其余以此类推,其执行流程如图 3.7 所示。

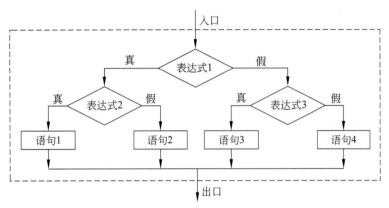

图 3.7 嵌套 if 语句第二种形式的执行流程

if 语句嵌套的层数没有限制,可以形成多重嵌套。多重嵌套的使用扩展了程序选择的分支数目,适应了程序多分支选择流程的需要。但是,嵌套的层数越多,编写和理解代码的难度就越大,所以应尽可能使 if 语句的嵌套层数最少。

① if 多重嵌套容易出现 if 与 else 的配对错误,从而引起二义性。例如,

```
1    if(x>1)
2        if (x>10) y=1;
3    else y=2;                    //第 2 行的 else 分支
```

和

```
1    if(x>1) {
2        if (x>10) y=1;
3    }
4    else y=2;                    //第 1 行的 else 分支
```

嵌套中的 if 与 else 的配对关系原则为:else 总是匹配给上面相邻尚未配对的 if。如果 if 和 else 的数目不对应,使用复合语句来明确配对关系。

② 对选择条件优化可以减少 if 的嵌套层数。例如,

```
1    if(x>1)
2        if (x>10) y=1;
```

是可以这样写的:

```
if(x>1 && x>10) y=1;
```

③ 选择正确的算法可以大幅降低 if 多重嵌套带来的复杂度。

【例 3.4】 输入 4 个数 a、b、c、d,按由小到大的顺序输出。

分析:如果按照逐一比较输出或相似的思路去求解,就会用到 if 多重嵌套,会有 24 个分支(全排列 4!)。这样的嵌套是复杂的,也很难理解。例如,

```
if(a>b && b>c && c>d) cout<<a<<","<<b<<","<<c<<","<<d<<endl;
else if(a>b && b>c && d>c) cout<<a<<","<<b<<","<<d<<","<<c<<endl;
...
```

可以采用两两比较交换的思路来做,由于比较完后有交换,对于后面的步骤来说,这两个数已经确定了大小关系,比较的次数会越来越少。

程序代码如下:

```
1    #include <iostream>
2    using namespace std;
3    int main()
4    {
5        int a,b,c,d,t;
6        cin>>a>>b>>c>>d;
7        if(a>b) t=a,a=b,b=t;              //结果 a<=b
8        if(a>c) t=a,a=c,c=t;              //结果 a<=c
9        if(a>d) t=a,a=d,d=t;              //结果 a<=d,a<b,c,d
10       if(b>c) t=b,b=c,c=t;              //结果 b<=c
11       if(b>d) t=b,b=d,d=t;              //结果 b<=d,a<b<c,d
12       if(c>d) t=c,c=d,d=t;              //结果 c<=d,a<b<c<d
13       cout<<a<<","<<b<<","<<c<<","<<d<<endl;
14       return 0;
15   }
```

程序运行情况如下:

12 7 30 2↙
2,7,12,30

2. switch 语句的嵌套

switch 语句是可以嵌套的。例如,下面的程序段:

```
1    int a=15, b=21, m=0;
2    switch(a%3) {
3        case 0: m++;
4            switch(b%2) {
5                default: m++;
6                case 0 : m++; break;
7            }
8        case 1: m++;
9    }
```

第 3 行 case 分支执行,第 4 行 switch 语句执行,当第 6 行 break 执行时结束"switch(b%2)"语句,转到第 8 行继续执行上一级"switch(a%3)"语句的 case 分支。

从上面的例子可以看出,switch 语句中的 break 语句仅终止包含它的 switch 语句,而不是嵌套中的所有 switch 语句。使用嵌套的 switch 语句后，程序的分支变得复杂。

3. if 语句和 switch 语句的替换

从逻辑上来看，if 语句和 switch 语句是可以相互替换的。switch 语句的分支判定是按相等来处理的，而 if 语句的条件判定就要比它宽广得多。显然，switch 语句可以直接用第一种嵌套形式的 if 语句写出来。但 if 语句用 switch 语句来写就有难度了，原因是用相等判定去代替区间判定有实现上的困难，例如"a＜x＜b"就无法用"x 等于什么"的意思来描述。一般地，switch 语句的程序完全可以用 if 语句写出来，if 语句的程序一定条件下可以用 switch 语句写出来。

使用 switch 语句比用 if-else 语句简洁，可读性高。遇到多分支选择的情形，应当尽量选用 switch 语句，避免采用嵌套较深的 if-else 语句。

3.4.4 选择结构程序举例

【例 3.5】 输入某天的日期(年、月、日)，输出第二天的日期。

分析：设某天为(y、m、d)，那么第二天的日期为(y、m、d+1)。但如果 d+1＞Days 天时，则第二天的日期为(y、m+1、1)。如果 m+1 大于 12 时，则第二天的日期为(y+1、1、1)，当月份为 1、3、5、7、8、10、12 月时，Days 为 31；月份为 4、6、9、11 月时，Days 为 30。平年 2 月 Days 为 28，闰年 2 月 Days 为 29。程序先计算 Days。

程序代码如下：

```
1    #include <iostream>
2    using namespace std;
3    int main()
4    {
5        int y,m,d,Days;
6        cin>>y>>m>>d;                                    //输入日期
7        switch(m) {                                      //计算每月的天数
8            case 2 :
9                Days=28;
10               if ((y%4==0&&y%100!=0)||(y%400==0)) Days++;//闰年 2 月为 29 天
11               break;
12           case 4 : case 6 :
13           case 9 : case 11 : Days=30; break;
14           default: Days=31;                            //其余月份为 31 天
15       }
16       d++;
17       if (d>Days) d=1,m++;                             //判断月末
18       if (m>12) m=1,y++;                               //判断年末
19       cout<<y<<"-"<<m<<"-"<<d<<endl;                   //输出第二天的日期
20       return 0;
21   }
```

程序运行情况如下：

2004 2 28↙
2004-2-29

【例 3.6】 输入月份 m 和日期 d，按下面的对应关系输出星座。

3.21—4.20	白羊	4.21—5.20	金牛	5.21—6.20	双子	6.21—7.22	巨蟹
7.23—8.22	狮子	8.23—9.22	处女	9.23—10.22	天平	10.23—11.22	天蝎
11.23—12.22	射手	12.23—1.20	摩羯	1.21—2.20	水瓶	2.21—3.20	双鱼

分析：显然，可以使用 if 多重嵌套来逐一比较输出。但从图 3.8 可以看出，日期区间是有规律的，如果将大于 21 或 23 的日期的月份加 1，则星座对应关系就可以用月份来描述，就可以使用 switch 语句。12 月 23 日后月份加 1 会有"13 月"，这个"13 月"其实和 1 月是一样的，可以利用 default 分支。

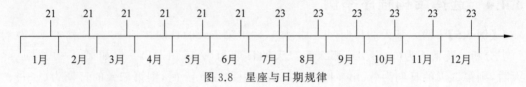

图 3.8　星座与日期规律

程序代码如下：

```
1    #include <iostream>
2    using namespace std;
3    int main()
4    {
5        int m,d,t;
6        cin>>m>>d;                              //输入月份和日期
7        t=m<7 ? 21 : 23;                        //7月前为21,7月后为23
8        if (d>=t) m++;                          //在一个月的t号之后月份加1
9        switch(m) {
10           case 2  : cout<<"水瓶"<<endl;break;
11           case 3  : cout<<"双鱼\n"<<endl;break;
12           case 4  : cout<<"白羊\n"<<endl;break;
13           case 5  : cout<<"金牛\n"<<endl;break;
14           case 6  : cout<<"双子\n"<<endl;break;
15           case 7  : cout<<"巨蟹\n"<<endl;break;
16           case 8  : cout<<"狮子\n"<<endl;break;
17           case 9  : cout<<"处女\n"<<endl;break;
18           case 10 : cout<<"天平\n"<<endl;break;
19           case 11 : cout<<"天蝎\n"<<endl;break;
20           case 12 : cout<<"射手\n"<<endl;break;
21           default : cout<<"摩羯\n"<<endl;        //13月和1月相同处理
22       }
23       return 0;
24   }
```

3.5 程序循环结构

3.5.1 while 语句

while 语句的作用是计算给定的表达式,根据结果判定循环执行语句,语句形式为

while(表达式)语句;

其中的语句称为子语句,又称循环体,圆括号内的表达式称为循环条件。

while 语句的执行过程如下。

(1) 计算表达式,无论表达式为何种类型均将这个值按逻辑值处理。

(2) 如果值为真,则执行子语句,然后重复(1)。

(3) 如果值为假,则 while 语句结束,执行后续语句。

其执行流程如图 3.9(a)所示。

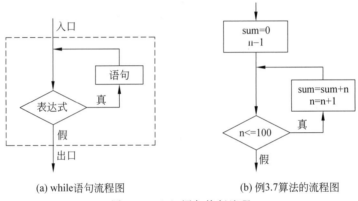

(a) while语句流程图　　　　(b) 例3.7算法的流程图

图 3.9　while 语句执行流程

【例 3.7】 求 $s = \sum_{n=1}^{100} n$,即 $s = 1 + 2 + 3 + \cdots + 100$。

用流程图表示算法如图 3.9(b)所示。

根据流程图写出程序如下:

```
1    #include <iostream>
2    using namespace std;
3    int main()
4    {
5        int n=1,sum=0;
6        while (n<=100) {              //循环直到n大于100
7            sum=sum+n;                //累加和
8            n=n+1;
9        }
10       cout<<"sum="<<sum<<endl;
```

```
11      return 0;
12  }
```

程序运行结果如下：

sum=5050

在上述程序中，第 5 行先做循环前的初始化，n 为 1，sum 为 0。执行第 6 行 while 语句时 n<=100 的结果为真，则执行循环体；循环体是复合语句，先计算 sum 累加，则 sum 变为 0+1 的结果，再让 n 累加 1。然后重复第 6 行的比较和执行过程，则 n 值越来越趋向 100，n<=100 也越来越趋向假，sum 逐渐为 0+1+2+… 的结果；当 n 为 100 时，n<=100 为真，sum 为 0+1+2+…+100 的结果；n 值累加到 101，则 n<=100 为假，while 语句结束。从这里可以看出编写了两行的循环语句，循环体却执行了 100 次。实际上由于计算机速度快，上面的执行过程瞬间完成。

在上述程序中，我们把第 5 行叫作循环初始，即进入循环前的初始计算过程。如果不给 n 和 sum 赋初值可不可以？答案是否定的，如果 n 没有确定的值，那么第 6 行的"n<=100"不合逻辑。同理，sum=sum+n 的累加也就成问题。如果 n 和 sum 随意赋值可不可以？答案是否定的，例如 n=2 和 sum=0，则计算结果为 0+2+3+…+100，例如 n=1 和 sum=1，则计算结果为 1+1+2+…+100，因此 n 和 sum 的值是不可随意给的。如果将 n 和 sum 赋值放到 while 语句中可不可以？答案是否定的，例如：

```
1   int n,sum;
2   while (n<=100) {
3       n=1,sum=0;              //在这里赋值，则每次循环均要执行
4       sum=sum+n;
5       n=n+1;
6   }
```

每次进入循环体，n 或 sum 就被重新赋值，根本无法累加。如果将 n 和 sum 赋值放到 while 语句后去做可不可以？答案更是否定的。

我们把第 6 行叫作循环条件，即判断是否继续循环的条件或循环终止的条件。如果把"while (n<=100)"写成"while (n<=200)"，那么计算结果就是 0+1+2+…+200；如果写成"while (n=100)"，由于是把 100 赋给 n 且按逻辑值来理解恒为真，则 while 语句的循环条件永远为真，循环不能结束了，我们称这样的循环为"死循环"。显然，循环条件也不是随意设定的。

我们把第 8 行叫作循环控制，即让循环条件趋向结束的计算过程。如果没有"n=n+1"，那么"while (n<=100)"就恒为真，循环同样为死循环；如果改成"n=n+2"，那么结果就是 0+1+3+5+…+99。显然，必须有符合算法要求的循环控制。

第 7 行是逻辑意义上的循环体，即循环目的的程序步骤。

综上所述，循环结构有三要素：循环初始、循环条件和循环控制。编写循环程序，就要精确设计三要素。循环初始发生在循环之前，使得循环"就绪"；循环条件是循环得以继续或终止的判定，而循环控制是在循环内部实现循环条件的关键过程。循环体可以直接

或间接利用三要素来达到计算目的,也可以与三要素无关。

下面对 while 语句的用法作详细说明。

(1) while 语句的循环体既可以是简单语句,又可以是复合语句或控制语句,但必须是"一个语句"的语法形式。在实际编程中,当循环体有多条语句时使用复合语句。

(2) 从 while 语句的执行流程图可知,while 语句有一个入口和出口。从流程图的虚框上来看,while 语句所形成的循环结构是可以抽象为顺序结构的一步。反过来提示我们在编程时可以先抽象设计顺序结构的一步,再使用循环结构细化。

(3) 在循环中应该有使 while 表达式趋向假的操作,否则表达式恒为真,循环永不结束,成为死循环。

有时在 while 条件后面不小心额外添加分号(;),往往会彻底改变循环的意图,例如:

```
while (i!=fun()) ;
    i++;
```

这个程序将会无限次循环。由于循环条件后面多了一个分号,因此循环体为空语句,i++自增并不是循环的一部分。

(4) 由于 while 语句先计算表达式的值,再判断是否循环,所以如果表达式的值始终为假,则循环一次也不执行,失去了循环的意义。

(5) while 语句后面的圆括号是语法规定必须有的,循环条件可以是 C++ 的任意表达式。但由于结果是按逻辑值来处理的,通常情况下,循环条件是关系表达式或逻辑表达式,应该谨慎出现别的表达式。

(6) 从循环结构来看,while 语句前应有循环初始,循环体内应有循环控制。

3.5.2　do 语句

do 语句的作用是先执行语句,然后计算给定的表达式,根据结果判定是否循环执行,语句形式为

do 语句; while (表达式);

其中的语句称为子语句,又称为循环体,圆括号内的表达式称为循环条件。

do 语句的执行过程如下。

(1) 执行子语句。

(2) 计算表达式,无论表达式为何种类型均将这个值按逻辑值处理。

(3) 如果值为真,则再次执行(1);如果值为假,则 do 语句结束,执行后续语句。

其执行流程如图 3.10(a)所示。

对于 do 语句有以下两点说明。

(1) do 语句与 while 语句的语法和含义类似。

(2) do 语句的最后必须用分号(;)作为语句结束,循环体的复合语句形式为

do {

复合语句
} while(表达式);

（3）do 语句先执行后判定，while 语句则是先判定后执行；do 语句至少要执行循环体一次，而 while 语句可能一次也不执行。

（4）do 语句结构和 while 语句结构是可以相互替换的。图 3.10(b) 就是用 while 语句表示 do 语句的流程图，虚线框内为 while 语句结构。通常情况下，while 语句比 do 语句用得多，而 do 语句使用的情形似乎就是如图 3.10(b) 的 while 语句结构。

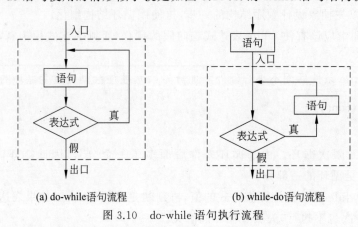

(a) do-while语句流程　　　　(b) while-do语句流程

图 3.10　do-while 语句执行流程

【例 3.8】　连续输入多个数据，计算它们的乘积，当输入 0 时结束。

分析：问题是要先输入，才判断是否中止循环的执行，使用 do 循环正好满足这样的需要，它保证循环体至少执行一次。

程序代码如下：

```
1    #include <iostream>
2    using namespace std;
3    int main()
4    {
5        int n=1,k=1;
6        do {
7            k=k*n;
8            cin>>n;
9        } while (n!=0);          //输入 0 时结束循环
10       cout<<k;                  //输出乘积
11       return 0;
12   }
```

3.5.3　for 语句

for 语句的作用是计算给定的表达式，根据结果判定循环执行语句，for 语句有循环初始和循环控制功能，语句形式为

for (表达式 1; 表达式 2; 表达式 3) 语句;

其中的语句称为子语句,又称为循环体,圆括号内的表达式 2 称为循环条件。

for 语句执行流程如图 3.11 所示。

其执行过程如下。

(1) 计算表达式 1。

(2) 计算表达式 2,无论表达式 2 为何种类型均将这个值按逻辑值处理。

(3) 如果值为真,则执行循环体,然后计算表达式 3,再重复(2)。

(4) 如果值为假,则 for 语句结束,执行后续语句。

前面提到,循环结构应有循环初始、循环条件和循环控制三要素,结合 for 语句的流程图可以得出 for 语句的应用格式如下:

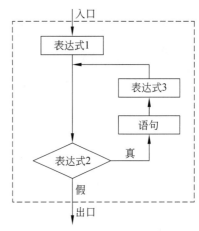

图 3.11　for 语句执行流程

for (循环初始; 循环条件; 循环控制) 循环体

即 for 语句的表达式 1 为循环初始环节,表达式 3 为循环控制环节,表达式 2 为循环条件。因此,for 语句拥有循环结构的完备形式,使得 for 语句的应用最为广泛和灵活。不仅适用于循环次数型,也适用于循环条件型,完全可以代替 while 语句和 do 语句。

for 语句的表达式 1、表达式 3 允许逗号表达式,除非涉及复杂的循环初始计算和循环控制计算,非得用语句实现不可。循环三要素完全可以构造在一个 for 语句中。

前例中的 while 循环,可以用 for 语句实现。例如:

for (n=1,sum=0; n<=100; n++) sum=sum+n;

显然,应用 for 语句可以使得程序简洁、精练。

下面给出 for 语句的说明。

(1) for 语句与 while 语句的语法和含义类似。

(2) for 语句中 3 个表达式,用分号(;)作为间隔,不能把这里的表达式和分号理解为语句。三个表达式均可以省略,但中间的分号不能省略,下面分 5 种情形讨论。

情形一,省略表达式 1。

省略表达式 1 就相当于将循环初始计算省略了,此时应在 for 语句之前有循环初始,如 while 语句那样。其执行流程如图 3.12(a)所示。例如:

n=1, sum=0;
for (; n<=100 ; n++) sum=sum+n;　　　　　　//累加和

情形二,省略表达式 2。

C++ 规定,若省略表达式 2,则循环条件始终为真,循环永远执行下去。其执行流程如图 3.12(b)所示。例如:

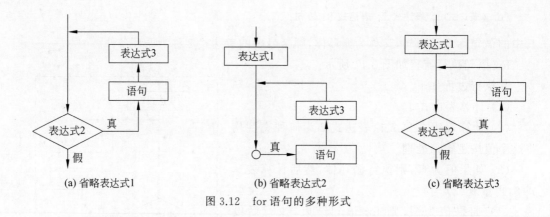

(a) 省略表达式1　　　　(b) 省略表达式2　　　　(c) 省略表达式3

图 3.12　for 语句的多种形式

```
for (n=1,sum=0 ;  ; n++) sum=sum+n;              //无限循环
```

情形三,省略表达式 3。

省略表达式 3 相当于将循环控制计算省略了,此时应在 for 语句的循环体里有循环控制,如 while 语句那样。其执行流程如图 3.12(c)所示。例如:

```
for (n=1,sum=0 ; n<=100 ;) sum=sum+n, n++;
```

情形四,省略表达式 1 和表达式 3。

此时,for 语句只有充当循环条件的表达式 2,完全等同于 while 语句,由此可见 for 语句比 while 语句功能强。例如:

```
n=1, sum=0;
for (; n<=100 ;) sum=sum+n, n++;
```

情形五,3 个表达式全部省略。这是一种在少数环境下应用的极端写法。例如:

```
for (  ;  ;  ) 循环体
```

3.5.4　break 语句

break 语句的作用是结束 switch 语句和循环语句的运行,转到后续语句,语法形式为

```
break;
```

break 语句只能用在 switch 语句和循环语句(while、do 或 for)中,不得单独使用,而且 break 语句只结束包含它的 switch 语句和循环语句,不会将所有嵌套语句结束。

显然,在循环结构中使用 break 语句的目的就是提前结束循环。C++ 的 3 个循环语句如果循环条件恒为真时,循环会无终止地执行下去,如果在循环体中执行到 break 语句,循环就会结束,此时的循环就不是死循环。这样一来,循环语句的结束就有两个手段了:一是循环条件,二是应用 break 语句。由于循环体中使用 break 语句通常附带条件,例如:

```
if (m%i==0) break;
```

所以仍可以将 break 的应用理解为循环三要素的循环条件。

【例 3.9】 判断一个数 m 是否是素数,如果是输出 Yes,否则输出 No。

分析:所谓素数是指除 1 和自己外,不能被其他数整除的数,例如 17。判断方法是对 2～m−1 的数逐个检查,如果 m 不能被其中任一个数整除,那么 m 就是素数。实际编程时,前述方法需要对所有数检查一遍。而利用反逻辑,即只要有一个数能被 m 整除,就不用再检查(m 肯定不是素数)。即使如此,如何在循环检查结束时就知道 m 是否为素数呢?这里可以测试循环是如何结束的。

程序代码如下:

```
1    #include <iostream>
2    using namespace std;
3    int main()
4    {
5        int i,m;
6        cin>>m;
7        //从 2~m-1 逐一检查是否能被 m 整除
8        for (i=2 ; i<=m-1 ; i++)
9            if (m%i==0) break;              //如果整除则结束检查
10       if (i==m) cout<<"Yes"<<endl;        //根据循环结束位置判断是否为素数
11       else cout<<"No"<<endl;
12       return 0;
13   }
```

上述程序中,第 9 行判断 m 是否能被一个数整除,如果是就结束循环,没有必要再检查下去。但执行到第 10 行时该如何判断 m 是否为素数呢?从第 8、9 行的循环结构可知,能退出这个循环,有两个出口:一是 i≤m−1 条件为假,二是 break;如果不是 break 退出去的,那么 i≤m−1 条件必定为假,则此时 i 应是 m,而不是从 break 退出去的,正好说明 m 不能被任何一个数整除;所以执行到第 10 行时若 i 是 m,则 m 是素数,若 i≤m−1,m 不是素数。

3.5.5 continue 语句

continue 语句的作用是在循环体中结束本次循环,直接进入下一次循环,语句形式为

continue;

continue 语句只能用在循环语句(while、do 或 for)中,不能单独使用,而且 continue 语句只对包含它的循环语句起作用。

在 while 语句和 do 语句循环体中执行 continue 语句,程序会转到"表达式"继续运行,在 for 语句循环体中执行 continue 语句,程序会转到"表达式 3"继续运行,循环体中余下的语句被跳过了。所以 continue 语句的实际效果就是将一次循环结束,开始新的一次循环。

比较下面两段程序。

```
for (n=1,sum=0 ; n<=100 ; n++) {
```

```
    if (n%2==0) break;
    sum=sum+n;
}
```

当 if 语句条件满足时(n 为 2),执行 break,循环结束,故 sum 结果为 0+1。

```
for (n=1,sum=0 ; n<=100 ; n++) {
    if (n%2==0) continue;
    sum=sum+n;
}
```

当 if 语句条件满足时(n 为偶数),执行 continue,则后面的累加语句被跳过,转到 n++继续新的循环,故 sum 结果为 0+1+3+5+…+99。

3.5.6 循环结构的嵌套

循环体可以是任意的控制语句,如果一个循环体内包含又一个循环语句时,就构成了循环结构的嵌套。C++的循环语句(while、do 和 for)可以互相嵌套,循环嵌套的层数没有限制,可以形成多重循环。多重循环的使用,进一步增加程序流程反复执行的次数,程序的循环能力更强。

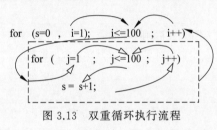

图 3.13 双重循环执行流程

图 3.13 是一个双重 for 循环嵌套,当外层 for 语句循环条件为真时,内层 for 语句执行一次,使得 s=s+1 执行了 100 次,进而双重循环使得 s=s+1 执行了一万次。图中实线为外层循环的运行流程示意,虚线为内层循环的运行流程示意。双重循环结束后,i 和 j 的值均为 101。请思考一下,如果将内层循环改为"for (j=i;j<=100;j++)",流程如何。

3.5.7 循环结构程序举例

1. 计数型循环

计数型循环用于处理已知循环次数的循环过程。在计数型循环中,循环控制是由控制变量来完成的。控制变量在每次循环时都要发生规律性变化(递增或递减),当控制变量达到预定的循环次数时,循环就结束。计数型循环常使用 for 语句。

【例 3.10】 求 $\sum_{n=1}^{10} n!$。

根据公式,可以直接编写程序代码如下:

```
1    #include <iostream>
2    using namespace std;
3    int main()
4    {
5        int s,n,t;
```

```
6       for (s=0,t=1,n=1; n<=10; n++)
7           t=t*n, s=s+t;              //t 实为 n!
8       cout<<s<<endl;
9       return 0;
10  }
```

程序使用 t 记录 n!,由于 n!=(n-1)!×n,因此避免了每次循环重新计算 n!。

2. 条件型循环

条件型循环用于处理循环次数未知的循环过程,称为"不定次数循环"。在条件型循环中,由于事先不能准确知道循环的次数,因此循环控制是由条件来判定的。在每次循环时检测这个条件,条件一旦满足,循环就结束。条件型循环常使用 while 语句和 do 语句。

【例 3.11】 用下面的公式求 π 的近似值,直到最后一项的绝对值小于 10^{-7} 为止。

$$\frac{\pi}{4} \approx 1 - \frac{1}{3} + \frac{1}{5} - \frac{1}{7} + \cdots$$

根据公式,可以直接编写程序代码如下:

```
1   #include <iostream>
2   #include <cmath>
3   using namespace std;
4   int main()
5   {
6       double s=1,pi=0,n=1,t=1;
7       while (fabs(t)>1e-7)
8           pi=pi+t, n=n+2, s=-s, t=s/n;
9       cout<<pi*4<<endl;
10      return 0;
11  }
```

【例 3.12】 从键盘输入一行字符,直到输入回车时结束。统计其中的字母、数字和空格个数。

程序代码如下:

```
1   #include <iostream>
2   using namespace std;
3   int main()
4   {
5       int c,a=0,n=0,s=0;
6       while((c=cin.get()) != '\n')
7           if ((c>='A' && c<='Z') ||
8               (c>='a' && c<='z'))  a++;       //字母
9           else if (c>='0' && c<='9') n++;     //数字
10          else if (c==' ') s++;               //空格
11      cout<<a<<","<<n<<","<<s<<endl;
```

```
12        return 0;
13    }
```

程序运行情况如下:

ABC123 456 XY↙
5,6,2

表达式"(c=cin.get())!='\n'"表示先调用 cin.get 函数得到输入的字符赋给变量 c,然后比较是否为'\n',即回车。

3. 枚举算法

枚举法,也称为穷举法,是指从可能的集合中一一枚举各个元素,用给定的约束条件判定哪些是无用的,哪些是有用的。能使命题成立者即问题的解。采用枚举算法求解问题的基本思路如下。

(1) 确定枚举对象、枚举范围和判定条件。

(2) 一一枚举可能的解,验证是否是问题的解。

【例 3.13】 百钱买百鸡问题:某人有一百块钱,打算买一百只鸡。公鸡一只 5 元,母鸡一只 3 元,小鸡 3 只 1 元,求应各买多少。

分析:显然可以用枚举法。以 3 种鸡的个数为枚举对象(分别设为 x、y、z),以 3 种鸡的总数(x+y+z)和买鸡用的钱的总数(5x+3y+z/3)为判定条件,枚举各种鸡的个数,找到问题的解。

程序代码如下:

```
1     #include <iostream>
2     using namespace std;
3     int main()
4     {
5         int x,y,z;
6         for (x=0; x<=20; x++)                        //枚举公鸡的可能数量,最多为 20
7             for (y=0; y<=33; y++)                    //枚举母鸡的可能数量,最多为 33
8                 for (z=0; z<=100; z++)               //枚举小鸡的可能数量,最多为 100
9                     if (z%3==0 && x+y+z==100 && 5*x+3*y+z/3==100)
                                                        //约束条件
10                        cout<<"公鸡="<<x<<",母鸡="<<y<<",小鸡="<<z<<endl;
11        return 0;
12    }
```

程序运行时循环体执行 21×34×101=72 114 次。

在枚举算法中,枚举对象的选择是非常重要的,它直接影响着算法的时间复杂度,选择适当的枚举对象可以获得更高的效率。在枚举算法中,判定条件的确定也是重要的,如果约束条件不对或者不全面,就枚举不出正确的结果。

前述问题中,3 种鸡的和是固定的,因此只要枚举两种鸡(x、y),第 3 种鸡就可以根据约束条件求得($z=100-x-y$),这样就缩小了枚举范围变成双重循环。之所以选择 z,是因为 z 的数量大,优化效果更好,此时循环体执行 $21\times34=714$ 次。

如果能从数学角度来考虑枚举算法的进一步优化,程序的效率会大大提高。

根据题意,约束式 $5x+3y+z/3=100$,$x+y+z=100$ 可以消去一个未知数 z,得到 $7x+4y=100$,$x+y+z=100$。于是只要枚举公鸡 x(最多 14),根据约束条件就可以求得 y 和 z。

程序代码如下:

```
1    #include <iostream>
2    using namespace std;
3    int main()
4    {
5        int x,y,z;
6        for (x=0; x<=14; x++) {            //枚举公鸡的可能数量,最多为 14
7            y=100-7*x; if (y%4 !=0) continue;    //由方程知 y 应是 4 的倍数
8            y=y/4, z=100-x-y;
9            if (z%3 !=0) continue;            //由方程知 z 应是 3 的倍数
10           cout<<"公鸡="<<x<<",母鸡="<<y<<",小鸡="<<z<<endl;
11       }
12       return 0;
13   }
```

循环体执行 14 次,优化效果明显。

枚举算法是用计算机解决问题的一种特色,特点是算法的思路简单,但运算量大。当问题的规模变大,循环嵌套的层数增多,执行速度变慢。如果枚举范围太大,在时间上就难以承受,所以应尽可能考虑对枚举算法进行优化。

4. 迭代算法

迭代算法是一种不断用变量的旧值递推新值的求解方法。采用迭代算法求解问题的基本思路如下。

(1) 确定迭代变量。在可以用迭代算法解决的问题中,至少存在一个直接或间接地不断由旧值递推出新值的变量,这个变量就是迭代变量。

(2) 建立迭代关系式。所谓迭代关系式,指如何从变量的前一个值推出其下一个值的公式(或关系)。迭代关系式的建立是解决迭代问题的关键,通常可以使用递推或倒推的方法来完成。

(3) 对迭代过程进行控制。迭代过程的控制通常可分为两种情况:一种情况是所需的迭代次数是个确定的值,可以计算出来,使用计数型循环;另一种情况是所需的迭代次数无法确定,使用条件型循环。

【例 3.14】 求斐波那契(Fibonacci)数列前 40 个数。斐波那契数列公式为

$$f(1)=1 \qquad (n=1)$$
$$f(2)=1 \qquad (n=2)$$
$$f(n)=f(n-1)+f(n-2) \qquad (n>2)$$

根据公式,可以直接编写程序代码如下:

```
1   #include <iostream>
2   using namespace std;
3   int main()
4   {
5       int i, f1=0, f2=1, fn;              //迭代变量
6       for(i=1; i<=40; i++) {               //迭代次数
7           fn=f1+f2;                        //迭代关系式
8           f1=f2, f2=fn;                    //f1 和 f2 迭代前进
9           cout<<f1<<endl;
10      }
11      return 0;
12  }
```

习题

1. 使用 cout 和 printf 分别实现以下各项的输出功能。

(1) 类型:①输出 128、−128、3456789 的十进制、无符号、八进制和十六进制数据形式;②输出 3.1415926、12345678.123456789 的小数和指数形式;③输出'X'、65 的字符和十进制数据形式;④输出%。

(2) 宽度与对齐:①输出 456、−123、987654,宽度为 5,分别左对齐和右对齐;②输出 55555、666666,宽度为 10,精度为 6,分别左对齐和右对齐;③输出 3.1415926、12.3456,宽度为 14,精度为 6,分别左对齐和右对齐;④输出 98.16054、77.676767,宽度和精度由输入决定,右对齐。

(3) 标志:①输出 1234、−1234、1234.5、−1234.5,结果为 000ddddd.d;②输出 1234、−1234、1234.5、−1234.5,结果为␣␣ddddd.d;③输出 1234、−1234,宽度为 8,结果必须有正负号,为+/−ddddd;④输出 202、117、80、230 的八进制和十六进制数据形式,结果为 0ddddd 或 0xddddd。

2. 使用 cin 和 scanf 实现以下各项的输入功能,并且在输入后紧接着用 printf 输出以验证输入的正确性。

(1) 类型:①输入十进制数 128、八进制数 377、十六进制数 78ef 给变量 a、b、c;②输入 3.1415926、12.345678e−2 给变量 d1、d2;③输入'X'、6 字符给变量 c1、c2。

(2) 宽度:①输入 12345678 给变量 e1、e2、e3,宽度为 3;②输入 123.456 给整型变量 f1、浮点型变量 f2;③输入 12345678,变量 g1 得到 12、g2 得到 678。

(3) 连续格式:①输入"12␣34␣56␣78"给变量 h1、h2、h3、h4;②输入"12,34,56−78"给变量 i1、i2、i3、i4;③输入"12:34;56.78"给变量 j1、j2、j3、j4;④输入"12c34d"给变量 k1、k2、k3、k4;⑤输入"12␣c␣34␣d"给变量 m1、m2、m3、m4;⑥输入"a=12,b=b,c=34,d=d"给变量 n1、n2、n3、n4。

3. 将一个 4 位数(如 5678)逆序(如 8765)。

4. 输入一个字符,判断是数字字符、大写字母、小写字母、算术运算符、关系运算符、逻辑运算符,还是其他字符。

5. 按格式(YYYY-M-D)输入年月日,判断它是这一年的第几天。

6. 输入一个金额,输出对应的人民币大写数字(零壹贰叁肆伍陆柒捌玖拾佰仟万亿元角分整)。

7. 由牛顿迭代法求 $2x^3+4x^2-7x-6=0$ 在 $x=1.5$ 附近的根。

8. 用对分法求方程 $x^2-6x-1=0$ 在区间 $[-10,10]$ 上的实根。

9. 有一个调和级数不等式 $12<1+1/2+1/3+\cdots+1/m<13$,求满足此不等式的 m。

10. 求 4 个自然数 $p,q,r,s(p\leqslant q\leqslant r\leqslant s)$,使得等式 $1/p+1/q+1/r+1/s=1$ 成立。

11. 用 0~9 可以组成多少无重复的 3 位数?

12. 求一个自然数 n 中各位数字之和(n 由用户输入)。

13. 判断一个数是否是回文数。回文数是指一个数和它的逆序是相同的,如 98789。

14. 一个自然数的七进制表达式是一个 3 位数,而这个自然数的九进制表示也是一个 3 位数,且这两个 3 位数的数码正好相反,编写程序求这个 3 位数。

15. 由近似公式 $\frac{\pi}{2}=\frac{2}{1}\times\frac{2}{3}\times\frac{4}{3}\times\frac{4}{5}\times\frac{6}{5}\times\frac{6}{7}\times\frac{8}{7}\times\frac{8}{9}\times\cdots$,求圆周率 π(精确到 10^{-6})。

16. 求 $1!+2!+3!+\cdots+n!$。

17. 计算 $e=1+1/1!+1/2!+\cdots+1/n!$(精确到 10^{-6})。

18. 求 $a+aa+aaa+\cdots+aa\cdots a(x\ 个\ a)$,$x$ 和 a 由键盘输入。

19. 编写程序求级数 $\sum_{j=1}^{n}\frac{(-1)^{j-1}2^j}{[2^j+(-1)^j][2^{j+1}+(-1)^{j+1}]}$ 前 n 项的和,其中,n 从键盘上输入。

20. 某级数的前两项 $A(1)=1$、$A(2)=1$,以后各项有如下关系:$A(n)=A(n-2)+2A(n-1)$。依次对于整数 $M=100$、1000 和 10000 求出对应的 n 值,使其满足:$S(n)<M$ 且 $S(n+1)\geqslant M$。这里 $S(n)=A(1)+A(2)+\cdots+A(n)$。

21. 输出华氏温度 F 和摄氏温度 C 对照表,其计算公式为 $C=9(F-32)/5$。

22. 用"*"表示一个点,按 8×8 点阵输出"Hello"的图案。

23. 用字符"■"和空格(ASCII 值 219)输出黑白交错的国际象棋棋盘。

24. 用"*"表示点,在屏幕上叠加输出 0~2π 的余弦曲线 $\cos x$ 和直线 $y=45(x-1)+31$。

25. 假设银行利息月息为 0.63%。某人将一笔钱存入银行,打算在今后 5 年中每年年底都取出 1000 元,到第 5 年时刚好取完。求存入的钱应是多少。

26. 猴子第一天摘下若干桃子,当即吃了一半,又多吃了一个;第二天早上又将剩下的桃子吃掉一半,又多吃了一个。以后每天早上都吃了前一天剩下的一半零一个。到第 10 天早上时,只剩下一个桃子。问第一天共摘了多少个桃子?

27. 科学家出了一道这样的数学题:有一条长阶梯,若每步跨 2 阶,则最后剩 1 阶;若每步跨 3 阶,则最后剩 2 阶;若每步跨 5 阶,则最后剩 4 阶;若每步跨 6 阶,则最后剩

5 阶;只有每次跨 7 阶,最后才正好一阶不剩。编写程序求这条阶梯共有多少阶。

28. 张三说李四在说谎,李四说王五在说谎,王五说张三和李四都在说谎。编写程序判断这 3 人中到底谁说的是真话,谁说的是假话。

29. 两个乒乓球队进行比赛,各出 3 人。甲队为 a、b、c 3 人,乙队为 x、y、z 3 人。已抽签决定比赛名单。有人向队员打听比赛的名单。a 说他不和 x 比,c 说他不和 x、z 比,请编写程序找出 3 对赛手的名单。

30. 盒子里共有 12 个球,其中有 3 个红球、3 个白球、6 个黑球。从中任取 6 个球,问至少有一个球是红球的取法有多少种?输出每一种具体的取法。

第 4 章 程序模块化——函数

函数(function)是 C++ 程序中的基本单位,是完成特定任务、实现特定功能的语句序列的集合。在面向过程开发中,函数是应用程序的主体框架;在面向对象开发中,函数是重要的编程模式。

学习函数有两个主要目标:**使用函数**和**设计函数**。

C++ 发展至今,已累积了大量的函数库,这些经过多年使用、反复测试、具有强大功能的函数库已成为程序员开发软件不可缺少的工具。使用函数库可以加快开发周期,提高程序可维护性和稳定性,更主要的是让程序员拥有所期望的功能和性能。要准确运用这些函数库,必须掌握函数的使用方法,包括函数接口、函数调用等。

将**语句集合**为函数,将**数据封装**到函数,是结构化程序设计模块化的要求,是面向对象程序设计的必要环节。随着现实问题越来越复杂,程序规模越来越庞大,如何达到"**更多的复用、更少的代码**"是设计函数的主要目的。

从使用的角度来看,函数可以分为**系统函数**和**用户自定义函数**。系统函数包括标准库和专业库函数,软件开发领域的应用程序接口(application programming interface,API)和软件开发包工具(software development kit,SDK)属于系统函数范畴。

用户自定义函数是程序中自行定义的函数,通常为解决问题的求解模块。

4.1 函数定义

4.1.1 函数定义的一般形式

函数定义的一般形式为

```
返回类型　函数名(形式参数列表)
{
    函数体
}
```

其中,大括号中的{……}称为函数体,第 1 行称为函数头。

C++ **不允许在函数体内嵌套定义函数**,例如:

```
返回类型　函数名(形式参数列表)
{
```

```
    返回类型    函数名(形式参数列表)              //错误,不允许嵌套定义
    {
        函数体
    }
}
```

函数定义本质上就是函数的实现,包括:①确定函数名;②确定形式参数列表;③确定返回类型;④编写函数体代码。

1. 函数名

实现函数需要确定函数名,以便使用函数时能够按名引用。函数名遵守 C++ 标识符规则,通常要"见名知义""名副其实"。如定义求最大值的函数名为 max。

2. 形式参数列表

实现函数需要确定有无形式参数、有多少形式参数以及有什么类型的形式参数。形式参数列表是函数与调用者进行数据交换的途径,其一般形式为

类型 1 参数名 1, 类型 2 参数名 2,…

多个参数用逗号(,)分隔,且每个参数都要有自己的类型说明,即使类型相同的参数也是如此。例如:

```
int fun(int x, int y, double m)              //形式参数列表为 3 个参数
{
    return m>12.5?x:y;
}
```

函数 fun 有 3 个参数,不能因为 x 和 y 参数类型相同就写为"int fun(int x,y,double m)"。

函数可以没有形式参数,定义形式为

```
返回类型    函数名()
{
    函数体
}
```

或

```
返回类型    函数名(void)
{
    函数体
}
```

即形式参数列表要么不写,要么写 void。这里的 void 不是指空类型,而是表示没有参数。例如:

```
int fun()
```
或
```
int fun(void)
```
没有形式参数列表的函数称为无参函数,有形式参数列表的函数称为有参函数。

3. 返回类型

实现函数需要确定有无返回数据、返回什么类型的数据。返回值是函数向调用者返回数据的途径之一,本质上函数返回值也起到与调用者进行数据交换的作用,只不过它是单向的,即从函数向调用者传递,故称返回。

返回类型可以是 C++ 除数组之外的内置数据类型或自定义类型,C++ 规定函数定义时必须指定函数的类型。请注意,早期的 C 语言规定如果没有给出类型,则默认是 int 型,例如:

```
fun(int x, int y, double m)      //等价于 int fun(int x, int y, double m)
```

但这样的规定在 C++ 中是不合法的。

函数可以不返回数据,此时返回类型应写成 void,表示没有返回值,其形式为

```
void  函数名(形式参数列表)
{
    函数体
}
```

函数名、形式参数列表和返回类型组成的函数头也称为函数接口(interface),一组适合应用程序开发的函数接口统称为应用程序接口 API。若函数 A 调用函数 B,称函数 A 为主调函数,称函数 B 为被调函数,将函数 A 中调用函数 B 的代码位置称为调用点。

4. 函数体

实现函数最重要的是编写函数体。函数体(function body)包含声明部分和执行语句,是一组能实现特定功能的语句序列的集合。

函数体内部究竟编写什么样的声明和什么样的语句集合,本质上是由函数的功能确定的,即**编写函数体是为了实现函数功能**。在函数体内部可以声明需要用到的数据类型,定义需要的变量或数据对象;可以使用任意结构的程序流程,可以使用简单语句、复合语句、控制语句及语句嵌套,还可以调用别的函数。总之,动用一切程序设计措施,达到实现函数功能的目的。

如果函数体内部无任何内容,称为空函数,定义形式为

```
返回类型  函数名(形式参数列表)
{
}
```

空函数的意义是先提供一个有函数接口而无功能实现的"假想函数"在程序流程中

"占位",使程序框架完整,其后再逐步完善,这是结构化程序设计的常用方法。

函数体内部没有固定的编写模式,因函数功能实现而异。本章主要讨论函数接口、函数与外部协调、函数组织等相关内容。

【例 4.1】 编写判断 m 是否为素数的函数,并在主函数调用它。

程序代码如下:

```
1    #include <iostream>
2    using namespace std;
3    int IsPrime(int m)                      //判断素数函数
4    {                                        //用枚举法求 m 是否为素数
5        int i;
6        for (i=2; i<=m-1; i++)
7            if (m%i==0) return 0;            //不是素数返回 0
8        return 1;                            //是素数返回 1
9    }
10   int main()
11   {
12       int m;
13       cin>>m;
14       if (IsPrime(m)) cout<<"Yes"<<endl;   //是素数输出 Yes
15       else cout<<"No"<<endl;               //不是素数输出 No
16       return 0;
17   }
```

4.1.2 函数返回

函数调用时,程序执行流程就跳转到函数中。在函数内部,执行流程是从函数体的第一个语句开始往下执行,一直执行到函数体右括号}为止,称为自然结束。如果中间遇到 return 语句,函数会立即返回,函数内的执行流程也就结束了。

return 语句有两种形式。

(1) 无返回值语句:

return;

(2) 有返回值语句:

return 表达式;

无论函数是自然结束,或是使用 return 语句结束,返回值总是按返回类型来处理的。

1. 无返回值函数

当函数的返回类型是 void 时,表明函数无返回值,这种情况下,函数是可以自然结束的。而要用 return 语句结束时,只能使用第一种 return 语句形式。

没有返回值的函数在调用处是不能按表达式来调用函数的,只能按语句形式调用函数,因为函数没有返回值也就不能参与表达式运算。

2. 有返回值函数

当函数的返回类型不是 void,表明函数有返回值。这种情况下,函数是可以自然结束的。但由于函数是自然结束,不会明确做什么,此时函数返回的值与返回类型相同,但内容却是随机的一个值。这样的返回值一般无实际意义。

如果要用 return 语句结束,这种情况下只能使用第二种 return 语句形式,即 return 必须返回值。此时函数返回的值是与返回类型相同、由表达式计算出来的一个值。

关于函数返回值的说明如下。

（1）如果需要函数返回明确的值,就必须将函数定义为非 void 的返回类型,而且函数用第二种 return 语句形式返回。

（2）如果不需要函数返回值,那么将函数定义为 void 类型,函数既可以自然结束,又可以用第一种 return 语句形式返回。

（3）一个函数可以使用多个 return 语句,执行到哪个,哪个 return 语句就起作用。

（4）函数返回值的类型是由函数定义中的返回类型来决定的。当 return 表达式的类型与此不相同时,返回时会进行隐式类型转换；如果不能转换,则出现编译错误。

（5）函数返回值多数情况下是按值传送的方式处理的,即将返回的数据对象的内存数据完全复制到临时数据对象中。对于数据量大的数据类型,这样的返回是耗时的。

（6）main 函数是由操作系统启动例程调用的,所以 main 函数的 return 语句将结束程序运行。main 函数的返回值用于向操作系统返回程序的退出状态,如果返回 0,表示程序正常退出,否则表示程序异常退出。

4.2 函数参数

大多数函数都是有参数的。从本质上讲,函数参数是为了让主调函数与被调函数能够进行数据交换,如主调函数向被调函数传递一些数据,被调函数向主调函数返回一些数据。函数参数是实现函数时的重要内容,是函数接口的首要任务,围绕这个目标需要研究以下两个问题。

（1）形式参数的定义与实际参数的提供的对应关系,包括参数的类型、次序和数目。

（2）函数参数的数据传递机制,包括主调函数与被调函数的双向数据传递。

4.2.1 形式参数

函数定义中的形式参数列表（parameters）简称形参。例如：

```
1    int max(int a, int b)
2    {
3        return a>b? a : b;
4    }
```

第 1 行 a 和 b 就是形参。

函数定义时指定的形参在未进行函数调用前并不实际占用内存中的存储单元,这也是称它为形式参数的原因,即它们不是实际存在的。只有在发生函数调用时,形参才分配实际的内存单元,接受从主调函数传来的数据,此刻形参是真实存在的,因而可以对它们进行各种操作。当函数调用结束后,形参占用的内存单元被自动释放。此后,形参又是未实际存在的。

形参的类型可以是任意数据类型,换言之,函数允许任意类型的数据传递到函数中。但函数传递不同类型数据的机制不同,所以形参类型的设计一是依据实际需求,二是确保最佳的数据传递。

4.2.2 实际参数

函数调用时提供给被调函数的参数称为实际参数(arguments),简称实参。

实参必须有确定的值,因为调用函数会将它们传递给形参。实参可以是常量、变量或表达式,还可以是函数的返回值。例如:

```
x=max(a,b);                //max 函数调用,实参为 a,b
y=max(a+3,128);            //max 函数调用,实参为 a+3,128
z=max(max(a,b),c);         //max 函数调用,实参为 max(a,b),c
```

实参是以形参为依据的,即实参的类型、次序和数目要与形参一致。如果参数数目不一致,则出现编译错误;如果参数次序不一致,则传递到被调函数中的数据就不合逻辑,难有正确的程序结果;如果参数类型不一致,则函数调用时按形参类型对实参做隐式类型转换;如果是不能进行隐式类型转换的类型,就会出现编译错误。

更重要的是,实参的数据应与函数接口要求的数据物理意义是一致的,否则即使语法正确,程序的运行结果也是错的。例如调用数学库函数中的 sin 函数求正弦时,函数接口就要求实参必须是弧度的数据。

综上所述,实参数据传递给形参,必须满足语法和应用两方面的要求。

4.2.3 参数传递机制

程序通常有两种函数参数传递机制:值传递和引用传递。

在值传递(pass-by-value)过程中,形参作为被调函数的内部变量来处理,即开辟内存空间以存放由主调函数复制过来的实参的值,从而成为实参的一个副本。值传递的特点是被调函数对形参的任何操作都是对内部变量进行的,不会影响到主调函数的实参变量的值。例如:

```
void fun(int x,int y,int m)   //x,y,m 调用时是 a,b,k 的一个副本
{
    m=x>y? x:y;               //仅修改函数内部的 m
}
void caller()                 //主调函数,调用者
{
    int a=10,b=5, k=1;
```

```
        fun(a,b,k);                    //实参值传递
}
```

在fun函数中对形参m的赋值不修改caller函数中的实参k。

在引用传递(pass-by-reference)过程中,被调函数的形参虽然也作为内部变量开辟了内存空间,但是这时存放的是由主调函数复制过来的实参的内存地址,从而使得形参为实参的一个别名(形参和实参内存地址相同,则它们实为同一个对象的两个名称)。被调函数对形参的任何操作实际上都是对主调函数的实参进行操作。

C++支持值传递和引用传递。

值传递时,实参数据传递给形参是单向传递,即只能由实参传递给形参,而不能由形参传回实参,这也是实参可以是常量和表达式的原因(这些数据不是左值)。

值传递存在以下的局限性。

(1) 值传递做不到在被调函数中修改实参。

(2) 对于基本类型,如整型或字符型,由于数据量不大,传递的时间和空间开销不是问题;但如果要传递的是大型数据对象时,会对函数调用效率产生影响。

(3) 当没有办法实现实参复制到形参时,不能值传递。

此时,有效的解决办法是使用指针。

4.2.4 函数调用栈

有必要了解在函数调用过程中系统做了些什么,对这个问题的透彻理解有助于编写正确的函数,而且加深对函数调用与返回、参数传递机制、嵌套调用和递归调用的认识。

函数调用时,为了能将参数传递到函数中、准确地返回到调用点以及返回函数值,使用了"栈"来管理存储器。栈是内存管理中的一种数据结构,是一种先进后出的数据表,即先进去的数据后出来。栈最常见操作有两种:进栈(push)和出栈(pop)。

打个比方,栈像是有许多门的密室,进入密室中一定是一扇门一扇门地进去,如果想从密室走出来,那么最先出的是最后进的那扇门,最后出的是最先进的那扇门。进栈好比进门,出栈好比出门。

系统为每次函数调用在"栈"中建立独立的栈框架,称为函数调用栈帧(stack frame),其建立和撤销是自动维护的。下面结合具体的调用例子来说明函数调用栈帧的工作原理。

假设有主调函数和被调函数如下:

```
int fun(int a,int b)              //被调函数
{
    int x=8, y=2, z;
    z=(a+b)*x+(a-b)*y;
    return z;
}
void caller()                     //主调函数,调用者
{
    int m=2,n=3,k;
```

```
        k=fun(m,n);                    //函数调用
}
```

(1) 当在 caller 函数中运行时,系统使用 caller 函数栈帧,如图 4.1(a)所示。

调用函数 fun 前,caller 函数首先保护现场,将关键数据进栈,再将传递给 fun 的实参——进栈。按调用约定,最右边的实参最先进栈,然后调用 fun 并将返回地址进栈,如图 4.1(b)所示。返回地址是 caller 函数中 fun 调用点的下一条指令位置,当 fun 以这个地址返回时,正好回到 caller 函数的下一条指令上。

(2) 进入 fun 函数时,fun 首先建立它自己的栈帧,保存 caller 函数栈帧记录值 EBP,设置自己的 EBP,然后在栈中为局部变量分配空间(只要在栈帧中移动栈顶 top 就留出空间给局部变量,称为分配)。如果变量有初始化,fun 还会——给它们赋初值,如图 4.1(c)所示。

(3) fun 函数体开始执行了,这其中也许还有进栈、出栈的动作,也许还会调用别的函数,甚至递归地调用 fun 本身,但 fun 通过自己的 EBP 加上下偏移总是可以找到函数形参和局部变量的。

(4) 当 fun 函数执行完后,fun 首先释放局部变量空间(在栈帧中将栈顶 top 向栈底移动收回空间,称为释放),然后恢复 caller 函数 EBP,回到 fun 栈底,取出返回地址返回。回到 caller 函数中,caller 函数获得 fun 函数的返回值,并且按调用约定将原先入栈的参数——出栈,恢复现场,使栈回到原先的状态,达到栈平衡,如图 4.1(d)所示。

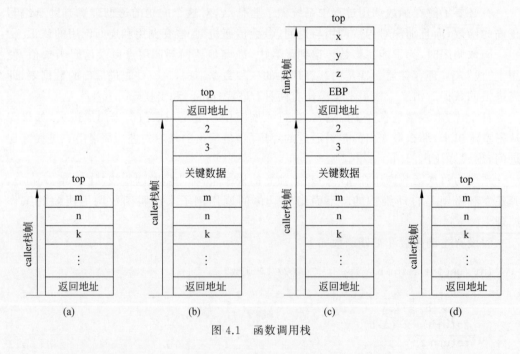

图 4.1　函数调用栈

从上述过程可以看出:

(1) 实参是通过进栈传递到函数内部的,进栈时需要数据值,所以称为值传递。如图 4.1(b)所示,分别将 n、m 的值 3、2 进栈成为函数 fun 的形参 b 和 a。

(2) 因为进栈的内存单元长度是由数据类型决定的,所以实参与形参类型必须一致,否则会导致"栈溢出"错误,即超出实际栈空间长度。

(3) 函数调用约定(calling convention)不仅决定了发生函数调用时函数参数的进栈顺序,还决定了是由主调函数还是被调函数负责清除栈中的参数。实际上,函数调用约定的方式有多种,C++默认使用 C 调用约定,即实参从右向左依次进栈。换言之,函数调用时实参的运算方向是自右向左的。

(4) 函数内非静态局部变量是进入函数时才分配空间的,函数结束时自动释放。形参的情况与此相似。

4.2.5 const 参数

函数定义时,允许在形参的类型前面加上 const 限定,语法形式为

```
返回类型  函数名(const 类型 形式参数,…)
{
    函数体
}
```

const 用来限制对一个对象的修改操作,即对象不允许被改变。出现在函数参数中的 const 表示在函数体中不能对这个参数做修改。例如:

```
int strcmp(const char * str1,const char * str2)
{
    …                    //函数体
}
```

在 strcmp 函数中不应该有改变这两个参数的操作,否则编译出错。

函数参数使用 const 限定的目的是确保形参对应的实参对象在函数体中不会被修改。通常,对于基本类型的参数,因为形参和实参本来就不是同一个内存单元,即使修改形参也不会影响到实参,因此没有必要加上 const 限定。但如果是数组参数、指针参数就有必要了。

4.2.6 可变参数函数

仔细研究 printf 和 scanf 函数,会发现这两个函数的参数不像函数定义的形参列表,因为它们的参数可以有很多个,而且数目可变。C++支持可变参数的函数,允许函数参数数目是不确定的。下面给出可变参数函数的定义方法和举例。

可变参数函数的定义形式为

```
返回类型  函数名(类型1 参数名1,类型2 参数名2,…)
{
    函数体
}
```

形参可以分为两部分:个数确定的固定参数和个数可变的可选参数。一般来说,至

少需要第一个参数是普通的形参,后面用 3 个点"…"表示可变参数,且只能位于函数形参列表的最后。这里的 3 个点不是省略的意思,而是可变参数要求的写法。例如:

> int fun(int a,…)

如果没有任何一个普通的形参,则定义的形式如下:

> int fun(…)

那么在函数体中就无法使用任何参数了,因为无法通过宏来提取每个参数。所以除非函数体中的确没有用到参数表中的任何参数,否则在参数表中使用至少一个普通的形参。

在函数体中可以使用<cstdarg>头文件定义的几个 va_* 的宏来引用可变参数。

(1) va_list arg_ptr:定义一个指向个数可变的参数列表指针。

(2) va_start(arg_ptr, argN):使参数列表指针 arg_ptr 指向函数参数列表中第一个可选参数,argN 是位于第一个可选参数之前的固定参数,即最后一个固定参数。例如,有一个函数是 int fun(char a,char b,char c,…),则它的固定参数依次是 a、b、c,最后一个固定参数 argN 即 c,因此就是 va_start(arg_ptr ,c)。

(3) va_arg(arg_ptr, type):返回参数列表中指针 arg_ptr 所指的参数,返回类型由 type 指定,并使指针 arg_ptr 指向参数列表中的下一个参数。

(4) va_end(arg_ptr):清空参数列表,并置参数指针 arg_ptr 无效。指针 arg_ptr 被置无效后,可以通过调用 va_start 恢复 arg_ptr。每次调用 va_start 后,必须有相应的 va_end 与之匹配。参数指针可以在参数列表中随意地来回移动,但必须在 va_start~va_end 之间。

【例 4.2】 编写并调用计算若干整数平均值的函数。

程序代码如下:

```
1    #include <iostream>
2    #include <cstdarg>              //可变参数函数需要用到 va_* 的宏定义
3    using namespace std;
4    double avg(int first,…)         //返回若干整数平均值的函数
5    {
6        int count=0 ,sum=0, i;
7        va_list arg_ptr;            //定义可变参数列表指针
8        va_start(arg_ptr, first);   //初始化
9        i=first;                    //取第一个参数
10       while(i!=-1 )               //调用时最后一个参数必须是-1,作为结束标记
11       {
12           sum+=i;                 //累加多个整数值
13           count++;                //计数
14           i =va_arg(arg_ptr, int);//取下一个参数
15       }
16       va_end(arg_ptr);            //清空参数列表
17       return (count>0 ?(double)sum/count : 0);    //返回平均值
18   }
```

```
19    int main()
20    {
21        cout<<avg(1,2,3,-1)<<endl;           //返回 1~3 的平均值
22        cout<<avg(7,8,9,10,-1)<<endl;        //返回 7~10 的平均值
23        cout<<avg(-1)<<endl;                 //没有计算返回 0
24        return 0;
25    }
```

程序运行结果如下：

```
2.000000
8.500000
0.000000
```

4.3 函数原型与调用

4.3.1 函数声明和函数原型

1. 函数声明

当要调用函数时，C++规定在调用一个函数之前必须有该函数的声明。

编译器在编译函数调用时，需要检查函数接口，即检查返回类型、参数类型、参数次序和参数数目是否正确，这样就能避免参数类型或参数数目不一致而引发的错误，保证正确的函数调用栈。而编译器之所以能够发现这些错误，原因就在于它事先有了该函数的声明，进而知道函数接口是如何规定的。

一个函数只能定义一次，但是可以声明多次。定义是函数实现，函数代码一经实现，就不能再来一次。而声明的作用是程序向编译器提供函数的接口信息，因此多次提供接口信息是允许的，但不能提供相互矛盾、语义不一致的接口信息。

C++规定函数定义语法既是函数定义，也是函数声明。换言之，只要函数调用是写在函数定义的后面，就自然有了函数声明。但这种方式与 C++允许函数定义可放在任意位置的规定相矛盾，而且使用起来也不方便。显然，将函数调用均写在函数定义的后面不是现实的方法。

一般情况下，将函数声明放在头文件(.h)中，将函数实现放在源程序文件中。凡是要调用这个函数的地方，通过♯include 将头文件包含进来即可。

另一方面，C++允许调用库函数，所谓库函数是指事先由程序员编制好的函数。多数情况下，基于各种理由，如保护知识产权，这些库函数仅提供二进制形式的目标代码给调用者链接，却没有提供源码形式的函数定义。这种情况下，又如何让调用者进行函数声明呢？方法是使用函数原型。

2. 函数原型

函数原型(function prototype)的作用是提供函数调用所必需的接口信息，使编译器

能够检查函数调用中可能存在的问题,有以下两种形式:

返回类型　函数名(类型 1 参数名 1,类型 2 参数名 2,…);

或

返回类型　函数名(类型 1,类型 2,…);

显然第二种形式是第一种形式的简写。之所以在函数原型中可以不写参数名称,是因为参数名称不是形参与实参对应的依据,因而参数名称不是重要的接口信息,可以省略。语法后面的分号(;)必须要写。

例如:

```
#include <cmath>
double sqrt(double x);
```

是标准库求平方根的函数原型,表示调用它需要:

(1) 包含头文件＜cmath＞,因为 sqrt 函数原型在＜cmath＞中。

(2) sqrt 函数须提供一个 double 型的实参,返回值也是 double 型。

【例 4.3】　编写求两个数的最大公约数的函数。

程序代码如下:

```
1    #include <iostream>
2    using namespace std;
3    int gcd(int m,int n);              //gcd 函数原型,gcd 函数声明在前
4    int main()
5    {
6        int m,n;
7        cin>>m>>n;
8        cout<<gcd(m,n)<<endl;          //调用时已有 gcd 函数声明
9        return 0;
10   }
11   int gcd(int m,int n)               //求最大公约数,gcd 函数实现在后
12   {
13       int r;
14       while (n!=0) {                 //欧几里得算法,原理是:
15           r=m % n;                   //r 为 m/n 的余数
16           m=n;                       //则 gcd(m,n)=gcd(n,r)=…
17           n=r;                       //r=0 时 n 即 gcd
18       }
19       return m;
20   }
```

第 3 行即 gcd 函数的函数原型,第 11～20 行是 gcd 函数的定义(函数实现)。

函数原型属于 C++ 的声明语句。因此,可以放在函数或语句块中任意位置,或者函

数外的全局范围内,但必须在函数调用的前面。

函数原型几乎就是函数定义中的函数头,但函数头后面不能有分号,而函数原型没有函数体。函数定义与函数原型是有区别的,函数定义具有函数原型的声明作用,但它还是函数功能的具体实现,所有函数定义是主体,函数原型像是它的"说明书"。

函数原型通常出现在函数定义的前面,也允许在函数定义的后面,只不过意义不大。编译器在编译时,无论它们哪个在前,均以第一次"看到"的函数接口为准,如果后面的与这个函数接口不一致,就会出现编译错误,所以函数原型要与函数定义匹配。

3. 函数调用

有了函数声明,就可以调用函数,有参数函数调用的形式为

函数名(实参列表)

实参可以是常量、变量、表达式和函数调用,各实参之间用逗号(,)分隔。实参的类型、次序和个数应与形参一致。

无参数函数调用的形式为

函数名()

函数名后面的括号()必须有,括号内不能有任何参数。

在 C++ 中,可以用以下 3 种方式调用函数。

(1) 函数表达式。

函数调用作为其中的一项出现在表达式中,以函数返回值参与表达式的运算,这种方式要求函数必须是有返回值的。例如:

```
z=max(x,y)
```

是一个赋值表达式,把 max 函数的返回值赋给变量 z。

当函数返回后,主调函数通过创建一个临时对象(temporary object)来存储返回值。如果不立即使用这个返回值,则临时对象被清除,返回值也就被舍弃,通常的做法是将函数返回值赋给一个变量保存下来。

(2) 函数调用语句。

函数调用的语法形式加上分号就构成函数调用语句。例如:

```
max(x,y);
```

如果函数没有返回值,则只能使用函数语句的方式调用,而有返回值的函数允许使用函数语句的方式调用,只不过函数的返回值被舍弃不用了。

(3) 函数实参。

函数可以作为另一个函数调用的实参出现。这种情况是把该函数的返回值作为实参进行传递,因此要求该函数必须是有返回值的。例如:

```
max(max(x,y),z);
```

即把 max 调用的返回值又作为 max 函数的实参来使用。

假设max(x,y)返回两个数的最大值,则

max(max(a,b),max(c,d))

返回4个数的最大值。

前面述及,函数调用时实参的运算是有方向的,即函数调用对实参的计算是有求值顺序的。运算方向由不同的函数调用约定来决定,C++默认使用C调用约定,求值顺序是自右向左。与此相反的是Pascal调用约定,求值顺序是自左向右。C++程序需要经过特别的设定才能是Pascal调用约定。

例如:

int i=1,j=2;
printf("%d,%d,%d\n",i=i+j,j=j+i,i=i+j);   //从右向左计算实参

程序输出结果如下:

8,5,3

因为在调用printf函数时,先处理最右边的i=i+j,这个实参值是3;再处理中间的j=j+i,这个实参值是5;最后处理左边的i=i+j,这个实参值是8。

4.3.2 库函数的调用方法

C++拥有庞大的系统库函数,既有标准库函数完成基本功能,又有专业库函数实现特定功能。例如图形库OpenGL、DirectX,图形界面库wxWindows、Qt,多媒体库OpenAL,游戏开发库OGRE、Allegro,网络开发库Winsock,数据库开发库ODBC API,科学计算函数库GSL等。同时多数应用软件,如Office、MATLAB和AutoCAD等,均提供了C/C++接口,使C/C++通过混合编程用到这些软件的特色功能。

无论使用库函数或混合编程,对于C/C++程序来说本质上就是在使用函数。这里给出库函数调用的一般方法。

(1) 在程序中添加库函数声明。

多数库函数将自己的函数原型和特殊数据等放在头文件中,所以应首先使用文件包含命令将这些头文件包含到程序中。例如,欲使用数学库函数,文件包含命令为

#include <cmath>

从而使得程序有函数声明。例如:

y=sin(x);   //求x(弧度)的正弦

该调用就能够通过编译。

(2) 将库函数目标代码连接到程序中。

在连接时,例如使用了sin函数,就必须要有sin函数的实现代码才能生成可执行文件,否则连接出错。要将库函数的目标代码连接到程序中,主要是配置好开发环境的相关参数,然后由连接器处理。

标准库函数的连接在开发环境中是默认的,一般可以不用特别设置。

经过上述两个步骤,可以让程序调用库函数了。但要让库函数发挥作用,实现期望的功能,还需要通过库函数详尽的使用手册了解以下两方面。

(1) 函数的作用、功能和调用参数要求等,例如 sin 函数要求调用参数是弧度值。

(2) 函数的调用约定,确保正确地实现参数传递和函数返回。

4.3.3 常用库函数

1. 数学库

大部分数学函数都定义在数学库中,其头文件为<cmath>。

(1) acos 函数。

函数原型:double acos(double x);

函数说明:返回以弧度表示的反余弦值。x 要求在[-1,+1],返回值在[0,π]。

应用举例:

y=acos(0.32696);   //y=1.237711

(2) asin 函数。

函数原型:double asin(double x);

函数说明:返回以弧度表示的反正弦值。x 要求在[-1,+1],返回值在[-π/2,π/2]。

应用举例:

y=asin(0.32696);   //y=0.333085

(3) atan 函数。

函数原型:double atan(double x);

函数说明:返回以弧度表示的反正切值。返回值在[-π/2,π/2]。

应用举例:

y=atan(-862.42);   //y=-1.569637

(4) cos 函数。

函数原型:double cos(double x);

函数说明:返回 x 的余弦值。x 要求以弧度为单位。

应用举例:

y=cos(3.1415926535/2);   //y=0.0

(5) sin 函数。

函数原型:double sin(double x);

函数说明:返回 x 的正弦值。x 要求以弧度为单位。

应用举例:

y=sin(3.1415926535/2);   //y=1.0

(6) tan 函数。

函数原型：double tan(double x);
函数说明：返回 x 的正切值。x 要求以弧度为单位。
应用举例：

y=tan(3.1415926535/4);   //y=1.0

（7）cosh 函数。
函数原型：double cosh(double x);
函数说明：返回 x 的双曲余弦值。
应用举例：

y=cosh(3.1415926535/2);   //y=2.509178

（8）sinh 函数。
函数原型：double sinh(double x);
函数说明：返回 x 的双曲正弦值。
应用举例：

y=sinh(3.1415926535/2);   //y=2.301299

（9）tanh 函数。
函数原型：double tanh(double x);
函数说明：返回 x 的双曲正切值。
应用举例：

y=tanh(1.0);   //y=0.761594

（10）exp 函数。
函数原型：double exp(double x);
函数说明：返回 e 的 x 次方 e^x。
应用举例：

y=exp(1.0);   //y=2.718282

（11）log 函数。
函数原型：double log(double x);
函数说明：返回 x 的自然对数。x 要求大于 0。
应用举例：

y=log(10.0);   //y=2.302585

（12）log10 函数。
函数原型：double log10(double x);
函数说明：返回 x 以 10 为底的对数。x 要求大于 0。
应用举例：

y=log10(100.0);   //y=2.0

(13) fabs 函数。

函数原型：double fabs(double x);

函数说明：返回 x 的绝对值。

应用举例：

y=fabs(-4.0);   //y=4.0

(14) pow 函数。

函数原型：double pow(double x,double y);

函数说明：返回 x 的 y 次方 x^y。若 x 为负则 y 必须是整数，若 x 为 0 则 y 必须大于 0。

应用举例：

y=pow(4.0,4.0);   //y=256.0

(15) sqrt 函数。

函数原型：double sqrt(double x);

函数说明：返回 x 的平方根 $\sqrt{x}$。x 要求大于或等于 0。

应用举例：

y=sqrt(9.0);   //y=3.0

【例 4.4】 输出[0,90)的正弦表，每隔 0.1°输出一个正弦值。

程序代码如下：

```
1    #include <iostream>
2    #include <iomanip>           //IO 封装
3    #include <cmath>             //使用数学库
4    using namespace std;
5    int main()
6    {
7        double d;
8        int i,j;
9        for(i=0;i<90;i++) {
10           cout<<setw(2)<<i<<" ";
11           for(j=0;j<10;j++) {
12               d=(i+j/10.0)*3.1415926535/180;   //角度转换为弧度
13               cout<<setiosflags(ios::fixed)<<setprecision(4)<<sin(d)<<" ";
14           }
15           cout<<endl;
16       }
17       return 0;
18   }
```

2. 实用函数库

实用函数库的头文件为<cstdlib>。

(1) rand 函数。

函数原型：int rand(void);

函数说明：返回[0,RAND_MAX]的随机整数，其中，RAND_MAX 是符号常量，至少为 32 767。

应用举例：

```
srand(1);                    //以 1 为种子初始化随机数发生器
y=rand();                    //得到一个随机整数
```

(2) srand 函数。

函数原型：void srand(unsigned int seed);

函数说明：以 seed 作为种子初始化随机数发生器。如果使用相同的 seed 值调用 srand，则 rand 函数产生的随机数是重复的。如果没有调用过 srand，则 rand 函数会自动调用一次 srand(1)。

(3) exit 函数。

函数原型：void exit(int status);

函数说明：终止程序运行，且将退出状态 status 返回给启动本程序的程序。

应用举例：

```
exit(0);                     //程序正常状态终止
```

【例 4.5】 产生[0,20)、(0,1)的 10 组随机数。

分析：使用 rand 函数可以获得随机数。不过每次使用相同的种子调用 srand，则产生的随机数总是一样的。如果用系统流逝时间（间隔大于 1s）作为种子，就能产生不同的随机数。为此需要使用 ctime 中的 time(0)调用，它返回从(1970-1-1 0:0:0)起到目前为止所经过的时间，单位为秒。

由于 rand 产生的随机数在区间[0,RAND_MAX]，为了得到区间[a,b)的随机整数，可以使用(rand()%(b-a)+a)式子计算（结果值将含 a 但不含 b）。在 a 为 0 的情况下，简写为 rand()%b。用(rand()/double(RAND_MAX))可以取得 0~1 的随机小数。

程序代码如下：

```
1    #include <iostream>
2    #include <cstdlib>              //使用实用函数
3    #include <ctime>                //使用时间函数
4    using namespace std;
5    int main()
6    {
7        double d;
8        int i,n,seed;
```

```
 9       seed=time(0);              //以系统流逝时间为随机数发生器种子
10       srand((unsigned int)seed);
11       for(i=0;i<10;i++) {
12           n=rand()%20;            //产生[0,20)的随机整数
13           d=rand()/(double)RAND_MAX;  //产生(0,1)的随机小数
14           cout <<n<<" "<<d<<endl;
15       }
16       return 0;
17   }
```

4.4 内联函数

在前面介绍函数调用栈时,我们了解到函数调用时参数需要入栈,调用前要保护现场并保存返回地址,调用后要恢复现场并按原来保存的返回地址继续执行。因此函数调用需要时间和空间的开销,将影响执行效率。对于一些函数体代码不是很大,但又频繁地被调用的函数,准备执行函数的时间竟然比函数执行的时间要多很多。

C++提供一种提高函数效率的方法,即在编译时将被调函数的代码直接嵌入主调函数中,取消调用这个环节。这种嵌入主调函数中的函数称为内联函数(inline function)。

内联函数的声明是在函数定义的类型前加上 inline 修饰符,定义形式为

inline 返回类型 函数名(形式参数列表)
{
  函数体
}

或在函数原型的类型前加上 inline 修饰符,声明形式为

inline 返回类型 函数名(类型 1 参数名 1,类型 2 参数名 2,…);

内联函数可以同时在函数定义和函数原型中加 inline 修饰符,也可以只在其中一处加 inline 修饰符,但内联的声明必须出现在内联函数第一次被调用之前。

如图 4.2(a)所示,如果使用普通函数,fun 将发生 3 次调用;如图 4.2(b)所示,如果使用内联函数,在调用点已经将 fun 函数代码嵌入进来,故没有发生 fun 的调用。

所以内联函数的优点是:从源代码层面来看,有函数的结构;而在编译后,却没有函数的调用开销(已不是函数了)。

【例 4.6】 计算两个数的平方和。
程序代码如下:

```
1    #include <iostream>
2    using namespace std;
3    inline int fun(int a,int b)        //内联函数
4    {
5        return a*a+b*b;
```

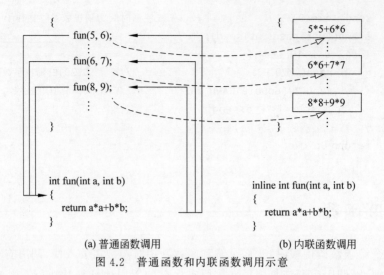

(a) 普通函数调用　　　　　　　(b) 内联函数调用

图 4.2　普通函数和内联函数调用示意

```
6     }
7     int main()
8     {
9         int n=5,m=8,k;
10        k=fun(n,m);                    //调用点嵌入 a*a+b*b 代码
11        cout<<"k="<<k<<endl;
12        return 0;
13    }
```

使用内联函数就没有函数的调用了,因而就不会产生函数来回调用的效率问题。但是由于在编译时函数体中的代码被嵌入主调函数中,因此会增加目标代码量,进而增加空间开销。可见内联函数是以目标代码的增加为代价来换取运行时间的节省。例如,要调用 max 函数 10 次,则在编译时会先后 10 次将 max 函数代码嵌入主调函数中,内联函数使用不当会造成代码膨胀。

内联函数中不允许用循环语句和 switch 语句,递归函数也不能被用来做内联函数。当编译器无法对代码进行嵌入时,就会忽略 inline 声明,此时内联失效,这些函数将按普通函数处理。

一般情况下,只是将规模较小、语句不多(1~5 个)、频繁使用的函数声明为内联函数。对一个含有许多语句的函数,函数调用的开销相对来说微不足道,所以也没有必要用内联函数实现。

*4.5　默认参数

4.5.1　带默认参数的函数

C++ 允许在函数定义或函数声明时为形参指定默认值,这样的参数称为默认参数(default argument),一般形式为

```
返回类型 函数名(类型 1 参数名 1,…,类型 默认参数名=默认值)
{
    函数体
}
```

例如在函数定义时:

```
int volume(int L,int W,int H=1)              //H 为默认参数
{
    return L*W*H;
}
```

或者在函数原型中:

```
int volume(int L,int W,int H=1);             //H 为默认参数
```

设置默认参数需要注意以下问题。

(1) 在同一个作用域中,默认参数只能设置一次。如果在函数定义时设置了默认参数,那么就不能在函数声明中再次设置,即使设置完全相同;如果在一个函数声明中已经设置了默认参数,那么其后的函数重复声明和函数定义均不能再次设置。例如:

```
int volume(int L,int W,int H=1);
int volume(int L,int W,int H=1)              //定义再次设置,错误
{
    return length*width*height;
}
```

或

```
int volume(int L,int W,int H=1)
{
    return length*width*height;
}
int volume(int L,int W,int H=1);             //声明再次设置,错误
```

一般情况下,如果函数既有原型声明又有函数定义时,都是在函数原型中设置默认参数的。例如:

```
int volume(int L,int W,int H=1);
int volume(int L,int W,int H)                //正确
{
    return length*width*height;
}
```

也就是只要编译器见到过一次函数设置默认参数,后面就不允许再次出现这个函数的默认参数设置。

(2) 可以设置多个默认参数,设置的顺序为自右向左,换言之,要为某个参数设置默认值,则它右边的所有参数必须都是默认参数。例如:

```
int volume(int L,int W,int H=1);              //H为默认参数,正确
int volume(int L,int W=1,int H=1);            //W、H为默认参数,正确
int volume(int L=1,int W=1,int H=1);          //L、W、H为默认参数,正确
int volume(int L=1,int W,int H);              //错误
int volume(int L,int W=1,int H);              //错误
```

（3）默认值可以是常量或全局变量,甚至是一个函数调用(调用实参必须是常量或全局变量的表达式),不可以是局部变量。因为默认参数的调用是在编译时确定的,而局部变量与默认值在编译时是无法确定的。例如：

```
int p1=2,p2=10;
int max(int a,int b)
{
    return a>b? a : b;
}
int volume(int L,int W,int H=1);              //允许常量
int volume(int L,int W,int H=p1+p2);          //允许全局变量及表达式
int volume(int L,int W,int H=max(5,6));       //允许函数调用
int volume(int L,int W,int H=max(p1,p2))      //允许全局变量函数调用
```

4.5.2 默认参数函数的调用

默认参数本质上是编译器根据函数声明或函数定义时的默认参数设置,对函数调用中没有给出来的实参自动用默认值表达式"补齐"再进行编译,如图 4.3 所示。

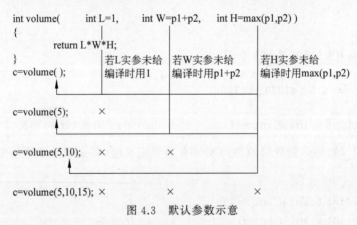

图 4.3 默认参数示意

例如,有默认参数的 volume 函数：

int volume(int L=1, int W=p1+p2 , int H=max(p1,p2));

volume()调用实际上是按 volume(1,p1+p2,max(p1,p2))编译的。

volume(5)调用实际上是按 volume(5,p1+p2,max(p1,p2))编译的。

volume(5,10)调用实际上是按 volume(5,10,max(p1,p2))编译的。

volume(5,10,15)调用实际上是按 volume(5,10,15)编译的。

【例 4.7】 编写求体积的函数,要求有默认参数。
程序代码如下:

```
1    #include <iostream>
2    using namespace std;
3    int p1=2,p2=10;
4    int max(int a,int b)
5    {
6        return a>b? a : b;
7    }
8    int volume(int L=1,int W=p1+p2,int H=max(p1,p2))
9    {
10       return L * W * H ;
11   }
12   int main()
13   {
14       cout<<"v0="<<volume()<<endl;
15       cout<<"v1="<<volume(5)<<endl;
16       cout<<"v2="<<volume(5,10)<<endl;
17       cout<<"v3="<<volume(5,10,15)<<endl;
18       return 0;
19   }
```

程序运行结果如下:

v0=120
v1=600
v2=500
v3=750

默认参数的使用给程序员提供了很多方便,它实质上允许同一个函数名有多种调用方法,否则,我们将面临有同样含义、同样操作的一大堆函数名而不知所措。但是如果函数调用之间的行为差异太大,使用默认参数的函数就不合适了。

*4.6 函数重载

4.6.1 函数重载定义

在实际编程中,有时要定义一组函数,使它们执行同一类的功能,应用在不同的参数类型上,或有不同参数个数。由于在同一个域里,C 语言不允许有相同名称的多个函数,所以这一组函数必然会用不同名称的函数来实现。例如求最大值问题,从两个数中找到最大的,当这两个数是整型、双精度浮点型或长整型时,就会写出与下面类似的函数原型:

int max1(int a,int b);
double max2(double a,double b);

long max3(long a,long b);

显然,这样做的结果是相同功能的函数有一大堆不同的函数名,使得函数的使用容易混淆不清,非常不方便。从函数使用者的角度来看,这些函数只有一种操作:就是求最大值。至于怎样完成其细节,函数使用者一点也不关心。这种词汇上引出来的复杂性不是求解问题本身固有的,而是由于 C 语言的限制带来的。

C++ 通过函数重载(function overloading)简化了这样一组程序的实现,例如,上面 3 个函数允许使用同一个函数名 max,这样函数名与功能就是一一对应的关系,好处不言而喻。

C++ 函数重载的语法规则是在同一个域中的同一个函数名可以用来定义多个函数,但函数参数列表应彼此有不同:或者是参数个数不同,或者是参数类型不同,或者两者均有不同。

需要注意的是,函数重载与重复声明是有区别的,下面(1)~(5)不是函数重载。

(1) 如果两个函数声明的返回类型和形参列表完全一样,则将第二个函数声明视为第一个的重复声明;如果两个函数的形参列表完全相同,但返回类型不同,则第二个声明是错误的。例如:

int max(int a,int b);
double max(int a,int b);

即函数重载不能仅仅是返回类型不同。

(2) 函数原型的两种形式写在一起是重复声明。例如:

int max(int a,int b);
int max(int,int);

(3) 参数类型的区别仅仅是使用 typedef 后产生的名字区别,这是重复声明。

typedef int WORD;   //WORD 类型实质是 int 类型
int max(int a,int b);
int max(WORD a,WORD b);

(4) 形参列表只有默认参数不同(默认参数没有改变形参的个数)。例如:

int max(int a,int b);
int max(int a,int b=10);

(5) 非引用型形参列表的区别仅仅是 const 限定的差异。

int max(int a,int b);
int max(const int a,const int b);

使用重载函数(overloaded function)时,同名函数的功能应当相同或相近,不要用同一函数名的函数去实现完全不相干的功能,例如,一个 max 函数是求最大值,另一个 max 函数是求最小值,尽管程序是可以运行的,但逻辑上让人莫名其妙。

【例 4.8】 编写求两个数最大值函数,要求能处理整数、双精度数和长整数。

程序代码如下:

```
1    #include <iostream>
2    using namespace std;
3    int max(int a,int b)                    //整型版本
4    {
5        return(a>b? a : b);
6    }
7    double max(double a,double b)           //双精度版本
8    {
9        return(a>b? a : b);
10   }
11   long max(long a,long b)                 //长整型版本
12   {
13       return(a>b? a : b);
14   }
15   int main()
16   {
17       int i=12,j=-12,k;
18       k=max(i,j);                         //调用整型版本 max
19       cout<<"int max="<<k<<endl;
20       double x=123.4,y=65.43,z;
21       z=max(x,y);                         //调用双精度版本 max
22       cout<<"double max="<<z<<endl;
23       long a=7654321,b=1234567,c;
24       c=max(a,b);                         //调用长整型版本 max
25       cout<<"long max="<<c<<endl;
26       return 0;
27   }
```

程序运行结果如下：

int max=12
double max=123.4
long max=7654321

这是一个参数类型不同的函数重载的例子，从程序中可以看到 3 个 max 调用的写法如出一辙，程序员不需要再去考虑如果实参是整型，究竟是用 max1、max2 还是 max3 之类的问题，编译器会根据实参的类型自动决定究竟调用哪个版本 max 函数。

上面 3 个 max 函数的函数体是相同的，实际上重载函数并不要求函数体相同。

【例 4.9】 编写求两个数和 3 个数的最大值函数。

程序代码如下：

```
1    #include <iostream>
2    using namespace std;
3    int max(int a,int b)                    //两个参数版本
4    {
```

```
5        return (a>b? a : b);
6    }
7    int max(int a,int b,int c)                    //3个参数版本
8    {
9        a=a>b? a : b;
10       a=a>c? a : c;
11       return (a);
12   }
13   int main()
14   {
15       int a,b,i=10,j=8,k=12;
16       a=max(i,j) ;                              //调用两个参数版本 max
17       cout<<"max(i,j)="<<a<<endl;
18       b=max(i,j,k) ;                            //调用 3 个参数版本 max
19       cout<<"max(i,j,k)="<<b<<endl;
20       return 0;
21   }
```

程序运行结果如下：

max(i,j)=10
max(i,j,k)=12

这是一个参数个数不同的函数重载的例子，编译器会根据参数的个数自动决定调用哪个版本的 max 函数。

函数重载在类和对象中应用比较多，尤其是在类的多态性中。在以后我们将碰到更多的类型不同的函数重载。

4.6.2 重载函数的调用

重载函数的调用对于函数使用者来说，与普通函数调用没什么区别，虽然是多个不同函数，由于一个函数名对应一个功能，所以调用是非常方便的。

但编译器需要根据参数类型和参数个数来自动解析（overload resolution）决定重载函数调用究竟使用哪个函数版本，解析的结果可能是：

（1）找到与实参匹配的函数，则调用该函数。

（2）找不到与实参匹配的函数，则编译错误。

（3）存在多个与实参匹配的函数，且没有一个是明显的选择，则编译器指出该调用具有二义性。

通常情况下，重载函数有不同个数的参数或差异明显的参数类型，这时可以很直接地判断究竟使用哪个函数版本。但是当重载函数的形参具有隐式转换类型时，就增加了解析的难度。

下面给出调用解析的步骤。

第一步，确定该调用所对应的重载函数集合，称为候选函数（candidate function）。候选函数与被调函数同名，并且在调用点上它的声明可见，换言之，候选函数与调用在同一

作用域内。

第二步,从候选函数中选择一个或多个函数,它们能够用调用中指定的实参来调用,称为可行函数(viable function)。可行函数必须满足下面的两个条件。

① 函数的形参个数与调用的实参个数相同。

② 每一个实参类型必须与对应的形参类型匹配,或者可隐式转换为对应的形参类型。

第三步,在可行函数中,按下面的条件寻找优选函数(best viable function)。

① 实参类型与形参类型是完全对应的,则调用该函数。

② 每个实参类型与形参类型都接近的,则调用该函数。

③ 至少有一个实参类型与形参类型接近程度优于其他函数,则调用该函数。

④ 逐个分析实参后仍找不到唯一的优选函数,则编译器将提示调用具有二义性。

下面举例说明解析原理的实际应用。

【例 4.10】 有以下重载函数原型:

void fun();
void fun(int);
void fun(int,int);
void fun(double,double=1.0);

试分析下面函数调用的情况。

(1) fun(12.3);

(2) fun(12,0.667);

分析:

(1) "fun(12.3)"调用解析。

第一步,4 个函数与调用均在同一个作用域,所以 4 个函数均是候选函数。

第二步,选出可行函数如下:

void fun(int);
void fun(double,double=1.0);

选"void fun(int);"是因为通过隐式转换可将函数调用中的 double 型实参转换为该函数的 int 型形参。

选"void fun(double,double);"是因为该函数的第二个形参是默认参数,第二个形参是 double 类型,与函数调用中的 double 型实参完全对应,而调用带有默认参数的函数时,编译器自动将默认参数的值提供给被忽略的实参。

第三步,在可行函数中,由于调用只有一个 double 类型的实参。如果调用 fun(int),实参需从 double 型转换为 int 型。而另一个函数 fun(double,double)则与该实参完全对应,故优选该函数。

因此,fun(12.3)的调用使用 fun(double,double)版本。

(2) "fun(12,0.667)"调用解析。

第一步,4 个函数与调用均在同一个作用域,所以 4 个函数均是候选函数。

第二步,由于函数调用是两个实参,所以选出可行函数如下:

void fun(int,int);
void fun(double,double=1.0);

第三步,函数调用的实参与可行函数的形参不是完全对应的,因此需要逐个分析实参。

首先分析第一个实参,对于"fun(12,0.667)"的调用,函数"fun(int,int)"符合要求。如果是函数"fun(double,double)",就必须将 int 型实参转换为 double 型。所以如果只考虑第一个实参,函数"fun(int,int)"更好。

其次分析第二个实参,对于"fun(12,0.667)"的调用,函数"fun(double,double)"类型是对应的,而函数"fun(int,int)"则需要把 double 型转换为 int 型。所以如果只考虑第二个实参,函数"fun(double,double)"更好。

因此,这两个函数都不是"fun(12,0.667)"调用唯一的优选函数,这个调用有二义性,编译器将产生错误。

可能会想到对"fun(12,0.667)"的调用使用显式类型转换以避免二义性。例如:

```
fun((double)12,0.667);                //调用 fun(double,double)版本
fun(12, (int)0.667);                  //调用 fun(int,int)版本
```

在实际应用中,如果需要使用显式类型转换,就意味着形参设计不合理,所以调用重载函数时应尽量避免对实参做显式类型转换。

*4.7 函数模板

4.7.1 函数模板的概念

假设要编写一个函数对两个参数求和。实际编程中,我们可能希望定义几个这样的函数,每一个都可以对一种给定类型的值求和,那么可能自然会想到使用重载函数。例如:

```
int add(int a,int b)
{
    return a+b;
}
double add(double a,double b)
{
    return a+b;
}
char add(char a,char b)
{
    return a+b;
}
```

这些函数几乎相同,每个函数的函数体是相同的,功能也是相同的,它们之间唯一的区别是形参的类型和函数的返回类型。

事实上,在具体编写上述代码时,我们必须手工书写所有的代码,所以会使用复制、粘贴、修改的编辑功能得到另一种类型的求和函数。如果每种类型都需要重复函数的函数体,不仅麻烦,而且容易出错。更重要的是,需要事先知道可能会支持哪些类型。如果希望将函数用于未知类型,这种方法就有问题了。

C++有模板(template)机制,可以使用函数模板解决上述问题。函数模板(function template)是一个独立于类型的函数,可作为一种模式,产生函数的特定类型版本。

使用函数模板可以设计通用型的函数,这些函数与类型无关,并且只在需要时自动实例化,从而形成"批量型"的编程方式。

4.7.2 函数模板的定义和使用

1. 函数模板的定义

函数模板定义的语法形式为

```
template<模板形参表>返回类型 函数名(形式参数列表)
{
    函数体
}
```

可以约定,第1行称为模板定义,其后称为模板函数,与函数定义语法类似。

模板定义以关键字 template 开始,后接模板形参表。模板形参表(template parameter list)是用一对尖括号< >括起来的一个或多个模板形参的列表,不允许为空,形参之间以逗号分隔,其形式有两种。

① 第一种形式。

```
typename 类型参数名1, typename 类型参数名2,…
```

② 第二种形式。

```
class 类型参数名1, class 类型参数名2,…
```

在函数模板形参表中,关键字 typename 和 class 具有相同含义,可以互换使用,或者两个关键字都可以在同一模板形参表中使用。例如:

```
typename 类型参数名1, class 类型参数名2,…
```

不过由于C++中 class 关键字往往容易与类联系在一起,所以使用关键字 typename 比用 class 更直观,typename 更清楚地指明后面的名字是一个类型名。但是早期的C++标准只能使用关键字 class。

模板定义的后面是函数定义,在函数定义中可以使用模板形参表的类型参数。例如:

```
template<typename T>T add(T a,T b)
{
```

```
        return a+b;
}
```

函数模板定义语法的含义是一个通用型函数,这个函数类型和形参类型没有具体的指定,而是用一个类型记号来表示,类型记号由编译器根据所用的函数而确定,这种通用型函数就称为函数模板。

使用函数模板时,编译器会推断哪个(或哪些)模板实参绑定到模板形参上,一旦编译器确定了实际的模板实参,将实例化函数模板。即编译器将确定用什么类型代替每个类型形参,以及用什么值代替每个非类型形参,推导出实际的模板实参后,编译器使用类型实参代替相应的模板形参产生并编译该版本的函数。这里,编译器承担了为我们使用的每种类型编写函数的重复工作,我们不用再机械地进行复制、粘贴、修改等手工工作了。

2. 函数模板的使用

可以像普通函数那样使用模板函数调用。

【例 4.11】 编写求两个数的和的函数。

程序代码如下:

```
1   #include <iostream>
2   using namespace std;
3   template<class T>T add(T a,T b)
4   {
5       return a+b;
6   }
7   int main()
8   {
9       cout<<"int_add="<<add(10,20)<<endl;
10      cout<<"double_add="<<add(10.2,20.5)<<endl;
11      cout<<"char_add="<<add('A','\2')<<endl;
12      cout<<"int_add="<<add(100,200)<<endl;
13      return 0;
14  }
```

程序运行结果如下:

```
int_add=30
double_add=30.7
char_add=C
int_add=300
```

从程序中可以看出,模板函数调用与普通函数调用并无二致。当编译器编译到第 9 行时,发现这里的实参为 int 型,进而推断函数模板中的类型记号 T 是 int,于是编译器将模板函数中所有 T 均置换为 int,然后编译器产生模板函数的一个实例,相当于程序中有了如下的函数版本:

```cpp
int add(int a,int b)
{
    return a+b;
}
```

第 10 行、第 11 行分别产生了 double 型和 char 型的函数版本。而第 12 行编译器发现已经有了 int 型函数版本，就不用再产生新的函数实例，而只须调用即可。可以看出上述程序实际上包含 3 个 add 函数版本：

```cpp
int add(int a,int b);
double add(double a,double b);
char add(char a,char b);
```

如果一个程序没有调用函数模板，那么编译器是不会根据函数模板产生任何实例化的函数版本，这个时候的函数模板就是一副"空架子"。例如：

```cpp
#include <iostream>
using namespace std;
template<class T>T add(T a,T b)
{
    return a+b;
}
int main()
{
    cout<<"Hello,World"<<endl;
    return 0;
}
```

编译结果中没有 add 函数的代码。

3. 函数模板的高级特性

（1）非类型形参。

模板形参不必都是类型，可以使用非类型形参（nontype parameter），一般形式为

typename 类型参数名 1, 类型 非类型形参 1,…

例如：

```cpp
template<class T, int N>void outchar(T a)
{
    for (int i=1; i< =N; i++) cout< < a;
}
```

在调用函数时非类型形参必须显式地给出其值，一般形式为

函数名<模板实参列表>(实参列表)

例如：

```
outchar<char, 5>('A');
```

(2) 内联模板函数。

函数模板可以像非模板函数一样声明为内联,称为内联模板函数。inline 修饰符放在模板形参表之后、返回类型之前,不能放在关键字 template 之前,一般形式为

template <模板形参表>inline 返回类型 函数名(形式参数列表)

(3) 模板声明。

像普通函数一样,对于模板可以只声明而不定义。声明必须指出函数是一个模板:

template <模板形参表>类型 函数名(类型 1 参数名 1,…);

同一模板的声明和定义中,模板形参的名字不必相同;每个模板类型形参前面必须带上关键字 class 或 typename,每个非类型形参前面必须带上类型名字。

4. 默认参数、函数重载和函数模板的应用小结

正如本章开头指出的那样,程序员编写函数的机会实在太多了,自然就产生了如何提高函数编写效率的想法。C++为此引入 C 语言所没有的默认参数、函数重载和函数模板来帮助程序员实现这个想法。这 3 个方法既有共同点,也有区别。

(1) 3 个方法都是由程序员定义,而使用者均是编译器。也就是说,当编译器编译完成后,用这 3 个方法编写出来的程序与不用这些方法编写的程序结果并没有什么太大的不同。所以,这 3 个方法本质上是让编译器多做一些、程序员少做一些,从而提高编程效率。

(2) 从提高函数编写效率的角度来看,这 3 个方法是有区别的。

默认参数是从调用的角度来提高效率的。即一组程序功能相同,仅是参数值有许多变化时,就不需要定义多个函数,只要定义有默认参数的函数就可以。编译器编译后,只有一个函数版本,编译器会自动补全没有给出的实参。

函数重载是从参数的角度来提高效率的。即一组程序功能相同或相近,但参数类型和个数有许多变化时,就不需要定义多个函数,只要定义重载函数就可以。重载函数需要针对参数类型和个数的每一种不同去编写不同的函数实体,编译器编译后,会有多个函数版本,不同的参数调用不同的函数实体。

函数模板是从参数类型的角度来提高效率的。即一组程序功能相同或相近,但参数类型有许多变化时,就不需要定义多个函数,只要定义函数模板就可以。函数模板只需要编写一个模板,编译器编译后,会有多个函数版本,不同的参数调用不同的函数实体。函数模板利用了函数重载的特性。

当一组程序功能不同,或者完全不相干时,就要回到编写不同函数名的最初状态。毕竟一个函数名对应一种功能是根本,一个函数名适用多种相似功能是提高效率;而一个函数名有不同功能的含义,甚至相反的含义,例如 max 函数给两个参数求最大值,给 3 个参数求最小值,只会让人困惑。

4.8 函数调用形式

4.8.1 嵌套调用

在调用一个函数的过程中,又调用另一个函数,称为函数嵌套调用,C++允许函数多层嵌套调用,只要在函数调用前有函数声明即可。

【例 4.12】 函数嵌套调用示例。

程序代码如下:

```
1    #include <iostream>
2    using namespace std;
3    int fa(int a,int b);                    //fa 函数原型
4    int fb(int x);                          //fb 函数原型
5    int main()
6    {
7        int a=5,b=10,c;
8        c=fa(a,b); cout<<c<<endl;
9        c=fb(a+b); cout<<c<<endl;
10       return 0;
11   }
12   int fa(int a,int b)
13   {
14       int z;
15       z=fb(a*b);
16       return z;
17   }
18   int fb(int x)
19   {
20       int a=15,b=20,c;
21       c=a+b+x;
22       return c;
23   }
```

上述程序的执行过程如图 4.4 所示。

(1) 执行 main 函数的开头部分。
(2) 调用 fa 函数,流程转去 fa 函数。
(3) 执行 fa 函数的开头部分。
(4) 调用 fb 函数,流程转去 fb 函数。
(5) 执行 fb 函数,直至结束。
(6) fb 函数返回到调用点,即 fa 函数中。
(7) 继续执行 fa 函数余下部分,直至结束。
(8) fa 函数返回到调用点,即 main 函数中。
(9) 继续执行 main 函数。

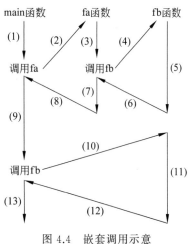

图 4.4 嵌套调用示意

(10) 调用 fb 函数,流程转去 fb 函数。
(11) 执行 fb 函数,直至结束。
(12) fb 函数返回到调用点,即 main 函数中。
(13) 继续执行 main 函数余下部分,直至结束。

图 4.5 为简化了的函数调用栈示意图,方框内第 1 行说明是哪个函数栈帧,第 2 行说明该栈帧有哪些形参和变量。

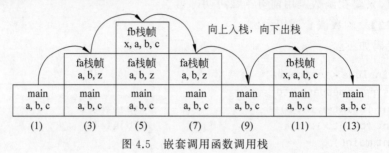

图 4.5 嵌套调用函数调用栈

从图 4.5 中可以看出:
(1) 函数每调用一次就会有新的函数调用栈建立,返回时函数调用栈释放。
(2) 每个函数调用栈都是独立的,相互不影响。
(3) 尽管 main 函数和 fb 函数都有局部变量 a、b、c,但很明显它们是在不同区域的存储单元,各自独立,互不相干。

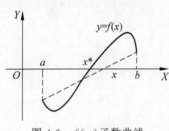

图 4.6 $f(x)$ 函数曲线

【例 4.13】 用弦截法求方程 $f(x)=x^3-5x^2+16x-80$ 的根,精度 $\varepsilon=10^{-6}$。

分析:如图 4.6 所示,设 $f(x)$ 在 $[a,b]$ 连续,$f(x)=0$ 在 $[a,b]$ 有单根 x^*。

用双点弦截法求 $f(x)=0$ 在 $[a,b]$ 的单根 x^* 的方法是:

(1) 过点 $(a,f(a))$,$(b,f(b))$ 作一条直线,与 X 轴相交,设交点横坐标为 $\tilde{x}$。

(2) 若 $f(\tilde{x})=0$,则 $\tilde{x}$ 为精确根,迭代结束;否则判断根 x^* 在 $\tilde{x}$ 的哪一侧,排除 $[a,b]$ 中没有根 x^* 的一侧,以 $\tilde{x}$ 为新的有根区间边界,得到新的有根区间,仍记为 $[a,b]$。

(3) 计算 $\tilde{x}$ 的公式为 $\tilde{x}=b-f(b)\dfrac{b-a}{f(b)-f(a)}=\dfrac{af(b)-bf(a)}{f(b)-f(a)}$。

① 设计函数 f 计算 $f(x)$。
② 设计函数 root 求 $[a,b]$ 的根。

程序代码如下:

```
1    #include <iostream>
2    #include <cmath>
3    using namespace std;
4    double f(double x)
```

```
5    {                                       //所要求解的函数公式,可改为其他公式
6        return x * x * x-3 * x-1;
7    }
8    double point(double a,double b)
9    {                                       //求解弦与 x 轴的交点
10       return (a * f(b)-b * f(a))/(f(b)-f(a));
11   }
12   double root(double a, double b)
13   {                                       //用弦截法求方程[a,b]的根
14       double x,y,y1;
15       y1=f(a);
16       do {
17           x=point(a,b);                   //求交点 x 坐标
18           y=f(x);                         //求 y
19           if (y * y1>0) y1=y, a=x;
20           else b=x;
21       } while (fabs(y)>=0.00001);         //计算精度 E
22       return x;
23   }
24   int main()
25   {
26       double a,b;
27       cin>>a>>b;
28       cout<<"root="<<root(a,b);
29       return 0;
30   }
```

程序运行情况如下:

1 2 ↙
root=1.87938

4.8.2 递归调用

函数直接或间接调用自己称为递归调用。C++ 允许函数递归调用,如图 4.7(a)所示为直接递归调用,如图 4.7(b)所示为间接递归调用。

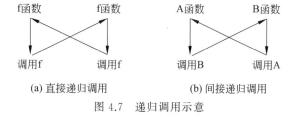

图 4.7 递归调用示意

【例 4.14】 编写求 n 的阶乘的函数。

程序代码如下:

```
1   #include <iostream>
2   using namespace std;
3   int f(int n)
4   {
5       if (n>1) return f(n-1) * n;           //递归调用
6       return 1;
7   }
8   int main()
9   {
10      cout<<f(5)<<endl;
11      return 0;
12  }
```

这是一个使用函数递归调用求 n! 的程序,程序运行结果为 120。

递归调用执行过程如图 4.8 所示。从图中可以看出,递归调用不是循环结构,也不是 goto 到函数的开始运行;可以这样理解 f 函数调用自己:实际上它在调用自身的一个副本,该副本是具有不同参数的另一个函数,任何时候只有一个副本是活动的,其余的都将被挂起。

表 4.1 列出了 f 函数的返回过程。

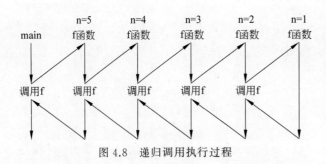

图 4.8 递归调用执行过程

表 4.1 f 函数的执行跟踪

n	return
5	f(4) * 5
4	f(3) * 4
3	f(2) * 3
2	f(1) * 2
1	1

图 4.9 为简化了的函数调用栈示意,这里仅示意 f 栈帧的情况,方框内是形参 n。从图中可以看出,在函数递归调用时,递归函数每次调用其本身,一个新的函数栈就会被使用,这个新函数栈里的形参、变量和该函数的另一个函数栈里面的形参、变量是完全不同的内存单元。这个结论对设计递归程序很重要。

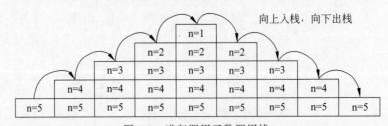

图 4.9 递归调用函数调用栈

从图中还可以看出,递归函数必须定义一个终止条件,否则函数会永远递归下去,直到栈空间耗尽。所以，递归函数内一般都用类似 if 语句来判定终止条件，如果条件成立则继续递归调用，否则函数结束递归，开始返回。

递归的概念不太好理解，这里再举一例：

```
1    //程序 A                              //程序 B
2    #include <iostream>                   #include <iostream>
3    using namespace std;                  using namespace std;
4    void f(int n)        //递归处理顺序    void f(int n)        //递归处理顺序
5    {                                     {
6        cout<<n<<"->";                        if (n>1) f(n-1);
7        if (n>1) f(n-1);                      cout<<n<<"->";
8    }                                     }
9    int main()                            int main()
10   {                                     {
11       f(5);                                 f(5);
12       return 0;                             return 0;
13   }                                     }
```

程序 A 和程序 B 仅仅是"cout<<n<<"->";"执行顺序的不同，程序 A 运行的结果是"5->4->3->2->1->"，程序 B 运行的结果是"1->2->3->4->5->"，读者自行分析为什么会有这样相反的结果。

4.9 作用域和生命期

本节讨论的作用域(scope)和生命期(lifetimes)不仅适用于前面介绍过的变量，也适用于后面的数组、指针、结构体和类等对象。

4.9.1 局部变量

在**函数内部或复合语句中**（简称区域）定义的变量称为局部变量(local variable)，又称为内部变量。例如下面的程序：

```
1    int f1(int x,int y)      //f1 函数
2    {
3        int a,b,m=100;
4        if(x>y){
5            int a,t;
⋮            ⋮
20       }
⋮        ⋮
35   }
36   int main()               //main 函数
37   {
38       int a=15,b=10,c,n=200;
39       c=f1(a,b);
⋮        ⋮
60   }
```

右侧标注：
- a、t 有效
- a、b、m 有效
- x、y 有效
- a、b、c 有效

对局部变量的说明如下。

（1）局部变量只能在定义它的区域及其子区域中使用。例如，main 函数可以使用第 38 行的 a、b、c、n，f1 函数可以使用第 1 行的 x、y（形参）和第 3 行的 a、b、m，if 分支的复合语句可以使用 f1 函数定义的变量和第 5 行的 a、t；另一方面，main 函数就不能使用 f1 函数的变量，f1 函数不能使用 main 函数的变量。

（2）在同一个区域中不能定义相同名字的变量。例如，第 1 行有了 x、y，那么在 f1 函数内部就不能再使用 x 和 y 的名字了。

（3）在不同区域中允许定义相同名字的变量，但本质上它们是不同的变量，例如 main 函数的 a、b 和 f1 函数的 a、b 完全不相干。

（4）如果一个变量所处区域的子区域中有同名的变量，则该变量在子区域无效，有效的是子区域中的变量，称为定义屏蔽。例如第 3 行的 a 在 f1 函数中，而 if 分支的复合语句是 f1 函数的子区域，并且第 5 行也有 a 定义，所以第 3 行的 a 在复合语句不可见，复合语句的 a 是第 5 行定义的。

4.9.2 全局变量

在源文件中，但**在函数外部定义的变量**，称为全局变量（global variable），全局变量的有效区域是从定义变量的位置开始到源文件结束。例如下面的程序：

```
1    int m=10,n=5;
2    int f1(int x,int y) //f1 函数
3    {
4        int m=100;
…        ⋮                    ⎫ x、y、m 有效
10       x=m+n
…        ⋮
20   }                                                      ⎫ m、n 有效
21   int a=8,b=4
22   int main() //main 函数
23   {
24       int a=15,n=200,x;    ⎫              ⎫
25       x=a+b+m+n;           ⎬ a、n、x 有效   ⎬ a、b 有效
…        ⋮                    ⎭              ⎭
30   }
         ⋮
     ├─── 文件结束 ───┤
```

第 1 行的 m、n 以及第 21 行的 a、b 是全局变量，其余为局部变量（虚线）。可以看出，全局变量的有效区域比局部变量大，可以跨多个函数，因而可以在多个函数中使用。函数之间可以利用全局变量来交换数据，即一个函数修改了全局变量，那么另一个函数使用的是已经修改过的变量。

程序中的全局变量都处在源文件范围内，所以不能使用相同的名字。全局变量依然

有定义屏蔽,例如,第 10 行的 n 是第 1 行定义的,尽管第 1 行的 m 有效范围一直到程序结束,但在 f1 函数这个子区域内定义了同名的 m,则全局变量 m 被屏蔽了,所以第 10 行的 m 是第 4 行定义的。

函数之间的数据传递尽管可以利用全局变量,但这样一来,也导致两个函数彼此分不开,违背了模块化的原则,所以**结构化程序设计提倡少用或不用全局变量**。

4.9.3 作用域

C++ 的实体通常有 3 类:①变量或对象,如基本类型变量、数组对象、指针对象和结构体对象等;②函数;③类型。包含结构体类型和共用体类型。

作用域是程序中的一段区域。在同一个作用域上,C++ 程序中每个名字都与唯一的实体对应;只要在不同的作用域上,那么在程序中就可以多次使用同一个名字,对应不同作用域中的不同实体。

一个 C++ 程序可以由任意多的源文件组成,每个源文件可以有任意多的函数,在函数中可以包含任意多的复合语句块,复合语句块中又可以嵌套任意多的复合语句子块;另外,一个程序还可以有任意多的函数原型声明、结构体类型、共用体类型和类类型定义。所以 C++ 的作用域有如下 5 个:

(1) 文件作用域(file scope)。

文件作用域是指一个 C++ 程序中所有源文件的区域。具体到一个源文件中,文件作用域是从文件第一行开始直到文件结束的区域。

(2) 函数作用域(function scope)。

函数作用域是指一个函数从函数头开始直到函数的右大括号(})结束之间的区域。不同的函数是不同的函数作用域。一个 C++ 程序可以有任意多的函数作用域,但所有的函数作用域都是在文件作用域中的。

(3) 块作用域(block scope)。

块作用域是由复合语句的一对大括号({ })界定的区域。不同的复合语句是不同的块作用域,复合语句可以嵌套,因而块作用域也可以嵌套;块作用域只能在函数作用域内,不能直接放在文件作用域上;一个函数作用域内可以有任意多的块作用域,或者嵌套,或者平行,不同函数中的块作用域是各自不同的。

(4) 类型声明作用域(declaration scope)。

类型声明作用域是指在结构体类型、共用体类型声明和类类型声明中由一对大括号({ })界定的区域。例如:

```
struct 结构体类型名 {
    成员列表                //成员列表在结构体类型声明作用域上
}
class 类类型名 {
    成员列表                //成员列表在类类型声明作用域上
}
```

类型声明作用域可以放在文件作用域、函数作用域和块作用域中。

(5) 函数原型作用域(function prototype scope)。

函数原型作用域是函数原型中括号内的区域，即形参列表所处的区域，例如：

int max(int a,int b,int c); //a,b,c 在函数原型作用域上

函数原型作用域可以放在文件作用域、函数作用域、块作用域和类型声明作用域中。

在上述的几种作用域中，文件作用域是全局作用域，其余为局部作用域。除函数原型作用域外，局部作用域都是用一对大括号({})界定的。

在 C++ 中，全局作用域只有一个，而局部作用域可以有多个。

实体在作用域内可以使用，称为可见(visible)，又称有效。可见的含义是指实体在作用域上处处可以使用。下面给出 C++ 实体可见规则。

规则一，同一个作用域内不允许有相同名字的实体，不同的作用域的实体互不可见，可以有相同名字。

规则二，实体在包含它的作用域内，从定义或声明的位置开始，按文件行的顺序往后(往下)直到该作用域结束均是可见的，包含作用域内的所有子区域及其嵌套，但往前(往上)不可见，同时包含该作用域的上一级区域也不可见。

规则三，若实体 A 在包含它的作用域内的子区域中出现了相同名字的实体 B，则实体 A 被屏蔽(hide)，即实体 A 在子区域不可见，在子区域中可见的是实体 B。

规则四，可以使用 extern 声明将变量或函数实体的可见区域往前延伸，称为前置声明(forward declaration)。

规则五，在全局作用域中，变量或函数实体若使用 static 修饰，则该实体对于其他源文件是屏蔽的，称为私有的(private)。

其中：

① extern 声明变量实体的形式为

extern 类型 变量名,…

extern 声明函数原型的形式为

extern 返回类型 函数名(类型 1 参数名 1, 类型 2 参数名 2,…);
extern 返回类型 函数名(类型 1, 类型 2,…);

② static 修饰变量实体的形式为

static 类型 变量名[=初值],…

static 修饰函数原型的形式为

static 返回类型 函数名(类型 1 参数名 1, 类型 2 参数名 2,…);
static 返回类型 函数名(类型 1, 类型 2,…);

实体可见规则适用于对象定义和类型声明，前面的局部变量和全局变量也是按这些规则来处理的。下面通过一个程序例子来说明实体可见规则，该程序有两个源文件 file1.cpp 和 file2.cpp，file1 文件主要说明实体在文件作用域、函数作用域和块作用域的可见规则，file2 文件主要说明实体在全局作用域的可见规则。可以参考注释来分析可见规则。

```
1    //file1.cpp 全局作用域
2    int a=1 , b=2;                //全局变量
3    int c=10 , d=11;              //全局变量
4    void f1(int n,int m)          //f1 函数作用域
5    {
6        int x=21, y=22,z=23;      //f1 局部变量
7        extern int h,k;           //正确,h=60,k=61,规则四
8        n=n+t;                    //错误,t 违反规则二
9        if (n>100) {              //块作用域
10           int x=31,t=20;        //复合语句局部变量
11           n=x+y;                //正确,n=31+22,规则二、规则三
12           if (m>10) {           //嵌套块作用域
13               int y=41;         //嵌套的复合语句局部变量
14               n=x+y;            //正确,n=31+41,规则二、规则三
15           }
16       }
17       n=a+x ;                   //正确,n=1+21,规则二
18       m=e+f ;                   //错误,e、f 违反规则二
19       n=h+k ;                   //正确,n=60+61,规则四
20   }
21   int e=50 , f=51;              //全局变量
22   int h=60 , k=61;              //全局变量
23   void f2(int n,int m)          //f2 函数作用域
24   {
25       n=a+b+e+f;                //正确,n=1+2+50+51,规则二
26       m=z;                      //错误,z 违反规则一
27   }
28   int f3(int n,int m)           //f3 函数作用域
29   {
30       return n+m;               //正确,规则二
31   }
32   int f4(int n,int m)           //f4 函数作用域
33   {
34       return n-m;               //正确,规则二
35   }
36   //file1.cpp 文件结束

1    //file2.cpp 全局作用域
2    int a=201 , b=202;            //错误,连接时与 file1.cpp 的变量同名,违反规则一
3    void f1(int n,int m)          //错误,连接时与 file1.cpp 的变量同名,违反规则一
4    {
5        n=n*m;
6    }
7    static int c=210 , d=212;     //正确,规则五
```

```
 8    static void f2(int n,int m)      //正确,规则五
 9    {
10        n=n/m;
11    }
12    extern int h , k;                 //正确,规则四
13    extern int f4(int n,int m);       //正确,规则四
14    int main()
15    {
16        int p,q,r;                    //main 函数局部变量
17        p=c+d;                        //正确,p=210+212,规则二
18        f2(-1,-2);                    //正确,不是 file1.cpp 的变量,规则二
19        q=e+f;                        //错误,试图使用 file1.cpp 的变量,违反规则一
20        f3(-10,-12);                  //错误,试图使用 file1.cpp 的变量,违反规则一
21        r=h+k;                        //正确,r=60+61,规则四
22        f4(-20,-22);                  //正确,规则四
23        return 0;
24    }
25    //file2.cpp 文件结束
```

在 file1 文件中:

(1) 第 7 行使用 extern 声明将第 22 行的 h、k 的作用域向前延伸了,故在 f1 函数中可以使用 h、k。

(2) 根据规则二,不能在函数中使用复合语句的变量,第 8 行试图使用第 10 行的变量 t 是错误的。

(3) 根据规则三,第 14 行的 x 是第 10 行定义的,第 14 行的 y 是第 13 行定义的。

(4) 因为全局变量 e 和 f 在第 21 行定义,根据规则二作用域是达不到第 18 行的,除非使用 extern 声明。

(5) 尽管第 6 行定义了 x、y、z,但第 26 行与第 6 行是两个不同的函数,不同的作用域是不能相互访问的。

在 file2 文件中:

(1) 编译器是按文件编译的,所以在编译时未发现错误,但连接时会发现第 2 行的 a、b 在全局作用域内已经有定义(在 file1 中定义的)。同理,第 3 行的 f1 函数也是如此。

(2) 第 7 行又在全局作用域内定义了 c、d(在 file1 中已定义了),但它有 static 修饰,根据规则五,file1 看不到 c、d,所以它是正确的。第 8 行同理。

(3) 根据规则四,第 12 行将 file1 中的 h、k 的作用域向前延伸到 file2 文件中来,所以可以在 file2 第 21 行使用它。

(4) 第 17、18 行使用的是 file2 中的定义。

(5) 根据规则四,第 21、22 行使用的是 file1 中的定义。

4.9.4 程序映像和内存布局

C++ 源程序经过编译和连接后,成为二进制形式的可执行文件,称为程序映像。可

执行文件采用 ELF 格式(可执行连接格式)存储,内容包含程序指令、已初始化的静态数据和其他一些重要信息,例如未初始化的静态数据空间大小、符号表(symbol table)、调试信息(debugging information)、动态共享库的链接表(linkage tables for dynamic shared libraries)等。可执行文件映像如图 4.10(a)所示。

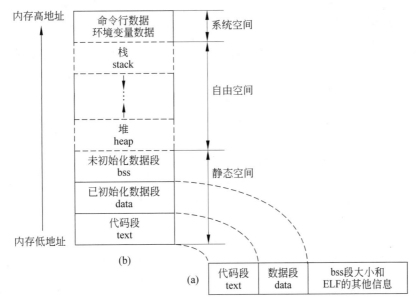

图 4.10 可执行文件映像与内存映像

运行程序时,由操作系统将可执行文件载入计算机内存中,成为一个进程(process)。程序在内存中的布局由 5 个段(segment)组成,如图 4.10(b)所示。

1. 代码段

代码段(text segment)存放程序执行的机器指令(machine instructions)。通常情况下,text 段是可共享的,使其可共享的目的是,对于频繁被执行的程序,只需要在内存中有一份副本即可。text 段通常也是只读的,使其只读的原因是防止一个程序意外地修改它的指令。

C++ 程序的表达式、语句和函数等编译成机器指令就存放于 text 段。程序运行时由操作系统从程序映像中取出 text 段,布局在程序内存地址最低的区域,然后跳转到 text 段的 main 函数开始运行程序,程序结束后由操作系统收回这段内存区域。

2. 已初始化数据段

已初始化数据段(data segment)用来存放 C++ 程序中所有已赋初值的全局和静态变量、对象,也包括字符串、数组等常量,但基本类型的常量不包含在其中,因为这些常量被编译成指令的一部分存放于 text 段。

程序运行时由操作系统从程序映像中取出 data 段,布局在程序内存地址较低的区域。程序结束后由操作系统收回这段内存区域,即释放 data 段。

显然，data 段的存储单元有与程序代码相同的生命期，它们的初始值实际在编译时就已经确定了。即使程序没有运行，这些存储单元的初始值也固定下来了，当程序开始运行时，这些存储单元是没有初始化的动作。

在程序运行中，data 段的存储单元数据会一直保持到程序结束或者下次改变时。

3. 未初始化数据段

未初始化数据段（bss segment）用来存放 C++ 程序中所有未赋初值的全局和静态变量。

在程序映像中没有存储 bss 段，只有它的空间大小信息；程序运行前由操作系统根据这个大小信息分配 bss 段，且数据值全都初始化为 0，布局在与 data 段相邻的区域。程序结束后由操作系统收回这段内存区域，即释放 bss 段。

显然，bss 段的存储单元也有与程序代码相同的生命期，但与 data 段不同的是如果程序没有运行，bss 段的存储空间是不存在的，因而也就不会有初始值。在程序运行前，这些存储单元会初始化为 0。此后，bss 段的存储单元的性质与 data 段完全相同。

data 段和 bss 段的存储特点决定了 C++ 程序中所有全局和静态变量、对象的存储空间在 main 函数运行前就已经存在，就有了初始值。程序运行到这些变量和对象的定义处时，是不会再有初始化动作的。在程序运行中这些变量和对象的存储空间不会被释放，一直保持到程序运行结束。期间如果数据被修改，则修改会一直保持。

4. 栈

栈（stack）用来存放 C++ 程序中所有局部的非静态型变量、临时变量，包含函数形参和函数返回值。

程序映像中没有栈，在程序开始运行时也不会分配栈。每当一个函数被调用，程序在栈段中按函数栈框架入栈，就分配了局部变量存储空间。如果这些变量有初始化，就会有赋值指令给这些变量送初值，否则变量的值就呈现随机性。当函数调用结束时，函数栈框架出栈，函数局部变量释放存储空间。

栈的存储特点决定了 C++ 程序中所有局部的非静态型变量的存储方式是动态的。函数调用开始时得到分配，赋予初值；函数调用结束时释放空间，变量不存在。下次函数调用时再重复这一过程。

5. 堆

堆（heap）用来存放 C++ 程序中动态分配的存储空间。

程序映像中没有堆，在程序开始运行时不会分配堆，函数调用时也不会分配堆。堆的存储空间分配和释放是通过指定的程序方式来进行的，即由程序员使用指令分配和释放，若程序员不释放，程序结束可能由操作系统回收。

C++ 中可以通过使用指针、动态内存分配和释放运算符、动态内存分配和释放函数来实现堆的分配和释放，详见第 7 章。程序可以通过动态内存分配和释放来使用堆区，堆区有比栈更大的存储空间、更自由的使用方式。

堆和栈的共同点是动态存储，处于这两个区域的存储单元可以随时分配和释放，所以这些存储单元的使用特点呈现临时性的特点。data段的特点是静态存储，处于这个区域的存储单元随程序运行而存在，随程序结束才释放，相对于程序生命期，data段存储单元的使用特点呈现持久性的特点。data段由于持久占有存储空间，因此大小会被操作系统限定，而堆可以达到空闲空间的最大值。

堆和栈的区别是分配方式的不同，栈是编译器根据程序代码自动确定大小，到函数调用时有指令自动完成分配和释放的；堆则完全由程序员指定分配大小、何时分配、何时释放。堆的优点是分配和释放是自由的，缺点是需要程序员自行掌握分配和释放时机，特别是释放时机，假如已经释放了还要使用堆会产生引用错误，或者始终没有释放会产生内存泄漏（memory leak）。

4.9.5 生命期

本书前面部分习惯将存储区称为变量，变量是程序运行期间其值可改变的量，变量提供了程序可以操作的有名字的存储区。实际上，C++中的存储区有些是没有名字的，如函数返回值，所以这里引入一个新的概念——对象（object）。

对象是内存中具有类型的存储区，可以使用对象来描述程序中可操作的大部分数据，而不管这些数据是基本类型还是构造类型，是有名字的还是没名字的，是可读写的还是只读的。一般而言，变量是有名字的对象。

C++中，每个名字都有作用域，即可使用名字的区域，而每个对象都有生命期，即在程序执行过程中对象存在的时间。

1. 动态存储

动态存储（dynamic storage duration）是指在程序运行期间系统为对象动态地分配存储空间。动态存储的特点是存储空间的分配和释放是动态的，要么由函数调用来自动分配释放，要么由程序指令来人工分配和释放，在分配至释放之间就是对象的生命期，这个生命期是整个程序运行期的一部分。从 4.9.4 节可知，动态存储是在内存布局中的栈和堆两个段实现的。

动态存储的优点是对象不能持久地占有存储空间，释放后让出空闲空间给其他对象的分配。程序中多数对象应该是动态存储方式的，因为程序的执行在一段时期往往局限于部分对象，而不会是所有对象，这样未起作用的对象持久地占有内存空间只会导致内存越来越少，多进程、多任务无从谈起。

动态存储在分配和释放上的形式有两种，一种形式是由函数调用来自动完成的，称为自动存储（automatic storage），另一种形式是由程序员通过指令的方式来人工完成的，称为自由存储（free storage）。

自动存储的优点是程序员不用理会对象何时分配、分配多大、何时释放，其生命期完全与函数调用相同。自由存储的优点是生命期由程序员的意愿来决定，因此即使函数已经运行完也可以继续存在，直到释放指令发生。自由存储的缺点是程序员需要操心释放时机，多数情况下程序员会忘记释放，或者忘记已经释放。

自由存储只能通过指针来实现,将在第 7 章讨论。

2. 静态存储

静态存储(static storage duration)是指对象在整个程序运行期持久占有存储空间,其生命期与程序运行期相同。静态存储的特点是对象的数据可以在程序运行期始终保持,直到修改为止,或者程序结束为止。静态存储的分配和释放在编译完成时就决定好了。从 4.9.4 节可知,静态存储是在内存布局中的数据段实现的。

现代程序设计的观点是,除非有必要,应尽量少地使用静态存储。

如图 4.11 所示是静态存储和动态存储(自动存储、自由存储)的生命期示意。

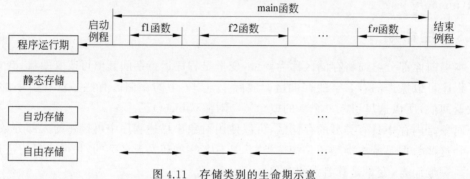

图 4.11 存储类别的生命期示意

程序运行前由系统自动执行启动例程,做必要的初始化工作;程序运行后由系统自动执行结束例程,做必要的清理工作。从图中可以看到,静态存储生命期最长,自动存储随函数而定,自由存储既可以比函数调用期小,又可以跨多个函数甚至整个程序。特殊的是 main 函数,它与程序运行期相同。

程序中所有的全局对象和静态局部对象都是静态存储的。

3. 自动对象

默认情况下,函数或复合语句中的对象(包含形参)称为自动对象(automatic objects),其存储方式是自动存储,程序中大多数对象是自动存储。

自动对象进入函数时分配空间,结束函数时释放空间。

可以在对象的前面加上 auto 存储类别修饰来说明对象是自动对象。例如,自动变量的语法形式为

auto 类型 变量名[=初值],…

它与不写存储类型修饰的结果是一样,即都是自动对象,换言之,默认的存储类型修饰就是 auto,例如:

```
int a,b,c;
auto int a,b,c;
```

上面的两个语句是等价的。

4. 寄存器变量

C++允许用CPU的寄存器来存放局部变量,称为寄存器变量,在局部变量前加上 register 存储类别修饰来定义,一般形式为

register 类型 变量名[=初值],…

寄存器变量不按前述的存储方式来描述,但可以将它理解为动态存储。由于CPU的寄存器数目是有限的,因而 register 并不总是每次定义就一定用寄存器来存放局部变量,当编译器不能使用寄存器时,则它会自动地将 register 修饰转换到 auto 修饰。

寄存器变量是早期计算机硬件限制下的产物,其目的是优化变量的存取速度。它在嵌入式计算、单片机、数字信号处理(DSP)等微处理环境中还有应用,但目前主流编译器都有变量优化处理,无须特别指明寄存器变量。

5. 静态局部对象

在局部对象的前面加上 static 存储类别修饰用来指明对象是静态局部对象(static local object),一般形式为

static 类型 变量名[=初值],…

静态局部对象与全局对象一样是按静态存储处理的,即它的生命期与程序运行期相同,所以静态局部对象可以将其值一致保持到程序结束,或者下次修改时。

静态局部对象与全局对象有区别,它的作用域是函数作用域或块作用域,即它只能在局部区域内使用。

静态局部对象是在函数内部或复合语句中定义的。例如下面的程序:

```
1    int f1(int x,int y) //f1函数
2    {
3        int a,b=20;
4        static int m=100;
5        if(x>y) {
6            int a;
7            static int t;
    ⋮            ⋮
10       }
    ⋮        ⋮
20   }
```

第6~7行 a、b 有效；第3~7行 a、b、m 有效；第1~20行 x、y 有效

静态局部对象在还未调用函数前,甚至是程序运行时就进行初始化了,所以每次调用 f1 函数,第3行的变量 b 每次都要赋初值,而第4行的变量 m 即使是第1次调用 f1 函数也不会再有赋初值的动作。静态局部对象如果定义时未赋初值,例如第7行的变量 t,那么编译器会自动将它的存储单元用0填充,对于数值型来说就是0这个值。

当一个函数会多次调用又希望将它的某些对象的值保持住时,就应该使用静态局部

对象,但静态局部对象属于持久占有存储空间,所以应持谨慎和适度使用的原则。

【例 4.15】 计算函数调用次数。

程序代码如下:

```
1    #include <iostream>
2    using namespace std;
3    int fun()
4    {
5        static int cnt=0;                        //静态局部变量会保持其值
6        cnt++;
7        return cnt;
8    }
9    int main()
10   {
11       int i,c;
12       for (i=1;i<=10;i++) c=fun();
13       cout<<c<<endl;
14       return 0;
15   }
```

在 main 函数开始执行前,第 5 行的 cnt 赋初值 0,其后不用再赋值;每次调用 fun 函数就执行第 6 行的 cnt 累加,所以 cnt 实际记录的是函数调用的次数。

需要注意的是,如果在全局对象定义前加上 static 关键字,不是静态的意思(全局对象本身已经是静态的),而是私有的意思,即此时的全局对象的作用域限定在全局对象所处的源文件中,其他文件不可见。

4.10 对象初始化

在本书前面的描述中多次使用"变量赋初值"一说,实际上这样的说法不完整,特别是"赋初值"容易让人联想起"赋值"的概念。从现在开始使用"初始化"这个词语来替代"赋初值"。

1. 初始化概念

对象定义时指定了变量的类型和标识符,也可以为对象提供初始值,定义时指定了初始值的对象被称为"已初始化的"(initialized),而创建对象并给它初始值就称为初始化(initialization)。

初始化不是赋值,赋值的含义是擦除对象的当前值并用新值代替,而初始化除了给初值外,之前还创建了对象。此外,C++类对象的初始化还执行了构造函数。

对于变量,C++支持两种变量初始化(variable initialization)的形式:复制初始化和直接初始化。

复制初始化的语法形式为

```
类型 变量名=初值,…
```

直接初始化的语法形式为

```
类型 变量名(初值),…
```

例如：

```
int a=10,b=5;                    //复制初始化
int x(10),y(5);                  //直接初始化
```

C++的初值可以是常量值,也可以是前面已定义对象的值。对象可以用任意复杂的表达式(包括函数的返回值)来初始化。例如:

```
int d=10,e(d);                   //允许使用已初始化对象的值
int x=6,y;                       //允许初始化和未初始化同时定义
int m=max(3,5), n=max(a,c);      //函数及表达式
```

由于使用"="来初始化变量,使人容易把初始化当成是赋值的一种形式,但是在C++中初始化和赋值的确是两种不同的操作。下面举例说明。

```
1    int m=100;                  //全局变量已初始化
2    int n;                      //全局变量未初始化
3    int main()
4    {
5        int a;
6        a=10+m+n;               //a=10+100+0
7        return 0;
8    }
```

第6行是赋值运算,执行此语句后变量a得到赋值,可是这个程序执行main函数,并没有从第1、2行执行过去,那m、n有值是如何来的呢？显然,"赋"的说法不通。

根据前面的知识,m是已初始化全局变量,编译器编译第1行时将m放在已初始化数据段上,且将存储单元设为100；n是未初始化全局变量,编译第2行时将n放在未初始化数据段上；当程序开始运行,执行main函数前,m已有了存储空间且值为100,启动例程会为未初始化数据段分配空间且存储单元全都填为0,因此n也有了存储空间且值为0,进入main函数时,m、n已有值。

【例4.16】 静态局部变量和动态局部变量的比较。

程序代码如下:

```
1    #include <iostream>
2    using namespace std;
3    int fun()
4    {
5        static int m=10;        //进入函数前已初始化
6        int n=10;
7        m++, n++;
```

```
8        return m+n;
9    }
10   int main()
11   {
12       int i;
13       for (i=1;i<=3;i++) cout<<"("<<i<<")="<<fun()<<endl;
14       return 0;
15   }
```

程序运行结果如下：

(1)=22
(2)=23
(3)=24

由于 m 是静态局部变量，编译第 5 行时将 m 放在已初始化数据段 data 上，且将存储单元设为 10；执行 main 函数前，m 已有了存储空间且值为 10，进入 fun 函数时为局部变量 n 分配空间，然后设初值 10，而经过第 5 行不会再为 m 来一次初始化了（m 已经存在）。

2. 对象初始化规则

可以看出，对象什么时候初始化，会有什么样的初值是由它的存储方式来决定。表 4.2 为对象初始化规则。

表 4.2　对象初始化规则

对　　象	初　　值	初始化时间
全局对象且初始化	设定值	程序运行前已完成
全局对象未初始化	0 填充	程序运行前已完成
静态局部对象且初始化	设定值	程序运行前已完成
静态局部对象未初始化	0 填充	程序运行前已完成
局部对象且初始化	设定值	每次进入函数时
局部对象未初始化	随机值	

"0 填充"是指将对象内存单元所有二进制位设为 0，对于数值型来说就是值为 0。需要注意的是，C++ 类对象的初始化，还有更多初始化规则，详见第 9 章。

4.11　声明与定义

在本书的描述中经常性地使用了两个词语：声明（declarations）和定义（definitions），例如，函数定义和函数声明，变量定义和 extern 声明等，后面章节出现得更频繁，因此有必要在这里讨论这两个词语在描述 C++ 语法时的确切含义。

1. 基本概念

定义用于创建对象并为对象分配实际的存储空间，而且还将一个名字与此对应；在一个程序中,对象有且仅有一个定义。如果定义多次,编译器会提示重复定义错误。

声明用于向程序表明对象的类型和名字,它有两重含义:一是表明名字已在别的地方有定义,二是表明名字已用,别的地方不能再使用这个名字。

作个拟人化的比喻:"定义"告诉编译器想要在存储空间有个位置,于是编译器为它安排了一个位置,且用名字与它对应。如果再次定义,那么编译器会想,这个名字不是已经分配了位置吗?再要就是错误的。"声明"告诉编译器这样的信息:一个名字已经有了一个位置了,是什么什么样的;当编译器遇到这个名字时,它会依据得到的信息去检查使用是否得当,如果不对就会指出用错了。"声明"可以重复地告诉编译器这类信息,只要确保不是不同的信息而让编译器不知如何是好即可。如果编译器从未得到信息,那么它会毫不犹豫地指出使用是错的。"定义"在想要位置且已经得到的时候,实际上也同时向编译器发出信息,换言之,定义同时也会产生声明。

2. 函数声明和函数定义的区别

前面已经讲过这两个概念,这里再归纳一下。

函数定义包含函数体,即包含实现函数功能的代码,显然这样的代码不能出现两次,否则编译器会出现二义性:究竟用哪一段代码。所以函数重复定义就会编译错误。

因为定义也包含声明,所以函数定义后可以在往下的作用域调用这个函数,那么在函数定义前呢?由于编译器是从文件开始往下编译的,让它没有函数信息就调用函数时,它就会给出"未定义"错误,所以需要在调用前给出函数声明,方法是使用函数原型。但必须确保函数原型与函数定义是一致的,否则同样是二义性错误。

由于编译器对每个文件编译是独立的,所以在一个文件中得到的声明信息不会传到另一个文件中,换言之,需要在另一个文件重新给出声明信息。如果是在与函数定义不同的源文件出现了函数调用,那么就要在那个文件中再次出现函数原型。

3. 对象声明和对象定义的区别

对象定义时就创建了与对象类型对应的存储空间,还可以初始化对象,初始化只能出现在创建对象存储空间的时候。

可以根据前面的作用域规则来使用对象,值得注意的是,对象是不能用在定义时所处作用域的上一级区域的。如函数中定义的变量不能在全局作用域使用,复合语句中定义的变量不能在函数中使用等。

对象定义后,由于定义包含声明,故可以在其后的作用域内使用。如果想要在定义的前面使用对象,就应该在前面给出对象声明。方法是使用 extern。例如:

```
1    extern int a;
2       …
3    int a=10;
```

但如果把第 1 行写成

```
extern int a=10;
```

则是错误的,因为 extern 是声明,它仅向编译器提供"有一个整型变量 a"这样的信息,它没有实际产生 a 的存储单元,因而也不能初始化。

当 extern 声明出现在全局作用域上,extern 声明允许出现初始化,例如:

```
1    extern int a=100;              //出现在全局作用域是允许的
2    …
3    int a;                         //错误,重复定义
4    …
5    extern int a=100;              //错误,重复定义
```

但此时不能再定义对象,如第 3 行;随后给出的 extern 声明不能再初始化,如第 5 行。

综上所述,声明与定义是有区别的。定义创建对象且可以初始化,但定义在程序中只能有且只有一次;声明向编译器提供对象类型和名字的信息,不能初始化,声明可以重复多次,只要信息是统一的即可;在全局作用域上,可以让声明初始化,则此种写法的声明被当作定义,因而只能出现一次。

有了正确的声明与定义,就可以让对象的声明和定义分离,这种做法在单个文件的程序中没有太大作用;但是当程序有多个文件时,声明和定义的分离就是必需的。处理这种情况的方法:一个文件含有对象的定义,使用该对象的其他文件则包含该对象的声明。

4.12 变量修饰小结

本章讨论了与变量修饰相关的多种语法,内容较多,对于初学编程的人来说,要完整地、系统性地理解和掌握还需要一定时期的磨炼。由于程序中使用变量及其衍生的情况还是较多的,掌握不好不利于编程,特别是编写规模较大的程序,所以本节从应用的角度来总结变量修饰。

(1) 单个文件单个函数的程序。

在前面章节中,并没有感受到变量修饰的复杂性,原因是我们始终在单个文件单个函数(main 函数)中编写程序。尽管编写十几、几十甚至更多行的代码,但变量的应用是不复杂的,相关语法如下。

```
变量先定义后使用(作用域规则);
变量使用前应该赋初值,否则为随机值(初始化规则);
变量定义不能同名(作用域规则);
变量可以在复合语句及嵌套中定义(作用域规则);
变量在复合语句及嵌套中定义允许同名(作用域规则)。
```

(2) 单个文件多个函数的程序。

本章开始自定义函数,程序除 main 函数外,会有多个函数出现,变量的应用也多了起来,相关语法如下。

```
变量分局部变量和全局变量(作用域规则);
变量分动态存储和静态存储(生命期规则);
变量初始化与存储方式有关(初始化规则)。
```

局部变量 {
　自动变量,即动态局部变量(多数情况下使用);
　静态局域变量(函数多次调用仍保持数据值情况下使用);
　形式参数(函数间数据传递时使用);
　寄存器变量(已有编译器优化工具,极少使用)。
}

全局变量 { 函数间数据传递,不用或少用。}

动态存储 {
　自动变量(auto 进入函数分配,函数退出释放);
　形式参数(进入函数分配,函数退出释放);
　寄存器变量(register 进入函数分配,函数退出释放)。
}

静态存储 { 静态局部变量(static 修饰)。}

初始化 {
　设定值(已初始化的全局变量和静态局部变量,运行前一次设置);
　设定值(已初始化的动态局部变量,函数调用每次重新设置);
　0(未初始化的全局变量和静态局部变量,运行前一次设置);
　随机值(未初始化的动态局部变量)。
}

(3) 多个文件多个函数的程序。

编译器是按文件为单位编译的,现今的编译器都有增量编译的功能,即当编译器发现某个源文件未曾改动,就不重新编译它,以节省编译时间,所以即使程序的函数不多,为了提高编译效率也依然要使用多个文件的工程模式。这时变量的应用情况越来越复杂,相关语法如下。

{
　变量和函数公有使用(作用域规则,允许多个文件中使用);
　变量和函数私有使用(作用域规则,只限一个文件中使用);
　实体可见(可见规则)。
}

公有使用 {
　全局变量(在需要使用的文件中 extern 声明);
　函数(在需要使用的文件中 extern 声明)。
}

私有使用 {
　全局变量(在需要限定的变量定义中 static 声明);
　函数(在需要限定的函数定义中 static 声明)。
}

实体可见 {
　文件、函数、复合语句、嵌套复合语句区域逐级包含;
　包含关系中子区域在父区域不可见;
　包含关系中父区域在子区域同名不可见,不同名可见;
　同一个父区域的平行区域互不可见;
　全局实体使用 extern 声明在别的文件可见;
　全局实体使用 static 声明仅限本文件可见。
}

(4) 对象保护。

const 限定声明对象是只读的,从而保护对象不会意外修改。

4.13　程序组织结构

4.13.1　内部函数

函数本质上是全局的,在多文件的程序中,在连接时会检查函数在全局作用域内是否名字唯一,如果不是则出现连接错误。

在函数定义前加上 static 修饰,则称为内部函数,定义形式为

static 返回类型 函数名(形式参数列表)
{
    函数体
}

按照前面的实体可见规则,内部函数仅在包含它的文件中有效。

之所以使用内部函数的原因是该函数在逻辑上仅限定在一个文件中使用,其他文件不会用到。而且希望连接检查时永远不可能出现该函数名不唯一的连接错误,这在多人编写同一个程序的软件开发模式中是常用的策略。

4.13.2　外部函数

在函数定义前加上 extern 声明,则称为外部函数,定义形式为

extern 返回类型 函数名(形式参数列表)
{
    函数体
}

在调用另一个文件中的函数时,需要用 extern 声明此函数是外部函数,声明形式为

extern 返回类型 函数名(类型 1 参数名 1, 类型 2 参数名 2,…);

C++ 中所有的函数本质上都是外部函数。因此,上面的 extern 都可以省略。

4.13.3　多文件结构

一个 C++ 程序允许由多个源文件构成,称为多文件结构程序。使用多文件结构与程序规模、多人协同开发模式有关,但并非全都如此。多文件结构本质上反映面向过程的结构化设计内在要求,同时多文件结构也是高效率的编程模式。

下面介绍编译器和连接器处理多文件结构程序的工作原理。

如图 4.12 所示,编译器编译时的基本单位是源文件。对一个文件的编译是独立的,所谓独立是指编译器不会把前面文件编译的信息自然传到下一个文件中,如头文件包含、宏定义、各种类型声明等信息。

如果所有的文件都用到了 sin 函数,那么必须在每个文件中都要包含＜cmath＞头文件,哪个文件缺少则哪个文件的 sin 函数调用就会因为没有函数声明而出现"未定义"的编译错误。同理,自定义的外部函数也是这样处理的。

但自定义的全局变量必须要加 extern 声明,因为"extern int a;"表示变量已经定义了,可以使用多次,而多个"int a;"的写法则是重复定义。

编译完成后得到目标代码文件,然后连接器开始工作。连接器将多个目标代码和使用到的库函数代码(通常都是二进制形式)逐个连接起来,在这个过程中,它可以发现:

(1) 全局函数或全局变量是否在不同的文件中重复定义,或者在全局范围内是否有

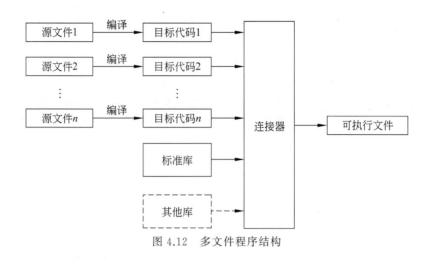

图 4.12　多文件程序结构

相同名字的实体。

（2）在多个目标代码和库函数中找不到全局函数或全局变量的定义。

若连接器成功处理完所有的连接，则产生可执行文件，一次编译连接的过程宣告完成。

不同的编译器用不同的扩展名来表示文件类型，表 4.3 是 GCC 和 VC 编译器的扩展名。

表 4.3　GCC 和 VC 编译器的扩展名

	GCC	Visual C++
源文件	C 语言:.c C++ 语言:.cpp、.cc、.cxx	C 语言:.c C++ 语言:.cpp
头文件	.h	.h
目标代码文件	.o	.obj
链接库文件	.a	.lib

4.13.4　头文件与工程文件

1. 头文件

头文件本质上是源文件，它是通过文件包含命令嵌入源文件中去编译的，文件包含命令的写法格式有以下两种：

#include <头文件名>
#include "头文件名"

一般情况下，使用系统函数时应用第一种写法，使用自定义头文件和附加库头文件时应用第二种写法。

为什么要使用头文件呢？

我们现在已经知道，如果是多文件结构程序，要在文件中调用别的文件中的函数，需要有函数的声明,而且每个文件均是如此。如果是函数声明比较多的情况,在每个文件中都写上函数声明不是好办法,很难管理。例如,某个函数定义有变动,那么所有含有这个函数声明的调用文件都需要找出来,逐一修改。

使用头文件可以解决这个问题,其工作原理是通过将每个源文件中外部函数的函数声明等信息集中写到一个文件中,称为头文件(有别于源文件),而别的源文件只需用文件包含命令将这个头文件包含进来,则编译时编译器自然就有了函数声明,如图 4.13 所示。

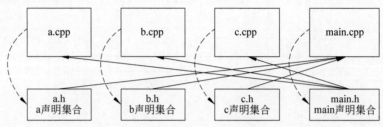

图 4.13　多源文件时头文件的处理示意

图中虚线表示将 4 个源文件(.cpp)各自的声明分离到头文件(.h),实线表示头文件被包含到源文件上,例如,main.cpp 文件有其他 3 个文件的声明集合,换言之,其他 3 个文件的外部函数声明等在 main.cpp 文件可见。

头文件除了函数声明外,还经常包括全局性常量、宏定义等信息,但头文件一般不包括定义内容,如函数定义和变量定义,而只包含声明内容,这是因为头文件会被多次包含,如果是定义内容会导致重复定义,这是编写自定义头文件的重要原则:定义内容和程序实现代码等应放在对应的源文件中。

一般情况下,头文件与源文件是对应的,多个源文件就有多个头文件,文件名与源文件也是相同的,这样自成体系,便于管理。

2. 工程文件

多文件结构程序在编译时需要工程文件来管理,不同的编译器有不同的工程文件格式,但都支持命令行编译 Makefile 文件。

Makefile 文件定义了一系列的规则来指定哪些文件需要先编译,哪些文件需要后编译,哪些文件需要重新编译,编译时使用什么参数,甚至进行更复杂的功能操作。

Makefile 文件使用脚本命令,可以执行操作系统所允许的命令。以下是 GCC 编译系统的 Makefile 文件示例,它指定编译和连接 4 个文件:main.cpp、a.cpp、b.cpp 和 c.cpp。

```
OCFLAGS=-nologo-W3-Zi-MD-O1-DWIN32
INCLUDES=
COMPILE_cpp=cl-Fo$@$(CFLAGS)-EHsc $(INCLUDES)-c
a.o : a.cpp
    $(COMPILE_cpp) a.cpp
b.o : b.cpp
    $(COMPILE_cpp) b.cpp
```

```
c.o : c.cpp
    $(COMPILE_cpp) c.cpp
main.o : main.cpp
    $(COMPILE_cpp) main.cpp
```

集成开发环境的编译器(如 CodeBlocks)允许可视化管理工程文件,如图 4.14 所示,左边的树形结构为多文件列表。

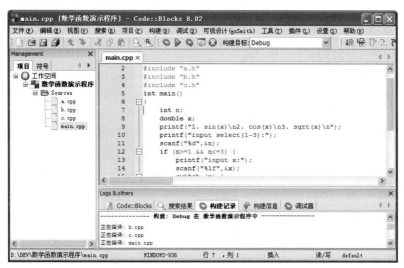

图 4.14　CodeBlocks 工程文件管理

4.13.5　提高编译速度

C++ 程序代码的运行效率是很高的,但它的编译速度在众多程序语言中算是慢的。一个 C++ 程序总是要反复编译、运行和调试才得到正确结果,所以,无论是多文件结构或单文件程序,是大规模程序或是小型程序,提高编译速度是必需的。

提高编译速度首先要完善程序的代码结构,例如,精简头文件,接口与实现完全分离,高度模块化。如果是单个文件且代码量较大时,为了一点小改动就要重新对大面积代码编译,实在是不划算。高度模块化就是低耦合,就是尽可能地减少相互依赖。例如,函数与函数之间降低相互依赖,则这两个函数就可以分离到不同的文件中;在文件与文件之间,一个头文件的变化尽量不要引起其他文件的重新编译。

提高编译速度还可以利用编译器的功能,提高编译器的工作效率。现今的编译器一般都有下面的功能。

(1) 预编译头文件。

即使很小的程序都会使用头文件的,特别是那些标准库的头文件,代码量甚至超过程序本身。预编译头文件是指编译器第一次编译文件时将头文件的编译结果缓存下来,如果下次编译时发现没有新的则它将直接使用缓存结果,不用对头文件再次编译。

(2) 增量编译。

增量编译是指编译器编译得到目标代码后,如果下次编译时发现文件并未经过修改,则使用前一次的目标代码而无须再次编译。在多文件结构程序中,调试修改一般是集中在少数文件上,所以增量编译节省的编译时间是可观的。

(3) 编译缓存。

增量编译是比较目标代码和源文件的时间来决定是否要重新编译。编译缓存是指将前面的编译结果缓存下来,根据文件的内容来判断是否重新编译。例如,对一个文件输入一个没有作用的空格会导致增量编译失效,但编译缓存能判别出增加的这个空格是否足以需要重新编译。

4.14 函数应用程序举例

1. 递归法

在问题求解时,有时将一个不能或不好直接求解的大问题转化为一个或几个与原问题相似的小问题来解决,再把这些小问题进一步分解成更小的小问题来解决,如此分解,直至每个小问题都可以直接解决,在逐步求解小问题后,再返回得到大问题的解,这种方法称为递归法。

递归的运行效率往往很低,会消耗额外的时间和存储空间。但递归也有长处,它能使一个蕴涵递归关系且结构复杂的程序简洁精练,只需要少量的步骤就可描述解题过程中所需要的多次重复计算,所以大大地减少了代码量。

递归算法设计的关键在于找出递归关系式和边界条件(即递归终止条件)。递归关系就是使问题向边界条件转化的过程,所以递归关系必须能使问题越来越简单,规模越来越小。因此递归算法设计通常有以下 3 个步骤。

(1) 分析问题,得出递归关系式。

(2) 设置边界条件,控制递归。

(3) 设计函数,确定参数。

【例 4.17】 Hanoi 塔问题:如图 4.15(a)所示,设有 A、B、C 三个塔座,在塔座 A 上共有 n 个圆盘,这些圆盘自上而下由小到大地叠在一起。现要求将塔座 A 上的这叠圆盘移到塔座 C 上,并仍按同样顺序放置,且在移动过程中遵守规则:①每次只能移动一个圆盘;②不允许将较大的圆盘压在较小的圆盘之上;③移动中可以使用 A、B、C 任一塔座。编出程序显示移动步骤。

分析:

(1) 若有一块圆盘,如图 4.15(b)所示,则直接 A→C。

(2) 若有两块圆盘,如图 4.15(c)所示,则♯1 块 A→B,♯2 块直接 A→C,♯1 块 B→C。

(3) 若有 n 块圆盘,如图 4.15(d)所示,可以将上面 $n-1$ 块当作"一块",记为 m,则 ♯m 块 A→B,♯n 块直接 A→C,♯m 块 B→C。

显然这是符合递归求解的问题,其递归关系式可以如下描述:

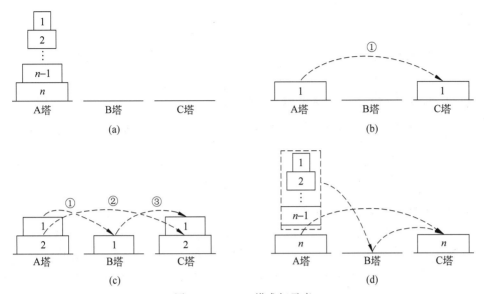

图 4.15 Hanoi 塔求解示意

$$\begin{cases} f_1(A,B,C) = A \to C \\ f_2(A,B,C) = A \to B, A \to C, B \to C \\ f_n(A,B,C) = f_{n-1}(A,C,B), A \to C, f_{n-1}(B,A,C) \end{cases}$$

边界条件为 $n=1$。可以定义 Hanoi 函数:

函数原型: void Hanoi(int n, char A, char B, char C);

返回值: 无

函数参数: int n, 圆盘数目; char A, 起始塔; char B, 中间塔; char C, 目标塔

程序代码如下:

```
1   #include <iostream>
2   using namespace std;
3   void Hanoi(int n, char A, char B, char C)
4   {
5       if (n==1) cout<<A<<"->"<<C<<" ";            //只有一块盘子,直接 A→C
6       else {
7           Hanoi(n-1, A, C, B);                     //上面 n-1 块盘子,A→B
8           cout<<A<<"->"<<C<<" ";                   //第 n 块盘子,直接 A→C
9           Hanoi(n-1, B, A, C);                     //B 塔 n-1 块盘子,B→C
10      }
11  }
12  int main(void)
13  {
14      int n;
15      cin>>n;
16      Hanoi(n,'A','B','C');
```

```
17        return 0;
18    }
```

程序运行情况如下:

3↙
A->C A->B C->B A->C B->A B->C A->C

Hanoi 塔问题是可以用非递归方式实现的,但代码复杂,不如上面的程序清晰易懂。

2. 构建多文件结构程序

【例 4.18】 编写 $\sin x$、$\cos x$、$\text{sqrt} x$ 数学函数演示程序。

分析:本例说明多文件结构程序的编写和步骤。

(1) 计划在主程序文件 main.cpp 中编写 main 函数,功能是输出一个小型菜单让用户选择哪个函数要运算,然后提示输入 x,再根据菜单选择调用函数得到计算结果。

(2) 计划将 3 个数学函数的计算安排在 3 个不同的函数中实现,且将这 3 个函数安排到 3 个文件(a.cpp、b.cpp、c.cpp)中编写。

(3) main 函数要调用这 3 个文件中的函数,需要函数声明,具体做法是将 3 个文件对应地写出头文件来,头文件的内容是 3 个函数原型,在 main.cpp 中包含。

(4) 由于计算角度的 $\sin(x)$、$\cos(x)$ 需要对 x 进行转换,用到 π,所以对应 main.cpp 写出头文件 main.h,包含 π 的符号常量,供其他两个文件包含。

程序代码如下:

```
//①main.cpp 文件
#include <iostream>
using namespace std;
#include "a.h"
#include "b.h"
#include "c.h"
int main()
{
    int n; double x;
    cout<<"1. sin(x)\n2. cos(x)\n3. sqrt(x)\ninput select(1—3):";    //菜单
    cin>>n;                                    //选择
    cout<<"input x:"; cin>>x;                  //输入计算数据
    switch (n) {                               //根据 n 分别调用 a.c、b.c、c.c 的函数
        case 1 : cout<<"sin="<<fsin(x)<<endl; break;
        case 2 : cout<<"cos="<<fcos(x)<<endl; break;
        case 3 : cout<<"sqrt="<<fsqrt(x)<<endl; break;
    }
    return 0;
}
//②main.h 文件
#define PI 3.1415926
```

```
//③a.cpp 文件
#include <cmath>
#include "main.h"
double fsin(double x)
{    return sin(x * PI/180.0);
}

//④a.h 文件
double fsin(double x);

//⑤b.cpp 文件
#include <cmath>
#include "main.h"
double fcos(double x)
{    return cos(x * PI/180.0);
}
```

```
//⑥b.h 文件
double fcos(double x);

//⑦c.cpp 文件
#include <cmath>
double fsqrt(double x)
{    return sqrt(x);
}

//⑧c.h 文件
double fsqrt(double x);
```

程序运行情况如下：

1. sin(x)
2. cos(x)
3. sqrt(x)
input select(1-3):2↙
input x:60↙
cos=0.5

习题

1. 已知 $f(x)=1/(1+x^2)$，编写函数用梯形法计算 $f(x)$ 在区间 $[a,b]$ 的积分。

2. 编写函数计算从 n 个元素中取 m 个元素的组合数 $C(m,n)$。

3. 编写函数计算 x 开 n 次方的正实根 $S(x,n)$，在主函数中输入数据，调用函数输出结果。

4. 编写函数计算 $s=\sum_{i=1}^{n}(x_i-\bar{x})^2$，其中，$\bar{x}$ 为 $x_1,x_2,\cdots,x_n$ 的平均数。

5. 用递归法求解：猴子第一天摘下若干桃子，当即吃了一半，又多吃了一个；第二天早上又将剩下的桃子吃掉一半，又多吃了一个。以后每天早上都吃了前一天剩下的一半零一个。到第 10 天早上时，只剩下一个桃子。问第一天共摘了多少个桃子？

6. 用递归法求解：将一个 4 位数（如 5678）逆序（如 8765）。

7. 已知 ack 函数对于 m≥0 和 n≥0 有定义：ack(0,n)=n+1,ack(m,0)=ack(m−1,1)、ack(m,n)=ack(m−1,ack(m,n−1))。输入 m 和 n，求解 ack 函数。

8. 编写函数输出杨辉三角形。

9. 编写函数实现将公历转换成农历,在主函数中输入公历日期,调用函数输出农历。

10. 人民币面值有:1、2、5 分,1、2、5 角,1、2、5、10、20、50 元。编写函数 change(m, c);其中,m 为商品价格,c 为顾客付款。函数输出应给顾客找零的各种面值人民币的总数,且总数之和最少。

11. 某公司采用公用电话传递数据,数据是 4 位的整数,在传递过程中是加密的。加密函数如下:每位数字都加上 5,然后用除以 10 的余数代替该数字,再将第一位和第四位交换,第二位和第三位交换。

12. 编写内联函数 xchg(n),计算将 unsigned char 型 n 的低 4 位和高 4 位交换后的结果。在主函数中输入数据,调用函数输出结果。

13. 编写函数 getbit(n,k),求出 n 从右边开始的第 k 位。在主函数中输入数据并调用该函数输出结果。

14. 编写函数实现左右循环移位。函数原型为"int move(int value,int n);",其中 value 为要循环移位的数,n 为移位的位数。如果 n<0 表示左移,n>0 表示右移,n=0 表示不移位。在主函数中输入数据并调用该函数输出结果。

15. 编写函数 fceil(x),返回大于或等于 x 的最小整数,例如,fceil(2.8)为 3.0,fceil(−2.8)为 −2.0。

16. 编写函数 getfloor(x),返回小于或等于 x 的最大整数,例如,getfloor(2.8)为 2.0,getfloor(−2.8)为 −3.0。

17. 调用 rand 和 srand(time(0))函数产生随机数。由计算机随机出一个 100 以内的整数让人猜,若猜不对则提示是大了或小了,最多猜 5 次。

18. 编写程序输入一个 x,然后显示一个菜单,根据输入的菜单选项。若选择"退出"则程序运行结束,否则输出数学函数 acos(x)、asin(x)、atan(x)、cos(x)、sin(x)、tan(x)、cosh(x)、sinh(x)、tanh(x)、exp(x)、log(x)、log10(x)、fabs(x)、sqrt(x)的结果。

19. 设有 n 座山,计算机与人为比赛的双方,轮流搬山。规定每次搬山的数不能超过 k 座,谁搬最后一座谁输。游戏开始时,输入山的总数 n 和每次允许搬山的最大数字 k。然后由人开始,等人输入了需要搬走的山的数目后,计算机马上输出它搬多少座山,并提示尚余多少座山。双方轮流搬山,直到最后一座山搬完为止。最后会显示谁是赢家。

20. 编写函数计算随机变量 x 的正态分布函数 $P(a,\sigma x) = \dfrac{1}{\sqrt{2\pi}\sigma} \int_{-\infty}^{x} e^{-\frac{(t-a)^2}{2\sigma^2}} dt$。

21. 编写函数"p(x,a0,a1=0,a2=0,a3=0);",计算 $a_0+a_1x+a_2x^2+a_3x^3$。

22. 编写函数"double rect_area(double length,double width=0);",当 width 为 0 时计算正方形的面积,否则计算长方形的面积。

23. 编写函数"int askNumber(int high, int low=1);",返回输入在 high 和 low 之间的一个数。

24. 重载函数 abs 计算 int 型和 double 型形参的绝对值。

25. 重载函数"int rotate(int i,int n);"和"long rotate(long i,int n);",功能是将 i 循环右移 n 位。

26. 用函数模板实现 3 个(多种类型)数值中按最小值到最大值排序的程序。

第 5 章 任务自动化——预处理

C++程序编译的处理过程一般分为预处理、编译(及汇编)和连接,如图5.1所示。预处理(preprocess)是在程序编译之前,由预处理器(preprocessor)对源程序中各种预处理命令进行先行处理,处理完毕自动进入对源程序的编译。编译时先分析、后综合,分析是指编译器对源程序进行词法分析和语法分析;综合是指代码优化、存储分配和代码生成。为了完成这些分析综合任务,编译器采用对源程序进行多次扫描的办法,每次扫描集中完成一项或几项任务,也有一项任务分散到几次扫描中完成的。大多数的编译器直接产生机器语言的目标代码,但有的编译器则先产生汇编语言的符号代码,然后调用汇编器(assembler)进行翻译加工处理,产生目标代码。连接器将在不同文件中的目标代码和库函数代码经过重定位处理连接成可执行文件。

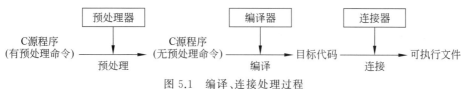

图 5.1 编译、连接处理过程

预处理命令不是C++本身的组成部分,更不是C++语句,它是C++标准规定的可以出现在C++源程序文件中的命令。这些命令必须以"#"开头,结尾不加分号,可以放置在源程序中的任何位置,其有效范围是从出现位置开始到源程序文件末尾。

预处理命令的操作对象是编译器和连接器,用来设置程序编译和连接时的各种参数,当编译工作完成后,预处理命令的作用即告完成,因而它不会出现在目标代码和可执行文件中。预处理命令是C++的一个重要特点,合理地使用预处理功能,可以优化程序设计环境,提高程序的通用性、可读性和可移植性。

C++标准提供了多种预处理命令,如宏定义、文件包含和条件编译等,本章介绍常用的预处理命令。

5.1 宏定义

在C++源程序中允许用一个标识符来代表一个字符文本,称为宏,标识符为宏名。宏是由宏定义命令事先定义的。预处理时,对程序中所有后续的宏名实例(称为宏引用),

预处理器都用字符文本去替换,称为宏替换或宏展开。

宏定义通常用于定义程序中的符号常量、类型别名、运算式代换和语句代换等,其命令为♯define,分为不带参数的宏定义和带参数的宏定义。

5.1.1 不带参数的宏定义

不带参数的宏定义的命令形式为

#define 宏名 字符文本

其中:

(1) 宏名按标识符语法取名,习惯上用大写字母,以便与变量等其他名称有所区别。
(2) 字符文本可以为 C++ 允许的标识符、关键字、常量数值、表达式及各种符号等。
(3) 宏名两侧至少用一个空白符间隔,且这个空白符不属于字符文本。

预处理时,程序中所有的宏名将被字符文本完全替换,然后再进行编译。

例如有宏定义

#define PI 3.1415926

那么程序代码

L=2*PI*r;   //PI宏引用

在预处理时宏替换为

L=2*3.1415926*r;

又如有宏定义

#define M y*y+5*y

那么程序代码

S=3*M+4*M+5*M;   //M宏引用

在预处理时宏替换为

S=3*y*y+5*y+4*y*y+5*y+5*y*y+5*y;

使用宏定义,可以减少程序中重复书写某些字符文本的工作量,不容易出错;而且程序员习惯性将常量值定义为符号常量,无论是编写程序或是阅读程序都有记忆简单、见名知义的优点。

【例 5.1】 计算半径为 r 的圆周长、圆面积、圆球表面积和圆球体积。

程序代码如下:

```
1    #include <iostream>
2    using namespace std;
3    #define PI   3.1415926                  //不带参数的宏定义
4    int main()
```

```
5     {
6         double r,L,S,SQ,V;
7         cin>>r;                              //输入半径
8         L=2*PI*r;                            //计算圆周长
9         S=PI*r*r;                            //计算圆面积
10        SQ=4.0*PI*r*r;                       //计算圆球表面积
11        V=4.0*PI*r*r*r/3.0;                  //计算圆球体积
12        cout<<"L="<<L<<",S="<<S<<",SQ="<<SQ<<",V="<<V<<endl;
13        return 0;
14    }
```

程序运行情况如下：

2.0↙
L=12.5664,S=12.5664,SQ=50.2655,V=33.5103

使用不带参数的宏定义需要注意以下 6 点。

(1) 宏定义用宏名来代表一个字符文本，在宏替换时又以该字符文本取代宏名，这只是一种简单的替换。字符文本中可以包含任何字符，预处理器对它不作任何语法检查，即使有错误，也只有在编译已经宏替换后的源程序时才会发现。因此不要在字符文本中放置任何多余的字符，如在行末加分号，否则它们也将作为字符文本的组成部分。例如：

```
#define PI  3.1415926;
S=2*PI*r;                //错误，宏替换为 S=2*3.1415926;*r;
```

特别地，C++标准允许在宏定义的字符文本后面出现 C++注释，例如：

```
#define E  2.718281828    //自然对数
#define G  9.8            //重力加速度
```

预处理时会忽略所有这样的注释。

(2) 宏替换时使用完整的字符文本替换宏名，既不会少，也不会增加额外的字符。因此在一些运算式代换中，字符文本中有无括号对宏替换的结果是有影响的。例如：

```
#define M1   a+b
#define M2   (a+b)
L=M1*M1;                //宏展开为 L=a+b*a+b;
L=M2*M2;                //宏展开为 L=(a+b)*(a+b);
```

(3) 源程序中的字符串常量、注释或标识符的一部分若有与宏名相同的字符，不会进行宏替换。假定已定义 PI 宏，则

```
cout<<"PI="<<xPI*y<<endl;    //xPI 是变量名
```

不进行任何宏替换，因为代码中出现的 PI 均不是宏名。

(4) 一个宏名不要重复定义两次以上，否则引用的宏总是最后一次的宏定义；若要进行新的宏定义，应该先使用#undef 命令。

♯undef 命令的作用是取消已有的宏定义，一般形式为

#undef 宏名

取消以后的宏名不再有定义，程序中若继续引用它将导致错误。例如：

```
#define MXY (x*x+y*y)
#define MXY (x*x+2*x*y+y*y)        //重复宏定义
cout<<MXY<<endl;                    //MXY 宏替换为(x*x+2*x*y+y*y)
#define MAB   a+b
cout<<MAB<<endl;                    //MAB 宏替换为 a+b
#undef MAB                          //取消 MAB 宏定义
cout<<MAB-2<<endl;                  //错误,MAB 未定义
#define MAB   a*b                   //重新定义 MAB
cout<<MAB<<endl;                    //MAB 宏替换为 a*b
```

（5）一个宏的作用范围是从定义位置开始到♯undef 命令结束，如果没有对应的♯undef 命令，则宏的作用范围到源程序文件末尾结束。通常将宏定义写在源程序文件的开头或头文件中。

（6）宏定义允许嵌套，即在宏定义的字符文本中可以引用已经定义的宏名，在宏替换时由预处理器层层替换。例如：

```
#define WIDTH 80
#define LENGTH (WIDTH+10)
L=WIDTH*a;                          //宏展开为 L=80*a;
S=LENGTH*b*WIDTH ;                  //宏展开为 S=(80+10)*b*80;
```

5.1.2　带参数的宏定义

带参数的宏定义的命令形式为

#define　宏名(参数表)　字符文本

带参数的宏的引用形式为

宏名(引用参数表)

其中：

（1）参数表允许多个参数，用逗号分隔，称为形式参数（不同于函数的形参概念）。

（2）字符文本中包含所指定的参数文本，出现次序和数目没有任何限制。

（3）引用参数表与宏定义的形式参数要求一一对应。

预处理时，预处理器先将宏引用的引用参数文本对应地替换宏定义字符文本中的参数，接下来进行宏替换，然后再进行编译。

例如，有以下宏定义：

```
#define max(a,b) (((a) >(b))?(a) : (b))
```

形式参数按顺序为 a 和 b,而程序代码

  L=max(x-y,x+y);　　　　　　//max 宏引用

引用参数文本按顺序为 x-y 和 x+y。

  先将引用参数文本对应地替换字符文本中的参数,字符文本中其他内容不变,则字符文本置换为

  (((x-y)>(x+y))?(x-y):(x+y))

因此预处理时宏替换为

  L=(((x-y)>(x+y))?(x-y):(x+y))

  使用带参数的宏定义需要注意以下 4 点。

  (1) 宏名与"(参数表)"之间不能有空白符,否则命令形式会被理解为不带参数的宏定义,而"(参数表)"是字符文本的一部分。例如:

  #define AREA　(r) PI*r*r

AREA 被理解为不带参数的宏,"(r) PI*r*r"组成了它的字符文本,因此:

  S=AREA(x);　　　　　　　　//AREA 宏引用

展开为

  S=(r) PI*r*r(x)

显然是不对的。

  (2) 字符文本中的参数必须是由各种符号、空白符分隔出来的独立字符文本。例如:

  #define MSET1(arg) x=Aarg+2;
  #define MSET2(arg) x=A+arg;
  MSET1(1)　　　　　　　　　　//宏替换为 x=Aarg+2; arg 没有被替换
  MSET2(1)　　　　　　　　　　//宏替换为 x=A+1; arg 已被替换

Aarg 字符文本不会进行 arg 参数替换,因为 Aarg 是一个不可分割的整体。

  (3) 引用参数文本替换字符文本中的参数时,只是简单地做文本替换,某些表达式的宏定义中,这种简单处理可能会得到不符合原意的替换结果。例如:

  #define POWER(a) a*a　　　　//计算 a 的平方

如果宏引用为

  S=POWER(x);　　　　　　　　//宏替换为 S=x*x

这是正确的,但如果宏引用为

  S=POWER(x+y);　　　　　　　//宏替换为 S=x+y*x+y

得到的宏扩展"x+y*x+y"显然与"(x+y)*(x+y)"原意不符。

  解决这个问题有两种方法。

一是给引用参数文本加上括号。例如：

S=POWER((x+y));   //宏替换为 S=(x+y)*(x+y)

二是在宏定义时给字符文本中的参数加上括号。例如：

#define POWER(a) (a)*(a)   //计算 a 的平方
S=POWER(x+y);   //宏替换为 S=(x+y)*(x+y)

在实际编程中,第二种方法更稳妥。

（4）无论是带参数的宏定义或是不带参数的宏定义,均可以使用行连接符"\"得到多行宏定义,进而得到具有复杂功能的宏。例如：

```
1   #define PRINTSTAR(n) { \
2       int i,j; \
3       for(i=1;i<=n;i++) { \
4           for (j=1;j<=i;j++) \
5               cout<<" * "; \
6           cout<<endl; \
7       } \
8   } \
9
```

那么 PRINTSTAR(5)宏引用的结果实际上是如下程序代码：

```
1   {
2       int i,j;
3       for(i=1;i<=5;i++) {
4           for (j=1;j<=i;j++)
5               cout<<" * ";
6           cout<<endl;
7       }
8   }
9
```

这里外加一对大括号（{ }）的目的是形成一个复合语句,则"int i,j;"变量定义就是局部区域的变量,它们与外部不会有任何冲突。需要注意,宏定义的最后要连接一个空行（例如第 9 行）,这样宏替换时才会有相应的换行。PRINTSTAR(5)的运行结果如下：

```
*
**
***
****
*****
```

可以用不同的参数引用宏 PRINTSTAR,得到数目不同的星号输出,例如：

PRINTSTAR(5)   //宏替换为一段程序代码

```
PRINTSTAR(8)                   //宏替换为一段程序代码
PRINTSTAR(10)                  //宏替换为一段程序代码
```

从这个例子可以看出,如果善于利用宏定义,可以实现程序的简化。

带参数的宏定义的引用与函数调用在语法上比较相似,例如,在调用函数时,在函数名后的括号内写实参,要求实参与形参的顺序对应和数目相等。但它们基本含义不同,主要区别如下。

(1) 函数调用时会先计算实参表达式的值,然后参数值传递给形参,程序指令会转到函数内部开始执行。而带参数的宏定义只是参数文本替换,不存在计算实参、参数传递、跳转执行等。

(2) 函数调用是在程序运行时执行的,它会为形式参数分配临时的内存单元。而宏在预处理阶段替换,不会为形式参数分配内存单元,而且也没有返回和返回值的概念。

(3) 函数调用对实参和形参都要定义类型,且要求二者的类型一致,如果不一致,会进行类型转换。而宏定义不存在类型问题,它的形式参数和引用参数都只是一个文本记号,宏替换时进行文本置换。

(4) 无参数函数调用必须包含括号,无参数宏定义引用时不需要括号。例如:

```
#define PI    3.1415926         //宏定义
int fun();                       //函数原型
x=fun();                         //函数调用
x=PI;                            //宏引用
```

(5) 每一次宏引用,宏替换后都会使源程序增长,相当于将宏定义的字符文本"粘贴"到源程序中一次,而函数调用代码是复用的。宏替换会占用编译时间,函数调用则会占用运行时间。

(6) 宏定义与第 4 章的内联函数非常相似。两者区别在于:宏是由预处理器对宏进行替换,它是在代码处不加任何检验的简单替换;而内联函数是通过编译器来实现的,它有函数的特性,只是在需要用到的时候,内联函数像宏一样地展开,取消了函数的参数入栈,减少了调用的开销。内联函数要做参数类型检查,这是内联函数跟宏相比的优势。

【例 5.2】 宏引用和函数调用的区别。

程序代码如下:

```
1    #include <iostream>
2    using namespace std;
3    int M1(int y)
4    {
5        return((y)*(y));
6    }
7    #define M2(y) ((y)*(y))
8    int main()
9    {
```

```
10          int i,j;
11          for (i=1,j=1;i<=5;i++) cout<<M1(j++)<<" ";      //函数调用处理
12          cout<<endl;
13          for (i=1,j=1;i<=5;i++) cout<<M2(j++)<<" ";      //宏引用处理
14          cout<<endl;
15          return 0;
16       }
```

程序运行结果如下：

1 4 9 16 25
1 9 25 49 81

例子中函数 M1 计算的表达式和宏 M2 计算的表达式均为(y)*(y)，且函数调用为 M1(j++)，宏引用为 M2(j++)，形式也是相同的。从输出结果来看，却大不相同。原因是循环 5 次函数调用，使得每次 j 自增 1，故输出 1～5 的平方值。而宏引用展开为 "((j++)*(j++))"，循环 5 次宏引用，使得 j 每次增加 2，故输出 1、3、5、7、9 的平方值。

从上述分析中可以看出函数调用和宏引用在形式上相似，在本质上是完全不同的。

5.1.3 ♯和♯♯预处理运算

C++ 标准为预处理命令定义了两个运算符：♯ 和 ♯♯，它们在预处理时被执行。

♯ 运算符的作用是文本参数"字符串化"，即出现在宏定义字符文本中的 ♯ 把跟在后面的参数转换成一个 C++ 字符串常量。例如：

```
#define PRINT_MSG1(x) cout<<#x;
#define PRINT_MSG2(x) cout<<x;
PRINT_MSG1(Hello World);                //正确,宏替换为 cout<<"Hello World";
PRINT_MSG1("Hello World");              //正确,宏替换为 cout<<"\"Hello World\"";
PRINT_MSG2(Hello World);                //错误,宏替换为 cout<<Hello World;
PRINT_MSG2("Hello World");              //正确,宏替换为 cout<<"Hello World";
```

简单来说，♯参数的作用就是对这个参数替换后，再加双引号（""）括起来，变为"参数"。

♯♯ 运算符的作用是将两个字符文本连接成一个字符文本，如果其中一个字符文本是宏定义的参数，连接会在参数替换后发生。例如：

```
#define SET1(arg) A##arg=arg;
#define SET2(arg) Aarg=arg;
SET1(1);                                //宏替换为 A1=1;
SET2(1);                                //宏替换为 Aarg=1;
```

A 字符与 ♯♯arg 参数连接在一起形成了 A1，而对于 Aarg 字符文本，不会进行 arg 替换。

5.1.4 预定义宏

C++ 标准中预先定义了一些有用的符号常量，主要是编译信息，如表 5.1 所示。

表 5.1 标准预定义符号常量

符号常量	类　　型	说　　　　　明
__DATE__	字符串常量	编译程序日期(形式为"MM DD YYYY",例如"May 4 2006")
__TIME__	字符串常量	编译程序时间(形式为"hh:mm:ss",例如"10:20:05")
__FILE__	字符串常量	编译程序文件名
__LINE__	int 型常量	当前源代码的行号
__STDC__	int 型常量	若为1说明此程序兼容 ANSI C 标准
__cplusplus	int 型常量	若编译的是 C++ 程序,值定义为 197711L

其中,"__"为两个下画线,__DATE__ 和 __TIME__ 用于指明程序编译的时间,__FILE__ 和 __LINE__ 用于调试目的,__cplusplus 检测编译文件是否支持 C++。

5.2 文件包含

文件包含命令的作用是把指定的文件插入该命令所处的位置上取代该命令,然后再进行编译处理,相当于将文件的内容"嵌入"当前的源文件中一起编译。

文件包含命令为♯include,有两种命令形式:

#include <头文件名>

或

#include "头文件名"

说明:

(1) 一个♯include 命令只能包含一个头文件,包含多个头文件要用多个♯include 命令,且每个文件包含命令占一行。通常,头文件的扩展名为.h 或.hpp。

(2) 第一种形式与第二种形式的区别是编译器查找头文件的搜索路径不一样。第一种形式仅在编译器 INCLUDE 系统路径中查找头文件,第二种形式先在源文件所处的文件夹(用户路径)中查找头文件,如果找不到,再在系统路径中查找。

一般地,如果调用标准库函数或者专业库函数包含头文件时,使用第一种形式;包含程序员自己编写的头文件时,将头文件放在源文件所处的文件夹中且使用第二种形式。

(3) 头文件的内容通常是函数声明、全局性常量、数据类型声明和宏定义等信息,一般不包括定义,如函数定义和变量定义等。所起的作用就是为其他程序模块提供声明性信息,而定义、函数实现代码等应放在源文件中。

在实际编程中,如果程序是由多个源文件组成的,一般采用工程方式来集合,而不是使用文件包含命令。

1. 文件包含的路径问题

文件包含命令中的头文件名可以写成绝对路径的形式。例如:

```
#include "C:\DEV\GSL\include\gsl_linalg.h"
#include <C:\DEV\SDL\include\SDL.h>
```

这时直接按该路径打开头文件,此时第一种形式或第二种形式的命令没有区别。请注意,由于文件包含命令不属于 C++ 语法,因此"C:\DEV\GSL\include\gsl_linalg.h"不能理解为字符串,其中的"\"不要写成"\\"。

头文件名也可以写成相对路径的形式。例如:

```
#include <cmath>
#include <zlib\zlib.h>
#include "user.h"
#include "share\a.h"
```

这时的文件包含命令是相对系统 INCLUDE 路径或用户路径来查找头文件的。

假设编译器系统 INCLUDE 路径为"C:\DEV\MinGW\include",则

```
#include <cmath>              //cmath 在 C:\DEV\MinGW\include
#include <zlib\zlib.h>        //zlib.h 在 C:\DEV\MinGW\include\zlib
```

假设用户路径为"D:\Devshop",则

```
#include "user.h"             //user.h 在 D:\Devshop 或 C:\DEV\MinGW\include
#include "share\a.h"          //a.h 在 D:\Devshop\share 或 C:\DEV\MinGW\include\share
```

如果在上述路径中找不到头文件,会出现编译错误。

2. 文件包含的重复包含问题

头文件有时需要避免重复包含(即多次包含),例如一些特定声明不能多次声明,而且重复包含增加了编译时间。这时可以采用以下两个办法之一。

(1) 使用条件编译。例如:

```
#if !defined(_FILE1_H_C6793AB5__INCLUDED_)
#define _FILE1_H_C6793AB5__INCLUDED_
...                                      //头文件内容
#endif
```

即将头文件内容放在一个条件编译块中,第 1 次编译时编译条件成立,故继续往下编译,第 2 行使编译条件为假,这样再次编译头文件时,头文件内容就不会编译了。条件中的宏定义"_FILE1_H_C6793AB5__INCLUDED_",为了与其他编译条件相区别,故意写得很长、很怪。

(2) 使用特殊预处理命令♯pragma。例如:

```
#pragma once
...                                      //头文件内容
```

即在头文件第 1 行增加这个预处理命令,它的意思是:在编译一个源文件时,只对该文件

包含(打开)一次。

5.3 条件编译

通常,源程序中的所有代码行都参与编译,如果希望部分代码只在一定条件时才参与编译,可以使用条件编译命令。

使用条件编译,可以针对不同硬件平台和软件开发环境来控制不同的代码段被编译,从而方便了程序的可维护性和可移植性,同时提高了程序的通用性。典型的条件编译是将程序编译分成调试版本"Debug"和发行版本"Release",一些供程序员调试的代码在Release中没有参与编译,即在最终的程序可执行文件中不包含这些调试代码。

5.3.1 #define 定义条件

条件编译使用宏定义条件,命令形式为

#define 条件字段
#define 条件字段 常量表达式

例如:

1   #define DEBUG
2   #define WINVER 0x0501

第1行表示DEBUG已经定义,第2行表示WINVER已经定义且值为0x0501。

主流的编译器系统也支持通过编译参数设置条件,GCC命令行使用参数为

gcc-D 条件字段   //等价于#define 条件字段
gcc-D 条件字段=常量表达式   //等价于#define 条件字段 常量表达式

VC命令行使用参数为

CL/D 条件字段   //等价于 #define 条件字段
CL/D 条件字段=常量表达式   //等价于#define 条件字段 常量表达式

例如:

gcc-DDEBUG   //等价于#define DEBUG
gcc-DWINVER=0x0501   //等价于#define WINVER 0x0501

5.3.2 #ifdef、#ifndef

#ifdef 条件编译命令测试条件字段是否定义,以此选择参与编译的程序代码段,它有两种命令形式。

第一种形式:

#ifdef 条件字段
    …   //程序代码段1

```
#endif
```

第二种形式:

```
#ifdef 条件字段
    ...                        //程序代码段 1
#else
    ...                        //程序代码段 2
#endif
```

表示如果条件字段已经被#define定义过,无论是否有值,编译器只编译程序代码段1,否则只编译程序代码段2,程序代码段可以是任意行数的程序或预处理命令。例如:

```
#ifdef DEBUG
cout<<"x="<<x<<",y="<<y<<",z="<<z<<endl;
#endif
```

表示如果DEBUG已经定义则编译输出语句,否则不编译;当输出语句未参与编译时,程序可执行代码中不会有这句。

比较与此相似的if语句的含义。例如:

```
if (DEBUG)
    cout<<"x="<<x<<",y="<<y<<",z="<<z<<endl;
```

无论if语句条件满足与否,程序可执行代码中是肯定有输出语句指令的,if语句条件用来决定是否执行它。

#ifndef条件编译命令测试条件字段是否没有被定义过,以此选择参与编译的程序代码;它也有两种命令形式,形式如同#ifdef,但作用与#ifdef相反。

下面代码测试是否使用VC编译器且为控制台程序,如果是则编译程序代码段:

```
#ifdef _MSC_VER              //如果是 Visual C++编译器,其内部已定义
#ifndef _CONSOLE             //Visual C++编译器根据控制台编译参数内部已定义
...                          //程序代码段
#endif
#endif
```

5.3.3 #if-#elif

#if条件编译命令根据表达式的值选择参与编译的程序代码,其命令形式为

```
#if 常量表达式
    ...                        //程序代码段 1
#else
    ...                        //程序代码段 2
#endif
```

当预处理器遇到#if命令时,先计算常量表达式(像if语句那样),如果表达式的值非

0(即为真),则编译程序代码段1,否则编译程序代码段2。请注意,常量表达式只能使用由#define定义的常量,不能像if语句那样使用程序中的变量。对于没有定义过的表达式,#if将其值当作0。

条件编译命令中"#ifdef 条件字段"与"#if defined 条件字段"是等价的,"#ifndef 条件字段"与"#if !defined 条件字段"是等价的,"#ifdef 条件字段"与"#if define(条件字段)"是等价的。

可以使用嵌套的#if条件编译命令#if-#elif,命令形式为

```
#if 常量表达式 1
    …                                          //程序代码段 1
#elif 常量表达式 2
    …                                          //程序代码段 2
#else
    …                                          //程序代码段 3
#endif
```

其中,#elif 分支可以有多项。

下面的代码测试是否使用 GCC 编译器且版本大于 3.0,如果是则编译程序代码段:

```
#ifdef __GNUC__                     //如果是 GCC 编译器,其内部已定义
#if (__GNUC__>=3)                   //编译器是 GCC 3.0 以上
…                                   //程序代码段
#endif
#endif
```

下面的代码根据 Windows 操作系统的版本选择相应的程序代码段进行编译:

```
#if (WINVER>=0x0501)                //在 Windows XP 及以上系统
…                                   //程序代码段 1
#elif (WINVER==0x0500)              //在 Windows 2000 系统
…                                   //程序代码段 2
#else                               //在 Windows 98 系统
…                                   //程序代码段 3
#endif
```

其中,WINVER 已经在编译器内部事先定义过。

习题

1. 将两个参数值互换定义为宏。在主函数中输入数据,输出交换后的值。

2. 将立方体体积计算公式定义为宏。在主函数中输入立方体的长、宽、高,求体积。

3. 三角形三边长为 a、b、c,用宏表示面积公式 $\sqrt{s(s-a)(s-b)(s-c)}$,$s=(a+b+c)/2$。在主函数中输入数据,求三角形的面积。

4. 将一个浮点型数保留 $n(1 \leqslant n \leqslant 5)$ 位小数(四舍五入)的算法定义为宏。在主函数

中输入数据,输出计算结果。

5. 定义若干宏,计算公制与美制单位转换。①长度:厘米/英寸、米/英尺、千米/英里;②重量:盎司/克、磅/公斤;③容积:加仑/升。在主函数中输入数据,输出计算结果。

6. 将第 4 章可变参数函数的步骤写成 3 个宏,实现可变参数开始、遍历参数、可变参数结束功能。使用这些宏求多个函数参数的平均值。

7. 一个球从 100 米高度自由落下,每次落地后反弹回原高度的一半,再落下。求它在第 10 次落地时共经过多少米?第 10 次反弹多高?用"DEBUG"和"RELEASE"分别表示调试、正式版本,编写条件编译。正式版本直接计算结果,调试版本则还要输出球每次落地反弹的数据以便于调试中间过程。

第6章 批量数据——数组

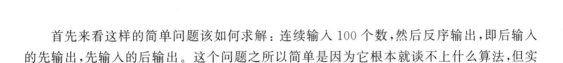

首先来看这样的简单问题该如何求解:连续输入100个数,然后反序输出,即后输入的先输出,先输入的后输出。这个问题之所以简单是因为它根本就谈不上什么算法,但实际编写程序时会发现有两个麻烦。

麻烦之一是程序中如何定义变量?显然,定义一个变量 a 是不可以的,因为它只能记住一个数据值,如果连续给它输入 100 个数后,实际上它仅是最后一个。那么定义 100 个变量呢?例如:

int a1,a2,a3,…,a100

麻烦之二是程序中如何使用这 100 个变量?显然,ai 的循环不会得到 a1,a2,…。因为在 C++ 中 ai 是一个名字,它不会有类似数列 a(i)那样的含义,所以循环用不了,于是只能是一个一个地输出来:a100,a99,a98,…,a1。

在现实应用问题中,总会使用到大批量的数据,如果都像这样处理,编程效率是低下的。

C++ 的数组类型,用来**表示一组数据的集合**。使用数组,可以方便地**定义一个名字**(数组名)**来表示大批数据**(数组元素),并且能够通过循环批处理大量数据。

6.1 一维数组的定义和引用

6.1.1 一维数组的定义

要使用数组,首先需要定义它。一维数组的定义形式为

元素类型 数组名[常量表达式],…

其中,"…"表示允许定义多个数组,或数组和变量混合在一起定义。例如:

```
int A[10];
int B[10], C[15];                //多个数组定义
int E[10], m, n, F[15];          //数组和变量混合在一起定义
```

1. 定义说明

(1)一维数组是由元素类型、数组名和长度组成的构造类型。元素类型指明了存放

在数组中的元素的类型,可以是内置数据类型或自定义类型。例如:

```
int A[10], B[20];              //元素是整型
double F1[8], F2[10];          //元素是双精度浮点型
char S1[80], S2[80];           //元素是字符型
```

(2) 数组名必须符合 C++ 标识符规则。

(3) 常量表达式的值必须为整型且大于或等于 1,表示数组中元素的个数,称为数组长度。例如,"int A[10]"表示数组有 10 个元素。

C++ 规定数组长度在编译时必须有明确的值。因此,常量表达式只能是整型常量、符号常量、枚举常量或者用常量表达式初始化的整型 const 对象。非 const 变量以及要到运行阶段才知道其值的 const 变量都不能用来定义数组长度。例如:

```
#define N 20
int A[100], B[200*5-1];        //正确,长度是整型常量或常量表达式
int C[N];                      //正确,长度是符号常量
int E[59.5];                   //错误,长度非整型
int m=10 , F[m];               //错误,长度是变量
const int x=6 ;
int H[x];                      //正确,长度是有常量值的 const 变量
```

(4) 数组一经定义,数组长度就始终不变。如果希望数组能存储更多的数据,只能修改定义并重新编译。

2. 一维数组的内存形式

一维数组是指定类型元素的指定数目的数据集合,它的每个元素数据类型都相同,因而元素的内存形式也是相同的。C++ 规定**数组元素是连续存放的**,即在内存中一个元素**紧跟着一个元素线性排列**,所以一维数组的内存形式就是多个元素内存形式连续排列的结果,如图 6.1 所示。

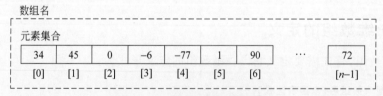

图 6.1 一维数组的内存结构

虚线框表示一维数组的内存形式,实线框表示数组元素的内存形式。显然,可以将一维数组看作是内存中一个"很大的变量",简称块(block),数组名就是这个块的名字。C++ 是通过数组名加相对偏移来索引元素的,实线框下面的数字就是元素索引值,表示元素在数组中的位置。最前面的元素相对数组名的偏移是 0,索引值规律性递增,n 个元素的数组最后一个元素的偏移是 $n-1$。实线框内表示元素所存储的数据值,其内存长度由元素类型确定。

为了将数组这个特殊的"大变量"与以前的变量区别开,我们称数组对象而不是数组变量。

6.1.2 一维数组的初始化

可以在一维数组对象定义时对它进行初始化,初始化的语法形式为

元素类型　数组名[常量表达式]={初值列表},…

例如:

```
int A[5]={1,2,3,4,5}, B[3]={7,8,9};            //一维数组初始化
```

说明:

(1) 初值列表的大括号({})是必需的,初值按一维数组内存形式中的元素排列顺序一一对应初始化。例如:

```
int A[5]={1,8,9,-3,-5};
```

A				
1	8	9	−3	5
[0]	[1]	[2]	[3]	[4]

(2) 初值列表提供的元素个数不能超过数组长度,但可以小于数组长度。如果初值个数小于数组长度,则只初始化前面的数组元素,剩余元素初始化为 0。例如:

```
int A[5]={1,8,9};
```

A				
1	8	9	0	0
[0]	[1]	[2]	[3]	[4]

(3) 在提供了初值列表的前提下,数组定义时可以不用指定数组长度,编译器会根据初值个数自动确定数组的长度。例如:

```
int A[]={1,8,9};
```

A		
1	8	9
[0]	[1]	[2]

下面的表达式能够计算出数组 A 的长度:

```
sizeof A / sizeof(int)              //数组内存长度/元素内存长度=数组长度
```

从内存形式明显看出:"int A[5]={1,8,9};"和"int A[]={1,8,9};"是不一样的。

(4) 数组初始化的规则与对象初始化的规则相同。参考第 4 章的介绍,若数组未进行初始化,那么在函数体外定义的静态数组对象,其元素均初始化为 0;在函数体内定义的动态数组对象,其元素没有初始化,为一个随机值。

6.1.3 一维数组的引用

数组对象必须先定义后使用,且只能逐个引用数组元素的值,而不能一次引用整个数

组全部元素的值。

数组元素引用是通过下标得到的,一般形式为

数组名[下标表达式]

其中,方括号([ ])为下标引用运算符,见表 6.1。

表 6.1 下标引用运算符

运算符	功　能	目	结合性	用　法
[]	下标引用	单目	自左向右	**object[expr]**

下标引用运算符在所有运算符中优先级较高,其作用是引用数组对象中的指定元素,运算结果为左值(即元素本身),因此可以对运算结果做赋值、自增自减和取地址等运算。例如:

```
int A[5]={1,2,3,4,5}, x;
x=A[2] ;              //x=3
A[1]=10;              //给 A[1]元素赋值,则数组 A 变为 {1,10,3,4,5}
A[2]++;               //A[2]元素自增运算,则数组 A 变为 {1,10,4,4,5}
```

下标引用运算时需要注意以下 3 点。

(1) object 必须是数组名,expr 为下标表达式,表示数组元素的索引。下标表达式可以是常量、变量及其表达式,但必须是无符号整型数据,不允许为负。数组元素下标总是从 0 开始,与其内存形式对应。我们约定数组最前面的元素称为第 0 个元素,依次为第 1 个元素、第 2 个元素……

(2) 下标值不能超过数组长度,否则导致数组下标越界的严重错误。例如:

```
int A[5]={1,2,3,4,5};
A[5]=10;              //错误,没有 A[5]元素
```

```
              A
          ┌───┬───┬───┬───┬───┬───┐
          │ 1 │ 2 │ 3 │ 4 │ 5 │ × │
          └───┴───┴───┴───┴───┴───┘
           [0] [1] [2] [3] [4] [5]
```

注意:数组下标越界会使数据存取超过程序合法的内存空间,这样就可能会改写其他函数栈空间的数据,进而产生很严重的异常错误,甚至引起程序崩溃。C++编译器不会检查数组是否越界,需要程序员自己小心控制。

(3) 整个数组不允许进行赋值运算、算术运算等操作,只有元素才可以。例如:

```
int A[10], B[10], C[10];
A=B;                  //错误
A=B+C;                //错误
A[0]=B[0];            //正确,数组元素赋值
A[2]=B[2]+C[2];       //正确,数组元素赋值
```

从数组的内存形式来看,数组元素的下标是有序递增的,这个特点使得可以利用循环来批量处理数组元素。

(1) 遍历数组元素。

【例 6.1】 连续输入 100 个数,然后反序输出。这个例子回答了本章开始的提问。

程序代码如下:

```
1    #include <iostream>
2    using namespace std;
3    int main()
4    {
5        int i, A[100];                              //定义 100 个整型
6        for (i=0; i<100; i++) cin>>A[i];            //连续输入 100 个数存储下来
7        for (i=100-1; i>=0; i--) cout<<A[i]<<" ";   //反序输出 100 个数
8        return 0;
9    }
```

for 循环使得 A[i]的下标递增变化,从而能够遍历每个数组元素。第 5 行的"i＜100"也可以写成"i＜＝99",第 7 行的"i＝100－1"也可以写成"i＝99",这个写法上的小细节体现了数组下标的使用习惯。

(2) 数组元素复制。

通过两个数组的对应元素逐个赋值,可以达到两个数组间"赋值"的效果。

【例 6.2】 复制数组 B 的元素到数组 A 中。

程序代码如下:

```
1    #include <iostream>
2    int main()
3    {
4        int A[5]={1,2,3,4,5} , B[5],i;
5        for (i=0; i<5; i++)
6            B[i]=A[i];                 //元素一一复制
7        return 0;
8    }
```

6.2 多维数组的定义和引用

6.2.1 多维数组的定义

C++允许定义多维数组,其中二维数组的定义形式为

元素类型 数组名[常量表达式 1][常量表达式 2],…

例如:

　　int A[3][4];   //定义二维数组

多维数组的通用定义形式为

元素类型 数组名[常量表达式 1][常量表达式 2]…[常量表达式 n],…

例如:

```
int B[3][4][5];              //定义三维数组
int C[3][4][5][6];           //定义四维数组
```

1. 定义说明

（1）多维数组的元素类型、数组名和常量表达式的含义和要求完全与一维数组类似，这里不再重复。

（2）显然，这里用方括号（[ ]）对应了维数，有多少对方括号就称多少维。我们约定多维数组越往左称为"高维"，越往右称为"低维"，最左边的称为"第 1 维"，往右以此类推。第 1 维的数组长度由常量表达式 1 决定，其余以此类推。

（3）本质上，C++ 的多维数组都是一维数组，这是由内存形式的线性排列决定的。因此，不能按几何中的概念来理解多维，多维数组不过是借用"维"的数学说法表示连续内存单元。多维定义实际上是反复递归一维定义：即 **N 维数组是一个集合，包含多个元素，每一个元素又是一个 $N-1$ 维数组**。

顺着这个概念，就容易掌握多维数组元素的排列规律。例如二维数组

```
int A[3][4];
```

有：

（1）若 A 是二维数组，则 A[0]、A[1]、A[2]是它的元素，是一维数组，如图 6.2 所示。

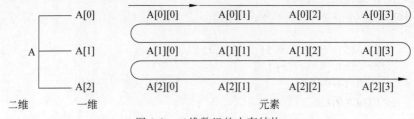

图 6.2　二维数组的内存结构

（2）若 A[0]是一维数组，则 A[0][0]、A[0][1]、A[0][2]、A[0][3]是它的元素。

（3）A[0]的下一个是 A[1]，A[1]的下一个是 A[2]，其余以此类推。

（4）A[0][0]的下一个 A[0][1]，A[0][3]的下一个是 A[1][0]，其余以此类推。

2. 多维数组的内存形式

C++ 在编译时会将任何多维数组的引用转化为一维数组的形式。例如：

```
int A[3][4][5];
```

实质上与

```
int A[60];
```

等价，则元素

```
A[i][j][k]
```

实质上是

A[i*4*5+j*5+k]

多维数组的内存形式就是这样的一维数组内存形式,元素也是连续存放的。

6.2.2 多维数组的初始化

可以在多维数组对象定义时对它进行初始化,这里以二维数组来说明,初始化有两种形式。

(1) 初值按多维形式给出。

类型 数组名[常量表达式 1][常量表达式 2]={{初值列表 1},{初值列表 2},…}

(2) 初值按一维形式给出。

类型 数组名[常量表达式 1][常量表达式 2]={初值列表}

例如,下面两种写法完全等价:

```
int A[2][3]={ {1,2,3},{4,5,6} };        //初值按二维形式
int A[2][3]={ 1,2,3,4,5,6 };            //初值按一维形式
```

说明:

(1) 可以用一维初值形式来对二维数组初始化,本质上是因为二维数组的内存形式就是一维数组的内存形式。不过一维形式的初值写法不如二维形式清晰,元素对应关系不容易直接看出。

(2) 初值列表提供的元素个数不能超过数组长度,但可以小于数组长度。如果初值个数小于数组长度,则只初始化前面的数组元素,剩余元素初始化为 0。这个规则对两种初始化形式都适用,例如:

```
//只对每行的前若干元素赋初值
int A[3][4]={{1},{1,2},{1,2,3}};
```

	A			
[0]	1	0	0	0
[1]	1	2	0	0
[2]	1	2	3	0
	[0]	[1]	[2]	[3]

```
//只对前若干行的前若干元素赋初值
int A[3][4]={{1},{2}};
```

	A			
[0]	1	0	0	0
[1]	2	0	0	0
[2]	0	0	0	0
	[0]	[1]	[2]	[3]

```
//一维形式部分元素赋初值
int A[3][4]={1,2,3,4,5};
```

	A			
[0]	1	2	3	4
[1]	5	0	0	0
[2]	0	0	0	0
	[0]	[1]	[2]	[3]

（3）在提供了初值列表的前提下，多维数组定义时可以不用指定第 1 维的数组长度，但其余维的长度必须指定，编译器会根据列出的元素个数自动确定第 1 维的长度。例如：

```
int A[][2][3]={1,2,3,4,5,6,7,8,9,10,11,12};      //正确
int B[2][][3]={1,2,3,4,5,6,7,8,9,10,11,12};      //错误，只能省略第 1 维
int C[2][2][]={1,2,3,4,5,6,7,8,9,10,11,12};      //错误，只能省略第 1 维
```

因为每个第 1 维元素（数组）的个数为 2×3，为了能存储 12 个初值，至少第 1 维长度为 2。下面的表达式能够计算出第 1 维的长度：

```
sizeof A/(sizeof(int)*2*3)        //数组内存长度/(元素内存长度*2*3)
```

这种情况下，列出的元素个数可能少于数组长度。例如：

```
int A[][2][3]={1,2,3,4,5,6,7,8,9,10};
```

第 1 维长度依然为 2。即第 1 维长度的计算原则是确保多维数组能够容纳列出的元素个数所必需的最小长度。

为什么其余维的长度必须要指定呢？那是因为编译器需要确认多维数组的结构是唯一的，例如二维数组总共有 12 个元素，那么就会有 2×6、3×4、4×3、6×2 等不同形式的结构，指定了第 2 维为 4，编译器就能确定二维数组是 3×4。

（4）如果多维数组未进行初始化，那么在函数体外定义的静态数组对象，其元素均初始化为 0；在函数体内定义的动态数组对象，其元素没有初始化，为一个随机值。

6.2.3 多维数组的引用

多维数组元素的引用与一维数组类似，也只能逐个引用数组元素的值，而不能一次引用整个数组对象全部元素的值，引用的一般形式为

数组名[下标表达式 1][下标表达式 2]…[下标表达式 n]

下标表达式用来索引元素在数组中的位置，可以是常量、变量及其表达式，但必须是无符号整型数据，不允许为负。每个维的下标总是从 0 开始，与其内存形式对应，而且相互独立。所谓相互独立是指多维数组中的多个下标表达式相互是不关联的，各自索引在本维上的元素。例如：

```
int A[3][4]={1,2,3},x;
x=A[0][1];           //x=2
A[2][2]=50;          //则数组 A 变为右图所示
```

A

	[0]	[1]	[2]	[3]
[0]	1	2	3	4
[1]	5	0	0	0
[2]	0	0	50	0

（1）遍历二维数组元素。

【**例 6.3**】 给一个二维数组输入数据，并以行列形式输出。

程序代码如下：

```
1    #include <iostream>
2    using namespace std;
3    int main()
4    {
5        int A[3][4],i,j;                          //二维数组下标应由两个独立的变量索引
6        for (i=0;i<3;i++)                         //双重循环遍历二维数组元素输入
7            for (j=0;j<4;j++) cin >>A[i][j];
8        for (i=0;i<3;i++) {                       //双重循环遍历二维数组元素输出
9            for (j=0;j<4;j++)                     //内循环输出一行
10               cout<<A[i][j]<<" ";
11           cout<<endl;                           //每输出一行换行
12       }
13       return 0;
14   }
```

程序运行情况如下：

11 12 13 14 21 22 23 24 31 32 33 34↙
11 12 13 14
21 22 23 24
31 32 33 34

之所以要用到双重循环，原因是 A[i][j] 的下标 i 和 j 各自都要在本维上遍历，彼此不关联，需要逐一枚举，从而能够遍历所有的二维数组元素。

（2）矩阵应用。

二维数组和三维数组经常用于数学的行列式、矩阵、立体几何等问题求解上。下面举两个例子。

【例6.4】 求矩阵 A 的转置矩阵 A^T。例如：

$$A = \begin{bmatrix} 1 & 2 & 3 \\ 4 & 5 & 6 \end{bmatrix} \quad A^T = \begin{bmatrix} 1 & 4 \\ 2 & 5 \\ 3 & 6 \end{bmatrix}$$

程序代码如下：

```
1    #include <iostream>
2    using namespace std;
3    int main()
4    {
5        int A[2][3]={{1,2,3},{4,5,6}},AT[3][2], i, j;
6        for (i=0; i<2; i++)                       //求矩阵 A 的转置
7            for (j=0; j<3; j++) AT[j][i]=A[i][j];
8        cout<<"A="<<endl;
9        for (i=0; i<2; i++) {                     //输出矩阵 A
10           for (j=0; j<3; j++) cout<<A[i][j]<<" ";
11           cout<<endl;
```

```
12      }
13      cout<<"AT="<<endl;
14      for (i=0; i<3; i++) {                    //输出转置矩阵 AT
15          for (j=0; j<2; j++) cout<<AT[i][j]<<" ";
16          cout<<endl;
17      }
18      return 0;
19  }
```

程序运行结果如下：

A=
1 2 3
4 5 6
AT=
1 4
2 5
3 6

【例 6.5】 已知 A、B 矩阵如下，求矩阵乘法 AB。

$$A = \begin{bmatrix} 3 & 2 & -1 \\ 2 & -3 & 5 \end{bmatrix}, \quad B = \begin{bmatrix} 1 & 3 \\ -5 & 4 \\ 3 & 6 \end{bmatrix}$$

分析：根据矩阵乘法的定义，有

$$C_{m \times n} = A_{m \times p} \times B_{p \times n}, \quad C_{ij} = \sum_{k=1}^{p} A_{ik} B_{kj} \; (i=1,2,\cdots,m; j=1,2,\cdots,n)$$

这里，$m=2, n=2, k=3$，程序代码如下：

```
1   #include <iostream>
2   #include <iomanip>
3   using namespace std;
4   int main()
5   {
6       int A[2][3]={{3,2,-1},{2,-3,5}} , B[3][2]={{1,3},{-5,4},{3,6}};
7       int C[2][2], i,j,k;
8       for (i=0; i<2; i++)                      //求矩阵乘法
9           for (j=0; j<2; j++) {
10              C[i][j]=0;
11              for (k=0; k<3; k++) C[i][j]=C[i][j]+A[i][k]*B[k][j];
12          }
13      cout<<"C="<<endl;
14      for (i=0; i<2; i++) {                    //输出 C 矩阵
15          for (j=0; j<2; j++) cout<<setw(3)<<C[i][j]<<" ";
16          cout<<endl;
17      }
```

```
18        return 0;
19    }
```
程序运行结果如下：

```
C=
-10  11
 32  24
```

6.3 数组与函数

6.3.1 数组作为函数的参数

一维数组元素可以直接作为函数实参使用，其用法与变量相同。假设有函数：

```
int max(int a,int b);
```

那么

```
int A[5]={1,2,3,4,5} , c=2, x;
x=max(c,-10);                    //使用变量作为函数实参
x=max(A[2],-10);                 //使用数组元素作为函数实参
```

此时，数组元素通过值传递方式传递到函数形参，这种用法与变量完全相同。

C++ 不允许数组类型作为函数类型，但可以作为函数的形参，称为形参数组。形参数组可以是一维数组，也可以是多维数组，基本形式为

```
返回类型   函数名(元素类型  数组名[常量表达式],…)
{
    函数体
}
```

例如：

```
double average(double A[100],int n)
{
    …                              //函数体
}
```

函数形参如果是数组类型时，则调用实参就不能是元素，而必须是数组对象（数组名）。因为此时的形参是一个数据集合，所以实参也应该是一个数据集合，C++ 不会将基本类型隐式转换为构造类型，反之亦不成立。例如，有函数原型：

```
double average(double A[100],int n);
```

则函数调用

```
double x, y, A[100], B[2][100];
```

```
int P[100];
x=average(y,100);              //错误,double 不能对应 double 数组
x=average(A[10],100);          //错误,double 元素不能对应 double 数组
x=average(P,100);              //错误,int 数组不能对应 double 数组
x=average(A,100);              //正确,double 数组对应 double 数组
x=average(B[1],100);           //正确,double 数组对应 double 数组
```

注意,B 是二维数组,B[1]是一维数组,与"double A[100]"类型一致。

6.3.2 数组参数的传递机制

前面讲过变量作为函数参数的传递机制是值传递,那么数组参数是否也是这样呢? 例如:

```
void fun(int A[10],int n);
int main()
{
    int a[10]={1,2,3,4,5} , x=5;
    fun(a,x);                      //实参分别是数组和整型变量
}
```

分析一下函数调用栈,实参的值是通过进栈方式传递到函数中去的,进栈必须有栈空间。由于数组数据较多,如果采用一一进栈的方式,将使得函数在调用时光处理大批量数据的传递就要消耗非常多的时间,这种方法显然不可取。而且为巨大的数据集合再来一个副本,内存开销太大,而且也无必要。所以,数组实参不是将每个元素一一传递到函数中。

C++处理数组实参,实际上是将数组的首地址传到函数形参中,如图 6.3 所示。

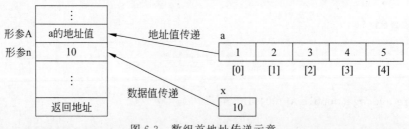

图 6.3 数组首地址传递示意

尽管数组数据很多,但它们均从一个首地址连续存放,这个首地址对应的正是数组名。如果实参使用数组名调用,**本质上是将这个数组的首地址(一个数值)像变量实参那样值传递到形参中**,所以 C++传递数组时依然是通过值传递方式。

不过尽管都是通过值传递,但变量与数组实参还是有很大的不同,如图 6.3 所示,变量 x 传的值是变量的数据值(10),这样形参 n 就是实参 x 的副本。数组实参 a 传的是数组首地址,形参 A 定义为数组形式,它现在的地址与实参数组 a 一样,则本质上形参数组对象 A 就是实参数组对象 a(内存中两个对象所处位置相同,则它们实为同一个对象)。

这样的传递机制使得当数组作为函数参数时,有下面的特殊性。

(1) 由于形参数组就是实参数组,所以**在被调函数中使用形参就是在间接使用实参**,这一点与变量作为函数参数的情况是不同的。例如:

```
void fun(int A[5],int n)
{
   A[1]=100;                          //A[1]实质就是实参 a[1]
   n=10;                              //赋值给形参 n,不影响实参 x
}
void caller()
{
   int a[5]={1,2,3,4,5},x=5;
   fun(a,x);
   cout<<a[1]<<","<<x<<endl;          //a[1]=100,x=5
}
```

在实际编程中,可以用数组参数将被调函数处理过的数据返回主调函数中。

【**例 6.6**】 编写函数求一个二维数组中最大的元素及其下标。

分析:令 max 为元素最大值,采用枚举法逐一比较二维数组中的每一个元素 A[i][j]和 max,若 A[i][j]大于 max 说明有一个更大的值出现,则令 max=A[i][j]且记录 r=i 和 c=j,遍历完所有元素,则 A[r][c]就是最大的元素。由于 max 必然是数组中的一个元素值,且先比较才有 max=A[i][j],故设置 max 的初值为 A 中的一个元素值,例如 A[0][0]。

由于函数需要返回最大元素值及下标行、列 3 个数据,而函数返回只能是一个数据,所以使用数组 B 传递到函数中,将下标行、列值"带回"。

程序代码如下:

```
1    #include <iostream>
2    using namespace std;
3    int findmax(int A[3][4],int B[2])
4    {
5       int i,j,max,r=0,c=0;
6       max=A[r][c];                      //max 初值设为 A[0][0]
7       for (i=0; i<3; i++)               //枚举二维数组所有元素
8          for (j=0; j<4; j++)
9             if (A[i][j]>max) {
10               r=i , c=j;                //记录此时的下标
11               max=A[r][c];              //新的最大元素值
12            }
13      B[0]=r, B[1]=c;                   //下标行、列通过 B 数组返回主调函数中
14      return max;                       //最大值通过函数值返回主调函数中
15   }
16   int main()
17   {
18      int A[3][4]={{7,5,-2,4},{5,1,9,7},{3,2,-1,6}}, B[2], max;
19      max=findmax(A,B);
```

```
20        cout<<"max:A["<<B[0]<<"]["<<B[1]<<"]="<<max<<endl;
21        return 0;
22    }
```

程序运行结果如下：

max:A[1][2]=9

(2) 既然形参数组对象就是实参数组对象，所以函数定义中的形参数组就不像变量那样建立一个数组副本，即函数调用时不会为形参数组分配存储空间。形参数组不过是用数组定义这样的形式来表明它是个数组，能够接收实参传来的地址，形参数组的长度说明也无实际作用。因此，**形参数组的长度与实参数组长度可以不相同，形参数组的长度可以是任意值，形参数组甚至可以不用给出长度**。

假设有以下函数调用：

```
int a[15];
f(a);
```

则以下函数定义：

```
void f(int A[100]);   //形参数组长度完全由实参数组确定,因此函数中并不能按100个元素处理
void f(int A[10]);    //形参数组长度完全由实参数组确定,因此函数中并不能按10个元素处理
void f(int A[]);      //表明形参是数组形式即可
```

均是正确的。

(3) 虽然实参数组将地址传到了被调函数中，但**被调函数并不知道实参数组的具体长度**，那么假定的大小对于实参数组来说容易数组越界。实际编程中可以采用下面两个方法来解决。

① 函数调用时再给出一个参数来表示实参数组的长度。

② 在实参数组中（一般是末尾）放上一个约定条件的数据，被调函数只要遇到这样的数据就结束对数组的遍历。

【例 6.7】 编写 average 函数求一组数据的平均值。

分析：为了让 average 函数能够适用于任意长度的数组，需要将数组的长度当作一个参数传入函数中。

程序代码如下：

```
1    #include <iostream>
2    using namespace std;
3    double average(double A[],int n)
4    {
5        int i; double s=0;              //累加初值为0
6        for (i=0; i<n; i++) s=s+A[i];   //先累加
7        return n!=0 ?s/n : 0.0;         //计算平均值
8    }
9    int main()
```

```
10    {
11        double A[3]={1,2,3};
12        double B[5]={1,2,3,4,5};
13        cout<<"A="<<average(A,3)<<endl;        //传递数组长度即可正确计算
14        cout<<"B="<<average(B,5)<<endl;        //传递数组长度即可正确计算
15        return 0;
16    }
```

程序运行结果如下：

A=2.000000

B=3.000000

（4）多维数组作为函数的参数，形参数组第 1 维可以与实参相同，也可以不相同；可以是任意长度，也可以不写长度；但其他维的长度需要相同。因为编译器是根据形参来检查实参调用的，它可以忽略第 1 维的长度大小，但其他维的长度由于决定了形参数组的结构而不能忽略。**编译器不能对不同结构的数组类型作隐式转换**。例如有以下函数调用，

```
int a[5][10]
f(a);
```

则函数定义：

```
void f(int A[5][10]);        //正确
void f(int A[2][10]);        //正确
void f(int A[][10]);         //正确
void f(int A[][]);           //错误，第 2 维长度必须给出
void f(int A[5][5]);         //错误，第 2 维长度必须相同
void f(int A[50]);           //错误，必须是二维数组
```

6.4　字符串

6.4.1　字符数组

用来存放字符型数据的数组称为字符数组，其元素是一个字符，定义形式为

char　数组名[常量表达式],…

例如：

```
char s[20];                  //定义字符数组
```

显然，字符数组就是一个一维数组，其初始化、引用方法与一维数组类似。例如：

```
char s[4]={'J','a','v','a'}; //字符数组初始化
```

由于初值列表的字符通常很多，因此经常不给长度值。例如：

```
char s[]={'H','e','l','l','o','_','W','o','r','l','d'};    //字符数组初始化
```

这样做的好处是不用人工去数字符的个数,而由编译器自动确定。

字符数组的内存形式与一维数组类似。例如,数组 s 初始化后内存形式如下:

s
H	e	l	l	o	␣	W	o	r	l	d
[0]	[1]	[2]	[3]	[4]	[5]	[6]	[7]	[8]	[9]	[10]

实线框表示每个字符元素的内存形式,这里用的是字符记号,实际上数据应是字符的 ASCII 值,形式如下:

s
72	101	108	108	111	32	87	111	114	108	100
[0]	[1]	[2]	[3]	[4]	[5]	[6]	[7]	[8]	[9]	[10]

一般在分析字符数组时,习惯采用字符记号。

字符数组在使用时,同样只能逐个引用字符元素的值而不能一次引用整个字符数组对象,如不能进行赋值、算术运算等。

```
char s1[5]={'B','A','S','I','C'} , s2[5];
s2=s1;                                          //错误,数组不能赋值
s2[0]=s1[0];                                    //正确,数组元素赋值
```

【例 6.8】 连续输入多个字符,直到回车为止;将这一串字符过滤"*"字符后输出,即凡是"*"字符就不输出。

程序代码如下:

```
1   #include <iostream>
2   using namespace std;
3   int main()
4   {
5       char s[100];
6       int i , cnt=0;
7       //连续输入多个字符,直到回车'\n'为止
8       while ( (s[cnt]=cin.get()) ! ='\n') cnt++;
9       for (i=0; i<cnt; i++)
10          if (s[i] ! ='*')                    //过滤'*'字符
11              cout<<s[i];
12      return 0;
13  }
```

程序运行情况如下:

ABC*123**DE*****456✓
ABC123DE456

从程序运行情况来看,尽管数组 s 长度为 100,但实际输入远未到这个长度(不允许

超过),所以使用 cnt 变量来记录实际输入的字符个数,后面的程序按 cnt 长度使用是正确的,按长度 100 使用是错误的。第 7 行输入字符后数组 s 的内存形式如下:

显然,数组 s 第 19 个元素是最后输入的字符'6',输出打印到这里就要停下来。所以第 8 行是"i＜cnt"而不是"i＜100"。数组 s 自第 20 个元素后数据是不确定的,用"×"记号表示。

6.4.2 字符串

从例题 6.8 可以看出,在实际应用中,字符数组存储的实际字符个数未必总是数组长度,因此就要始终记录实际个数,当重新输入一串字符后,这个记录也要随之改变,这样的处理方式在很多情况下是不方便的。

1. 字符串的概念

C++ 规定**字符串是以'\0'(ASCII 值为 0)字符作为结束符的字符数组**,其中,'\0'字符称为空字符(NULL 字符)或零字符(Z 字符)。

字符串概念的引入解决了字符数组使用上的不方便。它在一串字符后面放上一个空字符,就不需要记录字符个数了。因为在程序中可以**通过判断数组元素是否为空字符来判断字符串是否结束**,换言之,只要遇到数组元素是空字符,就表示字符串在此位置上结束。

字符串长度是指在第 1 个空字符之前的字符个数(不包括空字符)。特别地,如果第 1 个字符就是空字符,则称该字符串为空字符串,空字符串的字符串长度为 0。

由于字符串实际存放在字符数组中,所以定义字符数组时数组的长度至少为字符串长度加 1(空字符也要占位)。这就要求定义字符数组时充分估计实际字符串的最大长度,保证数组长度始终大于字符串的长度,才不会发生数组越界。

字符串常量是字符串的常量形式,它是以一对双引号括起来的字符序列。C++ 总是在编译时为字符串常量自动在其后增加一个空字符,例如,"Hello"的存储形式为

H	e	l	l	o	\0
[0]	[1]	[2]	[3]	[4]	[5]

数组长度是 6,字符串长度是 5。

即使人为在后面加上空字符也是如此,例如,"Hello\0"的存储形式为

H	e	l	l	o	\0	\0
[0]	[1]	[2]	[3]	[4]	[5]	[6]

数组长度是 7,字符串长度也是 5。

如果在字符串常量中插入空字符,则字符串常量的长度会比看到的字符数目少,例如,"ABC\0DEF"的存储形式为

A	B	C	\0	D	E	F	\0
[0]	[1]	[2]	[3]	[4]	[5]	[6]	[7]

数组长度是 8,字符串长度是 3。字符串实际结束在第 1 个空字符的位置上,这样的现象称为截断字符串。

空字符串尽管字符串长度是 0,但它依然要占据字符数组空间,例如,空字符串""的存储形式为

由此可见,空字符是字符串处理中最重要的信息。如果一个字符数组中没有空字符而把它当作字符串使用,程序往往因为没有结束条件而数组越界。

空字符('\0')容易与字符'0'混淆,其实它们是有区别的。'\0'的 ASCII 值为 0,'0'的 ASCII 值为 48。输出时,'0'会在屏幕上显示 0 这个符号,而'\0'什么也没有。

文本信息用途非常广,无处不在。如姓名、通信地址、邮箱等,即使像邮政编码这样的数字,也属于文本信息范畴。有了字符串的概念,C++ 程序能方便地表示文本信息。尽管字符串不是 C++ 的内置数据类型,但应用程序通常都将它当作基本类型来用,称为 **C 风格字符串**(**C-style string**)。

由于数组的整体操作是有限制的,例如不能赋值、运算或输入输出,所以 C++ 标准库函数中专门针对字符串定义了许多函数,可以方便地处理字符串。

2. 字符串的定义和初始化

字符串使用字符数组存放,其定义与字符数组完全相同,形式为

char 字符串名[常量表达式],…

C++ 允许使用字符串常量初始化字符数组。例如:

char s[12]={"Hello World"};   //数组长度为字符串长度加 1

可以不加大括号,直接写成

char s[12]="Hello World";   //字符串初始化

由于字符串的字符个数数起来不方便,可以直接让编译器自动去确定。例如:

char s[]="Hello World";   //字符串初始化

这样为字符串初始化直观方便。

由于字符串常量结尾是 NULL 字符,所以上面的初始化与下面等价:

```
char s[]={'H','e','l','l','o','_','W','o','r','l','d','\0'};
```

而

```
char s[4]={'J','a','v','a'};
```

就不能算字符串,因为它没有空字符。

如果字符数组长度值大于初值个数,按照一维数组的规定,只初始化前面的字符元素,剩余元素初始化为 0,即空字符。例如:

```
char s[8]="BASIC";
```

s							
B	A	S	I	C	\0	\0	\0
[0]	[1]	[2]	[3]	[4]	[5]	[6]	[7]

6.4.3 字符串的输入和输出

字符串的输入和输出有 3 种方法。

1. 逐个字符输入输出

通过遍历数组元素,采用 cin.get() 逐个字符输入输出。

2. 使用标准输入输出函数

(1) 使用格式化输入输出函数,将整个字符串一次输入或输出。例如:

```
char str[80];                //定义字符串,即定义字符数组
scanf("%s",str);             //使用%s 格式输入字符串,不需要 &
printf("%s",str);            //使用%s 格式输出字符串
scanf("%s",str[0]);          //错误,%s 格式要求字符串而非字符
printf("%s",str[0]);         //错误,%s 格式要求字符串而非字符
```

scanf 和 printf 函数允许字符串输入和输出,前提是格式必须用%s,输出项必须是字符数组名,而不能是字符元素。

说明:

① 使用 scanf 输入字符串时,从键盘输入的字符个数应小于字符串定义的数组长度,否则过长的输入导致数组越界。

② 由于 scanf 函数将空格、Tab 和回车作为输入项的间隔,所以输入字符串时遇到这 3 个字符就结束;换言之,这种输入方式是不能输入空格、Tab 和回车的。

③ scanf 输入完成后,在字符串末尾添加空字符。

④ printf 函数输出字符串时,只要遇到第 1 个空字符就结束,而不管其是否到了字符数组的末尾。例如:

```
char str[80]="BASIC\0Java\0C++";
printf("%s",str);                           //输出字符串
```

程序运行结果如下:

BASIC

如果字符串没有空字符,printf 就会引起数组越界。printf 输出的字符不包含空字符。

(2) 使用标准输入输出流,将整个字符串一次输入或输出。例如:

```
char str[80];
cin>>str;                    //输入字符串
cout<<str;                   //输出字符串
```

说明:

① 使用 cin 和 cout 输入输出字符串时,流中应该用字符数组名,而不是数组元素,两者含义不一样。例如:

```
char str[80];
cin>>str;                    //输入字符串
cin>>str[0];                 //输入一个字符
cout<<str;                   //输出字符串
cout<<str[0];                //输出一个字符
```

② 使用 cin 输入字符串时,从键盘输入的字符个数应小于字符串定义的数组长度,否则过长的输入导致数组越界。

③ 由于 cin 将空格、Tab 和回车作为输入项的间隔,所以输入字符串时遇到这 3 个字符就结束;换言之,这种输入方式是不能输入空格、Tab 和回车的。

C++ 还为 cin 提供了 getline 函数,用于输入一行字符或一行字符前面的若干字符,使用安全又方便。

④ cin 输入完成后,在字符串末尾添加 NULL 字符。

⑤ cout 输出字符串时,只要遇到第 1 个 NULL 字符就结束,而不管是否到了数组的最后。如果字符串没有 NULL 字符,就容易引起数组越界。

⑥ cout 输出的字符不包含 NULL 字符。

3. 使用字符串输入输出函数

(1) gets 函数。

```
char * gets(char *s);
```

gets 函数输入一个字符串到字符数组 s 中。s 是字符数组或指向字符数组的指针,其长度应该足够大,以便能容纳输入的字符串。例如:

```
char str[80];
gets(str);                   //输入字符串
```

从键盘输入

Computer↵

则字符串 str 的内存形式为

s								
C	o	m	p	u	t	e	r	\0	…
[0]	[1]	[2]	[3]	[4]	[5]	[6]	[7]	[8]

说明：

① 函数调用时用字符数组名，而不是字符元素。例如：

gets(str[0]);   //错误

② 使用 gets 输入字符串时，从键盘输入的字符个数应小于字符串定义的数组长度，过长的输入将导致数组越界。

③ gets 函数可以输入空格和 Tab，但不能输入回车。

④ gets 函数输入完成后，在字符串末尾自动添加空字符。

(2) puts 函数。

int puts(char *s);

puts 函数输出 s 字符串，遇到空字符结束，输完后再输出一个换行('\n')。s 是字符数组或指向字符数组的指针，返回值表示输出字符的个数。例如：

char str[80]="Programming";
puts(str);   //输出字符串

程序运行结果如下：

Programming

说明：

① 函数调用时用字符数组名，而不是字符元素。例如：

puts(str[0]);   //错误

② puts 输出字符串时，只要遇到第 1 个空字符就结束，而不管是否到了数组的末尾。如果字符串没有空字符，puts 会引起数组越界。

③ puts 输出的字符不包含空字符。

6.4.4 字符串数组

可以利用二维字符数组来定义字符串数组，定义形式为

char 数组名[常量表达式 1][常量表达式 2],…

例如：

char A[3][10];   //定义二维字符数组

所谓字符串数组是指这样的一个集合，每个元素都是一个字符串。如上面的定义有

3个元素，分别是 A[0]、A[1]和 A[2]，每个元素都是一个字符串。由于字符串是一维数组，那么字符串数组就应该是二维数组，其内存形式如图 6.4 所示。

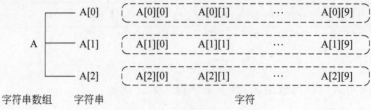

图 6.4　字符串数组的内存结构

显然，字符集合组成字符串，字符串集合组成字符串数组。如果用字符串表示一句话或一行文字的话，那么字符串数组就可以表示多行文字、一段文字或一篇文章。

字符串数组的初始化可以采用二维数组初始化的形式，但采用字符串常量形式会更简洁，例如：

char A[3][20]={{"C++"}, {"JAVA"}, {"BASIC"}};　　　　//字符串数组二维初始化形式

除外面的大括号不能省略外，里面的均可省略。例如：

char A[3][20]={"C++", "JAVA", "BASIC"};　　　　//字符串数组一维初始化形式

按照多维数组初始化要求，第 1 维可由编译器自动确定，其余必须给定数组长度。例如：

char A[][20]={"C++", "JAVA", "BASIC"};　　　　//字符串数组二维初始化形式

一般情况下，都是按估计的最大字符串长度给定的。

字符串数组的输入和输出按字符串方式来进行。例如：

```
char A[3][80];                  //定义字符串数组,有 3 个字符串
scanf("%s",A[0]);               //输入第 0 个字符串
gets(A[1]);                     //输入第 1 个字符串
printf("%s",A[0]);              //输出第 0 个字符串
puts(A[1]);                     //输出第 1 个字符串
```

6.4.5　字符串处理函数

C++ 标准库提供了兼容 C 语言的字符串处理函数。

(1) 字符串复制函数 strcpy(string copy)。

char * strcpy(char * s1,const char * s2);

strcpy 函数将 s2 中的字符串复制到 s1 中，包括空字符。s1 是字符数组或指向字符数组的指针，其长度应该足够大，以便能容纳被复制的字符串；s2 可以是字符串常量、字符数组或指向字符数组的指针。例如：

```
char str1[10],str2[]="Computer";
strcpy(str1,str2);              //复制 str2 到 str1
```

执行过程如图 6.5 所示。

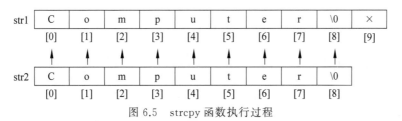

图 6.5 strcpy 函数执行过程

可以复制字符串常量。例如：

strcpy(str1,"Java");

（2）字符串复制函数 strncpy。

char * strncpy(char * s1,const char * s2,size_t n);

strncpy 将 s2 中不超过 n 个字符的字符串复制到 s1 中，其他与 strcpy 函数类似。例如：

char str1[10], str2[]="Computer";
strncpy(str1,str2,4);   //复制 str2 到 str1,最多 4 个字符

执行过程如图 6.6 所示。

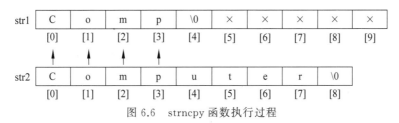

图 6.6 strncpy 函数执行过程

如果 s2 字符串长度未达到 n 个，则复制整个 s2，其余用空字符填充，直到长度达到 n 个。例如：

strncpy(str1,"Java",8);

执行后 str1 的存储形式为

str1									
J	a	v	a	\0	\0	\0	\0	×	×
[0]	[1]	[2]	[3]	[4]	[5]	[6]	[7]	[8]	[9]

strncpy 复制后可能会使 s1 没有空字符结束。例如：

strncpy(str1,"Programming Language",10);

执行后 str1 的存储形式为

```
str1
┌───┬───┬───┬───┬───┬───┬───┬───┬───┬───┐
│ P │ r │ o │ g │ r │ a │ m │ m │ i │ n │
└───┴───┴───┴───┴───┴───┴───┴───┴───┴───┘
 [0] [1] [2] [3] [4] [5] [6] [7] [8] [9]
```

strncpy 的标准用法为

```
strncpy(s1,s2,sizeof(s1)-1);        //n 最大为 s1 存储空间长度减 1
s1[sizeof(s1)-1]='\0';              //最后放上空字符结束
```

strcpy 复制字符串时可能会由于 s1 存储空间小而导致数组越界,而 strncpy 可以避免。

(3) 字符串连接函数 strcat(string catenate)。

```
char * strcat(char * s1,const char * s2);
```

strcat 将 s2 字符串连接到 s1 的后面,包括空字符。s1 是字符数组或指向字符数组的指针,其长度应该足够大,以便能容纳连接的字符串;s2 可以是字符串常量、字符数组或指向字符数组的指针。例如:

```
char str1[10]="ABC", str2[]="123";
strcat(str1,str2);                  //在 str1 后面连接 str2,str2 未变化
```

执行过程如图 6.7 所示。

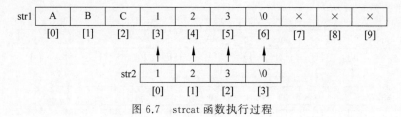

图 6.7　strcat 函数执行过程

可以连接字符串常量。例如:

```
strcat(str1,"Java");
```

(4) 字符串连接函数 strncat。

```
char * strncat(char * s1,const char * s2,size_t n);
```

strncat 将 s2 中不超过 n 个字符的字符串连接到 s1 的后面,其他与 strcat 函数类似。例如:

```
char str1[10]="ABC",str2[]="123456";
strncat(str1,str2,4);
```

执行过程如图 6.8 所示。

strcat 连接字符串时可能会由于 s1 存储空间小导致数组越界,而 strncat 可以避免。

(5) 字符串比较函数 strcmp(string compare)。

```
int strcmp(const char * s1, const char * s2);
```

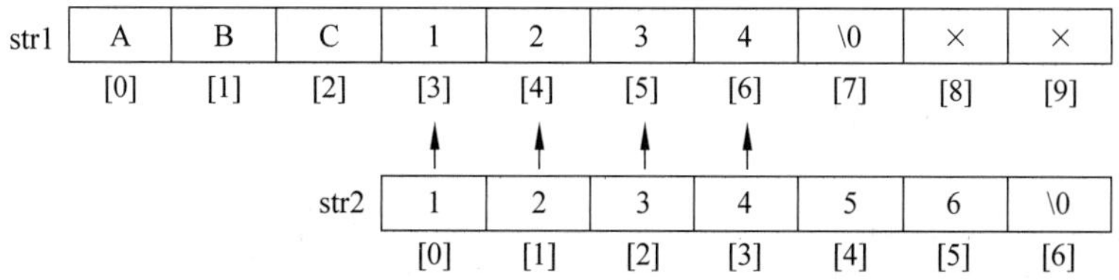

```
str1 | A | B | C | 1 | 2 | 3 | 4 | \0 | × | × |
       [0] [1] [2] [3] [4] [5] [6] [7] [8] [9]
                    ↑   ↑   ↑   ↑
str2 | 1 | 2 | 3 | 4 | 5 | 6 | \0 |
       [0] [1] [2] [3] [4] [5] [6]
```

图 6.8　strncat 函数执行过程

strcmp 比较字符串 s1 和 s2 的大小。s1 和 s2 可以是字符串常量、字符数组或指向字符数组的指针,比较结果如下。

① 若 s1 大于 s2,返回大于 0 的整数值。

② 若 s1 等于 s2,返回 0。

③ 若 s1 小于 s2,返回小于 0 的整数值。

字符串比较的规则是对两个字符串自左向右依次比较字符的 ASCII 数值,直到出现不同的字符或遇到空字符为止。若全部字符相同,则认为字符串相等;若出现不同的字符,则以第一个不相同的字符的比较结果为准。例如,"A"小于"B","A"小于"a","The"大于"This","31"大于"25"等,以此类推。一般地,数字字符小于字母,大写字母小于小写字母,英文小于汉字。

两个字符串比较大小时不能使用关系运算符。例如:

```
if (str1> str2)…                          //不是字符串比较的含义
```

而应该使用 strcmp 函数,例如:

```
if (strcmp(str1,str2)==0)…                //比较字符串相等
if (strcmp(str1,str2)!=0)…                //比较字符串不相等
if (strcmp(str1,str2)>0)…                 //比较 str1 大于 str2
if (strcmp(str1,str2)<0)…                 //比较 str1 小于 str2
```

(6) 计算字符串长度函数(string length)。

```
size_t strlen(const char *s);
```

strlen 返回字符串 s 的长度。s 可以是字符串常量、字符数组或指向字符数组的指针。例如:

```
char str[20]="Visual Basic";
n=strlen("Language");                     //n=8
n=strlen(str);                            //n=12
n=sizeof str;                             //n=20
```

注意,strlen 计算的是字符串的长度,sizeof 计算的是字符数组的长度。

(7) 字符串转换成数值函数 atof 和 atoi。

```
double atof(const char *ns);              //将字符串数值转换为 double 数据
int atoi(const char *ns);                 //将字符串数值转换为 int 数据
```

两个函数可以将数值内容的字符串转换为数值类型的值，atof 转换为双精度浮点型值，atoi 转换为整型值。ns 可以是字符串常量、字符数组或指向字符数组的指针，但内容必须是对应类型的合法数据。例如：

```
f=atof("123.456");                    //f=123.456
i=atoi("-456");                       //i=-456
```

转换函数在解析字符串数值时，只要遇到不合法字符就结束转换。例如：

```
f=atof("12.3.456");                   //f=12.3
i=atoi("a123");                       //i=0
```

(8) 数据写入字符串的格式化输出函数 sprintf。

　　int sprintf(char *s,const char * format,…);   //"输出"格式化数据到字符数组中

sprintf 与 printf 功能类似，都是输出格式化的数据，但 sprintf "输出"到字符串 s 中。s 是字符数组或指向字符数组的指针，其长度应该足够大，以便能容纳输出信息。例如：

```
char str[10];
sprintf(str,"%d*%d=%d",2,3,2*3);      //输出结果不显示，存储在 str 中
```

执行后 str 的存储形式为

str									
2	*	3	=	6	\0	×	×	×	×
[0]	[1]	[2]	[3]	[4]	[5]	[6]	[7]	[8]	[9]

sprintf 输出后会在数据的后面增加空字符，使 s 成为字符串。

(9) 从字符串读入数据的格式化输入函数 sscanf。

　　int sscanf(const char *s,const char * format,…);   //从字符串中"输入"格式化数据

sscanf 与 scanf 功能类似，都是输入格式化的数据；但 sscanf 从字符串 s 中读取数据。s 可以是字符串常量、字符数组或指向字符数组的指针。例如：

```
int a,b;
sscanf("12 34","%d%d",&a,&b);         //读入 a=12,b=34
```

有了 sprintf、sscanf、atof 这些函数，就可以实现字符串文本信息与数值型数据相互转换，这是非常实用的功能。

【例 6.9】 将 3 个字符串按由小到大的顺序输出。

程序代码如下：

```
1    #include <iostream>
2    using namespace std;
3    int main()
4    {
```

```
5       char s1[10]="Java",s2[10]="CPP",s3[10]="Basic";
6       char t[100];
7       if (strcmp(s1,s2)>0) {strcpy(t,s1); strcpy(s1,s2); strcpy(s2,t);}
8       if (strcmp(s1,s3)>0) {strcpy(t,s1); strcpy(s1,s3); strcpy(s3,t);}
9       if (strcmp(s2,s3)>0) {strcpy(t,s2); strcpy(s2,s3); strcpy(s3,t);}
10      cout<<s1<<","<<s2<<","<<s3<<endl;
11      return 0;
12  }
```

程序运行结果如下：

Basic,CPP,Java

*6.5 C++字符串类

使用 C 语言风格字符串，字符串本质上是字符数组。为了存放字符串，必须定义一个字符数组。由于字符数组总是有固定大小的，对于字符串处理，如复制、合并等，如果没有足够的数组长度，就容易导致数组越界。因此用字符数组来存放字符串不是安全的方法。

C++为此提供了一种新的自定义类型：字符串类 string。采用类来实现字符串，具有如下特点。

（1）采用动态内存管理，不必担心存储空间是否足够，甚至都不用有字符数组的概念。

（2）能够检测和控制诸如越界之类的异常，提高使用的安全性。

（3）封装字符串多种处理操作，功能增强。

（4）可以按运算符形式操作字符串，使用简单。

因此，C++程序中使用 string 类型，比使用 C 语言风格字符串更方便、更安全。

使用 string 类需要将其头文件包含到程序中，预处理命令为

```
#include <string>             //不能写为 string.h
```

6.5.1 字符串对象的定义和引用

1. 字符串对象的定义和初始化

定义和初始化字符串对象，与变量的方法类似。例如：

```
char S1[20];                  //C 语言风格字符串
string str1;                  //定义 string 对象
string sx,sy,sz;              //定义多个 string 对象
char S2[20]="Java";           //C 语言风格字符串初始化
string str2="Java";           //string 对象复制初始化
string str3("C++");           //string 对象直接初始化
```

如果 string 对象没有初始化，则一律是空字符串，即串中没有任何字符。需要注意的是，C++字符串对象不需要 NULL 字符结尾。

2. 字符串对象的引用

与变量类似，直接使用 string 对象名就表示它的引用。例如：

str1="Pascal";   //使用 string 对象

3. 字符串对象的输入和输出

可以在输入输出语句中直接使用 string 对象来输入输出字符串。例如：

cin>>str1;   //输入字符串到 str1 对象中存放
cout<<str2;   //输出 str2 对象中的字符串
gets(S1);   //输入 C 语言风格字符串到字符数组中存放
puts(S2);   //输出 C 语言风格字符串

4. 字符串对象与 C 语言风格字符串的转换

str1="Java";   //C 语言风格字符串可以直接赋给 string
//转换成 C 语言风格字符串
str1.c_str();   //string 转换为 C 语言风格字符串，返回 char 指针
str1.copy(S1,n,pos);   //把 str1 中从 pos 开始的 n 个字符复制到 S1 字符数组

6.5.2 字符串对象的操作

string 对象允许使用运算符进行操作，实现类似 C 语言风格字符串的处理，如复制（strcpy）、连接（strcat）和比较（strcmp）等。

1. 字符串赋值

string 对象可以使用赋值运算，其功能是字符串复制，可以将字符串常量赋给 string 对象。例如：

str1="Pascal";   //字符串常量复制到 string 对象中
strcpy(S1,"Pascal");   //C 语言风格字符串复制到字符数组中
str1.assign(S1,n);   //将 C 语言风格字符串 S1 开始的 n 个字符赋值给 str1

而 C 语言风格字符串是不能这样做的。例如：

S1="Pascal";   //错误，S1 数组不能赋值

可以将一个 string 对象赋给另一个对象。例如：

str3=str2;   //str2 对象的字符串复制到 str3 中
strcpy(S1,S2);   //字符数组复制 S1 长度必须大于或等于 S2

string 对象不需要 str3 大于或等于 str2 的长度,赋值过程中会根据新的长度动态扩大或缩小存储空间,使之能容纳新的字符串。因此在 string 对象使用过程,再也不用考虑字符串"增长"而引发数组越界的问题。

string 对象可以用数组下标运算和 at(int) 函数来引用 string 对象中的某个字符。例如:

```
str1[2]='A';                //字符赋值到 string 对象元素中
str1.at(2)='A';             //字符赋值到 string 对象元素中
S1[2]='A';                  //字符数组元素
```

但这种按数组元素引用的方式要求下标值不能为负,不能超过字符串长度,否则也会引起越界错误。

2. 字符串连接运算

string 对象允许使用加号(+)和复合赋值(+=)运算符来实现两个字符串连接操作。例如:

```
str1="12" , str2="AB" , str3="CD";
str1=str2+str3;             //str1 结果为 ABCD
str1=str1+str2;             //str1 结果为 12AB
str1=str1+"PHP";            //str1 结果为 12PHP
str1+=str3;                 //str1 结果为 12CD
str1+="PHP";                //str1 结果为 12PHP
```

而 C 语言风格字符串是不能这样做的,只能通过 strcat 函数实现。例如:

```
char S1[10]="123" , S2[10]="456", S3[10]="789";
S1=S1+"Pascal";             //错误,数组不能做加法和赋值
S1=S2+S3;                   //错误,数组不能做加法和赋值
strcat(S1 , S2);            //正确,S1 结果为 123456
strcat(S1 , "Java");        //正确,S1 结果为 123Java
```

3. 字符串关系运算

string 对象可以使用关系运算符来对字符串进行比较。例如:

```
str1="ABC" , str1="XYZ";
str1>str2;                  //结果为假
str1==str2;                 //结果为假
str1=="ABC";                //结果为真
```

而 C 语言风格字符串是通过 strcmp 函数来实现的。

4. 其他操作

string 对象可以调用其成员函数来实现字符串处理,这里列举一些重要的操作,更详细的内容可以查阅 C++ 标准库手册。注意,对象是通过(.)运算符调用成员函数的。

```
str1="ABCDEFGHIJK";
//获取字符串的长度
n=str1.size();                    //n 为 11
n=str1.length();                  //n 为 11
//检查字符串是否为空字符串
b=str1.empty();                   //b 为假
//得到子字符串
str2=str1.substr(2,4);            //从下标 2 开始的 4 个字符,str2 为 CDEF
//查找子字符串
n=str1.find("DEF",pos);           //从 pos 开始查找字符串"DEF"在 str1 中的位置,n 为 3
//删除字符
str1.erase(3,5);                  //从下标 3 开始往后删除 5 个字符,str1 变为 ABCIJK
//增加字符
str1.append("12345",1,3);
                                  //在 str1 末尾增加"12345"串下标从 1 开始的 3 个字符,即"234"
//字符串替换和插入操作
str1.replace(p0,n0,S1,n);         //删除从 p0 开始的 n0 个字符,
                                  //然后在 p0 处插入字符串 S1 前 n 个字符
str1.replace(p0,n0,str2,pos,n);   //删除从 p0 开始的 n0 个字符,
                                  //然后在 p0 处插入字符串 str2 中 pos 开始的前 n 个字符
str1.insert(p0,S1,n);             //在 p0 位置插入字符串 S1 前 n 个字符
str1.insert(p0,str2,pos,n);       //在 p0 位置插入字符串 str2 中 pos 开始的前 n 个字符
```

【例 6.10】 string 类型基本用法举例。

程序代码如下:

```
1    #include <string>
2    #include <iostream>
3    using namespace std;
4    int main()
5    {
6        char str4[50]; string str1,str2,str3;
7        cin>>str1;                                 //string 字符串输入
8        gets(str4);                                //C 语言风格字符串输入
9        cout<<"(1)"<<str1<<endl;                   //string 字符串输出
10       str2 =str4;                                //C 语言风格字符串转换为 string
11       cout<<"(2)str2 is "<<str2<<endl;
12       str3="456";
13       cout<<"(3)str3 is "<<str3.c_str()<<endl;   //string 转换为 C 语言风格字符串
14       cout<<"(4)str3 size="<<str3.size()<<endl;  //求 string 字符串的长度
15       cout<<"(5)str3 is ";
16       for(int i=0; i<str3.size(); ++i) cout<<str3[i];  //遍历字符串
17       cout<<"\n(6)";
18       if( str2<str3 ) cout<<str2<<"<"<<str3<<endl;     //比较两个 string 字符串
19       else if( str2>str3 ) cout<<str2<<">"<<str3<<endl;
```

```
20          else cout<<str2<<"="<<str3<<endl;
21          cout<<"(7)"<<str2+'A'<<endl;              //string 字符串与字符相加
22          str2.append("XYZ");                        //string 字符串增加字符
23          cout<<"(8)"<<str2<<endl;
24          if(str2.find("XYZ")!=-1)                   //string 字符串是否包含子串
25              cout <<"(9)str2[" <<str2.find("XYZ") <<"] find XYZ" <<endl;
26          return 0;
27      }
```

程序运行情况如下：

ABCDEF 123 ✓
(1) ABCDEF
(2) str2 is 123
(3) str3 is 456
(4) str3 size=3
(5) str3 is 456
(6) 123<456
(7) 123A
(8) 123XYZ
(9) str2[4] find XYZ

6.5.3 字符串对象数组

可以定义字符串对象数组，即数组元素是字符串对象，定义形式与数组类似。例如：

string SY[5]={"Jiang","Cao","Zou","Liu","Wei"};   //定义字符串对象数组且初始化

SY 的存储形式如图 6.9 所示。

SY[0]	J	i	a	n	g
SY[1]	C	a	o		
SY[2]	Z	h	o	u	
SY[3]	L	i	u		
SY[4]	W	e	i		

图 6.9 字符串对象数组 SY 的内存结构

说明：

(1) 字符串对象数组每个元素的长度可以不同，它是动态分配的，与 C 语言风格字符串数组不一样。例如：

string SY[5]={"123","12","1234","1","12345"};   //长度分别为 3、2、4、1、5
char SA[5][20]={"123","12","1234","1","12345"};   //长度均是 20

(2) 字符串对象数组每个字符串是没有 NULL 字符的，而 C 语言风格字符串数组每个字符串必须有 NULL 字符。

6.6 数组应用程序举例

1. 排序

排序问题是程序设计中的典型问题,它有很广泛的应用,其功能是将一个数据元素序列的无序序列调整为有序序列,下面给出相关定义。

(1) 排序:给定一组记录的序列$\{r_1, r_2, \cdots, r_n\}$,其相应的关键码分别为$\{k_1, k_2, \cdots, k_n\}$,排序是将这些记录排列成顺序为$\{r_{s1}, r_{s2}, \cdots, r_{sn}\}$的一个序列,使得相应的关键码满足$k_{s1} \leqslant k_{s2} \leqslant \cdots \leqslant k_{sn}$(称为升序)或$k_{s1} \geqslant k_{s2} \geqslant \cdots \geqslant k_{sn}$(称为降序)。

(2) 正序:待排序序列中的记录已按关键码排好序。

(3) 逆序(反序):待排序序列中记录的排列顺序与排好序的顺序正好相反。

根据待排序序列的规模以及对数据处理的要求,可以采用不同的排序方法,主要有以下 3 类。

(1) 交换类排序法:是指借助数据元素之间的互相交换实现排序的方法,例如冒泡排序法、快速排序法。

(2) 选择类排序法:是指从无序序列元素中依次选择最小或最大的元素组成有序序列实现排序的方法,如选择排序法和堆排序法。

(3) 插入类排序法:是指将无序序列的元素依次插入有序序列中实现排序的方法,如插入排序法和希尔排序法。

下面通过实例对 5 种主要的排序法加以介绍。

(1) 冒泡排序法。

冒泡排序法(bubble sort)的基本思想是通过相邻两个记录之间的比较和交换,使关键码较小的记录逐渐从底部移向顶部(上升),关键码较大的记录逐渐从顶部移向底部(沉底),冒泡由此得名。设有 A[1]~A[n]的 n 个数据,冒泡排序的过程可以描述如下。

① 首先将相邻的 A[1]与 A[2]进行比较,如果 A[1]的值大于 A[2]的值,则交换两者的位置,使较小的上浮,较大的下沉;接着比较 A[2]与 A[3],同样使小的上浮,大的下沉。以此类推,直到比较完 A[$n-1$]和 A[n]后,A[n]为具有最大关键码的元素,称第 1 趟排序结束。

② 然后在 A[1]~A[$n-1$]进行第 2 趟排序,使剩余元素中关键码最大的元素下沉到 A[$n-1$]。重复进行 $n-1$ 趟后,整个排序过程结束,如图 6.10 所示。

【例 6.11】 使用冒泡排序法将一个数组由小到大排序。

程序代码如下:

```
1    #include <iostream>
2    using namespace std;
3    #define N 10                          //数组元素个数
4    int main()
5    {
6        int A[N], i, j, t;                //注意数组下标从 0 开始
```

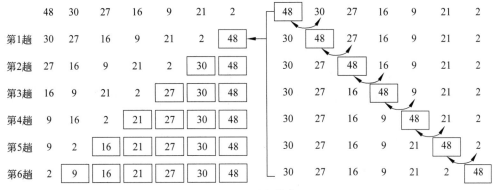

图 6.10 冒泡排序

```
7       for (i=0; i<N; i++) cin>>A[i];              //输入 N 个数
8       for(j=0 ; j<N-1 ; j++)                      //冒泡排序法
9           for(i=0 ; i<N-1-j; i++)                 //一趟冒泡排序
10              if(A[i]>A[i+1])                     //A[i]与A[i+1]比较：<升序,>降序
11                  t=A[i], A[i]=A[i+1], A[i+1]=t;  //交换
12      for (i=0; i<N; i++) cout<<A[i]<<" ";        //输出排序结果
13      return 0;
14  }
```

程序运行情况如下：

3 7 18 39 -1 -8 40 2 5 24↙
-8 -1 2 3 5 7 18 24 39 40

第 3 行使用符号常量的目的是：只要修改 N 值，程序就能适应不同数组长度的应用。第 10 行的比较若修改为"A[i]<A[i+1]"，则排序结果由大到小。

(2) 选择排序法。

选择排序法(selection sort)的基本思想是第 i 趟选择排序通过 $n-i$ 次关键码的比较，从 $n-i+1$ 个记录中选出关键码最小的记录，并和第 i 个记录进行交换。设有 A[1]～A[n]的 n 个数据，选择排序的过程可以描述如下。

① 首先在 A[1]～A[n]进行比较，从 n 个记录中选出最小的记录 A[k]，若 k 不为 1 则将 A[1]和 A[k]交换，A[1]为具有最小关键码的元素，称第 1 趟排序结束。

② 然后在 A[i]～A[n]进行第 i 趟排序，从 $n-i+1$ 个记录中选出最小的记录 A[k]，若 k 不为 i 则将 A[i]和 A[k]交换。重复进行 $n-1$ 趟后，整个排序过程结束，如图 6.11 所示。

【例 6.12】 编写选择排序函数 SelectionSort，将一个数组由小到大排序。

程序代码如下：

```
1   #include <iostream>
2   #include <ctime>
3   using namespace std;
```

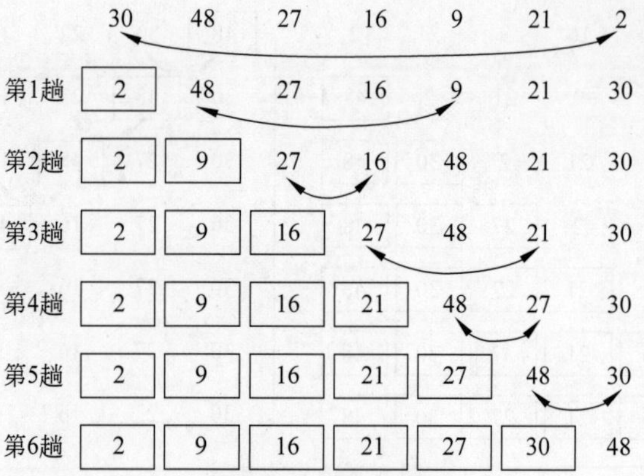

```
          30    48    27    16     9    21     2
第1趟  │ 2 │  48    27    16     9    21    30
第2趟  │ 2 │ │ 9 │  27    16    48    21    30
第3趟  │ 2 │ │ 9 │ │16 │  27    48    21    30
第4趟  │ 2 │ │ 9 │ │16 │ │21 │  48    27    30
第5趟  │ 2 │ │ 9 │ │16 │ │21 │ │27 │  48    30
第6趟  │ 2 │ │ 9 │ │16 │ │21 │ │27 │ │30 │  48
```

图 6.11　选择排序

```
 4    void SelectionSort(int A[],int n)           //选择排序,n 为数组元素个数
 5    {
 6        int i,j,k,t;
 7        for(i=0; i<n-1; i++) {                   //选择排序法
 8            k=i;
 9            for(j=i+1; j<n; j++)                 //一趟选择排序
10                if (A[j]<A[k]) k=j;              // <升序,>降序
11            if(i!=k) t=A[i], A[i]=A[k], A[k]=t;
12        }
13    }
14    #define N 10
15    int main()
16    {
17        int A[N],i;
18        srand((unsigned int)time(0));            //设置随机数种子
19        for(i=0; i<N; i++) {                     //随机产生 N 个数
20            A[i]=rand()%100;
21            cout<<A[i]<<" ";
22        }
23        cout<<endl;
24        SelectionSort(A,N);
25        for(i=0; i<N; i++) cout<<A[i]<<" ";      //输出排序结果
26        return 0;
27    }
```

程序运行结果如下(每次运行数据会随机变化)：

32 44 40 52 94　6 64 21 37 18
　6 18 21 32 37 40 44 64 64 94

(3) 插入排序法。

插入排序法(insertion sort)的基本思想是把新插入记录的关键码与已排好序的各记

录关键码逐个比较,当找到第一个比新记录关键码大的记录时,该记录之前即为插入位置 k。然后从序列最后一个记录开始到该记录,逐个后移一个单元,将新记录插入 k 位置。如果新记录关键码比序列中所有的记录都大,则插入最后位置。设有 $A[1]\sim A[n]$ 的 n 个数据,插入排序的过程可以描述如下。

① 已排序列首先为 $A[1]$。

② 然后将 $A[2]\sim A[n]$ 逐个插入序列中,进行第 i 趟排序。将 $A[i]$ 与 $A[1]\sim A[i-1]$ 的关键码进行比较,若找到 $A[k]$ 比 $A[i]$ 大,则 $A[i-1]\sim A[k]$ 逐个后移一个单元,将 $A[i]$ 插入到 k 位置;若 $A[i]$ 比所有元素都大,则什么也不做。重复进行 $n-1$ 趟后,整个排序过程结束,如图 6.12 所示。

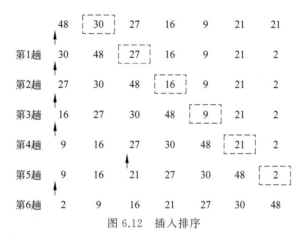

图 6.12 插入排序

【例 6.13】 编写插入排序函数 InsertionSort,将一个数组由小到大排序。

程序代码如下:

```
1   #include <iostream>
2   #include <ctime>
3   using namespace std;
4   void InsertionSort(int A[],int n)       //插入排序,n为数组元素个数
5   {
6       int i,k,t;
7       for(i=1; i<n; i++) {                //插入排序法
8           t=A[i], k=i-1;
9           while(t <A[k]) {                //一趟插入排序,<升序,>降序
10              A[k+1]=A[k], k--;
11              if(k==-1) break;
12          }
13          A[k+1]=t;
14      }
15  }
16  #define N 10
17  int main()
18  {
```

```
19      int A[N],i;
20      srand((unsigned int)time(0));              //设置随机数种子
21      for(i=0; i<N; i++) {                       //随机产生 N 个数
22          A[i] = rand()%100;
23          cout<<A[i]<<" ";
24      }
25      cout<<endl;
26      InsertionSort(A,N);
27      for(i=0; i<N; i++) cout<<A[i]<<" ";        //输出排序结果
28      return 0;
29  }
```

程序运行结果如下(每次运行数据会随机变化):

52 57 28 30 83 20 6 95 80 33
6 20 28 30 33 52 57 80 83 95

(4) 快速排序法。

快速排序法(quick sort)的基本思想是:通过一趟排序将要排序的记录分割成独立的两部分,其中一部分的所有记录关键码比另外一部分的记录关键码都要小,然后再按此方法对这两部分数据分别进行递归快速排序,从而使序列成为有序序列。

设有 A[1]~A[n]的 n 个数据,选取第一个数据作为关键数据,然后将所有比它小的数据都放到它前面,所有比它大的数据都放到它后面,称为一趟快速排序,其算法如下。

① 设置两个变量 i、j,排序开始的时候 i=左边界,j=右边界,令关键数据 s=A[i]。
② 从 i 开始向后搜索,直到找到大于 s 的数。
③ 从 j 开始向前搜索,直到找到小于 s 的数。
④ 如果 i<j,则交换 A[i]和 A[j]。
⑤ 重复第②~④步,直到 i≥j;将关键数据与 A[j]交换,如图 6.13 所示。

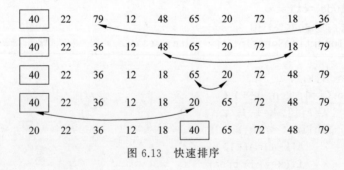

图 6.13 快速排序

【例 6.14】 编写快速排序函数 QuickSort,将一个数组由小到大排序。

程序代码如下:

```
1   #include <iostream>
2   #include <ctime>
3   using namespace std;
4   void QuickSort(int A[],int n,int left,int right)
```

```
5       {                       //快速排序,n为数组元素个数,left=数组左边界,right=数组右边界
6           int i,j,t;
7           if(left<right) {                            //一趟快速排序
8               i=left; j=right +1;
9               while(1) {
10                  while(i+1<n && A[++i] <A[left]);    //向后搜索,<升序,>降序
11                  while(j-1>-1 && A[--j] >A[left]);   //向前搜索,>升序,<降序
12                  if(i>=j) break;
13                  t=A[i], A[i]=A[j], A[j]=t;          //交换
14              }
15              t=A[left], A[left]=A[j], A[j]=t;        //交换
16              QuickSort(A, n, left, j-1);             //关键数据左半部分递归
17              QuickSort(A, n, j+1, right);            //关键数据右半部分递归
18          }
19      }
20      #define N 10
21      int main()
22      {
23          int A[N],i;
24          srand((unsigned int)time(0));               //设置随机数种子
25          for(i=0; i<N; i++) {                        //随机产生N个数
26              A[i] =rand()% 100;
27              cout<<A[i]<<" ";
28          }
29          cout<<endl;
30          QuickSort(A,N,0,N-1);
31          for(i=0; i<N; i++) cout<<A[i]<<" ";         //输出排序结果
32          return 0;
33      }
```

程序运行结果如下(每次运行数据会随机变化):

89 45 66 84 77 1 42 32 8 8
 1 8 8 32 42 45 66 77 84 89

(5) 排序算法比较与选择。

不同排序算法的时间和空间性能比较见表6.2。

表 6.2 不同排序算法的时间和空间性能比较

性 能	冒泡排序	选择排序	插入排序	快速排序
时间复杂度	$O(n^2)$	$O(n^2)$	$O(n^2)$	$O(n\log n)$
空间复杂度	$O(1)$	$O(1)$	$O(1)$	$O(\log n)$
优点	稳定	稳定	快	极快
缺点	慢	慢	数据移动多	不稳定

因为不同的排序方法适应不同的应用环境和要求,所以选择合适的排序方法应综合

考虑下面的因素:待排序记录数目、记录规模、关键字结构及其初始状态、稳定性要求、存储结构、时间和辅助空间复杂度等。一般建议:

① 若 n 较小(如 $n \leqslant 50$),选用插入排序或选择排序。
② 若数据集合初始状态基本有序,选用插入排序、冒泡排序。
③ 若 n 较大,选用快速排序。

2. 查找

(1) 顺序查找法。

顺序查找的基本思想是让关键字与序列中的数逐个比较,直到找出与给定关键字相同的数为止或序列结束,一般应用于无序序列查找。

【例 6.15】 编写顺序查找函数 Search,从一个无序数组中查找数据的位置。

程序代码如下:

```
1   #include <iostream>
2   using namespace std;
3   int Search(int A[],int n,int find)
4   {                              // 顺序查找,n=序列元素个数,find=欲查找的数据
5       int i;
6       for (i=0; i<n ; i++ ) if (A[i]==find) return i;
7       return -1;                 //未找到
8   }
9   #define N 10
10  int main()
11  {
12      int A[N]={18,-3,-12,34,101,211,12,90,77,45}, i,find;
13      cin>>find;
14      i=Search(A,N,find);
15      if(i>=0) cout<<"A["<<i<<"]="<<find<<endl;
16      else cout<<"not found"<<endl;
17      return 0;
18  }
```

程序运行情况如下:

101↙
A[4]=101

(2) 二分查找法。

对于有序序列,可以采用二分查找法进行查找。其基本思想是:将升序排列的 n 个元素的集合 A 分成元素个数大致相同的两部分,取 $A[n/2]$ 与欲查找的 find 作比较,如果相等则表示找到 find,算法终止。如果 $find < A[n/2]$,则在 A 的前半部继续搜索 find,如果 $find > A[n/2]$,则在 A 的后半部继续搜索 find。

【例 6.16】 编写二分查找函数 BinarySearch,从一个有序数组中查找数据的位置。

程序代码如下：

```
1    #include <iostream>
2    using namespace std;
3    int BinarySearch(int A[],int n,int find)
4    {                                        //二分查找,n=序列元素个数,find=欲查找的数据
5        int low,upper,mid;
6        low=0,upper=n-1;                     //左右两部分
7        while(low<=upper) {
8            mid=low+(upper-low)/2;   //不用(upper+low)/2,避免 upper+low 溢出
9            if( A[mid]<find) low=mid+1;                      //右半部分
10           else if (A[mid]>find) upper=mid-1;               //左半部分
11           else return mid;                                 //找到
12       }
13       return -1;                                           //未找到
14   }
15   #define N 10
16   int main()
17   {
18       int A[N]={8,24,30,47,62,68,83,90,92,95},i,find;
19       cin>>find;
20       i=BinarySearch(A,N,find);
21       if(i>=0) cout<<"A["<<i<<"]="<<find<<endl;
22       else cout<<"not found"<<endl;
23       return 0;
24   }
```

程序运行情况如下：

92 ✓
A[8]=92

3. 空间换时间

算法的执行总是需要计算机的时间和空间。由于现在计算机的内存趋向于大容量，所以空间复杂性相对于时间复杂性来说不那么重要，就出现了以消耗空间来换取时间的编程方法。

【例 6.17】 一个只能被素数 2、3、5、7 整除的数称为 Humble Number(简称丑数)，数列{1,2,3,4,5,6,7,8,9,10,12,14,15,16,18,…}是前 15 个丑数(把 1 也算作丑数)。编程输入 $n(1 \leqslant n \leqslant 5842)$，输出这个数列的第 n 项。

分析：显然，可以用枚举法来求解。枚举一个自然数 H，逐一检查 H 是否只能被 2、3、5、7 整除，方法是去掉 H 所有的 2、3、5、7 因子，如果结果为 1，则 H 是丑数；例如 16/2/2/2/2=1,18/2/3/3=1，结果为 1，所以 16 和 18 是丑数，而 22/2=11，结果不为 1，所以 22 不是丑数，以此类推。

程序代码如下：

```
1    #include <iostream>
2    using namespace std;
3    int main()
4    {
5        int cnt=0, n , H=0, t;
6        cin>>n;
7        while (cnt<n) {                    //数列第 n 项时结束
8            H++, t=H;                      //下一个自然数
9            while ( t%2==0 ) t=t/2;        //去除所有的因子 2
10           while ( t%3==0 ) t=t/3;        //去除所有的因子 3
11           while ( t%5==0 ) t=t/5;        //去除所有的因子 5
12           while ( t%7==0 ) t=t/7;        //去除所有的因子 7
13           if (t==1) cnt++;               //得到新的丑数
14       }
15       cout<<H<<endl;                     //第 n 项的丑数
16       return 0;
17   }
```

在 CodeBlocks 中的运行情况如下：

5842 ↙
2000000000
Process returned 0 (0x0)   execution time : 189.156 s

上面的程序可以将结果求解出来，但是当 n 是 5842 时，程序运行时间会很长，因为 5842 时 H 已经枚举到了 20 亿。下面换一种思路来求解。

根据丑数的定义，一个数与 $\{2,3,5,7\}$ 的积一定也是一个丑数。例如，$\{1\times2,1\times3, 1\times5,1\times7\}$，$\{2\times2,2\times3,2\times5,2\times7\}$，$\{3\times2,3\times3,3\times5,3\times7\}$，…，均为丑数。由于丑数是自然数顺序且是唯一的，需要对乘积进行优选，例如 2×3 和 3×2 结果都是 6，需要排除一个；3×2 结果大于 1×5，所以应先选 1×5。因此，假设一个集合 A 用来存储丑数，最开始的元素为 $\{1\}$，按下面的方法将得到的最小丑数插入 A 中作为新的丑数：

$A(n)=\min(A(i)\times2,A(j)\times3,A(k)\times5,A(m)\times7)$

$n>i,j,k,m$，且 i,j,k,m 只有在本项被选中才向后移动

例如：

开始时 A 为 $\{1\}$ i=1,j=1,k=1,m=1
$\min(1\times2,1\times3,1\times5,1\times7)$ 为 2，插入到 A 为 $\{1,2\}$，i=2,j=1,k=1,m=1
$\min(2\times2,1\times3,1\times5,1\times7)$ 为 3，插入到 A 为 $\{1,2,3\}$，i=2,j=2,k=1,m=1
$\min(2\times2,2\times3,1\times5,1\times7)$ 为 4，插入到 A 为 $\{1,2,3,4\}$，i=3,j=2,k=1,m=1
$\min(3\times2,2\times3,1\times5,1\times7)$ 为 5，插入到 A 为 $\{1,2,3,4,5\}$，i=3,j=2,k=2,m=1
$\min(3\times2,2\times3,2\times5,1\times7)$ 为 6，插入到 A 为 $\{1,2,3,4,5,6\}$，i=4,j=2,k=2,m=1
$\min(4\times2,3\times3,2\times5,1\times7)$ 为 7，插入到 A 为 $\{1,2,3,4,5,6,7\}$，i=4,j=2,k=2,m=2

以此类推

程序代码如下：

```cpp
1    #include <iostream>
2    using namespace std;
3    int min(int a, int b, int c, int d)              //求4个数的最小值
4    {
5        a=a>b?b : a;
6        c=c>d?d : c;
7        return a>c?c : a;
8    }
9    int main()
10   {
11       int i=1, j=1, k=1, m=1, n=1;
12       int A[6000]={1,1};                            //数列第1项
13       for (n=2 ; n<=5842 ; n++) {
14           int t1,t2,t3,t4;                          //计算{2,3,5,7}的乘积
15           t1=A[i]*2, t2=A[j]*3, t3=A[k]*5, t4=A[m]*7;
16           A[n]=min(t1,t2,t3,t4);                    //取最小的丑数
17           if ( A[n]==t1 ) i++;                      //移动 i
18           if ( A[n]==t2 ) j++;                      //移动 j
19           if ( A[n]==t3 ) k++;                      //移动 k
20           if ( A[n]==t4 ) m++;                      //移动 m
21       }
22       cin>>n;
23       cout<<A[n]<<endl;                             //输出第n项的丑数
24       return 0;
25   }
```

在 CodeBlocks 中运行情况如下：

5842↵
2000000000
Process returned 0 (0x0)   execution time : 3.281 s

运行速度显著提高。

上面两个算法分别用到枚举法和动态规划法。

习题

1. 编写函数计算 m 行 n 列 (m 和 n 小于 10) 矩阵 A 周边元素之和。
2. 编写程序遍历 N 阶方阵对角线、反对角线的元素。
3. 在 N 阶方阵中，每行都有最大的数，求这 N 个最大数中最小的一个。
4. 判断 N 阶方阵 A 是否为对称矩阵，对称矩阵任意下标 i 和 j 满足 $A[i][j]$ 和

$A[j][i]$ 相等。

5. 求解下列 4 阶方程组 $AX=B$。

$$A = \begin{bmatrix} 1 & 3 & 2 & 13 \\ 7 & 2 & 1 & -3 \\ 9 & 15 & 3 & -2 \\ -2 & -2 & 11 & 5 \end{bmatrix}, \quad B = \begin{bmatrix} 9 & 0 \\ 6 & 4 \\ 11 & 7 \\ -2 & -1 \end{bmatrix}$$

6. 求解下列 5 阶实对称矩阵 C 的全部特征值和特征向量。

$$C = \begin{bmatrix} 10 & 1 & 2 & 3 & 4 \\ 1 & 9 & -1 & -2 & -3 \\ 2 & -1 & 7 & 3 & -5 \\ 3 & -2 & 3 & 12 & -1 \\ 4 & -3 & -5 & -1 & 15 \end{bmatrix}$$

7. 编写函数删除一个数组的连续元素。

8. 编写函数将有序数组中相同的元素仅保留一个。

9. 编写函数将两个有序数组 A 和 B 合并成一个数组 C，合并后保持原有的有序性。

10. 编写函数在有序数组中插入一个元素。

11. 编写函数统计一个数组中不同元素出现的次数。

12. 编写程序读入 $n(n<200)$ 个整数(输入 -9999 结束)。找出第 $1 \sim n-1$ 个数中第 1 个数与第 n 个数相等的那个数，并输出该数的序号(序号从 1 开始)。

13. 将不超过 1993 的所有素数从小到大排第 1 行，第 2 行上的每个素数都等于它右肩上的素数之差。求第 2 行数中是否存在这样的若干连续的整数，它们的和恰好是 1898？假如存在，又有几种这样的情况？

14. 输入 10 个正整数，且每个数均在 1000～9999。要求按每个数的后 3 位进行升序排列，如果后 3 位相等，则按原 4 位数进行降序排列，输出排序后的结果。

15. 编写程序求 $N!$，其中 $N>10000$（使用数组来保存非常大的 $N!$ 的每一位）。

16. 编写程序，在不使用标准字符串函数的情况下：

(1) 求一个字符串 S1 的长度。

(2) 将一个字符串 S1 的内容复制给另一字符串 S2。

(3) 将两个字符串 S1 和 S2 连接起来，结果保存在 S1 字符串中。

(4) 搜索一个字符在字符串中的位置。如果没有搜索到，则位置为 -1。

(5) 比较两个字符串 S1 和 S2。如果 S1>S2，输出一个正数；如果 S1=S2，输出 0；如果 S1<S2，输出一个负数。

17. 编写函数去掉一个字符串首尾的空格。

18. 输入一个字符串，统计其中有多少个单词(单词用空格、逗号和小数点分隔)。

19. 编写函数判断一个字符串是否中心对称，如"AAXAA"。

20. 两个字符串可能有相同的前缀，输出这个前缀。

21. 将一个字符串以中心位置为界，左半部分按升序排列，右半部分逆序。若字符串长度是奇数，则中间字符不动。

22. 将一个整型数据(有正负号)转换成字符串。

23. 编写两个函数分别将一个数字字符串转换成整型和浮点型,需要考虑正负符号、小数点、八进制、十六进制。如果是非法的数,结果为 0。

24. 将一个无符号整型数据转换成字符串形式的二进制。

25. 输出 N 阶魔方阵。所谓 N 阶魔方阵,就是把 $1 \sim n^2$ 个连续的正整数填到一个 N 行 N 列的方阵中,使得每一列、每一行以及两个对角线的元素和都相等。

26. 设 $f(x) = x - \mathrm{e}^{-x}$,从 $x_0 = 0$ 开始,取步长 $h = 0.1$ 的 20 个数据点,求 5 次最小二乘拟合多项式:$P_5(x) = a_0 + a_1(x - \bar{x}) + a_2(x - \bar{x})^2 + \cdots + a_5(x - \bar{x})^5, \bar{x} = \sum_{k=0}^{19} \frac{x_k}{20} = 0.95$。

27. 编写程序输入一个 string 字符串,将其复制到字符数组中。

28. 编写程序输入一个 string 字符串,对它的所有字符进行排序(升序)。

29. 编写程序输入一个 string 字符串,逆向排列其所有字符。

30. 编写程序输入一个 string 字符串,统计其中字母、数字和其他字符的个数。

第 7 章 引用数据

在计算机系统中，无论是存入还是取出数据都需要与内存单元打交道，物理器件通过地址编码寻找内存单元。地址编码是一种数据，C++的指针类型正是为了表示这种计算机特有的地址数据。

存取内存单元是任何程序经常性的操作，前面章节按对象（或变量）名称直接访问内存单元。本章学习通过指针间接访问内存单元，这种近乎机器指令的操作方式大大提高了存取效率。

放弃简单直观的直接访问不用，而要用难于理解的指针间接访问，绝不仅仅是为了提高效率。由于两个函数的作用域不同，因而它们的局部变量互不可见，要想让一个函数能访问另一个函数里的变量，只能使用指针的间接访问。在数据和代码都要求封装到函数的结构化程序设计中，指针成为两个函数进行数据交换必不可少的工具。

程序运行时申请到的内存空间只有地址，没有名称，因此指针成为访问动态内存的唯一工具，指针直接访问内存的形式简化了许多复杂数据结构的表示。

7.1 指针与指针变量

7.1.1 地址和指针的概念

首先来理解数据对象（或变量）在内存中是如何存储的，又是如何读取的。

程序中的数据对象总是存放在内存中，在生命期内这些对象占据一定的存储空间，有确定的存储位置。C++将内存单元抽象为对象，就可以按名称来使用对象。

定义数据对象时，需要说明对象名称和数据类型。数据类型的作用是告诉编译器要为对象分配多大的存储空间（单位为字节），以及对象中要存储什么类型的值。对象名称的作用是对应分配到的内存单元，允许按名称来访问。例如：

```
int i,j,k;                    //定义整型变量
double f;                     //定义双精度浮点型变量
```

编译器会为变量 i、j、k 各分配 4 字节（与计算机字长有关）的存储空间，为变量 f 分配 8 字节的存储空间，那么在内存中，会有相应的内存单元对应这些变量，如图 7.1 所示。

图 7.1 变量的内存形式

定义变量后,程序可以在变量中存储值和取出值。例如:

```
i=100;                    //按名称访问,即用 i 直接访问,存储 i 值
j=i+100;                  //按名称访问,即用 j 直接访问,取出 i 值,存储 j 值
```

数据值 100 存储到 i 对应的内存单元,表达式 i+100 的值存储到 j 对应的内存单元。

按对象名称存取对象的方式称为对象直接访问。

在容量可观的存储空间中,计算机硬件实际上是通过地址编码而非名称来寻找内存单元的。地址编码通常按无符号整型数据处理(没有负数),每个内存单元都有一个地址,以字节为单位连续编码。编译器将程序中的对象名转换成机器指令能识别的地址,通过地址来存取对象值。如图 7.1 所示,变量 i 的地址为 4000,则语句"i=100;"执行时将数据值 100 存储到地址为 4000 的内存单元中。变量 k 的地址为 4008,变量 j 的地址为 4004,则语句"k=i+j;"执行时从地址为 4000 的内存单元取出 i 值,从地址为 4004 的内存单元取出 j 值,将它们累加后再将结果值 300 存储到地址为 4008 的内存单元(即变量 k)中。

内存单元的地址(如 4000)和内存单元的内容(如 100)尽管都是数据,但它们是两个不同的概念。可以用一个生活中的例子来说明它们之间的关系。我们到银行存取款时,银行根据我们的账号去找我们的存款单,找到之后在存款单上写入存取款的金额;在这里,账号就是存款单的地址,存取款金额就是存款单的内容。

由于通过地址能寻找到对象的内存单元,因此 C++形象地将地址称为"**指针**",即一**个对象的地址称为该对象的指针**。例如整型变量 i 的地址是 4000,则 4000 就是整型变量 i 的指针。需要注意的是,不能简单将指针和地址画等号,指针虽是地址,但它有关联的数据类型。例如内存地址有 4000、4001、4002、4003 等编码,而由于整型数据类型存储时需要 4 字节,所以当整型变量 i 的指针为 4000 时,意味着从 4000 内存地址开始,连续 4 字节全都是 i 的内存单元,其他变量的指针此时是不可能为这 4 个内存地址的。

通过对象地址存取对象的方式称为指针间接访问。

7.1.2 指针变量

C++将专门**用来存放对象地址(即指针)的变量称为指针变量**,其数据类型为指针类型,定义形式为

指向类型 *指针变量名,…

即在变量名前加一个星号(*)表示该变量为指针变量。例如:

```
int *p1,*p2;              //定义 p1 和 p2 为指针变量
```

而

```
int *p,k;                    //定义 p 为指针变量,k 为整型变量
```

需要区分指针和指针变量这两个概念。指针是地址值,指针变量是存储指针的变量,例如可以说变量 i 的指针是 4000,而不能说变量 i 的指针变量是 4000;可以说指针变量 p 的值是 4000,p 既可以存储变量 i 的指针又可以存储变量 j 的指针。

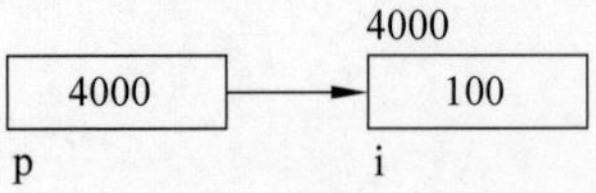

通过指针变量,可以间接访问(或间接存取)对象。如图 7.2 所示,p 是指针变量,它存储整型变量 i 的地址 4000,通过 p 可知 i 的地址,进而找到变量 i 的内存单元。

图 7.2 通过指针变量间接访问

每个指针变量都有一个与之关联的指向类型,它决定了指针所指向的对象的数据类型。例如:

```
int *p;
```

表示 p 是**指向整型对象的指针变量**,p 只能用来指向整型对象,而不能指向其他数据类型对象。或者说,p 只能存放整型对象的地址,不能存放其他数据类型对象的地址。

指向类型可以是 C++ 任意有效的内置数据类型或自定义类型。由于指针变量的主要用途是通过它间接访问别的对象的内存单元,因此指向类型的说明是很重要的。例如,假定指针变量 p 的值是 4000,则下面 3 种写法的实际含义如图 7.3 所示。

① char *p;
② int *p;
③ double *p;

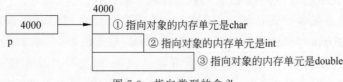

图 7.3 指向类型的含义

可以看出,char *p 表示 p 所**指向的内存单元为字符型**,该对象占用 1 字节;int *p 表示 p 所**指向的内存单元为整型**,该对象占用 4 字节;double *p 表示 p 所**指向的内存单元为双精度浮点型**,该对象占用 8 字节。

指向类型的不同表示指针变量所指向的对象的类型的不同,而非指针变量的不同。**所有指针变量的内存形式均是相同的**。通常,编译器为指针变量分配 4 字节的存储空间用来存放对象的地址,即指针变量的数据是地址的含义。由于地址值是大于或等于零的,因此指针变量的数据习惯上按无符号整型数据对待。

C++ 提供一种特殊的指针类型 void *,它可以保存任何类型对象的地址。例如:

```
void *p;
```

表明指针变量 p 与地址值相关,但不明确存储在此地址上的对象的类型,有时称这样的指针为"**纯指针**"。

void * 指针变量仍然有自己的内存单元,但它的指向对象不明确。通常,void * 指针只有几种有限的用途:①与另一个指针进行比较;②向函数传递 void * 指针或从函数返回 void * 指针;③给另一个 void * 指针赋值。

需要注意的是,不允许使用 void * 指针操纵它所指向的对象,即不对 void * 指针作间接引用。

7.2 指针的使用及运算

7.2.1 获取对象的地址

可以通过取地址运算(&)获取对象的地址,见表 7.1。

表 7.1 取地址运算符

运 算 符	功 能	目	结 合 性	用 法
&	取地址	单目	自右向左	&expr

取地址运算符在所有运算符中优先级较高,其结果是得到对象的指针(或地址),expr 必须是变量,即有内存单元的数据对象。例如:

```
int a=20,*p;          //定义指针变量
p=&a;                 //指针变量 p 指向 a
```

如图 7.4 所示,指针变量 p 的值为整型变量 a 的地址,称指针变量 p 指向 a。

图 7.4 & 运算的含义

取地址运算得到的指针不仅值为对象的地址,而且还以对象的数据类型作为指向类型,例如:

```
int a;                //&a 得到指向 int 型的指针
double f;             //&f 得到指向 double 型的指针
```

【例 7.1】 输出整型变量的值和它的地址。

程序代码如下:

```
1   #include <iostream>
2   using namespace std;
3   int main()
4   {   int i=400;
5       cout<<"i="<<i<<",&i="<<&i<<endl;    //输出 i 的值和 i 的地址值(指针)
6       return 0;
7   }
```

程序运行结果如下:

i=400,&i=0012FF7C

地址值一般按无符号整型输出,与 unsigned int 类似,习惯上用十六进制形式表示。

值得注意的是,&i 的值并不总是上面输出的结果。对象确切的地址值取决于系统为程序分配的进程空间、编译器对变量分配的数目和顺序等多种因素是一个复杂的存储分配机制产生的结果。但是,在实际编程中,地址和指针的应用并不需要知道地址值的具体数据,因而不用关心这个复杂的存储分配机制的原理和过程。

7.2.2 指针的间接访问

通过间接引用运算(*)可以访问指针所指向的对象或内存单元,见表 7.2。

表 7.2 间接引用运算符

运算符	功能	目	结合性	用法
*	间接引用	单目	自右向左	*expr

间接引用(又称解引用)运算符在所有运算符中优先级较高,其运算结果是一个左值,即 expr 所指向的对象或内存单元;expr 必须是指针(地址)的含义,可以为地址常量、指针变量或指针运算表达式。例如:

```
int a,*p=&a;
a=100;                    //直接访问 a(对象直接访问)
*p=100;                   //*p 就是 a;间接访问 a(指针间接访问)
*p=*p+1;                  //等价于 a=a+1
```

当指针变量 p 指向整型变量 a 时,*p 的运算结果就是变量 a 本身,而非 a 的值。例如:"*p=100"先计算 *p 得到 a,于是"*p=100"等价于"a=100",而不是"5=100",如图 7.5 所示。

取地址运算和间接引用运算是应用指针工具的基本运算。

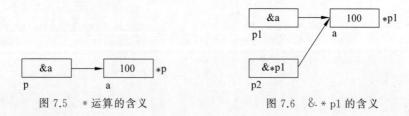

图 7.5 *运算的含义　　　　图 7.6 &*p1 的含义

【例 7.2】已知:

    int a,b,*p1=&a,*p2;

则①&*p1 的含义是什么?②*&a 的含义是什么?

解:① 由于"*"和"&"优先级相同,结合性自右向左,所以 &*p1 先计算 *p1 得到变量 a,再计算 &a 得到变量 a 的地址,因此 &*p1 与 &a 相同,如图 7.6 所示。

    p2=&*p1;   //p1 和 p2 均指向 a

② *&a 先计算 &a 得到变量 a 的地址,再计算"*(变量 a 的地址)"得到变量 a,因此 *&a 与 a 等价。

【例 7.3】 通过指针变量间接访问整型变量。

```
1    int main()
2    {
3        int i=100,j=200;
4        int * p1, * p2;
5        p1=&i,p2=&j;              //p1 指向 i,p2 指向 j
6        * p1= * p1 +1;            //等价于 i=i+1
7        p1=p2;                    //将 p2 的值赋值给 p1,则 p1 指向 j
8        * p1= * p1 +1;            //等价于 j=j+1
9        return 0;
10   }
```

说明:

(1) 第 4 行定义了两个指针变量 p1 和 p2,尚未指向任何一个整型变量,至于指向哪一个整型变量,需要在其后的程序语句中指定。第 5 行的作用是将 i 和 j 变量的地址分别赋给 p1 和 p2 指针变量,则 p1 指向 i,p2 指向 j。

(2) 第 6 行由于此时 p1 指向变量 i,因此"*p1"的结果是 i,所以"*p1=*p1+1"等价于"i=i+1";第 7 行将 p2 的值赋给 p1,则 p1 现在指向了变量 j(原先指向 i),第 8 行的"*p1=*p1+1"等价于"j=j+1"。

(3) 这段程序中的两处"*p1=*p1+1",代码形式一样但实际作用不同,取决于在执行这个语句时 p1 具体指向了哪个变量。从中可以看出,使用指针间接访问,优点是可以简化程序形式和写法,缺点是必须结合上下文分析才能判断 *p1 究竟是哪个变量。

下面举一个指针变量应用的例子。

【例 7.4】 使用指针方式将两个数按先小后大的顺序输出。

程序代码如下:

```
1    #include <iostream>
2    using namespace std;
3    int main()
4    {   int a,b, * p, * p1, * p2;
5        p1=&a,p2=&b;                              //p1 指向 a,p2 指向 b
6        cin>> * p1>> * p2;
7        if( * p1> * p2) p=p1,p1=p2,p2=p;          //是指针 p1 和 p2 的值相互交换
8        cout<<"a="<<a<<",b="<<b<<endl;            //a 和 b 未变
9        cout<<"min="<< * p1<<",max="<< * p2<<endl;
10       return 0;
11   }
```

程序运行结果如下:

34 12↙

```
a=34,b=12
min=12,max=34
```

第 6 行的作用是输入 a 和 b,原本为"cin>>a>>b;",由于 *p1 的值是 a,*p2 的值是 b,所以两种写法结果相同;第 7 行"*p1>*p2"等价于"a>b",交换的是 p1 和 p2 的值,经过第 7 行的比较交换,p1 指向较小的数,p2 指向较大的数,因此 *p1 是较小的数,*p2 是较大的数。

这个程序比较两个数后,没有去交换 a 和 b 的值,故变量 a 和 b 的内容在交换后仍保持不变,而是交换 p1 和 p2 的值,p1 的值原为 &a(指向 a),后来变成 &b(指向 b);p2 的值原为 &b(指向 b),后来变成 &a(指向 a),因而输出 *p1 和 *p2 时,实际是输出 b 和 a 的值,如图 7.7 所示。

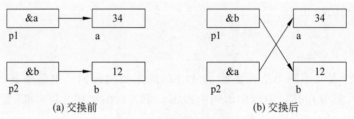

图 7.7 指针交换示意

7.2.3 指针变量的初始化与赋值

可以在定义指针变量时对其初始化,一般形式为

  指向类型 * 指针变量名=地址初值,…

其中,地址初值是指该值必须为地址含义。例如:

```
int a;
int * p=&a;                    //p 的初值为变量 a 的地址
int b, * p1=&b;                //正确,p1 初始化时变量 b 已有地址值
```

这里的"&"不是取地址运算符,而是取地址的记号。

前面讲到赋初值时,初值应该是常量及其表达式。印象中初值不能出现变量,那这里的"&a"似乎与初始化的规则矛盾。其实不然,在定义一个对象时,编译器会自动为其分配内存单元,其存储位置(地址)也就固定下来不再变,即地址为常量值。因此 a 定义后,a 为变量,但 a 的地址值 &a 是常量,可以出现在指针变量初值中。

注意,取变量地址一定发生在该变量定义之后(这时才有地址),否则是错误的。例如:

```
int * p2=&c,c;                 //错误,p2 初始化时尚未有 c 的地址值
```

指针变量初始化时,地址初值必须是与指针变量同一指向类型的地址值。例如:

```
int a, * p1=&a;                //正确
```

```
double f, *p2=&f;              //正确
int *p3=&f;                    //错误,&f 的指向类型是 double
```

指针变量可以进行赋值运算。例如:

```
int a, *p1, *p2;
p1=&a;                         //将 a 的地址值赋给 p1
p2=p1;                         //将 p1 的值赋给 p2
```

指针变量赋值时要求左值和右值必须是相同的指向类型,C++不会对不同指向类型的指针作隐式类型转换。例如:

```
int a, *p1, *p2;
double f, *p3;
p1=&a;                 //正确
p2=p1;                 //正确
p3=&a;                 //错误,&a 指向类型为 int,p3 指向类型为 double
p3=&f;                 //正确
p3=p1;                 //错误,p1 指向类型为 int,p3 指向类型为 double
```

初学指针,对给指针变量赋值和通过指针进行赋值这两种操作的差别难于分辨。应谨记区分的重要方法是:如果对左值进行间接引用,则修改的是指针所指对象;如果没有使用间接引用,则修改的是指针本身的值。例如:

```
int a, *p1;
p1=&a;                 //给指针变量赋值,则 p1 指向 a,被赋值的是 p1
*p1=100;               //通过指针变量 p1 间接访问 a,等价于 a=100,被赋值的是 a
```

由于指针数据的特殊性,其初始化和赋值运算是有约束条件的,只能使用以下 4 种值。

(1) 0 值常量表达式,即在编译时可获得 0 值的整型的 const 对象或常量 0。例如:

```
int a,z=0;
const int nul=0;
int *p1=a;             //错误,地址初值不能是变量
p1=z;                  //错误,整型变量不能作为指针,即使此整型变量的值为 0
p1=4000;               //错误,整型数据不能作为指针
p1=nul;                //正确,指针允许 0 值常量表达式
p1=0;                  //正确,指针允许 0 值常量表达式
```

除此之外,还可以使用 C++预定义的符号常量 NULL,该常量在多个标准函数库头文件中都有定义,其值为 0。如果在程序中使用了这个符号常量,则编译时会自动被数值 0 替换。因此,把指针初始化为 NULL 等价于初始化为 0 值。例如:

```
int *pi=NULL;          //正确,等价于 int *pi=0;
```

(2) 相同指向类型的对象的地址。例如:

```
int a,*p1;
double f,*p3;
p1=&a;                  //正确
p3=&f;                  //正确
p1=&f;                  //错误,p1 和 &f 指向类型不相同
```

（3）对象存储空间后面下一个有效地址,如数组下一个元素的地址。

（4）相同指向类型的另一个有效指针。例如：

```
int x,*px=&x;           //正确
int *py=px;             //正确,相同指向类型的另一个指针
double *pz;
py=px;                  //正确,相同指向类型的另一个指针
pz=px;                  //错误,pz 和 px 指向类型不相同
```

7.2.4 指针的有效性

指针是特殊的数据,因此指针的运算和操作要注意有效性问题。

程序中的一个指针必然是以下 3 种状态之一：①指向一个已知对象；②0 值；③未初始化的,或未赋值的,或指向未知对象。

无论指针作了什么运算和处理,只要操作后指针指向程序中某个确切的对象,即指向一个有确定存储空间的对象(称为**已知对象**),则该指针是有效的；如果对该指针使用间接引用运算,总能够得到这个已知对象。

指针理论上可以为任意的地址值,若一个指针不指向程序中任何已知对象,称其指向未知对象。未知对象的指针是无效的,无效的指针使用间接引用运算几乎总会导致崩溃性的异常错误。

（1）如果指针的值为 0,称为 0 值指针,又称**空指针**(null pointer),空指针是无效的。例如：

```
int *p=0;
*p=2;                   //空指针间接引用将导致程序产生严重的异常错误
```

多数情况下,应该在指针间接引用之前检测它是否为空指针,从而避免异常错误。

（2）如果指针未经初始化,或者没有赋值,或者指针运算后指向未知对象,那么该指针是无效的。

一个指针还没有初始化,称为"**野指针**"(wild pointer)。严格地说,每个指针在没有初始化之前都是"野指针",大多数的编译器都对此产生警告。例如：

```
int *p;                 //p 是野指针
*p=2;                   //几乎总会导致程序产生严重的异常错误
```

一个指针曾经指向一个已知对象,在对象的内存空间释放后,虽然该指针仍是原来的内存地址,但指针所指已是未知对象,称为"**迷途指针**"(dangling pointer)。例如：

```
char *p=NULL;           //p 是空指针,全局变量
```

```
void fun()
{
    char c;              //局部变量
    p=&c;                //指向局部变量c,函数调用结束后,c的空间释放,p就成了迷途指针
}
void caller()
{
    fun();
    *p=2;                //p现在是迷途指针,几乎总会导致程序产生严重的异常错误
}
```

这两种情况比起空指针更难发现,因为程序无法检测这个非0值的指针p究竟是有效的还是无效的,也无法区分这个指针所指向的对象的地址是已知对象的还是未知对象的。例如：

```
1   int a,b;
2   scanf("%d%d",a,b);    //错误,几乎总会导致程序产生严重的异常错误
```

scanf函数的实参要求输入变量的地址(即&a和&b),以便它将输入数据按地址送到变量中,但第2行实际给出的是变量a和b的值,而a和b尚未初始化,于是实参就成了未初始化的指针,是无效指针。

在实际编程中,程序员要始终确保引用的指针是有效的,对尚未初始化或未赋值的指针一般先将其初始化为0值,引用指针之前检测它是否为0值。

7.2.5 指针运算

指针运算主要是给定范围内指针的算术运算、比较运算和类型转换等,由于指针数据的特殊性,因此需要特别注意指针运算的地址意义。

1. 指针的算术运算

指针的算术运算有指针加减整数运算、指针变量自增自减运算以及两个指针相减运算。

(1) 指针加减整数运算。

设p是一个指针(常量或变量),n是一个整型(常量或变量),则p+n的结果是一个指针,指向p所指向对象向后的第n个对象;而p-n的结果是一个指针,指向p所指向对象向前的第n个对象。

例如：

```
int x,n=3 , * p=&x;
p+1                  //指向存储空间中变量x向后的第1个int型存储单元
p+n                  //指向存储空间中变量x向后的第n(此时为3)个int型存储单元
p-1                  //指向存储空间中变量x向前的第1个int型存储单元
p-n                  //指向存储空间中变量x向前的第n(此时为3)个int型存储单元
```

特别地，p+0、p-0 与 p 均指向同一个对象。

【例 7.5】 指针加减整数运算后的输出。

程序代码如下：

```
1    #include <iostream>
2    using namespace std;
3    int main()
4    {
5      int x,n=3, * p=&x;
6      cout<<"p="<<hex<<p<<",p+1="<<p+1<<",";           //地址输出用十六进制形式
7      cout<<"p+n="<<hex<<p+n<<",p-n="<<p- n<<endl;     //地址输出用十六进制形式
8      return 0;
9    }
```

程序运行结果如下：

p=0012FF7C,p+1=0012FF80,p+n=0012FF88,p-n=0012FF70

可以看出，p+1 的地址值与 p 的地址值相差了 4，p+n 的地址值与 p 的地址值相差了 12。即 p+1 不是按数学意义来计算的，而是按指针的地址意义来计算的。p+1 就是 p 所指向的 int 型向后的那个 int 型对象的地址，由于 int 型对象在内存中占用 4 字节，因此 p+1 的值与 p 相差4。显然，p+1 的值究竟是多少与 p 所指向对象的类型有关。

一般地，如果指针 p 所指向对象的类型为 TYPE，那么 p±n 的值为

p 的地址值±n * sizeof(TYPE)

运算结果如图 7.8 所示。

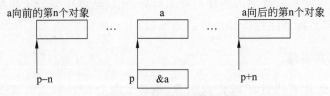

图 7.8 指针加减运算示意

(2) 指针变量自增自减运算。

设 p 是一个指针变量，其自增自减运算包括 p++、++p、p--、--p 形式。
例如：

int x, * p=&x;
p++ //运算后表达式的值(临时指针对象)指向变量 x,p 指向变量 x 向后的第 1 个 int 型内存单元
++p //运算后表达式的值(临时指针对象)和 p 均指向变量 x 向后的第 1 个 int 型内存单元
p-- //运算后表达式的值(临时指针对象)指向变量 x,p 指向变量 x 向前的第 1 个 int 型内存单元
--p //运算后表达式的值(临时指针对象)和 p 均指向存储空间中变量 x 向前的第 1 个 int 型内
    //存单元

【例7.6】 指针变量自增自减运算后的输出。

程序代码如下：

```
1    #include <iostream>
2    using namespace std;
3    int main()
4    {
5        int x,*p1,*p;
6        p=&x,p1=p++;
7        cout<<"p++: &x="<<hex<<&x<<",p="<<p<<",p++="<<p1<<endl;
8        p=&x,p1=++p;
9        cout<<"++p: &x="<<hex<<&x<<",p="<<p<<",++p="<<p1<<endl;
10       return 0;
11   }
```

程序运行结果如下：

p++: &x=0012FF7C,p=0012FF80,p++=0012FF7C
++p: &x=0012FF7C,p=0012FF80,++p=0012FF80

运算结果如图7.9所示。

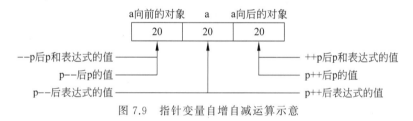

图7.9 指针变量自增自减运算示意

另外，设有定义"int a=100,*p=&a;"，需要注意以下形式的运算含义。

① (*p)++：等价于a++，运算执行后p值不变。

② *p++：按照运算符优先级，等价于*(p++)，运算后表达式的值为a,p指向下一个int型内存单元。

③ *++p：按照运算符优先级，等价于*(++p)，p先指向下一个int型内存单元，表达式再引用这个内存单元的值。

（3）两个指针相减运算。

设p1、p2是同一个指向类型的两个指针（常量或变量），则p2-p1的结果为两个指针之间对象的个数，如果p2的地址值大于p1结果为正，否则为负。

指针算术运算后通常会引起地址的变化，实际编程中要考虑此时指针的有效性。例如：

```
int x,*p=&x;
p++;                    //迷途指针,指向未知对象
*p=100;                 //几乎总会导致程序产生严重的异常错误
```

p 原先指向 x,是有效的;p++运算后 p 指向 x 的"下一个",但这里"下一个"是未知对象,故自增运算后的 p 是无效的。

指针算术运算经常用于数组、字符串或内存数据块,因为这些对象拥有连续的有效地址空间,只要在其存储空间范围内,运算后的指针都是有效的。

2. 指针的关系运算

设 p1、p2 是同一个指向类型的两个指针(常量或变量),则 p2 和 p1 可以进行关系运算,用于比较这两个地址的位置关系。

例如:

```
int x,y, * p1=&x, * p2=&y;
p2>p1              //如果 p2 的地址值大于 p1 的地址值,则表达式为"真",否则为"假"
p2!=p1             //如果 p2 的地址值不等于 p1 的地址值,则表达式为"真",否则为"假"
p2==NULL           //如果 p2 为 0 值,则表达式为"真",否则为"假"
```

关系运算对不同指向类型的指针之间是没有意义的。但是,一个指针可以和空指针作相等或不等的关系运算,用来判断该指针是否为 0 值,以确定是否可以间接引用该指针。

例如,通常使用下面的代码避免无效的指针引用。

```
if (p!=NULL) {
    ...                                      //这里引用 * p
}
```

3. 指针的类型转换

设 p 是一个指针(常量、变量或表达式),可以对 p 进行显式类型转换,一般形式为

(转换类型 *)p

对指针进行显式类型转换的结果是产生一个临时指针对象,其指向类型为"转换类型",地址值与 p 的地址值相同,但 p 的指向类型和地址值都不变。

【例 7.7】 输出一个 short 型数据的高、低字节。

程序代码如下:

```
1    #include <iostream>
2    using namespace std;
3    int main()
4    {
5        short x, * p=&x,hi,lo;
6        cin>>x;
7        lo= * ((unsigned char * )p);              //Intel CPU 低字节存储在前
8        hi= * ( (unsigned char * )p +1 );         //Intel CPU 高字节存储在后
9        cout<<hex<<"HI="<<hi<<",LO="<<lo<<endl;
```

```
10      return 0;
11  }
```

程序运行结果如下:

```
12345↙
HI=30,LO=39
```

指针变量 p 指向 x(2 字节),为 x 输入 12345 后,x 数据的十六进制形式为 0x3039,其内存形式如图 7.10 所示。

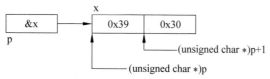

图 7.10 指针类型转换示意

执行表达式(unsigned char *)p 时,产生一个新指针指向 unsigned char 型(1 字节),间接引用得到低字节的 0x39;而(unsigned char *)p+1 指向下一个 unsigned char 型,间接引用得到高字节的 0x30。

4. 指针的赋值运算

前面讲过,指针可以进行赋值运算,前提是赋值运算符两边的操作数必须是相同指向类型。例如:

```
int x=10, * p1=&x, * p2;
p2=p1;                    // p1 和 p2 均是 int *
p2=&x;                    // &x 和 p2 均是 int *
```

还可以进行如下的复合赋值运算:

```
int i=1, * p1=&i;
p1+=i;                    // p1 是指针变量,i 是整型(常量、变量或表达式)
p1-=i;                    // p1 是指针变量,i 是整型(常量、变量或表达式)
```

如果操作数不是相同的指向类型,则不能进行指针赋值,这时可以先进行显式类型转换再赋值。例如:

```
int a=10, * p;
double b=20, * pf=&b;
p=(int *)pf;              // (int *)pf 和 p 均是 int *
```

需要注意的是,指针显式类型转换后,并没有改变指向对象的类型。例如,这里的 b 变量仍然是 double 型,尽管指针变量 p2 指向了它,但 * p2 的间接引用得到的并不是 b 转换成整型的结果,而是 b 存储在内存中的低 4 字节的整数值(b 本身为 8 字节)。当 b 是 20 时,内存中的数据为 0x4034000000000000(浮点数格式),因此 * p2 的结果是 0(取低 4 字节作为整型)。请比较一下 double 型显式类型转换为 int 型。

```
a=(int)b;                           //a=20
```

5. void * 指针的运算特殊性

void * 指针不能做指针算术运算。例如：

```
void * pv1;
pv1++;                              //错误,pv1 指向类型不明确
```

原因是 void * 指针指向对象的类型不明确,因而也就无法确定指针运算后的指向。

void * 指针可以做关系运算,表示两个指针的地址值比较。void * 指针可以指向其他任何类型,无须类型转换。假定指针是有效的,可以将 void * 指针显式类型转换为其他类型,再使用间接引用。例如：

```
int x=10;
double y=20, * pf=&y;
void * pv1;
pv1=&x;                             //无须指针类型转换
cout<< * ((int * )pv1)<<endl;       //void 指针显示类型转换后再引用
pv1=pf;                             //无须指针类型转换
cout<< * ((double * )pv1)<<endl;    //void 指针显示类型转换后再引用
```

7.2.6 指针的 const 限定

const 限定符作用在指针类型上有两种含义：指向 const 对象的指针和 const 指针。

1. 指向 const 对象的指针

一个指针变量可以指向只读型对象,称为指向 const 对象的指针,定义形式为

```
const 指向类型 * 指针变量名,…
```

即在指针变量定义前加 const 限定符,其含义是指针指向的对象是只读的,换言之,不允许通过指针来改变所指向的 const 对象的值。

例如：

```
const int * p;
```

这里的 p 是一个指向 const 的 int 类型对象的指针,const 限定了 p 指针所指向的对象类型,而并非 p 本身。也就是说,p 本身并不是只读的,在定义时不需要对它进行初始化。可以给 p 重新赋值,使其指向另一个 const 对象。但不能通过 p 修改其所指对象的值。

例如：

```
const int a=10,b=20;
const int * p;
```

```
p=&a;                        //正确,p 不是只读的
p=&b;                        //正确,p 不是只读的
*p=42;                       //错误,*p 是只读的
```

把一个 const 对象的地址赋给一个非 const 对象的指针变量是错误的。例如：

```
const double pi=3.14;
double * ptr=π              //错误,ptr 是非 const 指针变量
const double * cptr=π       //正确,cptr 是 const 指针变量
```

不能使用 void * 指针保存 const 对象的地址,而必须使用 const void * 指针保存 const 对象的地址。例如：

```
const int x=42;
const void * cpv=&x;         //正确,cpv 是 const 指针变量
void * pv=&x;                //错误,x 是 const
```

允许把非 const 对象的地址赋给指向 const 对象的指针。例如：

```
const double pi=3.14;
const double * cptrf=π      //正确,cptrf 是 const 指针变量
double f=3.14;               //f 是 double 型,f 是非 const
cptrf=&f;                    //正确,允许将 f 的地址赋给 cptrf
f=1.618;                     //正确,可以修改 f 的值
*cptrf=10.1;                 //错误,不允许通过引用 cptrf 修改 f 的值
```

尽管 f 不是 const 对象,但任何试图通过指针 cptrf 修改其值的行为都会导致编译错误。cptrf 一经定义,就不允许修改其所指对象的值。如果该指针恰好指向非 const 对象时,同样必须遵循这个规则。

不能使用指向 const 对象的指针修改指向对象,然而如果该指针指向的是一个非 const 对象,可用其他方法修改其所指的对象。例如：

```
double f, * ptr=&f;
const double * cptr=&f;
f=3.14;                      //正确,f 不是 const,允许修改
*cptr=3.14;                  //错误,cptr 是 const 指针,不允许修改 *cptr
*ptr=2.72;                   //正确,ptr 不是 const 指针,允许修改 *ptr
```

程序中,指向 const 的指针 cptr 实际上指向了一个非 const 对象;尽管它所指的对象并非 const,但仍不能使用 cptr 修改该对象的值。本质上来讲,由于没有方法分辨 cptr 所指的对象是否为 const,系统会把它所指的所有对象都视为 const。

如果指向 const 的指针所指的对象并非 const,则可直接给该对象赋值或间接地利用非 const 指针修改其值,毕竟这个值不是 const 的。重要的是要记住：**不能保证指向 const 的指针所指对象的值一定不被其他方式修改**。

在实际编程中,指向 const 的指针常用作函数的形参。将形参定义为指向 const 的指针,以此确保传递给函数的实参对象在函数中不被修改。

2. const 指针

一个指针变量可以是只读的,称为 const 指针,定义形式为

指向类型 * const 指针变量名,…

例如:

```
int a=10,b=20;
int * const pc=&a;                          //pc 是 const 指针
```

可以从右向左把上述定义语句理解为"pc 是指向 int 型对象的 const 指针"。与其他 const 量一样,const 指针的值不能修改,这就意味着不能使 pc 再被赋值指向其他对象。任何试图给 const 指针赋值的操作,即使给 pc 赋回同样的值都会导致编译错误:

```
pc=&b;                                      //错误,pc 是只读的
pc=pc;                                      //错误,pc 是只读的
pc++;                                       //错误,pc 是只读的
```

与任何 const 量一样,const 指针必须在定义时初始化。

指针本身是 const 的并没有说明是否能使用该指针修改它所指向对象的值。指针所指对象的值能否修改完全取决于该对象的类型。例如,pc 指向一个非 const 的 int 型对象 a,则可通过 pc 间接引用修改该对象的值:

```
* pc=100;                                   //正确,a 被修改
```

3. 指向 const 对象的 const 指针

可以定义指向 const 对象的 const 指针,形式为

const 指向类型 * const 指针变量名,…

例如:

```
const double pi=3.14159;
const double * const cpc=&pi;               //cpc 为指向 const 对象的 const 指针
```

程序中,既不能修改 cpc 所指向对象的值,也不允许修改该指针的指向(即 cpc 中存放的地址值)。可以从右向左理解上述定义:"cpc 首先是一个 const 指针,指向 double 类型的 const 对象"。

7.3 指针与数组

指针与数组有着十分密切的联系,除用数组下标访问数组元素外,C++程序员更偏爱使用指针来访问数组元素,这样做的好处是运行效率高、写法简洁。

7.3.1 指向一维数组元素的指针

一个对象占用内存单元有地址,一个数组元素占用内存单元同样有地址。

1. 一维数组元素的地址

数组由若干元素组成,每个元素都占用内存单元,因而每个元素都有相应的地址,通过取地址运算(&)可以得到每个元素的地址。例如:

```
1    int a[10];
2    int *p=&a[0];              //定义指向一维数组元素的指针
3    p=&a[5];                   //指向 a[5]
```

第 2 行用 a[0]的地址作为指针变量 p 的初值,则 p 指向 a[0];第 3 行将 a[5]的地址赋值给指针变量 p,则 p 指向 a[5]。

数组对象可以看作一个占用更大存储空间的对象,它也有地址。C++规定,数组名既代表数组对象,又是数组首元素的地址值,即 a 与第 0 个元素的地址 &a[0] 相同。例如:

```
p=a;
p=&a[0];
```

是等价的。

将数组的首地址看作数组对象的地址。例如:

```
int a[10];
int *p=a;                       //p 指向数组 a
```

数组名是地址值,是一个指针常量,因而它不能出现在左值和某些算术运算中。例如:

```
int a[10],b[10],c[10];
a=b;                            //错误,a 是常量,不能出现在左值的位置
c=a+b;                          //错误,a、b 是地址值,不允许加法运算
a++;                            //错误,a 是常量,不能使用++运算
a>b                             //正确,表示两个地址的比较,而非两个数组内容的比较
```

2. 指向一维数组元素的指针变量

定义指向一维数组元素的指针变量时,指向类型应该与数组元素类型一致。例如:

```
int a[10], *p1;
double f[10], *p2;
p1=a;                           //正确
p2=f;                           //正确
p1=f;                           //错误,指向类型不同不能赋值
```

3. 通过指针访问一维数组元素

由于数组元素是连续存储的,其内存地址是规律性增加的。根据指针算术运算规则,可以利用指针及其运算来访问数组元素。

设有如下定义:

int *p,a[10]={1,2,3,4,5,6,7,8,9,10};
p=a;   //p 指向数组 a

p=a 使得 p 指向了数组 a[0]元素的地址,即与 p=&a[0]等价。那么,数组 a[i]元素的地址既可以写为&a[i],又可以写为 p+i(指向 a[0]元素后面的第 i 个元素),则 a[i]元素可以写为*(p+i),如图 7.11 所示。

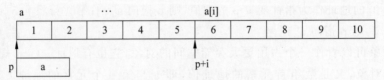

图 7.11 指向一维数组的指针

同理,由于数组名表示数组首地址,a[i]元素的地址还可以写为 a+i(a[0]元素后面的第 i 个元素的地址),则 a[i]元素可以写为*(a+i)。

再者,重新考查 a[i]的表示法,其形式可以归纳为

地址[下标]

因此,a[i]还可以写为 p[i]。

根据以上叙述,访问一个数组元素 a[i],可以用以下几种方法。

(1) 数组下标法:a[i]。
(2) 指针下标法:p[i]。
(3) 地址引用法:*(a+i)。
(4) 指针引用法:*(p+i)。

其中,a 是一维数组名,p 是指向一维数组的指针变量,且 p=a。

【例 7.8】 用多种方法遍历一维数组元素。

① 下标法。

```
1    #include <iostream>
2    using namespace std;
3    int main()
4    {
5        int a[10],i;
6        for (i=0;i<10;i++) cin>>a[i];
7        for (i=0;i<10;i++) cout<<a[i]<<" ";
8        return 0;
9    }
```

② 通过地址间接访问数组元素。

```
1    #include <iostream>
2    using namespace std;
3    int main()
4    {
5        int a[10],i;
6        for (i=0;i<10;i++) cin>>*(a+i);
7        for (i=0;i<10;i++) cout<<*(a+i)<<" ";
8        return 0;
9    }
```

③ 通过指向数组的指针变量间接访问元素。

```
1    #include <iostream>
2    using namespace std;
3    int main()
4    {
5        int a[10],*p;
6        for (p=a;p<a+10;p++) cin>>*p;
7        for (p=a;p<a+10;p++) cout<<*p<<" ";
8        return 0;
9    }
```

以上 3 个程序的运行情况均如下：

1 2 3 4 5 6 7 8 9 10↙
1 2 3 4 5 6 7 8 9 10

在第②种方法中，a+i 为 a[i]的地址，等价于 &a[i]，*(a+i)等价于 a[i]。因此第①种方法和第②种方法完全一样。

在第③种方法中，指针变量初始时指向数组，即第 0 个元素的地址 &a[0]通过 p++ 运算陆续指向其后的每个元素。如果第 7 行换为

cout<<p<<" ";

则输出的是数组元素的地址。

第③种方法比第①、②种方法快，因为指针变量直接指向数组元素，不必每次重新计算元素地址。类似于 p++的自增运算快于加法运算，大大提高了数组元素访问效率。

在第 6 行执行完成后，p++运算后指向了"a[10]"，对于数组 a 来说，"a[10]"不是已知对象，因此若继续进行 p++运算，则指针已经是无效的。所以第 6 行开始输出数组元素前，再次将 p 指向数组 a，确保 p 指针是有效的。

从这里可以看出，使用指针访问数组元素，指针本身是可以指向数组之外的，运行时一旦进行指针间接引用，往往会导致程序的严重错误（相当于数组越界使用）。由于对这样的程序编译器不会给出任何提示（语法是正确的），因此这种错误比较隐蔽，难于发现。

在实际编程中，若程序出现了崩溃性的严重错误，多数情况下是因为程序欲存取一个

未知对象。例如:

```
int a[10], *p=a, i=10, *p1;
a[10]=5;              //错误,数组 a 只有 a[0]~a[9],a[10]是未知对象
*(p+20)=5;            //错误,等价于 a[20],a[20]是未知对象
p--;                  //p 指向 a[-1]
*p=5;                 //错误,等价于 a[-1]=5,a[-1]是未知对象
*p1=5;                //错误,p1 未初始化或未赋值,引用未知对象
```

4. 数组元素访问方法的比较

(1) 使用下标法访问数组元素,程序写法比较直观,能直接知道访问的是第几个元素,例如 a[3]是数组第 3 个元素(从 0 开始计)。用地址法或指针法就不直观,需要结合程序上下文才能判断是哪一个元素。

(2) 下标法与地址引用法运行效率相同。实际上,编译器总是将 a[i]转换为 *(a+i)、&a[i]转换为 a+i 处理的,即访问元素前需要先计算元素地址。使用指针引用法,指针变量直接指向元素,不必每次都重新计算地址,能提高运行效率。

(3) a[i]和 p[i]的运行效率相同,但两者还是有本质的区别。数组名 a 是数组元素首地址,它是一个指针常量,其值在程序运行期间是固定不变的。例如:

```
a++;                  //错误,a 是常量不能作自增运算
```

而 p 是一个指针变量,可以用 p++使 p 值不断改变从而指向不同的元素。一旦 p 值不再是数组首地址,则 a[i]和 p[i]就不一定是相同的元素了。例如:

```
int a[10], *p=a;
p[5]=10;              //此时的 p[5]实际是 a[5]
p++;
p[5]=10;              //此时的 p[5]实际是 a[6]
```

因此,指针下标法究竟是哪一个元素,需要基于指针的值来综合考虑。

(4) 将自增和自减运算用于指针变量十分有效,可以使指针变量自动向前或向后指向数组的下一个或前一个元素。例如,遍历数组的 100 个元素,程序代码如下:

```
int a[100], *p=a;
while (p<a+100) *p++=0;   //数组每个元素都赋值为 0
```

(5) 需要注意指针变量各种运算形式的含义。

① *p++。由于++和 *优先级相同,结合性自右向左,因此它等价于 *(p++),其作用是表达式先得到 p 所指向的元素的值(即 *p),然后再使 p 指向下一个。若 p 初值为 a,则 *p++的结果是 a[0],p 指向 a[1]。

② *(p++)和 *(++p)不同。前者是先取 *p 值,然后 p 加 1;后者是先使 p 加 1,再取 *p。若 p 初值为 a,则 *(p++)的结果是 a[0],*(++p)的结果是 a[1],运算后 p 均指向 a[1]。

③（*p）++表示 p 所指向的元素加 1。若 p 初值为 a,（*p）++等价于 a[0]++,运算后 p 值不变。

④ 假定 p 指向数组 a 中的第 i 个元素,即 p=&a[i],则

*（p++）等价于 a[i++];

*（++p）等价于 a[++i];

*（p－－）等价于 a[i－－];

*（－－p）等价于 a[－－i]。

7.3.2 指向多维数组元素的指针

前面讲到,多维数组可以看作一维数组概念上的递归延伸,其存储形式也是线性的,即元素的内存单元是连续排列的。本质上,C++将多维数组当成一维数组来处理。

1. 多维数组元素的地址

以二维数组为例,假设有定义 int a[3][4],可以将数组 a 理解为由 3 个一维数组组成,即 a 由 a[0]、a[1]、a[2]这 3 个元素组成,其中每个元素又是一个一维数组,包含 4 个元素,例如 a[0]（一维数组）有 4 个元素 a[0][0]、a[0][1]、a[0][2]、a[0][3],如图 7.12(a)所示。

二维数组 a 的 12 个元素在内存中是连续排列的。数组 a 先按行排列,即先存放第 0 行 a[0],其次为第 1 行 a[1]、第 2 行 a[2]。在存放第 0 行 a[0]时,按一维数组形式将它的 4 个元素一一存放,以此类推,直至数组 a 的所有元素全部存放。显然,N 维数组也是这样的规律,即先将最高维当作一个一维数组,将其每个元素一一存放,而每个元素又是一个 N－1 维数组,递归处理直至数组所有元素全部存放完毕。

为了得到数组 a 每个元素的地址,可以对数组元素使用取地址运算"&",例如,&a[0][0]是数组元素 a[0][0]的地址,&a[i][j]是数组元素 a[i][j]的地址,而数组名 a 既代表数组对象,又是数组的首地址,即 a 与 &a[0][0]等价。

从二维数组的角度来看,a 是二维数组首元素的地址,而这个首元素不是一个整型元素,而是由 4 个整型元素所组成的一维数组,因此 a+0(即 a)是第 0 行 a[0]的首地址,a+1 是第 1 行 a[1]的首地址,a+i 是第 i 行 a[i]的首地址。需要注意的是,a 和 a+1 的地址值相差了 4*sizeof(int),因为两行之间间隔了 4 个整型元素。由于 a[i]表示第 i 行,则 &a[i]是第 i 行的地址,即 &a[i]与 a+i 等价,它们均指向第 i 行(一个一维数组),如图 7.12(b)所示。

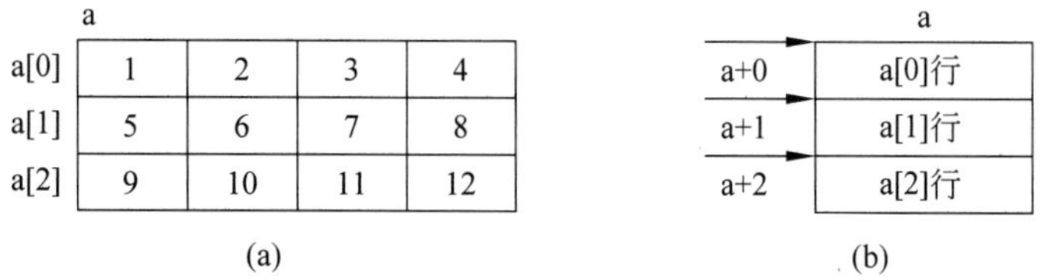

a				
a[0]	1	2	3	4
a[1]	5	6	7	8
a[2]	9	10	11	12

(a)

	a	
a+0	→	a[0]行
a+1		a[1]行
a+2		a[2]行

(b)

图 7.12 指向二维数组的指针

a[0]、a[1]、a[2]既然是一维数组,因此 a[0]既是这个"一维数组 a[0]"的数组名,又是它的首地址,而"一维数组 a[0]"第 0 个元素是 a[0][0],则 a[0]与 &a[0][0]等价;同理,a[1]与 &a[1][0]等价,a[i]与 &a[i][0]等价。

&a[i]是第 i 行的地址,a[i]是第 i 行的首元素的地址,两者的值相同,但含义不一样。&a[i]指向行,a[i]指向第 i 行的首元素(即指向第 0 列)。&a[i]+1 是下一行地址,而 a[i]+1 是第 i 行下一列(第 1 列)元素的地址。

由此可知,a[0]和 a+0 的地址值相同,a[i]和 a+i 的地址值相同。前面讨论一维数组时,给出过结论:a[i]与 *(a+i)等价,a+i 是 a[i]的地址,那这里的分析是否与此矛盾呢?其实不然,在一维数组的情形下,a+i 是地址,a[i]和 *(a+i)是元素;而在二维数组的情形下,a+i 是地址,a[i]和 *(a+i)还是地址(因为 a[i]是一个数组而非元素),a[i][j]才是元素。

前已述及,假定有一维数组定义 int B[4],B+0 是 B[0]元素的地址,B+j 是 B[j]元素的地址。就此推理,a[0]+0(即 a[0])是 a[0][0]的地址,a[0]+j 是 a[0][j]的地址,a[i]+j 是 a[i][j]的地址。由于 B[0]和 *(B+0)等价,B[j]和 *(B+j)等价。因此 a[0]+1 与 *(a+0)+1 等价,都是 &a[0][1];a[1]+1 与 *(a+1)+1 等价,都是 &a[1][1];a[i]+j 与 *(a+i)+j 等价,都是 &a[i][j],如图 7.13 所示。注意,不要将 *(a+1)+1 与 *(a+1+1)的写法混淆,后者是 *(a+2),相当于 a[2]。

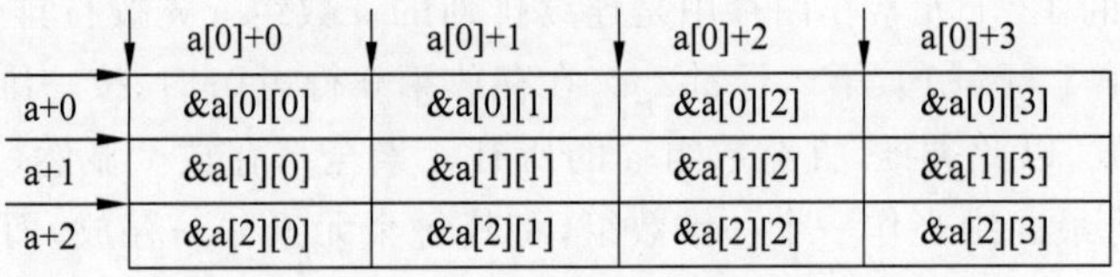

	a[0]+0	a[0]+1	a[0]+2	a[0]+3
a+0	&a[0][0]	&a[0][1]	&a[0][2]	&a[0][3]
a+1	&a[1][0]	&a[1][1]	&a[1][2]	&a[1][3]
a+2	&a[2][0]	&a[2][1]	&a[2][2]	&a[2][3]

图 7.13 二维数组地址的含义

从上述分析可以看出,当数组是多维时,元素地址有多种等价的形式。表 7.3 列出了二维数组的地址形式及其含义。

表 7.3 二维数组的地址形式及其含义

地 址 形 式	含 义	等 价 地 址
a	既代表二维数组对象,又是第 0 行首地址,即指向一维数组 a[0]	&a[0][0]
a[0]、*(a+0)、 *aa[i]、*(a+i)	既代表第 0 行(一维数组),又是第 0 行第 0 列元素的地址 既代表第 i 行(一维数组),又是第 i 行第 0 列元素的地址	&a[0][0] &a[i][0]
a+i、&a[i]	第 i 行首地址	&a[i][0]
a[i]+j、*(a+i)+j	第 i 行第 j 列元素的地址	&a[i][j]

请记住,a[i]和 *(a+i)是等价的,&a[i]和 a+i 是等价的,a[i]和 *(a+i)不一定是元素,这个结论可以推广到 N 维数组的情形。

【例 7.9】 输出二维数组各种形式的地址值。

程序代码如下:

```
1   #include <iostream>
2   using namespace std;
3   int main()
4   {
5       int a[3][4]={1,2,3,4,5,6,7,8,9,10,11,12} ,i=1,j=2;
6       cout<<hex<<"a="<<a<<" * a="<< * a<<endl;
7       cout<<"a+0="<<a+0<<" a+1="<<a+1<<" a+2="<<a+2<<endl;
8       cout<<"&a[0]="<<&a[0]<<" &a[1]="<<&a[1]<<" &a[2]="<<&a[2]<<endl;
9       cout<<"a[0]="<<a[0]<<" a[1]="<<a[1]<<" a[2]="<<a[2]<<endl;
10      cout<<" * (a+0)="<< * (a+0)<<" * (a+1)="<< * (a+1)<<endl;
11      cout<<"&a[0][0]="<<&a[0][0]<<" &a[1][0]="<<&a[1][0]<<endl;
12      cout<<"&a[i][0]="<<&a[i][0]<<" &a[i]="<<&a[i]<<endl;
13      cout<<"&a[i]+1="<<&a[i]+1<<" a[i]+1="<<a[i]+1<<endl;
14      cout<<"&a[i][j]="<<&a[i][j];
15      cout<<" a[i]+j="<<a[i]+j<<" * (a+i)+j="<< * (a+i)+j<<endl;
16      return 0;
17  }
```

程序运行结果如下：

a=0012FF50   * a=0012FF50
a+0=0012FF50   a+1=0012FF60   a+2=0012FF70
&a[0]=0012FF50   &a[1]=0012FF60   &a[2]=0012FF70
a[0]=0012FF50   a[1]=0012FF60   a[2]=0012FF70
 * (a+0)=0012FF50   * (a+1)=0012FF60
&a[0][0]=0012FF50   &a[1][0]=0012FF60
&a[i][0]=0012FF60   &a[i]=0012FF60
&a[i]+1=0012FF70   a[i]+1=0012FF64
&a[i][j]=0012FF68   a[i]+j=0012FF68 * (a+i)+j=0012FF68

2. 指向多维数组元素的指针变量

定义指向多维数组元素的指针变量时，指向类型应该与数组元素类型一致。例如：

int a[10][10], * p1=&a[0][0];   //指向二维数组元素的指针
double f[3][4][5], * p2=&f[0][0][0];   //指向三维数组元素的指针

3. 通过指针访问多维数组元素

假设有

int a[N][M], * p=&a[0][0];

访问一个二维数组元素 a[i][j]，可以用以下方法。
　　(1) 数组下标法：a[i][j]。
　　(2) 指针下标法：p[i * M+j]。

(3) 地址引用法：*(*(a+i)+j)或*(a[i]+j)。

(4) 指针引用法：*(p+i*M+j)。

由于指针变量 p 的指向类型为 int，说明 p 指向的一定是数组元素。当通过 p 来访问二维数组或多维数组时，本质上是将多维数组按一维数组来处理，因而它的访问方法与一维数组类似，只不过需要计算 a[i][j]元素在数组中的相对位置，其公式为

$$i*M+j$$

其中，M 为二维数组第 2 维数组的长度。

【例 7.10】 通过指针变量遍历二维数组元素。

程序代码如下：

```
1    #include <iostream>
2    #include <iomanip>
3    using namespace std;
4    int main()
5    {
6        int a[3][4]={1,2,3,4,5,6,7,8,9,10,11,12},*p;
7        for (p=a[0]; p<a[0]+12; p++) {
8            cout<<setw(2)<<*p<<" ";
9            if ((p-a[0])%4==3) cout<<endl;       //每行输出 4 个元素后换行
10       }
11       return 0;
12   }
```

程序运行结果如下：

```
 1  2  3  4
 5  6  7  8
 9 10 11 12
```

循环初始 p=a[0]，p 指向 a[0][0]元素，p++指向后面连续的元素，a[0]+12 为最后一个元素 a[2][3]后面元素的地址，p-a[0]为 p 当前指向的元素与 a[0][0]之间的元素个数。

由于多维数组的地址形式有多种，因此指针变量初始指向存在多种写法，使得指针运算后的指向是比较复杂的。例如：

```
int a[3][4]={1,2,3,4,5,6,7,8,9,10,11,12},*p;
p=&a[2][2];                //正确,p 指向 a[2][2]
p=a[0]+5;                  //正确,p 指向 a[1][1]
p=*(a+2)+4;                //正确,p 指向 a[2][4]
p=a;                       //错误,指向类型不相同,a 为指向第 0 行
p=&a[1];                   //错误,指向类型不相同,&a[1]为指向第 1 行
p=a+5;                     //错误,指向类型不相同,且 a+5 指向第 5 行(无效地址)
```

7.3.3 数组指针

前面的指针变量指向的是数组元素，故定义指针变量时其指向类型与数组元素的数据

类型相同,C++可以定义一个指针变量,其指向类型是一个数组(一维或多维),称为数组指针,定义形式如下。

① 指向一维数组的指针变量定义:

指向类型(*指针变量名)[常量表达式],…

② 指向多维数组的指针变量定义:

指向类型(*指针变量名)[常量表达式 1][常量表达式 2],…

注意指针变量名必须括起来,使得 * 比[]先处理,说明定义的是一个指针。否则因为[]会比 * 优先级高,变成定义数组了。

上述语法的含义如下。

① 定义一个指针变量,它指向如下形式的一维数组:

元素类型　数组名[常量表达式]

② 定义一个指针变量,它指向如下形式的多维数组:

元素类型　数组名[常量表达式 1][常量表达式 2],…

例如:

```
int (*p1)[4];                    //定义指向一维数组的指针变量 p1
int (*p2)[3][4];                 //定义指向二维数组的指针变量 p2
```

如图 7.14(a)所示,指针变量 p1 的指向类型是一个有 4 个整型元素的一维数组,指针变量 p2 的指向类型是一个有 12 个整型元素的二维数组(3 行 4 列),即虚线对应的内存单元整体是数组指针的指向对象。

需要注意的是,数组指针本质上是一个指针,编译器像处理其他指针变量一样为数组指针变量分配 4 字节的存储空间,而不是按数组长度来分配。

数组指针的实际意义是:若 p 指向一个数组,则 *p 就是该数组。假设

```
int a[3][4],(*p)[4],j=1;
p=a;                             //*p 是 a[0],及 int[4]的数组
```

则 *p 就是数组 a[0],而不是数组 a[0]的元素。通过 p 访问数组元素 a[0][j]的写法是

```
(*p)[j]=10;                      //等价于 a[0][j]=10
*(*p+j)=10;                      //等价于 *(a[0]+j)=10
```

注意 *p 必须包含括号,因为[]的优先级比 * 高。

假设

```
int a[3][4],(*p2)[4];
p2=a;
```

因为 p2 指向一个有 4 个整型元素的一维数组。当 p2=a 时,p2 指向二维数组 a 的第 0 行,如图 7.14(b)所示。则 p2+1 指向下一行,即指向二维数组 a 的第 1 行,p2+i 指向二维数组

a 的第 i 行，那么 p2+i 与 a+i 是等价的。显而易见，*(p2+i)与*(a+i)、p2[i]与 a[i]是等价的，它们均表示二维数组的第 i 行，而要表示元素 a[i][j]可以用 p[i][j]、*(a+i)[j]、*(p+i)[j]、*(*(a+i)+j)、*(*(p+i)+j)形式之一。

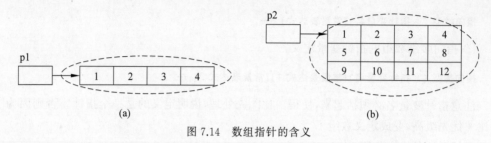

图 7.14　数组指针的含义

在实际编程中，引入数组指针可以将一个数组当作"元素"来处理，能够简化多维数组的处理。

【例 7.11】　通过指向一维数组的指针变量遍历二维数组元素。

程序代码如下：

```
1    #include <iostream>
2    #include <iomanip>
3    using namespace std;
4    int main()
5    {   int a[3][4]={1,2,3,4,5,6,7,8,9,10,11,12},i,j,(*p)[4]=a;
6        for (i=0; i<3; i++) {                                    //行
7            for (j=0; j<4; j++) cout<<setw(2)<<p[i][j]<<" ";
8            cout<<endl;                                          //每行末尾输出换行
9        }
10       return 0;
11   }
```

程序运行结果如下：

```
 1  2  3  4
 5  6  7  8
 9 10 11 12
```

7.3.4　指针数组

一个数组，若其元素为指针类型，称为指针数组，其定义的一般形式如下。

① 一维指针数组的定义：

指向类型 * 数组名[常量表达式],…

② 多维指针数组的定义：

指向类型 * 数组名[常量表达式 1][常量表达式 2]…[常量表达式 n],…

由于[]比*优先级高，因此先处理[]，显然这是数组形式。指针数组每个元素均是一个"指

向类型 * "的指针类型,即每个元素相当于一个指针变量。

例如:

```
int * p[4];            //一维指针数组
int * s[3][4];         //二维指针数组
```

其中,p 是一个一维数组,有 4 个元素,每个元素都是一个指向整型的指针类型;s 是一个二维数组,有 12 个元素,每个元素都是一个指向整型的指针类型。

注意指针数组"int * p[4];"与"int(* p)[4];"写法的区别,后者是数组指针。

在实际编程中,使用指针数组可以方便地处理大批量的指针数据,例如若干字符串、多个存储块的处理等。

指针数组的初始化实质就是数组的初始化。例如:

```
int a[4][4]={1,2,3,4,5,6,7,8,9,10,11,12,13,14,15,16};   //二维数组
int * s[4]={a[0],a[1],a[2],a[3]};                       //一维指针数组初始化
```

初始化后指针数组 s 的元素指向了二维数组各行的首元素,如图 7.15 所示。若指针数组未初始化,则它的每个元素都是一个"野指针"。特别地,下面的代码将指针数组元素均初始化为空指针:

```
int * s[4]={NULL,NULL,NULL,NULL};
                     //一维指针数组初始化
```

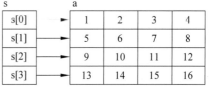

图 7.15 指针数组的含义

指针数组的每个元素既可以按数组方式来访问,又可以用指针的方式来访问。下面是通过指针数组 s 的元素访问二维数组 a 的典型形式。

(1) s[0]:指向 a[0][0]。
(2) * s[0]:等价于 a[0][0]。
(3) s[i]+j:指向 a[i][j]。
(4) *(s[i]+j)、*(*(s+i)+j)、s[i][j]:等价于 a[i][j]。

需要注意的是,由于 s 是数组名,因此 s 不是左值,不能做自增自减运算等。例如:

```
s=a[0];         //错误,s 不能作为左值
s[0]=a[0];      //正确,s[0]元素是变量可以作为左值
s[0]=a+1;       //错误,指向类型不相同,s[0]是 int *,a+1 是行指针(一维数组指针)
s[0]=a;         //错误,指向类型不相同,s[0]是 int *,a 是行指针(一维数组指针)
s=s+1;          //错误,s 不能作为左值
s++;            //错误,s 不能做自增运算
```

【例 7.12】 通过一维指针数组遍历二维数组元素。

程序代码如下:

```
1    #include <iostream>
2    #include <iomanip>
3    using namespace std;
```

```
4    int main()
5    {
6        int a[4][4]={1,2,3,4,5,6,7,8,9,10,11,12,13,14,15,16};  //二维数组
7        int i,j,* s[4]={a[0],a[1],a[2],a[3]};            //一维指针数组初始化
8        for (i=0; i<4 ; i++) {
9            for (j=0; j<4; j++)                          //s[i]为a[i]行首地址
10               cout<<setw(2)<<s[i][j]<<" ";             //故 s[i][j]等价于a[i][j]
11           cout<<endl;
12       }
13       return 0;
14   }
```

程序运行结果如下：

```
 1  2  3  4
 5  6  7  8
 9 10 11 12
13 14 15 16
```

7.3.5 指向指针的指针

作为指针变量的内存单元也有地址。显然，存放指针变量地址的变量还是一个指针变量，是指向指针类型的指针变量，称为指向指针的指针，即二级指针变量（二级指针）。其定义形式为

  指向类型　**指针变量名,…

C++允许定义多级指针变量，一般形式为

  指向类型　**…* 指针变量名,…

例如：

  int　**pp;　　　　　　　　　　　　//定义二级指针变量

表示指针变量 pp 是一个指向整型指针的指针变量。

假定，非指针对象为普通对象，称前面述及的指针变量为一级指针变量。

普通对象、一级指针变量和二级指针变量可以同时定义。例如：

  int　a,*p,**pp;　　　　　　　　　　// 定义普通对象、一级指针变量、二级指针变量

二级指针变量或多级指针变量的使用、运算等操作与一级指针变量相同。如果没有对二级指针变量初始化，则该变量存放的地址是无效的，这时不能使用它做间接引用。下面以二级指针为例讨论其特殊点。

假设已知

  int　a=20,* p=&a,**pp=&p;

指针变量 p 的初值为整型变量 a 的地址，指针变量 pp 的初值为指针变量 p 的地址。

(1) *p：间接引用运算的结果为 a。
(2) *pp：间接引用运算的结果为 p。
(3) **pp：等价于*(*pp)，两次间接引用运算的结果为 a。
(4) pp 变量的值是指针变量 p 的地址。
(5) p 变量的值是整型变量 a 的地址。

指针的含义如图 7.16 所示。

图 7.16 指向指针的含义

【例 7.13】 输出一级指针变量、二级指针变量的地址值和间接引用值。
程序代码如下：

```
1    #include <iostream>
2    using namespace std;
3    int main()
4    {   int  a=20,*p=&a,**pp=&p;
5        cout<<"a="<<a<<" *p="<<*p<<" **pp="<<**pp<<endl;
6        cout<<hex<<"&a="<<&a<<" p="<<p<<" *pp="<<*pp<<endl;
7        cout<<"&p="<<&p<<" pp="<<pp<<" &pp="<<&pp<<endl;
8        return 0;
9    }
```

程序某次运行结果如下：

a=20   *p=20   **pp=20
&a=0012FF7C   p=0012FF7C   *pp=0012FF7C
&p=0012FF78   pp=0012FF78   &pp=0012FF74

为指针变量赋值或初始化时，指针级别不能混淆，即一级指针变量只能取得普通对象的地址，二级指针变量只能取得一级指针变量的地址，以此类推，否则指向类型不一致。例如：

int a=10,*p=&a,**pp=&a;   //pp=&a 错误
pp=&a;   //错误
pp=p;   //错误

pp 的指向类型为"int *"，而 &a 和 p 的指向类型为"int"。
实际编程中，指向指针的指针通常和指针数组结合在一起使用，一般用作函数参数。
假设已知

int a[4][4]={1,2,3,4,5,6,7,8,9,10,11,12,13,14,15,16};//二维数组
int *s[4]={a[0],a[1],a[2],a[3]};   //一维指针数组初始化

```
int**pp=s;                                              //二级指针指向一维指针数组
```
则通过二级指针访问一维指针数组 s 的典型形式如下。

① pp=s、pp=&s[0]：二级指针 pp 指向一维指针数组 s 的首元素地址。
② pp=s+i、pp=&s[i]、pp+i：二级指针 pp 指向一维指针数组 s[i]地址。
③ *(pp+i)、pp[i]：等价于 s[i]。

而通过二级指针访问一维指针数组 s 再间接访问二维数组 a 的典型形式如下 。

① *(pp+i)、pp[i]：指向 a[i][0]。
② **(pp+i)、*pp[i]、*(pp[i]+0)、pp[i][0]：等价于 a[i][0]。
③ *(pp+i)+j、pp[i]+j：指向 a[i][j]。
④ *(*(pp+i)+j)、*(pp[i]+j)、pp[i][j]：等价于 a[i][j]。

【例 7.14】 使用二级指针变量间接访问二维数组元素的地址和值。

程序代码如下：

```
1   #include <iostream>
2   using namespace std;
3   int main()
4   {   int a[4][4]={1,2,3,4,5,6,7,8,9,10,11,12,13,14,15,16};     //二维数组
5       int *s[4]={a[0],a[1],a[2],a[3]};                          //一维指针数组初始化
6       int i=2,j=3,**pp=s;                                       //二级指针指向一维指针数组
7       cout<<hex<<&a[i][0]<<" "<<*(pp+i)<<" "<<pp[i]<<" ";
8       cout<<dec<<a[i][0]<<" "<<**(pp+i)<<" "<<pp[i][0]<<endl;
9       cout<<hex<<&a[i][j]<<" "<<*(pp+i)+j<<" "<<pp[i]+j<<" ";
10      cout<<dec<<a[i][j]<<" "<<*(*(pp+i)+j)<<" "<<pp[i][j]<<endl;
11      return 0;
12  }
```

程序运行结果如下：

```
0012FF60   0012FF60   0012FF60    9    9    9
0012FF6C   0012FF6C   0012FF6C    12   12   12
```

通过指针变量间接访问对象，指针变量中存放的是目标对象的地址，称为间接寻址（简称间址），如图 7.17(a)所示。指向指针的指针称为二级间址，如图 7.17(b)所示。多级

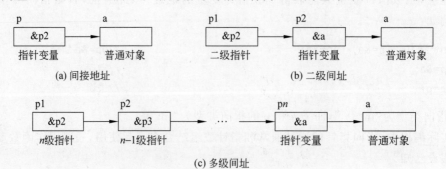

图 7.17 多级指针的含义

指针形成了多级间址,如图 7.17(c) 所示。级数越多,间接访问就愈难理解,编程就愈复杂,产生混乱和出错的机会也多,故实际编程中很少有超过二级间址的。

7.4 指针与字符串

可以利用一个指向字符型的指针处理字符数组和字符串,其过程与通过指针访问数组元素相同。使用指针可以简化字符串的处理,是程序员处理字符串常用的编程方法。

7.4.1 指向字符串的指针

可以定义一个字符数组,用字符串常量初始化它。例如:

char str[]="C Language";

系统会在内存中创建一个字符数组 str,且将字符串常量的内容复制到数组中,并在字符串末尾自动增加一个结束符'\0',如图 7.18 所示。

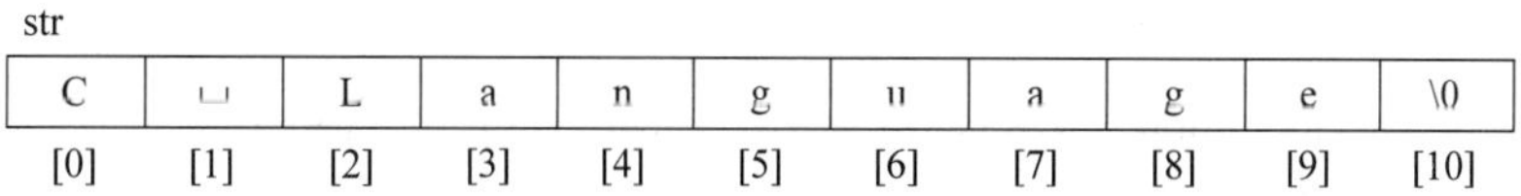

str										
C	␣	L	a	n	g	u	a	g	e	\0
[0]	[1]	[2]	[3]	[4]	[5]	[6]	[7]	[8]	[9]	[10]

图 7.18 字符串的数组形式

C++ 允许定义一个字符指针,初始化时指向一个字符串常量,一般形式为

char *字符指针变量=字符串常量,…

例如:

char *p="C Language";

p 是一个指向 char 型的指针变量。

这里虽然没有定义字符数组,但在程序全局数据区中仍为字符串常量分配了存储空间,而且以数组形式并在字符串末尾自动增加一个结束符'\0'。显然,这个字符串常量是有地址的。初始化时,p 存储了这个字符串首字符地址 4000,而不是字符串常量本身,称 p 指向字符串,如图 7.19 所示。

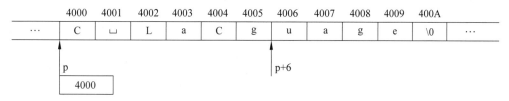

图 7.19 指向字符串的指针

还可以在程序语句中,用字符串常量赋值给字符指针变量 p。例如:

char *p;
p="C Language"; //正确,该字符串常量既是字符数组,又代表字符串首地址,两者均是 char *

无论哪种形式都是为指针变量赋地址值,而不是对 *p 赋值。赋值过程中只是将字符串的首地址值存储在 p 中,而不是将字符串存储在 p 中。p 仅是一个指针变量,它不能用来存放字符串的全部字符,只能用来存放一个字符串的指针(或地址)。

字符指针变量 p 除指向字符串常量外,还可以指向字符数组。例如:

```
char str[]="C Language", *p=str;            //p 指向字符串的指针
```

通过字符指针可以访问字符串,例如,通过字符指针输出字符串:

```
cout<<p;
```

cout 从字符指针对应的字符开始输出,每次地址自增,直到遇到空字符为止。例如:

```
cout<<p<<endl;              //输出: C Language
cout<<p+2<<endl;            //输出: Language
cout<<&str[7]<<endl;        //输出: age
```

下面是通过字符指针遍历字符串的两段代码。

程序①:

```
char str[]="C Language", *p=str;            //p 指向字符串的指针
while (*p!='\0') cout<< *p++;
```

程序②:

```
char *p="C Language";                       //p 指向字符串常量的指针
while (*p!='\0') cout<< *p++;
```

两段程序的运行结果相同,但它们之间有一个重要区别:即记忆字符串首地址的方式不一样。程序①运行后若要让 p 再次指向字符串,只要 p=str 即可,因为字符串的首地址就是字符数组名。而程序②运行后若要让 p 再次指向字符串,就困难了。因为字符串的首地址开始给了 p,但运算 p++ 后,p 发生了变化,从而使得 p 变成了"迷途指针"。解决这个问题的办法是在程序②中另外引入一个指针变量记住字符串的首地址。例如:

```
char *p1, *p="C Language";                  //p 指向字符串常量的指针
p1=p;                                       //p 变化前先将字符串的首地址保存到 p1 中
while (*p1!='\0') cout<< *p1++;             //p1 修改而 p 保持不变
```

【例 7.15】 编写程序计算一个字符串的长度(实现 strlen 函数的功能)。

程序代码如下:

```
1    #include <iostream>
2    using namespace std;
3    int main()
4    {
5        char str[100], *p=str;
6        cin>>str;                          //输入字符串
7        while (*p) p++;                    //指针 p 指向到字符串结束符
```

```
8        cout<<"strlen="<<p-str<<endl;    //输出字符串长度
9        return 0;
10   }
```

程序运行情况如下：

JavaScript↙
strlen=10

第 7 行 while 表达式的 *p 是 *p!='\0'的简写形式,两者作为逻辑结果是完全等价的,含义是判断 p 所指向的数组元素是否为空字符'\0';如果不为空字符则 p++,使指针移向下一个元素继续判断。当 p 指向空字符时,转向第 8 行,如图 7.20 所示。p-str 的结果是两个地址间字符元素的数目,正好是字符串的长度(不计空字符)。

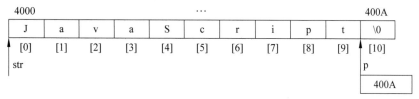

图 7.20　指针相减的含义

在这个例子中,可不可以将 str 定义为"char *str"? 答案是否定的。程序输入字符串,即多个字符元素,能存储它的数据类型只能是字符数组。而字符指针只是指向字符串,并不能实际存储字符串。一旦将 str 定义为"char *str",第 5 行就是使用了无效地址。即使 str 指向有效地址,其存储空间也没有足够的长度来接受输入,第 6 行仍然会使存储空间越界而导致严重错误。

请记住,指针可以指向数组,使得数组的访问多了一种途径,但指针并不能替代数组来存储大批量数据。

7.4.2　指针与字符数组的比较

由于数组和指针之间的密切关系,用字符数组和字符指针变量都能实现字符串的表示和运算。例如：

char s[100]="Computer";
char *p="Computer";

特别地,任何传递字符数组或字符指针的函数都接受两种方式的参数,但它们二者之间是有显著差异的。

1. 存储内容不同

字符数组能够存放字符串的所有字符和结束符,字符指针仅存放字符串的首地址。即定义字符数组,系统会为其分配指定长度的内存单元,而定义指针变量,系统只分配 4 字节的内存单元用于存放地址。

2. 运算方式不同

字符数组 s 和字符指针 p 尽管都是字符串的首地址,但 s 是数组名,是一个指针常量,不允许做左值和自增自减运算。而 p 是一个指针变量,允许做左值和自增自减运算。作为地址值,s 在程序运行期间不会发生变化,而 p 是可变的。

3. 赋值操作不同

字符数组 s 可以进行初始化,但不能使用赋值语句进行整体赋值,只可以按元素来赋值。例如:

```
s="C++";                    //错误
s++;                        //错误
s[0]='C';                   //正确
```

字符指针既可以进行初始化,也可以使用赋值语句。例如:

```
p="C++";                    //正确
*p='C';                     //正确
p++;                        //正确
```

一般地,如果程序中需要可以变化的字符串,则要建立一个字符数组,通过一个指向它的字符指针变量来访问其中的字符元素。例如:

```
char str[100], *pz=str;
```

【例 7.16】 使用字符指针下标法访问字符串。

程序代码如下:

```
1   #include <iostream>
2   using namespace std;
3   int main()
4   {
5       char *p="VisualBasic";
6       int i=0;
7       while (p[i]) cout<<p[i++];      //输出结束符之前的全部字符
8       return 0;
9   }
```

程序运行结果如下:

VisualBasic

7.4.3 指向字符串数组的指针

字符串数组是一个二维字符数组。例如:

```
char sa[6][7]={"C++","Java","C","PHP","CSharp","Basic"};
```

按一维数组的角度来看,数组 sa 有 6 个元素,每个元素均是一个一维字符数组,即字符串。因此数组 sa 可以理解为包含 6 个字符串的一维数组,例子中的初值正是字符串的写法,如图 7.21 所示。

	sa							
sa[0]	C	+	+	\0				
sa[1]	J	a	v	a	\0			
sa[2]	C	\0						
sa[3]	P	H	P	\0				
sa[4]	C	S	h	a	r	p	\0	
sa[5]	B	a	s	i	c	\0		

图 7.21 字符串数组的内存形式

由于一个字符指针可以指向一个字符串,为了用指针表示字符串数组,需要使用指针数组。例如:

char * pa[6]={"C++","Java","C","PHP","CSharp","Basic"};

其中,pa 为一维数组,有 6 个元素,每个元素均是一个字符指针。

为了通过指针方式使用指针数组 pa,还可以定义指向指针的指针。例如:

char **pb=pa;

指向指针的指针如图 7.22 所示。

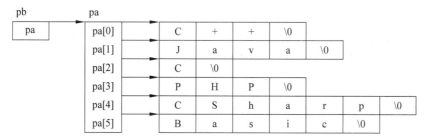

图 7.22 指向字符串数组的指针

比较图 7.21 和图 7.22 可以看出,用字符串数组存储若干字符串时,由于二维数组每一行包含的元素个数要求相等,因此需要取最大的字符串长度作为列数。而实际应用中的各个字符串长度一般是不相等的,若按最长字符串来定义列数,必然会浪费内存单元。

若使用字符指针数组,各个字符串按实际长度存储,指针数组元素只是各个字符串的首地址,不存在浪费内存单元问题。

在计算机信息处理中,对字符串的操作是最常见的,如果使用指针方式,会大大提高处理效率。例如,对若干字符串使用冒泡法按字母排序,如果用数组方式,比较交换时会产生字符串复制的开销;若使用字符指针数组,只须交换指针值改变指向,而字符串本身无须做任何操作。

【例 7.17】 将若干字符串使用冒泡法由小到大排序。

程序代码如下：

```
1    #include <iostream>
2    using namespace std;
3    int main()
4    {
5        char * pa[6]={"C++","Java","C","PHP","CSharp","Basic"}, * t;
6        int i,j;
7        for(j=0; j<6-1; j++)
8            for(i=0; i<6-1-j; i++)
9                if(strcmp(pa[i],pa[i+1])>0)
10                   t=pa[i],pa[i]=pa[i+1],pa[i+1]=t; //指针交换
11       for (i=0; i<6; i++) cout<<pa[i]<<" ";
12       return 0;
13   }
```

程序运行结果如下：

Basic C C++ CSharp Java PHP

字符串排序前的情况如图 7.22 所示，排序后如图 7.23 所示。

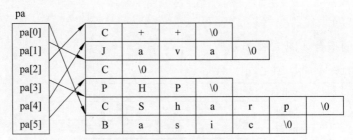

图 7.23　利用指针交换进行排序

7.5　指针与函数

在一个函数内部用指针访问代替对象直接访问、代替数组和字符串访问，实际意义并不大。指针最重要的应用是作为函数参数，它使得被调函数除了返回值之外，能够将更多的运算结果返回主调函数中，**即指针是函数参数传递的重要工具。**

7.5.1　指针作为函数参数

函数参数不仅可以是基本类型等普通对象，还可以是数组和指针变量。

1. 指针变量作为函数形参

函数形参可以是指针类型，一般形式为

返回类型　函数名(指向类型　* 指针变量名,…)

{
  函数体
}

相应地,调用函数时必须用相同指向类型的指针(或地址)作为函数实参。

【例 7.18】 输入 a 和 b 两个整数,按从小到大的顺序输出 a、b。

程序代码如下:

```
1    #include <iostream>
2    using namespace std;
3    void   swap(int * p1,int * p2)
4    {
5        int t;
6        t= * p1 , * p1= * p2, * p2=t;         //交换 * p1 和 * p2
7    }
8    int main()
9    {
10       int a,b;
11       cin>>a>>b;                            //输入
12       if (a>b) swap(&a,&b);
13       cout<<"min="<<a<<",max="<<b;          //输出
14       return 0;
15   }
```

程序运行结果如下:

456 123 ✓
min=123,max=456

swap 函数的作用是交换 a 和 b 的值。swap 函数的两个形参是指向 int 型的指针变量,因此调用 swap 函数时实参必须是指向 int 型的指针或地址。例如:

  swap(&a,&b);   //正确,实参 &a、&b 为 int * ,与形参要求一致

如果换成

  swap(a,b);   //错误,实参 a、b 为 int,与形参指针类型要求不一致

是错误的。

  请记住,即便是函数参数,C++ 也不会对任何指针类型做隐式类型转换。

  下面分析 swap 函数如何交换 a 和 b 的值。

  调用 swap 时,实参分别是变量 a 和 b 的地址,根据函数参数的值传递规则,swap 函数的形参指针变量 p1 得到了变量 a 的地址,p2 得到了变量 b 的地址。换句话,此时 p1 指向变量 a,p2 指向变量 b, * p1 等价于 a, * p2 等价于 b。那么

  t= * p1 , * p1= * p2, * p2=t;

实际效果相当于

```
t=a, a=b, b=t;
```

结果是 a 和 b 的值交换了。

那么可不可以直接在 swap 函数写"t=a, a=b, b=t;"交换 a 和 b 呢？答案是不可以。因为 a 和 b 是 main 函数定义的局部变量，其作用域仅在 main 函数内部有效，对其他任何函数来说不可见。

如果将 swap 函数写成

```
void  swap(int p1,int p2)
{
    int t;
    t=p1,p1=p2,p2=t;
}
```

在 main 函数的调用写成

```
swap(a, b);
```

能不能实现 a 和 b 交换呢？答案是不行。因为这样写的含义是：a 和 b 的值传递给了形参 p1 和 p2，p1 和 p2 是 a 和 b 的副本，在 swap 函数中交换了 p1 和 p2 的值，当 swap 调用结束返回到 main 函数中，形参 p1 和 p2 存储空间释放，而 main 函数 a 和 b 的值始终未变。

如果将 swap 函数写成

```
void  swap(int * p1,int * p2)
{
    int * t;
    t=p1,p1=p2,p2=t;              //指针交换
}
```

能不能实现 a 和 b 交换呢？答案是不行。因为这样写的含义是：在 swap 函数中交换形参 p1 和 p2 的指针值，即交换后仅是 p1 和 p2 的指向发生了变化，而被指向的 a 和 b 的值始终未变。

从上述分析可以看出，为了使被调函数能够改变主调函数的变量，应该用指针变量作为形参，将变量的指针（或地址）传递到被调函数中，通过指针间接引用达到修改变量的目的。当函数调用结束后，这些变量值的变化依然保留下来。换个角度来看，这些变量带回了被调函数所做的修改，将运算结果返回主调函数中。

显然，函数返回运算结果的前提有 3 个。

（1）使用指针变量作为函数形参。

（2）用接受运算结果的变量的指针（或地址）作为实参调用函数。

（3）函数中通过指针间接引用修改这些变量。

第 4 章讲到函数通过返回值只能返回一个运算结果，若要返回多个，就需要使用全局变量（因为全局变量对两个函数是可见的）。但全局变量使得函数模块化程度降低，现代程序设计思想要求尽量避免全局变量的使用。

显然，通过将指针作为函数参数的方法，既可以返回多个运算结果，又避免了使用全局变量。

【**例 7.19**】 编写函数，计算并返回 a 和 b 的平方和、自然对数和、几何平均数以及和的平方根。

程序代码如下：

```
1    #include <iostream>
2    #include <cmath>
3    using namespace std;
4    double fun(double a,double b,double * sqab,double * lnab,double * avg)
5    {
6        *sqab=a * a+b * b;              //*sqab 返回平方和
7        *lnab=log(a)+log(b);            //* lnab 返回自然对数和
8        * avg=(a+b)/2;                  //* avg 返回几何平均数
9        return (sqrt(a+b));             //函数返回和的平方根
10   }
11   int main()
12   {
13       double x=10,y=12,fsq,fln,favg,fsqr;
14       fsqr=fun(x,y,&fsq,&fln,&favg);
15       cout<<x<<","<<y<<","<<fsq<<","<<fln<<","<<favg<<","<<fsqr<<endl;
16       return 0;
17   }
```

程序运行结果如下：

10,12,244,4.78749,11,4.69042

2. 数组作为函数形参

第 6 章介绍过（一维或多维）数组作为函数的形参，例如：

```
double average(double A[100],int n)
{
    ...                                 //函数体
}
```

函数调用形式如下：

```
double X[100],f;
f=average(X,100);
```

由于实参数组名 X 表示该数组的首地址，因此形参应该是一个指针变量（只有指针变量才能存放地址），即函数定义

```
double average(double A[100],int n)
```

等价于

double average(double * A, int n)

在函数调用开始,系统会建立一个指针变量 A,用来存储从主调函数传来的实参数组首地址,则 A 指向数组 X,其后可以通过指针访问数组元素。例如:

① A[i]:指针下标法访问数组元素 X[i]。
② *(A+i):指针引用法访问数组元素 X[i]。
③ &A[i]、A+i:指向数组元素 X[i]。

从应用的角度来看,形参数组从实参数组那里得到了首地址,因此形参数组与实参数组本质上是同一段内存单元。在被调函数中若修改了形参数组元素的值,也就是修改了实参数组元素。因此,用数组作为函数参数,也能够使函数返回多个运算结果。

需要注意的是,形参数组"double A[100]"与数组定义写法一致,但含义不同。数组定义时 A 是数组名,是一个指针常量。而"double * A"是一个指针变量,在函数执行期间,它可以做赋值、自增自减运算等。例如:

```
double average(double A[100],int n)
{
    double B[100];
    A++;                    //正确,A 是指针变量
    B++;                    //错误,B 是指针常量,不能做自增自减
    A=B;                    //正确,A 是指针变量,可以重新指向 B
    B=A;                    //错误,B 是指针常量,不能被赋值
    return 0;
}
```

当函数调用开始时,形参指针变量的值是实参传来的地址,如果在函数中修改了形参指针变量,则实参传来的地址就会"丢失",一般要将此地址保存下来。

【例 7.20】 编写函数 average,返回数组 n 个元素的平均值。

程序代码如下:

```
1    #include <iostream>
2    using namespace std;
3    double average(double * a, int n)           //等价于 average(double a[],int n)
4    {
5        double avg=0.0, * p=a;
6        int i;
7        for (i=1; i<=n; i++,p++) avg=avg + * p ;    //等价于 avg=avg+p[i]
8        return n<=0 ? 0 : avg/n ;
9    }
10   int main()
11   {
12       double x[10]={66,76.5,89,100,71.5,86,92,90.5,78,88};
13       cout<<"average="<<average(x,10)<<endl;
```

```
14       return 0;
15   }
```

程序运行结果如下:

average=83.75

综合前面指针变量和数组作为函数参数的结论,要想在函数中改变数组元素,实参与形参的对应关系有如下 4 种作用相同的情况。

(1) 形参和实参都用数组名。例如:

```
void fun(int x[100],int n);              //函数原型
int a[100];
fun(a,100);                              //函数调用
```

形参数组 x 接受了实参数组 a 的首地址,因此在函数调用期间,形参数组 x 与实参数组 a 是同一段内存单元。

(2) 形参用指针变量,实参用数组名。例如:

```
void fun(int *x,int n);                  //函数原型
int a[100];
fun(a,100);                              //函数调用
```

形参指针变量 x 指向实参数组 a。

(3) 形参与实参都用指针变量。例如:

```
void fun(int *x,int n);                  //函数原型
int a[100],p=a;
fun(p,100);                              //函数调用
```

实参指针变量 p 的值传递到形参指针变量 x 中,则 x 也指向实参数组 a。

(4) 形参用数组,实参用指针变量。例如:

```
void fun(int x[100],int n);              //函数原型
int a[100],p=a;
fun(p,100);                              //函数调用
```

形参数组 x 接受了实参指针变量传递进来的地址值,即数组 a 的首地址,因此可以理解形参数组 x 与实参数组 a 是同一段内存单元。

上述 4 种情况,在函数 fun 中,均可以使用 x[i]、*(x+i)、*x++等形式访问数组元素。

无论形参是数组或是指针变量,在函数 fun 中都无法检测到实参数组的实际长度。实际编程中,要么像本例一样将实际长度传递到函数内部,要么像字符串那样放一个结束标志,在函数中只要检测到结束标志,就结束数组元素往前访问,避免数组越界。

特别地,如果实参不是一个数组,例如:

```
void fun(int *x,int n);                  //函数原型
```

```
    int b,p=&b;
    fun(p,100);                              //函数调用
```

在函数中如果把这个地址对应的内存单元当作数组来用,程序很容易出现严重错误。

3. 函数指针变量参数的 const 限定

当函数参数是指针变量时,在函数内部就有可能通过指针间接修改指向对象的值,为避免这个操作可以对指针参数进行 const 限定,一般形式为

返回类型　函数名(const 指向类型 *指针变量名,…)
{
　　函数体
}

例如:

```
    void fun1(const char * p,char m)
    {
        * p=m;                               //错误,* p 是只读的
        p=&m;                                //正确,指针变量 p 可以修改
    }
```

函数 fun 不能通过指针变量 p 修改指向的字符串。

如下函数调用:

```
    fun1("Hello",c);
```

要求第一个形参指针变量的间接引用是只读的,因为实参字符串常量类型是 const char *。

如果不允许在函数内部修改形参指针变量的值,则定义形式应为

返回类型　函数名(指向类型 * const 指针变量名,…)
{
　　函数体
}

例如:

```
    void fun2(char * const p,char m)
    {
        * p=m;                               //正确,* p 是可以修改的
        p=&m;                                //错误,指针变量 p 是只读的
    }
```

4. 字符指针变量作为函数形参

将一个字符串传递到函数中,传递的是地址,则函数形参既可以用字符数组,又可以

用指针变量,两种形式完全等价。在函数中可以修改字符串的内容,主调函数得到的是变化后的字符串。

在实际编程中,程序员更偏爱用字符指针变量作为函数形参,标准库中很多字符串函数都是这种方式。例如:

```
char * strcpy(char * s1,const char * s2);              //字符串复制函数
char * strcat(char * s1,const char * s2);              //字符串连接函数
int strcmp(const char * s1,const char * s2);           //字符串比较函数
int strlen(const char * s);                             //计算字符串长度函数
```

【例 7.21】 编写函数 stringcpy,实现 strcpy 函数的字符串复制功能。

程序代码如下:

```
1   #include <iostream>
2   using namespace std;
3   char * stringcpy(char * strDest,const char * strSrc)
4   {
5       char * p1=strDest;
6       const char * p2=strSrc;
7       while ( * p2!='\0') * p1= * p2,p1++,p2++;
8       * p1='\0';
9       return strDest;                                 //返回实参指针
10  }
11  int main()
12  {
13      char s1[80],s2[80],s3[80]="string=";
14      cin>>s1;                                        //输入字符串
15      stringcpy(s2,s1);                               //复制 s1 到 s2
16      cout<<"s2:"<<s2<<endl;
17      stringcpy(&s3[7],s1);                           //复制 s1 到 s3 的后面
18      cout<<"s3:"<<s3<<endl;
19      return 0;
20  }
```

程序运行结果如下:

Java↙
s2:Java
s3:string=Java

stringcpy 函数第 7 行是将 strSrc 字符串每个字符对应地赋值到 strDest 字符串中,直到结束符'\0'为止,第 8 行的作用是在字符复制完成后,在末尾添加一个结束符,使 strDest 成为字符串。

需要注意的是,新字符串生成通常都要有在其末尾添加结束符的操作,明确字符串在合适的位置结束。

由于 stringcpy 函数将 strSrc 地址开始的字符逐个赋值到 strDest 地址开始的字符串中，因此第 15 行的调用就是将 s1 整个字符串复制到 s2 中，而第 17 行的调用是将 s1 整个字符串复制到 s3[7]（即最后一个字符）地址开始的内存单元中，结果相当于 s1 增加到 s3 的后面。从这个例子可以看出，实参地址不一定非要是字符串首地址，它也可以从字符串中间开始，这正是指针应用很灵活的具体表现。

stringcpy 函数定义了两个指针 p1 和 p2 来做指针运算，避免形参指针被改变，这样就能够按函数要求返回原始的 strDest。

stringcpy 函数第 7 行可以写成更简洁的形式：

```
while (*p1=*p2) p1++,p2++;
```

这段代码的作用是将 *p2（strSrc 字符串）的字符先赋值到 *p1（strDest 字符串），while 语句的条件表达式即是 *p2 的值，当 *p2 为结束符时逻辑值为假，则循环结束；为非结束符时逻辑值为真，继续下一个字符赋值。由于是先赋值后判断，因此循环结束后不需要再为 *p2 添加结束符。

一般地，数值 0、空字符'\0'及空指针 NULL 可以直接当作逻辑值"假"。

5. 指向数组的指针变量作为函数形参

函数形参可以是指向数组的指针变量，例如：

```
void swaprow(int (*p1)[4],int (*p2)[4])
{                                      //交换 p1 和 p2 指向的一维数组的元素
    int i,t;
    for (i=0; i<4; i++) t=*(*p1+i),*(*p1+i)=*(*p2+i),*(*p2+i)=t;
}
```

函数调用时实参也必须是指向数组的指针，例如：

```
int A[4][4]={{1,2,3,4},{5,6,7,8},{9,10,11,12},{13,14,15,16}};
int i=0,j=3;
while (i<j) {
    swaprow(A+i,A+j);                  //交换 A+i 和 A+j 行的元素
    i++,j--;
}
```

6. 指向指针的指针变量作为函数形参

假设主调函数中有定义

```
int a=10,b=20, *p1=&a, *p2=&b;
```

如果一个函数 fun 的功能是将两个指针的值交换，即函数调用后 p1 指向 b，p2 指向 a，那么应如何设计该函数？

根据前面的结论，若要在函数 fun 中修改 p1 和 p2 的值，函数调用就必须用 p1 和 p2

的地址作为实参,即

```
fun(&p1,&p2);
```

则函数 fun 不能是

```
void fun(int *x,int *y)
```

因为 &p1 与 int * 类型不同,&p1 的类型应是指向指针的指针,所以函数 fun 应如下定义:

```
void fun(int **x,int **y)              //指向指针的指针变量作为函数形参
{
    int *t;                            //指针类型
    t=*x,*x=*y,*y=t;                   //*x 和*y 为指针类型,两个指针交换
}
```

7.5.2 函数返回指针值

函数的返回类型可以是指针类型,即函数返回指针值,定义形式为

```
返回类型 *函数名(形式参数列表)
{
    函数体
}
```

例如:

```
char *substring(const char *str,const char *sub)
{
    ...                                //函数体
}
```

函数返回指针值,需要考虑指针有效性的问题。例如:

```
char *substring(const char *str,const char *sub)
{
    char a='A';
    return &a;                         //正确,返回值 &a 与返回类型 char * 匹配
}
```

这个返回就有问题,因为它返回的是函数局部变量 a 的地址值。我们知道,当函数调用结束后,函数局部变量会释放,变成未知对象。在 return 语句时,&a 还是有效的,但主调函数获得这个地址时已经是无效的。

一般地,函数应返回以下 3 种值。

(1) 由主调函数传递进去的有效指针值。

(2) 由动态分配得到的指针值(后面将要讲到)。

(3) 0 值指针,表示无效指针。

【例 7.22】 编写函数 stringstr,实现 strstr 函数的查找子字符串功能。
程序代码如下:

```
1    #include <iostream>
2    using namespace std;
3    const char * stringstr(const char * string,const char * strCharSet)
4    {
5        const char * p=string, * r=strCharSet;
6        while( * p!='\0') {
7            while( * p++== * r++) ;          //比较直到字符串结束或不相等为止
8            if( * r=='\0') return p;          //包含 strCharSet,返回 string 当前指针
9            r=strCharSet;                     //重新指向 strCharSet
10           p=++string;                       //从 string 下一个字符起始
11       }
12       return NULL;                          //不包含 strCharSet,返回 NULL
13   }
14   int main()
15   {
16       char s1[80]=" * A * AB * ABC * ABCD",s2[80]="ABC";
17       const char * ptr;
18       ptr=(char * )stringstr(s1,s2);
19       if (ptr!=NULL) cout<<ptr<<endl;
20       return 0;
21   }
```

程序运行结果如下:

ABC * ABCD

stringstr 函数的作用是在 string 字符串中查找有无与 strCharSet 相同的字符串,如果有,返回该字符串在 string 中位置的指针,否则返回空指针,表示没有相同的字符串,其实现方法是在 string 字符串中逐个字符起始(p 指向)比较有无与 strCharSet(r 指向)相同的字符串。

第 7 行是字符串比较的关键,无论 p 或是 r 指向的字符串,只要指向的字符串有不相同的字符,循环就结束。此时有 3 种情况:

(1) p 和 r 均没有指向两个字符串的结束,说明字符串中间就有字符不相等。
(2) p 指向字符串结束,r 没有指向字符串的结束,说明 r 后面还有没有比较的字符。
(3) p 尚未指向字符串结束,r 指向字符串的结束。

显然第 3 种情况说明 p 所指向的字符串包含 strCharSet 字符串,则 r 应指向结束符。

7.5.3 函数指针

函数是实现特定功能的程序代码的集合,实际上,函数代码在内存中也要占据一段存储空间(代码区内),这段存储空间的起始地址称为函数入口地址。C++ 规定函数入口地

址为函数的指针,即函数名既代表函数,又是函数的指针(或地址)。

C++允许定义指向函数的指针变量,定义形式为

返回类型(＊函数指针变量名)(形式参数列表),…

它可以指向形如

返回类型 函数名(形式参数列表)
{
    函数体
}

的函数。

需要注意定义形式中的括号不能省略。例如:

    int (＊p)(int a,int b);   //定义函数指针变量

与数据对象指针不同,函数指针一般只有赋值和间接引用的操作,其他运算不适用。

1. 指向函数

可以将函数的地址赋值给函数指针变量,一般形式为

函数指针变量=函数名;

它要求函数指针变量与指向函数必须有相同的返回类型、参数个数、参数类型。例如,假设:

    int max(int a,int b);   //max 函数原型
    int min(int a,int b);   //min 函数原型
    int (＊p)(int a,int b);   //定义函数指针变量

则

    p=max;

称 p 指向函数 max。它也可以指向函数 min,即可指向所有与它有相同的返回类型、参数个数和参数类型的函数。

2. 通过函数指针调用函数

对函数指针间接引用即是通过函数指针调用函数,一般形式为

(＊函数指针)(实参)

或

函数指针(实参)

两种形式是完全相同的。通常,程序员偏爱用第二种形式。

通过函数指针调用函数,在实参、参数传递、返回值等方面与函数名调用相同。例如:

```
        c=p(a,b);                              //等价于 c=max(a,b);
```

【例7.23】 通过函数指针调用 max 和 min 函数。

程序代码如下：

```
1    #include <iostream>
2    using namespace std;
3    int max(int a,int b)                      //求最大值
4    {
5        return a>b?a:b ;
6    }
7    int min(int a,int b)                      //求最小值
8    {
9        return a<b ?a:b ;
10   }
11   int main()
12   {
13       int (*p)(int a,int b);                //定义函数指针变量
14       p=max;                                //p 指向 max 函数
15       cout<<p(3,4)<<" ";                    //通过 p 调用函数
16       p=min;                                //p 指向 min 函数
17       cout<<p(3,4)<<" ";                    //通过 p 调用函数
18       return 0;
19   }
```

程序运行结果如下：

4 3

从中可以看出，函数调用 p(3,4)究竟调用 max 还是 min，取决于调用前 p 指向哪个函数。

3. 函数指针的用途

指向函数的指针多用于指向不同的函数，从而可以利用指针变量调用不同函数，相当于将函数调用由静态方式（固定地调用指定函数）变为动态方式（调用哪个函数由指针值来确定）。熟练掌握函数指针的应用，有利于程序的模块化设计，提高程序的可扩展性。

在实际编程中，函数指针在菜单设计、事件驱动、动态链接库等领域得到充分的应用。

函数指针变量可以作为函数形参，此时实参要求是函数名（即函数地址）或函数指针，而形参和实参有相同的返回类型、参数个数和参数类型。

一般地，把一个函数 callback 的指针（地址）pf 作为参数传递给另一个函数 caller，并通过函数指针 pf 调用 callback 函数，称 callback 函数为回调函数。简言之，回调函数就是一个通过函数指针调用的函数。

使用回调函数可以把调用者 caller 和被调用者 callback 分开，调用者中间不是固定

地调用哪个函数,而是固定地通过函数指针调用函数,究竟是哪个函数由传到 caller 的值来决定。

【例 7.24】 编写程序计算如下公式。

$$\int_a^b (1+x)\,\mathrm{d}x + \int_a^b \mathrm{e}^{-\frac{x^2}{2}}\,\mathrm{d}x + \int_a^b x^3\,\mathrm{d}x$$

说明:这里用梯形法求定积分 $\int_a^b f(x)\,\mathrm{d}x$ 的近似值。如图 7.24 所示,求 $f(x)$ 的定积分就是求 $f(x)$ 曲线与 x 轴包围图形的面积,梯形法是把所要求的面积垂直分成 n 个小梯形,然后对面积求和。

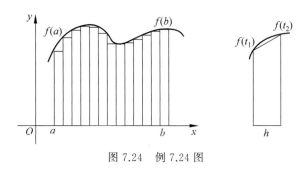

图 7.24 例 7.24 图

根据上述思想编写函数 integral,由于需要计算多个不同 $f(x)$ 的值,因此向 integral 传递 $f(x)$ 的函数指针,由 integral 调用具体的 $f(x)$ 求值,其函数原型为

double integral(double a,double b,double (*f)(double x))   //求定积分

程序代码如下:

```
1   #include <iostream>
2   #include <cmath>
3   using namespace std;
4   double integral(double a,double b,double (*f)(double x))       //求定积分
5   {
6       int n=1000,i;
7       double h,x,s=0.0;
8       h=(b-a)/n;
9       for(i=1;i<=n;i++) {
10          x=a+(i-1)*h;
11          s=s+(f(x)+f(x+h))*h/2;                                //调用 f 函数求 f(x)、f(x+h)
12      }
13      return s;
14  }
15  double f1(double x)
16  { return 1+x;
17  }
```

```
18    double f2(double x)
19    { return exp(-x*x/2);
20    }
21    double f3(double x)
22    { return x*x*x;
23    }
24    int main()
25    {
26        double a,b;
27        cin>>a>>b;
28        cout<<(integral(a,b,f1)+integral(a,b,f2)+integral(a,b,f3))<<endl;
29        return 0;
30    }
```

程序运行情况如下:

0 1↵
2.60562

7.6 动态内存

7.6.1 动态内存的概念

在使用数组的时候,总有一个问题困扰着我们:数组应该有多大?例如编写程序求 N 阶行列式的值,用数组表示行列式,需要如下定义:

```
double A[N][N];                    //N×N 二维数组表示 N 阶行列式
```

前面讲过,数组定义时,方括号内必须是常量,因此确切的定义应如下:

```
#define N 10
double A[N][N];                    //N×N 二维数组表示 N 阶行列式
```

而以下的定义形式:

```
int n;
cin>>n;                            //输入 n 值
double A[n][n];                    //意图由输入 n 值确定数组大小
```

是错误的。

在很多情况下,并不知道实际运行时数组到底有多大,那么就要把数组定义得足够大,并且运行时要对下标值作限制。否则,当定义的数组不够大时,可能引起数组越界,导致严重错误。如果因为某种特殊原因对数组的大小有增加或减少,则必须重新修改和编译程序。之所以出现这样的问题,是因为静态内存分配。

C++内存分配有两种方式:静态分配和动态分配。

静态分配是指在编译时为程序中的数据对象分配相应的存储空间,例如程序中所有全局变量和静态变量,函数中的非静态局部变量等,本书前面所有例子中的变量、数组和指针定义等均是静态分配方式。

由于是在编译时为数据对象分配存储空间,因此就要求在编译时空间大小必须是明确的,所以数组的长度必须是常量。而一旦编译完成,运行期间这个数组的长度就是固定不变的。

动态分配是程序运行期间根据实际需要动态地申请或释放内存的方式,它不像数组等静态内存分配方式那样需要预先分配存储空间,而是根据程序的需要适时分配,且分配的大小就是程序要求的大小。因此,动态分配方式有如下特点。

(1) 不需要预先分配存储空间。

(2) 分配的空间可以根据程序的需要扩大或缩小。

静态分配的内存在程序内存布局的数据区和栈区中(参考第 4 章),动态分配的内存在程序内存布局的堆区中。堆区的存储空间上限是物理内存的上限,甚至有的操作系统在物理内存不够时用硬盘来虚拟内存,因此动态分配能得到比静态分配更大的内存。

动态分配的缺点是运行效率不如静态分配,因为它的分配和释放会产生额外的调用开销。在实际编程中,在运行时分配或内存大小需要随时调整等情况下才使用动态分配方式。

7.6.2 动态内存的分配和释放

1. new 与 delete 运算

C 语言动态内存分配与释放的功能是通过函数来实现的,C++兼容这些函数,但同时提供了两个重要的运算符:new 和 delete。由于它们是运算符而不是函数,因此执行效率更高。new 和 delete 运算符见表 7.4。

表 7.4 new 和 delete 运算符

运 算 符	功　　能	目	结 合 性	用　　法
new[]	动态分配	单目	自右向左	new type
new[]	动态分配数组	单目	自右向左	new type[]
delete	释放空间	单目	自右向左	delete expr
delete[]	释放数组空间	单目	自右向左	delete[]expr

new 运算符将在自由存储区中动态分配内存,创建对象,一般形式如下。

① 分配指定类型的内存空间。

new　类型

② 分配指定类型的内存空间,且指定初值。

new　类型(初值)

③ 分配一个(一维或多维)数组。

new 类型[常量表达式]…

new 运算结果是指向分配得到的内存空间的指针,如果没有足够的内存空间可以分配,其运算结果是一个 0 值指针。例如:

```
int *p1,*p2;
char *pz1,*pz2;
p1=new int;              //分配一个整型空间,若成功则 p1 指向该空间,否则 p1 为 NULL
p2=new int(10);          //分配一个整型空间,且给这个整型赋初值 10,即 *p2 为 10
pz1=new char[80];        //分配一个字符数组(字符串)空间,即 pz1 为字符串指针
pz2=new char[5][80];     //分配一个二维字符数组(字符串数组)空间,即 pz1 为字符串数组指针
```

delete 运算符释放内存返回给自由存储区,销毁对象,一般形式如下。

① 释放已分配的内存空间。

delete 指针表达式

② 释放已分配的数组内存空间。

delete [] 指针表达式

delete 运算释放指针所指向的内存空间,第③种 new 形式分配的数组内存空间需用第②种 delete 形式来释放。例如:

```
delete p1;               //释放 p1 指向的整型空间
delete [] pz1;           //释放 pz1 指向的字符串空间
delete [] pz2;           //释放 pz2 指向的字符串数组空间
```

销毁对象后,指针 p1 变成没有定义,然而它仍然存放先前所指向的对象(已销毁)的地址,因此指针 p1 不再有效,称这样的指针为悬垂指针(dangling pointer)。悬垂指针指向曾经有效的对象内存,但该对象已经不再存在了。使用悬垂指针往往会导致程序错误,而且很难检测出来。通常在 delete 运算之后将指针重设为 0 值指针,以避免悬垂指针。

用 new 创建的动态对象使用完后,必须用 delete 销毁它。若是 0 值指针,delete 运算什么也不做。例如:

```
int *p=0;
delete p;                //正确,但无任何实际意义
```

delete 只能删除由 new 创建的动态对象,否则将导致程序错误。例如:

```
int a,*p=&a,*p1;
string str="hello";
p1=new int(100);
delete p1;               //正确
delete str;              //错误,str 不是动态对象
delete p;                //错误,p 所指向的 a 是静态分配存储空间的
```

2. 动态内存分配函数

(1) malloc 函数。

malloc 函数用于分配一个指定大小的内存空间,函数原型为

void * malloc(size_t size);

若分配成功,函数返回一个指向该内存空间起始地址的 void 类型指针;若分配失败,函数返回 0 值指针 NULL。参数 size 表示申请分配的字节数,类型 size_t 一般为 unsigned int。

在实际编程中,malloc 函数返回的 void 类型指针可以显式转换为其他指针类型。调用函数时,一般使用 sizeof 来计算内存空间的大小,因为不同系统中数据类型的空间大小可能不一样。需要注意的是,分配得到的内存空间是未初始化的,即内存中的数据是不确定的。

例如,分配一个 int 型内存空间:

int * p=(int *) malloc(sizeof(int));

若分配成功,p 指向分配得到的内存单元,* p 表示该内存单元。显然,动态分配得到的内存空间要按指针方式访问。一般情况下,p 值不能改变,否则该内存单元的起始地址就"永远是个谜"。换言之,程序再无可能使用该内存单元(因为不知指向哪里)。由程序申请的一块动态内存如果没有任何一个指针指向它,那么这块内存就泄露了。

malloc 函数分配失败的主要原因是没有足够的内存空间可以分配,所以在内存分配后,要对它的返回值进行检查,确保指针是否有效。例如:

```
if (p!=NULL) {        //分配失败时 p 为 NULL
    …                 //引用 * p
}
```

(2) calloc 函数。

calloc 函数用于分配 n 个连续的指定大小的内存空间,函数原型为

void * calloc(size_t nmemb,size_t size);

每个内存空间的大小为 size 字节,总字节为 n * size,并且将分配得到的内存空间的所有数据初始化为 0。若分配成功,函数返回一个指向该内存空间起始地址的 void 类型指针;若分配失败,函数返回 0 值指针 NULL。

例如,分配 50 个 int 型(相当于 int A[50]数组)内存空间:

int * p=(int *) calloc(50,sizeof(int));

等价于

int * p=(int *) malloc(50 * sizeof(int));

3. 动态内存调整函数

realloc 函数用于调整已分配内存空间的大小,函数原型为

void * realloc(void * ptr,size_t size);

realloc 将指针 ptr 所指向的动态内存空间扩大或缩小为 size 大小,无论扩大或缩小,原有内存中的内容将保持不变,缩小空间会丢失缩小的那部分内容。如果调整成功,函数返回一个指向调整后的内存空间起始地址的 void 类型指针。

例如:

```
int * p;
p=(int * )malloc( 50 * sizeof(int) );
                    //分配一个有 50 个 int 整型的内存空间,相当于 int A[50]
p=(int * )realloc(p,10 * sizeof(int) );
                    //调整为有 10 个 int 整型的内存空间,相当于 int A[10]
p=(int * )realloc(p,100 * sizeof(int) );
                    //再次调整为有 100 个整型的内存空间,相当于 int A[100]
```

4. 动态内存释放函数

free 函数用来释放动态分配的内存空间,函数原型为

void free(void * ptr);

参数 ptr 指向已有的动态内存空间。如果 ptr 为 NULL,则 free 函数什么也不做。

在实际编程中,若某个动态分配的内存空间不再使用时,应该及时将其释放。在动态分配的内存空间释放后,就不能再通过指针去访问,否则会导致程序出现崩溃性错误。

通常,ptr 释放之后,需要设置 ptr 等于 NULL,避免产生"迷途指针"。例如:

```
p=(int * ) malloc(sizeof(int) );     //分配一个整型空间,指针 p 是有效指针
  ⋮
free(p);                              //释放 p 所指向的内存空间,指针 p 变成迷途指针
p=NULL;                               //设置 p 为 0 值指针 NULL,指针 p 不是迷途指针
```

7.6.3 动态内存的应用

虽然动态内存分配适用于所有数据类型,但通常用于数组、字符串、字符串数组、自定义类型及复杂数据结构类型。

动态内存不同于静态内存,在实际编程中,需要注意以下 5 点。

(1) 静态内存管理由编译器进行,程序员只做对象定义(相当于分配);而动态内存管理按程序员人为的指令进行。

(2) 动态内存分配和释放必须对应,即有分配就必须有释放,不释放内存会产生"内存泄漏",后果是随着程序运行多次,可以使用的内存空间越来越少;另一方面,再次释放

已经释放的内存空间,会导致程序出现崩溃性错误。

(3) 静态分配内存的生命期由编译器自动确定,要么是程序运行期,要么是函数执行期。动态分配内存的生命期由程序员决定,即从分配时开始,至释放时结束。特别地,动态分配内存的生命期允许跨多个函数。

(4) 静态分配内存的对象有初始化,动态分配内存一般需要人为的指令赋初始值。

(5) 避免释放内存后出现"迷途指针",应及时设置为空指针。

【例 7.25】 在不同函数中分配、使用、释放动态内存。

程序代码如下:

```
1    #include <iostream>
2    using namespace std;
3    int * f1(int n)                    //分配 n 个整型内存,返回首地址
4    {   int * p,i;
5        p=new int[n];                  //分配
6        for (i=0; i<n; i++) p[i]=i;    //赋初始值
7        return p;                      //动态分配的指针返回是有意义的
8    }
9    void f2(int * p,int n)             //输出动态内存中的 n 个数据
10   { while (n-->0) cout<< * p++<<" "; }
11   void f3(int * p)
12   { delete [] p; }                   //释放内存
13   int main()
14   {
15       int * pi;
16       pi=f1(5);                      //分配
17       f2(pi,5);                      //输出
18       f3(pi);                        //释放
19       return 0;
20   }
```

程序运行情况如下:

4↙
3 1 -1 2 -5 1 3 -4 2 0 1 -1 1 -5 3 -3↙
detA=40.000000

函数 f1 第 5 行分配 n 个整型内存单元,第 6 行给分配到的每个内存单元赋初始值。尽管函数 f1 调用结束后,局部指针变量 p 会释放,但释放前函数返回它的值,这个指针值指向分配得到的内存空间的首地址,因此 main 函数第 16 行 pi 赋值后成为有效指针。其后的函数通过指针 pi 使用分配到的内存,直到调用函数 f3 释放它为止。

1. 动态分配数组

使用动态内存,可以轻而易举地解决本节开始提出的问题:在程序运行时产生任意

大小的"数组"。

动态分配一维或多维数组的方法是由指针管理数组,二维以上的数组按一维数组方式来处理,具体步骤如下。

(1) 定义指针 p。

(2) 分配数组空间,用来存储数组元素,空间大小按元素个数计算。

(3) 按一维数组方式使用这个数组(例如输入输出等)。

若是一维数组,则元素为 p[i];若是二维数组,则元素为 p[i*M+j],其中,M 为列元素个数,以此类推。

(4) 释放数组空间。

【**例 7.26**】 计算 n 阶行列式的值(n 由键盘输入)。

程序代码如下:

```
1    #include <iostream>
2    using namespace std;
3    double HLS(double * A,int N)                   //HLS(double A[N][N],int N)
4    {                                              //计算 N 阶行列式
5        int i,j,m,n,s,t,k=1;
6        double f=1.0,c,x;
7        for (i=0,j=0;i<N && j<N; i++,j++) {
8            if (A[i*N+j]==0) {                     //A[i][j] 检查主对角线是否为 0
9                for (m=i+1; m<N && A[m*N+j]==0; m++);   //A[m][j]
10               if (m==N) return 0;                //全为 0 则行列式为 0
11               else
12                   for (n=j;n<N;n++) {            //两行交换
13                       c=A[i*N+n];                //A[i][n]
14                       A[i*N+n]=A[m*N+n];         //A[i][n]=A[m][n];
15                       A[m*N+n]=c;                //A[m][n]
16                   }
17               k=-k;
18           }
19           for (s=N-1;s>i;s--) {                  //列变换成上三角行列式
20               x=A[s*N+j];                        //A[s][j]
21               for (t=j;t<N;t++)                  //A[s][t]-=A[i][t]*(x/A[i][j])
22                   A[s*N+t]-=A[i*N+t]*(x/A[i*N+j]);
23           }
24       }
25       for (i=0;i<N;i++) f*=A[i*N+i];             //A[i][i]
26       return k*f;
27   }
28   int main()
29   {   int i,j,n=4;
30       cin>>n;
31       double * A=new double[n*n];                //分配"数组"A[n][n]
```

```
32      for (i=0;i<n;i++)
33          for (j=0;j<n;j++) cin>> *(A+i*n+j);        //输入数据到 A[i][j]
34      cout<<"detA="<<HLS(A,n)<<endl;
35      delete [] A;                                    //释放"数组"
36      return 0;
37  }
```

程序运行情况如下：

```
4↙
3 1 -1 2 -5 1 3 -4 2 0 1 -1 1 -5 3 -3↙
detA=40
```

2. 动态分配字符串

在实际编程中，字符串类型表示文字信息数据，其特点是字符长度不固定。通过动态分配字符串，根据程序的需要确定字符串的实际长度。

动态分配字符串的方法是由字符指针管理字符串，具体步骤如下。

（1）定义字符指针。

（2）分配字符串空间，用来存储字符串。

（3）使用这个字符串（例如输入输出等）。

（4）释放字符串空间。

例如：

```
char *p=new char[1000];        //分配字符串空间
cin>>p;                        //输入字符串
cout<<p;                       //输出字符串
delete [] p;                   //释放字符串空间
```

3. 动态分配字符串数组

使用二维字符数组来存储字符串可能会浪费内存空间。采用指针数组和动态内存分配，可以存储多个字符串而且减少不必要的内存开销。

动态分配字符串数组的方法是由指向字符指针的指针管理多个字符指针，由每个字符指针管理字符串，具体步骤如下。

（1）定义字符指针数组的指针（即指向字符指针的指针）。

（2）分配字符指针数组空间，用来存储若干字符串的指针。

（3）分配字符串空间，用来存储字符串。

（4）使用这些字符串（如输入输出等）。

（5）释放字符串空间。

（6）释放字符指针数组空间。

例如：

```
int i,n;
char **pp;
cin>>n;                                  //输入字符串数目
fflush(stdin);                           //清空输入缓冲
pp=new char* [n];                        //分配字符指针数组空间
for (i=0; i<n; i++) {
    pp[i]=new char[100];                 //分配字符串空间
    cin>>pp[i];                          //输入字符串
}
for (i=0; i<n; i++) cout<<pp[i]<<endl;   //输出字符串
for (i=0; i<n; i++) delete [] pp[i];     //释放字符串空间
delete [] pp;                            //释放字符指针数组空间
```

7.7 带参数的 main 函数

前面涉及的 main 函数都是没有参数的。实际上，C++ 标准中的 main 函数允许带有参数，定义形式为

```
int main(int argc,char * argv[])
{
    ...                                  //函数体
}
```

其中，第一个参数 argc 表示命令行中字符串的个数，是非负整数值。第二个参数 argv 表示一个字符串指针数组，用于指向命令行中各个字符串。

需要注意的是，argv[argc]是一个空指针。如果 argc 大于 1，则 argv[0]是一个指向程序名的字符串指针，argv[1]～argv[argc－1]是指向命令行参数的字符串指针。换言之，通过 argv[0]可以得到程序名称，通过 argv[1]～argv[argc－1]可以得到命令行参数。

一个命令行程序在系统提示符中是按如下格式的命令输入的：

可执行程序名　参数1　参数2　参数3…

其中，用空格作为间隔。

按上述命令形式执行时，系统会将命令行的各个参数传递到 main 函数中，通过 argc 和 argv 两个参数可以让程序得到命令行上的信息，具体如下。

(1) argc：命令行中字符串的个数(含可执行程序名称)。

(2) argv[0]：可执行程序名称字符串的首地址。

(3) argv[1]：参数1字符串的首地址。

(4) argv[2]：参数2字符串的首地址，以此类推。

【例 7.27】 编写程序输出命令行信息。

程序代码如下：

```
1    #include <iostream>
```

```
2      using namespace std;
3      int main(int argc,char * argv[])
4      {
5          if (argc>0) {
6              cout<<"program:"<<argv[0]<<" ";              //输出程序名
7              for (int i=1; i<argc; i++) cout<<argv[i]<<" ";   //输出程序参数字符串
8          }
9          return 0;
10     }
```

假定程序取名 TEST,在命令行提示符中输入以下命令：

C:\>TEST /i /u /h /? IN.DAT OUT.DAT

程序运行结果如下：

program:TEST /i /u /h /?IN.DAT OUT.DAT

*7.8 引用类型

通过对象名称直接访问对象,优点是直观,操作哪个对象一目了然;缺点是由于对象名存在作用域的限制,某些情况下是不能按名称访问对象的,例如一个函数内部不能使用另一个函数的局部变量。

通过指针(或地址)间接访问对象,优点是无所不能;缺点是程序中大量出现的间接访问,实在分不清具体是哪个对象,需要通过上下文去分析。

C++扩充了 C 语言的对象访问方式,提供了引用访问。通过引用访问对象,结合了按名访问和按地址访问各自的优点,非常适合作为函数参数。

7.8.1 引用的概念与定义

简单地说,引用(reference)就是一个对象的别名(alias name),其声明形式为

引用类型　& 引用名称=对象名称,…

例如：

```
int x;                  //定义整型变量 x
int &r=x;               //声明 r 是 x 的引用
```

声明 r 是 x 的引用,也称 r 是 x 的别名。经过这样的声明,x 或 r 都代表同一个变量。

引用的本质是位于某个内存地址上的一个指定类型的对象。假定变量 x 的地址是 4000,则 r 的准确意义就是位于地址为 4000 的内存单元中的一个整型对象。这里面包括两重含义：首先 r 是一个整型对象,因此它的使用完全与整型一样;其次这个整型对象的地址是 4000,因此从内存角度来看,它具有指针的一些特性,即无论怎样它都代表放在地址为 4000 的内存单元中的那个整型。

声明变量 r 为引用类型,并不需要分配另外的内存单元来存放 r 的值,所以这里称为"声明"而不是"定义"。r 是 x 的引用,说明 r 和 x 占用内存中的同一个存储单元,具有同一地址。

在 C++ 中,引用全部是 const 类型,声明之后不可更改(即不能再是别的对象的引用)。实际上,引用变量经过编译后对程序代码来说是不存在的,因为对于编译器来说,使用 r 就是使用地址为 4000 的内存单元中的那个整型。引用一经定义,就不能指向别的地址,也不能指向别的类型,编译器不会专门开辟内存单元存储引用,而是将有引用的地方替换为对象的地址,接受引用的地方替换为指针。

7.8.2 引用的使用

1. 引用的规则

(1) **声明一个引用类型变量时,必须同时初始化它**,声明它是哪个对象的别名,即绑定对象。例如:

```
int &r;              //错误,引用是 const 类型,必须在声明时初始化
int x,&r=x;          //正确,声明 r 是 x 的引用
```

(2) **不能有空引用,引用必须与有效对象的内存单元关联**。

(3) 引用一旦被初始化,就**不能改变引用关系**,不能再作为其他对象的引用。例如:

```
int x,y;             //定义整型变量 x,y
int &r=x;            //正确,声明 r 是 x 的引用
int &r=y;            //错误,r 不能再是别的对象的引用
```

(4) **指定类型的引用不能初始化到其他类型的对象上**。例如:

```
double f;            //定义浮点型变量 f
int &r=f;            //错误,r 值整型的引用不能绑定到浮点型的对象上
```

(5) 引用初始化与对引用赋值含义完全不同。例如:

```
int x;               //定义整型变量 x
int &r=x;            //初始化,指明 r 是 x 的引用,即将 r 绑定到 x
r=100;               //引用赋值,100 赋值到 r 绑定的内存单元中(即 x)
```

(6) 直接访问对象与引用访问对象是访问同一个内存单元。例如:

```
int x,y=100;         //定义整型变量 x,y
int &r=x;            //声明 r 是 x 的引用
x=5;                 //直接访问对象,x(或 x 对应的内存单元)为 5,那么 r 也为 5
cout<<r<<endl;       //输出 5
r=10;                //引用访问对象,r 绑定的对象为 10,即 x 为 10
cout<<x<<endl;       //输出 10
r=y;                 //表示将 y 的值赋值给引用 r,因此 r 和 x 为 100,不表示 r 是 y 的引用
r++;                 //表示 r 绑定的对象++,即 x++
```

（7）取一个引用的地址和取一个对象的地址完全一样，都是用取地址运算。例如：

```
int x;                    //定义整型变量 x,y
int &r=x;                 //声明 r 是 x 的引用
int * p1=&x;              //p1 指向 x
int * p2=&r;              //p2 指向 r,本质上指向 x
```

2. 引用作为函数形参

C++之所以扩充引用类型，主要是把它作为函数形参，使得 C++中给一个函数传递参数有 3 种方法。

（1）传递对象本身。
（2）传递指向对象的指针。
（3）传递对象的引用。

【**例 7.28**】 C++函数传递参数的 3 种方法。

程序代码如下：

```
1   //程序① 传递对象本身              //程序② 传递对象的指针            //程序③ 传递对象的引用
2   #include <iostream>               #include <iostream>               #include <iostream>
3   using namespace std;              using namespace std;              using namespace std;
4   //对象作为函数形参                 //指针作为函数形参                 //引用作为函数形参
5   void swap(int a,int b)            void swap(int * a,int * b)        void swap(int &a,int &b)
6   {   int t;                        {   int t;                        {   int t;
7       t=a,a=b,b=t;                      t=*a,*a=*b,*b=t;                  t=a,a=b,b=t;
8   }                                 }                                 }
9   int main()                        int main()                        int main()
10  {   int x=10,y=20;                {   int x=10,y=20;                {   int x=10,y=20;
11      swap(x,y);                        swap(&x,&y);                      swap(x,y);
12      cout<<x<<","<<y;                  cout<<x<<","<<y;                  cout<<x<<","<<y;
13      return 0;                         return 0;                         return 0;
14  }                                 }                                 }
```

程序运行结果如下：

程序①运行结果   程序②运行结果   程序③运行结果
10,20   20,10   20,10

说明：

程序①第 5 行的形参是对象名的形式，第 11 行的实参是对象名；前已述及，这是值传递，即 main 函数的 x 和 y 变量的值传递到了 swap 函数中，swap 分配形参 a 和 b 来接受传递进来的值。显然，此时的 a 和 b 是 x 和 y 的一个副本，在 swap 中交换了 a 和 b 的值并不影响 main 函数的 x 和 y，所以当 swap 函数返回后 x 和 y 的值没有变化。

程序②第 5 行的形参是对象指针的形式，第 11 行的实参是对象的地址；前已述及，这也是值传递，即 main 函数的 x 和 y 变量的地址值传递到了 swap 函数中，swap 分配形参指针变量 a 和 b 来接受传递进来的地址值。显然，此时的 a 和 b 是指向 x 和 y 的，在

swap 中交换了 * a 和 * b 的值,实际上就是交换 main 函数的 x 和 y,所以当 swap 函数返回后 x 和 y 的值已经改变。

程序③第 5 行的形参是对象引用的形式,第 11 行的实参是对象名。请注意,这不是值传递方式,而是一种新的函数传递方式,称为引用传递。

swap 函数的形参声明为引用,在函数未调用时,引用 a 和 b 未初始化,即并未指定它们是哪个对象的别名,它们也不占用内存单元。在 main 函数调用 swap 函数时,由实参把对象名传给了形参,而不是把对象的值传给了形参。则 x 的名称传给了引用 a,a 就成为 x 的别名;同理,a 成为 y 的别名。换言之,x 和 a 代表同一个整型变量,y 和 b 代表同一个整型变量。显然,在 swap 函数中交换了 a 和 b 的值,则 x 和 y 的值同时也改变了。

引用传递方式本质上是将实参对象的地址传递给了引用形参,从而使引用形参和实参对象共享同一内存单元,那么**对引用形参的访问实际上就是对实参的访问**。

显然,函数引用传递方式也可以**实现多个数据结果返回主调函数中**,其功能与指针方式相同。但指针方式返回数据结果必须满足 3 个条件:①实参为地址,即进行"&"取地址运算;②形参分配指针变量接受实参地址;③函数内部使用指针间接访问,即进行"*"间接访问运算。而引用传递方式把这个过程简化了。

使用引用作为函数形参,比使用指针变量简单、直观、方便,特别是避免了在被调函数中出现大量指针间接访问时难以分辨所指对象究竟是哪个具体对象的问题,从而降低了编程的难度。

3. 引用作为函数返回值

函数返回值可以是引用类型,即函数返回引用,其定义形式为

返回类型 & 函数名(形式参数列表)
{
　　函数体
}

【例 7.29】 C++ 函数返回值的 3 种类型。

程序代码如下:

```
1   //程序① 函数返回值            //程序② 函数返回指针           //程序③ 函数返回引用
2   #include <iostream>           #include <iostream>          #include <iostream>
3   using namespace std;          using namespace std;         using namespace std;
4   int max(int a,int b)          int * max(int a,int b)       int& max(int &a,int &b)
5   { return (a>b?a:b); }         { return (a>b?&a:&b); }      { return (a>b?a:b); }
6   int main()                    int main()                   int main()
7   {   int x=10,y=20,z;          {   int x=10,y=20, * z;      {   int x=10,y=20,z;
8       z=max(x,y);                   z=max(x,y);                  z=max(x,y);
9       cout <<z;                     cout << * z;                 cout <<z;
10      return 0;                     return 0;                    return 0;
11  }                             }                            }
```

说明：

程序①函数返回值，这个值实际上是以一个 const 的 int 型临时对象返回的，返回后第 8 行相当于"z＝const 的 int 型临时变量；"，所以 z 被赋值 20。

程序②函数返回指针，这个地址值同样是以一个 const 的 int * 指针类型的临时对象返回的，返回后第 8 行相当于"z＝const 的 int * 临时变量；"，所以 z 指向 y。

程序③函数返回引用，此时函数并未建立一个临时对象，而是返回对象的引用（即别名），返回后第 8 行相当于"z＝b 的别名；"，而 b 的别名又是 y 的别名，则第 8 行相当于"z＝y 的别名；"，等价于"z＝y"。

可以看出，**函数返回引用与函数返回值或返回指针有重大区别**，它不是返回一个临时对象（无论是值或是指针），而是相当于**返回实体对象本身**。正因为如此，**函数返回引用可以作为左值**。例如：

```
int &fun(int &a,int &b)
{ return (a>b?a:b); }
```

可以让 fun 函数调用作为左值：

```
int x=10,y=20,z=5;
fun(x,y)=z;                    //调用 fun 函数后相当于 y=z；
cout <<y;
```

函数调用能够出现在等号"＝"的左边，这是从未见过的写法，也是 C++ 很奇妙的用法之一，在后面章节的类、对象、运算符重载中有很多类似的应用。

需要注意的是，不要返回函数里的局部对象的引用，原因与函数返回指针相同。当函数返回后，这些局部对象已经释放，成为未知对象，它们的指针当然是无效的，它们的引用（即别名）也是无效的。例如：

```
int fun()                int *fun()               int &fun()
{   int a=100;           {   int a=100;           {   int a=100;
    return a;                return &a;               return a;
    //正确，返回 a 值的副本      //错误，返回 &a 值已无效      //错误，返回 a 对象已无效
}                        }                        }
```

7.8.3 常引用

可以在声明引用时使用 const 限定，称为常引用，一般形式为

const 类型　& 引用名称=对象名称,…

用这种方式声明的引用，不允许通过引用对绑定对象的值进行修改，从而使引用的对象成为只读的，达到了引用的安全性。例如：

int a;

```
const int &ra=a;              //声明常引用
a=1;                          //正确
ra=1;                         //错误,ra 是只读的
```

不能声明非 const 引用作为 const 对象的别名,但常引用既可以作为 const 对象的别名,又可以作为非 const 对象的别名。例如:

```
int a;                        //非 const 整型变量
const int b=100;              //const 整型变量
int &r1=a;                    //正确,非 const 引用可以作为非 const 整型变量的引用
int &r2=b;                    //错误,非 const 引用不能作为 const 整型变量的引用
const int &r3=a;              //正确,const 引用可以作为非 const 整型变量的引用
const int &r4=b;              //正确,const 引用可以作为 const 整型变量的引用
```

假设有函数声明:

```
int call();
void fun(int &s);
```

则函数调用"fun(call());"和"fun("Hello,World");"是错误的。原因在于 call 函数返回和"Hello,World"字符串都会产生一个临时对象,在 C++ 中,这些临时对象都是 const 类型的。因此上述的函数调用就是非 const 引用作为 const 对象的别名。

如果函数的引用形参为常引用,有利于保护形参在函数内部不会被修改。例如:

```
int fun(const int  &r)
{ r=100; }                    //错误,r 是只读的
```

7.8.4 对象、指针与引用的比较

1. 对象与指针的比较

对象将内存单元抽象为一个名字,使用名字就是使用对应的内存单元,是直接访问方式。指针是内存单元的地址,通过地址可以访问内存单元,是间接访问方式。

对象定义后就可以使用,指针则是先指向对象,然后再间接引用。例如:

① 对象   ② 指针

```
int a;          //定义对象         int a, * p;     //定义对象,指针变量
a=100;          //直接访问方式      p=&a;           //指向对象 a
                                   * p=100;        //间接访问方式,等价于 a=100;
```

显然,仅在一个函数内部,使用指针方式是没有任何实际意义的,所以指针主要应用于函数参数传递或动态分配。

2. 对象与引用的比较

引用是对象内存单元的另一个名字,使用这个名字就如同使用对象名字一般,从这个角度来看,引用是直接访问方式。但引用本质上是地址的概念,它是对象内存单元固定不

变的地址,在有引用的地方编译器对它做自动间接引用运算,函数引用形参接收的是对象内存单元的指针。

对象定义后就直接使用,引用需要先绑定对象然后再使用。例如:

① 对象   ② 引用

```
int a;          //定义对象         int a;          //定义对象
a=100;          //直接访问方式     int &r=a;       //声明引用变量且绑定对象
                                   r=100;          //引用访问方式,等价于 a=100
```

显然,仅在一个函数内部使用引用方式也是没有任何实际意义的,所以引用主要应用于函数参数传递。

3. 指针与引用的比较

引用的内部实现和指针并无两样。在 C++ 中,引用在语法上与指针有着明显的差异,但它们并没有本质的不同;引用是 C++ 实现的一种限制比较严格的常值指针,它在使用之前自动做间接引用,而指针需要显式的间接引用。引用只能在定义时被初始化一次,之后不可变,而指针可变;引用不能为空,而指针可以为空等。

实际编程中,推荐尽量用引用代替指针,因为引用是一种比指针更安全的类型,并且有更清晰的语义(当然指针也有适合的语义)。

① 指针   ② 引用

```
int a;          //定义对象              int a;          //定义对象
int *p=&a;      //定义指针变量且指向对象 a  int &r=a;       //声明引用变量且绑定对象
*p=100;         //间接访问方式,等价于a=100; r=100;          //引用访问方式,等价于 a=100;
x=sizeof(p);    //求指针变量的内存大小    x=sizeof(r);    //求整型变量 a 的内存大小
p++;            //指针指向下一个(存储空间)对象 r++;         //即 a++
//用于函数                              //用于函数
int *fun(int *p) //返回值和参数使用指针   int& fun(int &r) //返回值和参数使用引用
{   *p=10;      //间接访问                {   r=10;       //引用访问,实质类似*p
    return p;   //返回指针值                  return r;   //返回对象
}                                       }
p1=fun(p);      //p1 也指向 a            x=fun(r);       //x=r;
                                        fun(r)=5;       //可以作为左值,即 r=5;
```

习题

1. 编写函数用指针法将数组 A 中 n 个整数按相反顺序存放。
2. 编写函数将数组中奇偶下标的元素分别求和并返回结果。
3. 用指针法判断数组是否为中心对称,如(1,2,3,5,3,2,1)。
4. 用一维数组指针访问二维数组,编写函数计算二维数组任意两行元素乘积之和。
5. 将一个字符串插入另一个字符串的指定位置处。
6. 编写函数将参数 s 所指字符串中除了下标为奇数同时 ASCII 值也为奇数的字符

之外,其余所有字符都删除(例如,输入 0123456789,结果为 13579)。

7. 编写 strencode(char *s);函数,将字符串 s 中的大写字母 ASCII 码值加 3,小写字母减 3。

8. 统计一个字符串出现某子串的次数。

9. 编写函数实现通配符的匹配,其中,通配符为"?",表示匹配任意一个字符,若匹配成功返回字符串的匹配位置(起始为 0)。如"there"和"?re"是匹配的,返回 2。

10. 若一个字符串的一个子串的每个字符均相同,则称为等值子串。求一个字符串的最大等值子串。

11. 一个指针数组指向 10 个字符串常量,用选择排序法对指针数组按字符串排序。

12. 一个字符数组存有多个字符串(一个紧接一个),编写函数找出每一个字符串,并返回到指针 p 所指向的指针数组中。

13. 编写函数 void Traverse(void *p,int n,void(*visit)(void *ep)),遍历 p 所指的数组的每个元素,通过调用函数 void visit(void *ep);输出元素。设计不同的 visit,使之能够实现 char、double 和 int 等类型的输出,则调用 Traverse 函数就可以支持多种类型的数组遍历。

14. 编写函数 int Locate(int A[],int n,int e,int(*compare)(int *ep1,int *ep2)),从数组中查找满足一定关系的元素的位置。通过调用函数 int compare(int *ep1,int *ep2)判定关系是否成立,那么设计不同的 compare 就可以定制元素比较关系,则 Locate 可以适应不同的关系比较。

15. 编写函数 operate(int a,int b,int(*fun)(int x,int y))。每次调用 operate 函数时可以实现不同的功能,如计算 a 和 b 的最大值、和、差等。

16. 编写函数查找一维数组中的某个元素,并返回该元素的指针,主调函数输出该元素。

17. 命令行有 3 个参数,前两个为整数,第 3 个确定程序输出两个整数的最大值或最小值。设计 3 个函数,分别将类似"****ABB*DDD*FFF***"的字符串的前导*、中间*和末尾*删除。

18. 对任意长度的元素集合进行选择排序、插入排序和快速排序。

19. 求任意两个大小(由输入决定)的矩阵 $A_{m \times n}$ 和 $B_{n \times k}$ 的乘积 $C_{m \times k}$。

20. 输入多个书号和英文书名记录,从书名中提取关键词插入词表并建立关键词和书号的索引表。

21. 编写函数 void strToUpper(string&),将形参字符串中的所有字母转换成大写字母。

22. 编写函数 double& Min(double&,double&),返回两个形参中值最小的变量的引用。

23. 编写函数 void calc(double A[],int n,double& sum,double& avg),求:有 n 个元素的数组 A 的累加值 sum 和平均值 avg。

24. 编写函数 int& find(int A[],int n,int m),返回有 n 个元素的数组 A 中第 1 个小于 m 的元素(若不存在返回 A[0]),在 main 函数中给这个元素赋值为 0。

第8章 组合数据——自定义类型

除了内置数据类型,C++还支持用户**自定义类型**(user defined type,UDT),所谓**自定义类型**是根据应用程序具体需要而设计的数据类型。

数组是一种数据形式,其特点是多个相同类型的元素集合起来;结构体是另一种重要的数据形式,其特点是不同类型的成员组合起来。数组和结构体形成了两种风格迥异的聚合(aggregate)方式,通过它们及其相互组合、相互嵌套的机制可以构造出复杂的、满足应用要求的自定义数据类型。

共用体又称联合,是一种可以共享存储空间的自定义类型,位域是以二进制位为数据形式的自定义类型,枚举类型是以整数常量聚合的自定义类型。通过 typedef,任何内置数据类型或自定义类型可以重新命名,进而简化了类型名称,方便形成可移植的、规范的应用程序数据类型体系。

8.1 结构体类型

有时需要将不同类型但又相互联系的数据组合在一起使用。例如学生信息"学号、姓名、性别、年龄、QQ号、成绩",这些数据项的类型是不同的,因此不能使用数组表示它们。如果分别定义为相互独立的变量,又难以反映出它们之间的内在联系,编程时数据管理工作量大且复杂。

C++的结构体允许将不同类型的数据元素组合在一起形成一种新的数据类型,其定义形式为

    struct 结构体类型名 {
        成员列表
    };

成员列表则是该类型的数据元素的集合,数目可以任意多,由具体应用确定。一对大括号({})是成员列表边界符,后面必须用分号(;)结束。

结构体类型定义时必须给出各个数据成员的类型声明,其一般形式为

    成员类型 成员名列表;

这很像我们所熟悉的变量定义。声明时成员名列表允许为多个,用逗号(,)作为间隔。

例如，可以通过如下定义建立能表示学生信息的数据类型。

```
struct STUDENT {              //学生信息类型
    int no;                   //声明一个整型数据成员表示学号
    char name[21];            //声明一个字符数组(字符串)数据成员表示姓名
    char sex;                 //声明一个字符数据成员表示性别
    int age;                  //声明一个整型数据成员表示年龄
    char qq[11];              //声明一个字符数组(字符串)数据成员表示 QQ 号
    double score;             //声明一个浮点型数据成员表示成绩
};
```

结构体类型定义一般放在程序文件开头，或者放到头文件中被程序文件包含，此时这个定义是全局的。在全局作用域内，该定义处处可见，因此同作用域内的所有函数都可以使用它。

结构体类型定义也可以放到函数内部，此时这个定义是局部的。若在函数内部有同名的结构体类型定义，则全局定义在该函数内部是无效的，有效的是局部定义的函数内部的结构体类型。例如：

```
struct DATE {                 //全局定义的 DATE
    int year,month,day;
};
void fun()
{
    struct DATE {             //局部定义的 DATE
        int year,month,day,week;
    };
                              //全局定义的 DATE 在函数无效,有效的是局部定义的 DATE
}
```

以下是关于结构体类型定义的补充说明。

(1) 需要理解 struct 本身是一种抽象的数据类型。即 struct 笼统地代表结构体，但它究竟有哪些数据成员是不定的，因此不能直接用 struct 去定义变量。例如：

```
int a;                        //正确,int 是具体的数据类型
struct b;                     //错误,struct 是抽象的数据类型
```

所以，结构体使用前必须先定义结构体类型，有了这个具体的数据类型才谈得上使用这种类型，C++ 其他内置数据类型没有这个步骤。

(2) 结构体类型定义向编译器声明了一种新的数据类型，该数据类型有不同类型的数据成员。例如上述的 STUDENT，它和内置数据类型名(如 int、char 和 double 等)一样是类型名称，而不是该类型的一个实体。因此尽管成员类似变量的定义，但类型定义时并不会产生该成员的实体，即为它分配存储空间。例如：

```
struct COMPLEX {              //复数类型
    double r,i;               //声明有两个浮点型数据成员,但不会产生实体(分配内存)
```

};

(3) 结构体类型定义时成员列表可以是任意数目、任意类型的成员,甚至是结构体类型成员,例如:

```
struct STAFF {                  //职员信息类型
    int no;                     //工号,整型
    char name[21];              //姓名,字符数组(字符串)
    char sex;                   //性别,字符型
    DATE birthday;              //出生日期,结构体类型
    double salary;              //薪水,浮点型
};
```

显然,结构体类型可以将数组和结构体这两种截然不同的数据聚合方式嵌套起来使用,从而让 C++ 有了表示复杂数据结构的能力。

(4) 结构体类型的一对大括号({})可以看作一个作用域,因此其成员名称可以与外部其他标识符相同,这个特点使得结构体类型很适合数据封装。

(5) C 语言的结构体类型只能用"struct 结构体类型名"表示,如"struct STUDENT"。C++ 兼容 C 语言的结构体类型,既可以用 C 语言方式,又可以直接用"结构体类型名"表示,如"STUDENT"。建议 C++ 程序员使用后一种方式。

(6) C++ 的结构体类型已经超出 C 语言的结构体类型的概念,本质上与第 9 章的类类型相同。本章主要讨论兼容 C 语言的结构体类型。

8.2 结构体对象

由于 C++ 结构体类型与类相同,而且结构体类型可以表示大型结构的数据对象,数据表示形式层次更高,因此本书将结构体类型的实体称为对象,区别于以前的变量。

定义结构体对象称为结构体类型实例化(instance),实例化会根据数据类型为结构体对象分配内存单元。

8.2.1 结构体对象的定义

1. 结构体对象的定义形式

定义结构体对象有 3 种形式。

(1) 先定义结构体类型,再定义对象。

假定事先已经定义了结构体类型,可以用它来定义结构体对象,即将该类型实例化。一般形式为

```
结构体类型名 结构体对象名列表;            //C++方式
struct 结构体类型名 结构体对象名列表;     //兼容的 C 语言方式
```

结构体对象名列表是一个或多个对象的序列,各对象之间用逗号(,)分隔,最后必须用分号(;)结束,对象取名必须遵循标识符的命名规则。例如:

```
STUDENT a,b;                        //用 C++方式定义结构体对象
struct STUDENT x,y;                 //用 C 语言方式定义结构体对象
```

（2）定义结构体类型的同时定义对象。

一般形式为

```
struct 结构体类型名 {
    成员列表
} 结构体对象名列表;
```

这种形式需要注意结构体对象名列表是在右大括号(})和分号(;)之间。例如：

```
struct DATE {                       //日期类型
    int year,month,day;             //年,月,日,整型
} d1,d2;                            //定义结构体对象
```

（3）直接定义结构体对象。

一般形式为

```
struct {
    成员列表
} 结构体对象名列表;
```

这种形式显然是第二种形式的特例，即不定义结构体类型，只定义结构体对象。

第(1)种形式应用得最普遍和最灵活，第(3)种形式因为没有结构体类型名而使用较少。

2. 结构体对象的内存形式

实例化结构体对象后，对象会得到存储空间。STUDENT 对象的内存结构如图 8.1 所示。

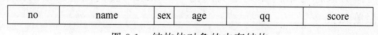

图 8.1　结构体对象的内存结构

可以看出，结构体各成员是根据在结构体定义时出现的顺序依次分配空间的，在初始化结构体对象和使用指针操作结构体对象时尤其需要注意这个特点。

结构体对象的内存长度是各个成员内存长度之和，推荐使用 sizeof 运算，由编译器自动确定内存长度，例如：

```
sizeof(STUDENT)                     //得到结构体类型的内存长度
sizeof a                            //得到结构体对象 a 的内存长度
```

读者需要注意，在有的编译器中，sizeof 得到的结构体内存长度可能比理论值大。例如，在 VC 环境下，下面两个结构体类型：

```
struct A {                          struct B {
```

```
    int a;        //4字节              char b;        //1字节
    char b;       //1字节              int a;         //4字节
    short c;      //2字节              short c;       //2字节
};                                 };
```

成员相同(仅顺序不同),理论上它们的内存长度应是 4+1+2=7。但实际上 sizeof(A) 的结果为 8,sizeof(B) 的结果为 12,这是什么原因呢?

为了加快数据存取的速度,编译器默认情况下会对结构体成员和结构体本身(实际上其他数据对象也是如此)存储位置进行处理,使其存放的起始地址是一定字节数的倍数,而不是顺序存放,称为字节对齐。设对齐字节数为 n(n=1,2,4,8,16),每个成员内存长度为 L_i,Max(L_i)为最大的成员内存长度。字节对齐规则如下。

(1) 结构体对象的起始地址能够被 Max(L_i)所整除。

(2) 结构体中每个成员相对于起始地址的偏移量,即对齐值应是 min(n,L_i)的倍数。若不满足对齐值的要求,编译器会在成员之间填充若干字节(称为 internal padding)。

(3) 结构体的总长度值应是 min(n,Max)(L_i))的倍数,若不满足总长度值的要求,编译器在为最后一个成员分配空间后,会在其后填充若干字节(称为 trailing padding)。

例如,VC 默认的对齐字节数 n=8,则 A 和 B 的内存长度分析如下。

(1) A 的第一个成员 a 为 int,对齐值 min(n,sizeof(int))为 4,成员 a 相对于结构体起始地址从 0 偏移开始,满足 4 字节对齐要求;第二个成员 b 为 char,对齐值 min(n,sizeof(char))为 1,b 紧接着 a 后面从偏移 4 开始,满足 1 字节对齐要求;第三个成员 c 为 short,对齐值 min(n,sizeof(short))为 2,如果 c 紧接着 b 后面从偏移 5 开始就不满足 2 字节对齐要求,因此需要补充 1 字节,从偏移 6 开始存储。结构体 A 的内存长度=4+1+1(补充)+2=8。

(2) B 的第一个成员 b 为 char,对齐值 min(n,sizeof(char))为 1,成员 b 相对于结构体起始地址从 0 偏移开始,满足 1 字节对齐要求;第二个成员 a 为 int,对齐值 min(n,sizeof(int))为 4,如果 a 紧接着 b 后面从偏移 1 开始,不满足 4 字节对齐要求,因此补充 3 字节,从偏移 4 开始存储;第三个成员 c 为 short,对齐值 min(n,sizeof(short))为 2,c 紧接着 a 后面从偏移 8 开始,满足 2 字节对齐要求。则总的内存长度=1+3(补充)+4+2=10。由于 n 大于最大的成员内存长度(4),故结构体长度应是 4 的倍数,因此最后需要再补充 2 字节。结构体 B 的内存长度=1+3(补充)+4+2+2(补充)=12。

A 和 B 的内存结构如图 8.2 所示,阴影部分是满足字节对齐要求而补充的字节。

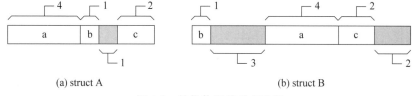

图 8.2 结构体字节对齐示意

使用预处理命令♯pragma pack(n)可以设定对齐字节数 n(n=1,2,4,8,16)。例如:

```
#pragma pack(push)  //保存对齐字节数          #pragma pack(push)  //保存对齐字节数
#pragma pack(1)     //设定对齐字节数为 1      #pragma pack(1)     //设定对齐字节数为 1
struct A {                                    struct B {
    int a;          //4字节                       char b;         //1字节
    char b;         //1字节                       int a;          //4字节
    short c;        //2字节                       short c;        //2字节
};                                            };
#pragma pack(pop)   //恢复对齐字节数          #pragma pack(pop)   //恢复对齐字节数
```

sizeof(A)和 sizeof(B)的结果均为 7。

8.2.2 结构体对象的初始化

可以在结构体对象定义时进行初始化。第一种定义初始化的一般形式为

结构体类型名 结构体对象名 1={初值序列 1},…;

第二种定义初始化的一般形式为

struct 结构体类型名 {
    成员列表
} 结构体对象名 1={初值序列 1},…;

结构体对象的初值序列与数组一样,必须用一对大括号({})将它括起来,即使只有一个数据也是如此。如果结构体对象嵌套了结构体成员,则该成员的初值可以用或不用大括号括起来。初值的类型和次序必须与结构体类型定义时的一致。例如：

```
STAFF s1={1001,"Li Min",'M',{1980,10,6},2700.0};
STAFF s2={1002,"Ma Gang",'M',1978,3,22,3100.0};
```

需要注意,与类类型相同的 C++ 结构体对象初始化还可以按类的初始化形式进行,第 9 章将予以说明。

8.2.3 结构体对象的使用

1. 结构体对象成员引用

使用结构体对象主要是引用它的成员,其一般形式为

结构体对象名.成员名

其中,小数点(.)为对象成员引用运算符,见表 8.1。

表 8.1 对象成员引用运算符

运算符	功　能	目	结合性	用　法
.	对象成员引用运算	双目	自左向右	object.member

对象成员引用运算符在所有运算符中优先级较高,其作用是引用结构体对象中的指

定成员,运算结果为左值(即成员本身),因此可以对运算结果做赋值、自增自减和取地址等运算。例如:

```
STAFF a,b;
a.no=10002;
                //将 10002 赋值给 a 对象中的 no 成员,对象成员引用运算结果是左值(即成员本身)
b.salary=a.salary+500.0;            //在表达式中可以引用对象成员
a.no++;                             //按优先级等价于(a.no)++
```

对象成员引用运算时需要注意以下几点。

(1) 对象成员引用运算符(.)左边的运算对象 object 必须是结构体对象,右边的 member 必须是结构体中的成员名。

(2) 如果成员本身又是一个结构体对象,就要用成员引用运算符,一级一级地引用。例如:

```
STAFF x;
x.birthday.year=1990,x.birthday.month=5,x.birthday.day=12;    //逐级引用成员
```

2. 结构体对象输入与输出

不能将一个结构体对象作为整体进行输入或输出,只能对结构体对象中基本类型成员逐个进行输入或输出。例如:

```
STAFF x;
cin>>x.no>>x.sex>>x.salary;                         //整型、字符型、浮点型成员输入
cin>>x.birthday.year>>x.birthday.month>>x.birthday.day;
cin>>x.name;                                        //字符串成员输入
```

3. 结构体对象的运算

结构体对象可以进行赋值运算,但不能对其进行算术运算和关系运算等。例如:

```
COMPLEX m,n,k;
m=n;                //正确,结构体对象允许赋值
k=m+n;              //错误,结构体对象不能做算术运算
m>n;                //错误,结构体对象不能做关系运算
```

结构体对象赋值时,本质上是按内存形式将一个对象的全体成员完全复制到另一个对象中。如果结构体对象包含大批成员(如数组),则赋值将耗费大量运行时间。

8.3 结构体与数组

8.3.1 结构体数组

数组元素可以是结构体类型,称为结构体数组,如一维结构体数组定义形式为

结构体类型名　结构体数组名[常量表达式];

例如,表示平面上若干点的数据对象,可以这样定义:

```
struct POINT {                          //点类型
    int x,y;                            //平面上点的 x、y 坐标
};
POINT points[100];                      //表示 100 个点的数据对象
```

结构体数组的内存形式是按数组内存形式排列每个元素,每个元素按结构体内存形式排列。如 points 数组的内存长度是 100 * sizeof(POINT)。

与其他数组一样,可以对结构体数组进行初始化,如一维结构体数组初始化形式为

结构体类型名　结构体数组名[常量表达式]={初值序列};

其中,初值序列必须按内存形式做到类型、次序一一对应。

例如,表示平面上 3 个矩形框的数据对象,可以这样定义:

```
struct RECT {                           //矩形框类型
    int left,top,right,bottom;          //平面上矩形框左上角和右下角的 x、y 坐标
};
RECT rects[3]={{1,1,10,10},{5,5,25,32},{100,100,105,200}};
```

初值写法中除了最外面的一对大括号外,其他大括号可以省略。例如:

```
RECT _rect[3]={1,1,10,10,5,5,25,32,100,100,105,200};
```

在初始化时,数组元素个数可以不指定,而由编译器根据初值自动确定。例如:

```
RECT r[]={{1,1,10,10},{5,5,25,32},{100,100,105,200}};
```

引用结构体数组成员需要将数组下标运算和对象成员引用运算结合起来操作,其一般形式为

数组对象[下标表达式].成员名

例如:

```
r[0].left=r[0].top=10;                  //数组对象[下标表达式]是结构体对象
```

8.3.2　结构体数组成员

结构体类型中可以包含数组成员,数组成员类型既可以是基本数据类型,又可以是指针类型或结构体类型,例如,表示平面三角形的数据对象,可以这样定义:

```
struct TRIANGLE {                       //三角形类型
    POINT p[3];                         //由 3 个平面上的点描述三角形
};
```

引用结构体数组成员需要将对象成员引用运算、数组下标运算结合起来操作,其一般

形式为

结构体对象.数组成员[下标表达式]

例如：

```
TRIANGLE tri;
tri.p[0].x=10,tri.p[0].y=10;        //结构体对象.数组成员[下标表达式].成员名
```

【例 8.1】 从键盘上输入 20 个学生信息记录（包含学号、姓名、成绩），按成绩递减排序；当成绩相同时，按学号递增排序。

程序代码如下：

```
1    #include <iostream>
2    using namespace std;
3    #define N 20
4    struct tagSTUDENT {                                //学生信息类型
5        int no;                                        //学号
6        char name[21];                                 //姓名
7        double score;                                  //成绩
8    };
9    int main()
10   {
11       struct tagSTUDENT A[N] ,t;
12       int i ,j=2.0;                                  //消除浮点型 bug
13       for (i=0; i<N; i++)                            //输入学生信息
14           cin>>A[i].no>>A[i].name>>A[i].score;
15       for (i=0; i<N-1; i++)                          //排序
16           for (j=i; j<N; j++)
17               if (A[i].score<A[j].score              //按成绩递减排序
18               ||(A[i].score==A[j].score&&A[i].no>A[j].no))  //按学号递增排序
19                   t=A[i],A[i]=A[j],A[j]=t;
20       for (i=0; i<N; i++)                            //输出学生信息
21           cout<<A[i].no<<","<<A[i].name<<","<<A[i].score<<endl;
22       return 0;
23   }
```

8.4 结构体与指针

8.4.1 指向结构体的指针

可以得到结构体对象各成员的地址，方法是取地址运算（&）（或数组名即地址），指向成员的指针类型应与成员类型一致。例如：

```
STAFF m;                            //结构体对象
```

```
int *p1;                    //指向no成员的指针类型是int *
char *s1, *s2;              //指向name、sex成员的指针类型是char *
DATE *p2;                   //指向birthday成员的指针类型是DATE *
p1=&m.no;                   //取no成员的地址
s1=m.name;                  //name成员是数组,数组名即地址
s2=&m.sex;                  //取sex成员的地址
p2=&m.birthday;             //取birthday成员的地址
```

也可以得到结构体对象的地址,方法是取地址运算(&),指向结构体对象的指针类型必须是结构体类型。例如:

```
STAFF m, *p;                //指向结构体对象的指针
p=&m;                       //取结构体对象的地址
```

指向结构体对象成员的指针值是该成员内存单元的起始地址,指向结构体对象的指针值是该对象内存单元的起始地址。显然,结构体对象的地址值(&m)与第一个成员的地址值(&m.no)相同。指向结构体成员和指向结构体对象的指针如图8.3所示。

图8.3 结构体对象及成员指针示意

假设p是指向结构体对象的指针,通过p引用结构体对象成员有两种方式。
(1) 对象法:(*p).成员名。
(2) 指针法:p->成员名。

注意"(*p).成员名"不能写成"*p.成员名",因为对象引用运算符(.)比间接引用运算符(*)高,这里的逻辑应该是通过p间接引用结构体对象,通过这个对象访问其成员,而不是相反。

箭头(->)为指针成员引用运算符,见表8.2。

表8.2 指针成员引用运算符

运算符	功能	目	结合性	用法
->	指针成员引用运算	双目	自左向右	pointer->member

指针成员引用运算符在所有运算符中优先级较高,其作用是通过结构体指针引用结构体对象中的指定成员,运算结果为左值(即成员本身),因此可以对运算结果做赋值、自增自减和取地址等运算。例如:

```
p->no=10002;  //将10002赋值给对象中的no成员,指针成员引用运算结果是左值(即成员本身)
p->salary=p->salary+500.0;       //在表达式中引用指针指向的成员
p->no++;                         //按优先级等价于(p->no)++
```

指针成员引用运算时需要注意以下几点。

(1) 指针成员引用运算符(->)左边的运算对象 pointer 必须是指向结构体对象的指针,可以是变量或表达式,右边的 member 必须是结构体对象中的成员名。其引用形式为

结构体指针->成员名

(2) 如果成员本身又是一个结构体对象指针,就要用指针成员引用运算符一级一级地引用成员。例如:

```
DATE d={1981,1,1};
TEACHER {                           //教师信息类型
    int no;                         //工号
    char name[21];                  //姓名
    DATE *pbirthday;                //出生日期
} a={1001,"Li Min",&d}, *p=&a;
```

结构体对象 a 初始化时,其成员 pbirthday 是 DATE * 指针,指向结构体对象 d。结构体指针 p 指向结构体对象 a,则

```
p->no=10001;                        //通过指针 p 引用 a 的 no 成员
p->pbirthday->year=2008;            //通过指针 p->pbirthday 引用 d 的 year 成员
```

8.4.2 指向结构体数组的指针

指向结构体数组的指针本质上是数组指针,其定义的一般形式为

结构体类型名 结构体数组名[常量表达式],*结构体指针;
结构体指针=结构体数组名;   //指向结构体数组

假设指向结构体数组的指针 p 指向了结构体数组首地址,通过 p 可以按下面的形式访问第 i 个数组元素(结构体对象)。

(1) p[i]:数组法访问数组元素。

(2) *(p+i):指针法访问数组元素。

通过 p 还可以按下面的形式访问结构体数组成员。

(1) p[i].成员名:结合数组法与对象法访问结构体数组成员。

(2) (*(p+i)).成员名:结合指针法与对象法访问结构体数组成员,注意(*)的优先级低于(.)。

(3) (p+i)->成员名:指针法访问结构体数组成员。

例如:

```
int i=3,j=5;
STAFF branch[20], *p=branch;        //指向结构体数组的指针
p[i]=p[j];                          //等价于 branch[i]=branch[j],结构体对象赋值
*p= *(p+1);                         //等价于 branch[0]=branch[1],结构体对象赋值
```

```
    p[i].no=10003;                  //给结构体对象成员赋值
    cout<<(*(p+i)).no<<endl;        //输出结构体对象成员
    cin>>(p+i)->name;               //输入结构体对象成员
```

8.4.3　结构体指针成员

结构体成员可以是指针类型。例如：

```
struct DATA1 {
    int data;                       //整型成员
    char *name;                     //指针成员
} a={10,"Li Min"} ,b;
```

需要注意，结构体对象的指针成员存储的是地址，而不是所指向的内容。如 a.name 的值是字符串常量"Li Min"的地址，而不是字符串本身，这一点与数组成员是不同的。例如：

```
struct DATA2 {
    int data;                       //整型成员
    char name[10];                  //数组成员
} c={10,"Li Min"} ,d;
```

结构体对象 c 存储字符串"Li Min"。

上述两种结构体类型的内存长度是不一样的：

```
sizeof(DATA1)                       //长度为 8
sizeof(DATA2)                       //长度为 14
```

当这两种结构体对象赋值时，含义也是不同的，例如：

```
b=a;        //复制一个整型和一个指向"Li Min"的指针,b 中 name 指向"Li Min"
d=c;        //复制一个整型和"Li Min",d 中 name 为"Li Min"
```

结构体指针成员可以指向结构体类型，甚至是自身类型。例如：

```
struct NODE {
    int data;                       //整型成员
    NODE *next;                     //指针成员,指向自身类型的指针
} a,b,c;
```

其中，next 成员指向 NODE。假设

```
    a.next=&b;                      //对象 a 的 next 指向对象 b
    b.next=&c;                      //对象 b 的 next 指向对象 c
```

那么访问 a、b、c 3 个对象的 data 成员可以有如下写法：

```
    a.data=1;                       //访问对象 a 的 data 成员
    a.next->data=2;                 //访问对象 b 的 data 成员,等价于 b.data
    a.next->next->data=3;           //访问对象 c 的 data 成员,等价于 c.data
```

即通过 next 成员可以将 3 个对象"链接"起来,形成链表结构。在这种结构中,只要知道第一个对象(如 a),不需要知道其他对象(如 b、c),就可以访问所有在链表上的对象。如果链接的对象是用动态内存分配得到的,则对象只有地址没有名称,那么这样的指针访问就显得很有意义了。

8.5 结构体与函数

8.5.1 结构体对象作为函数参数

将结构体对象作为函数实参传递到函数中,采用值传递方式。结构体对象内存单元的所有内容像赋值那样复制到函数形参中,形参必须是同类型的结构体对象。例如:

```
struct DATA {
    int data;                    //整型成员
    char name[10];               //数组成员
};
void fun1(DATA x);               //函数原型
void fun2()
{
    DATA a={1,"LiMin"};
    fun1(a);                     //函数调用
}
```

函数调用时,实参对象 a 的 data 和 name 成员逐一复制到形参 x 对象中。因此这种传递方式会增加函数调用在空间和时间上的开销,特别是当结构体的长度很大时,开销会急剧增加。

采用值传递方式,形参对象仅是实参对象的一个副本,在函数中若修改了形参对象并不会影响到实参对象,即形参对象的变化不能返回主调函数中。

在实际编程中,传递结构体对象时需要考虑结构体的规模带来的调用开销,如果开销很大时建议不要用结构体对象作为函数参数。

8.5.2 结构体数组作为函数参数

将结构体数组作为函数参数,采用地址传递方式。函数调用实参是数组名,形参必须是同类型的结构体数组。例如:

```
void fun3(DATA X[]);             //函数原型
void fun4()
{
    DATA A[3]={1,"LiMin",2,"MaGang",3,"ZhangKun"};
    fun3(A);                     //函数调用
}
```

函数调用时,无论数组有多少个元素,每个元素(结构体对象)有多大规模,传递的参数是数组的首地址,其开销非常小。

采用地址传递方式,形参数组的首地址与实参数组完全相同。在函数中若修改了形参数组元素,本质上就是修改实参数组元素,即形参数组元素的变化能反映到主调函数中。因此,使用结构体数组作为函数参数可以向主调函数传回变化后的结构体对象。

8.5.3 结构体指针或引用作为函数参数

将结构体指针作为函数参数,采用地址传递方式。函数调用实参是结构体对象的地址,形参必须是同类型的结构体指针。例如:

```
void fun5(DATA *p);              //函数原型
void fun6()
{
    DATA a={1,"LiMin"};
    fun3(&a);                    //函数调用
}
```

函数调用时,无论结构体有多大规模,传递的参数是一个地址值,其开销非常小。

采用地址传递方式,在函数中若按间接引用方式修改了形参对象,本质上就是修改实参对象。因此,使用结构体指针作为函数参数可以向主调函数传回变化后的结构体对象。

如果希望用结构体指针减少函数调用开销而又不允许在函数中意外修改实参对象,可以将结构体指针形参作 const 限定。例如:

```
void fun7(const DATA *p)
{    p-> data=100;               //不能修改常对象成员
}
```

函数中任何试图修改形参对象的代码都会导致语法出错,进而防止意外修改。

将结构体引用作为函数参数,功能与指针方式相似。函数形参对象实际上就是实参对象的别名。例如:

```
void fun5(DATA &p);              //函数原型
void fun6()
{
    DATA a={1,"LiMin"};
    fun3(a);                     //函数调用
}
```

在函数中若修改了形参对象本质上就是修改实参对象,因此,使用结构体引用作为函数参数可以向主调函数传回变化后的结构体对象。

8.5.4 函数返回结构体对象、指针或引用

函数的返回类型可以是结构体类型,这时函数将返回一个结构体对象。例如:

```
DATA fun8()
```

```
    {   DATA a={1,"LiMin"};
        return a;                    //返回结构体对象,复制到临时对象中
    }
    void fun9()
    {
        DATA b;
        b=fun8();                    //函数返回结构体对象,并且赋值
    }
```

函数返回结构体对象时,将其内存单元的所有内容复制到一个临时对象中。因此函数返回结构体对象时也会增加调用开销。例如,b=fun8(),函数返回时复制一次到临时对象中,赋值时将临时对象又复制一次到 b 中。

函数的返回类型还可以是结构体指针或引用,但不要返回局部对象的指针或引用,因为它在函数返回后是无效的。

8.6 共用体

8.6.1 共用体概念及类型定义

共用体(union)是一种成员共享存储空间的结构体类型。共用体类型是抽象的数据类型,因此程序中需要事先定义具体的共用体类型,一般形式为

```
union 共用体类型名 {
    成员列表
};
```

共用体类型名与 union 一起作为类型名称,成员列表是该类型数据元素的集合。一对大括号({})是成员列表边界符,后面必须用分号(;)结束。

共用体类型定义时必须给出各个成员的类型声明,其形式为

```
成员类型   成员名列表;
```

成员名列表允许任意数目的成员,用逗号(,)作为间隔。

共用体中每个成员与其他成员之间共享内存。如有两个共用体类型:

```
union A {                            union B {
    int m,n;     //整型成员               int m;      //整型成员
    char a,b;    //字符成员               char a,b;   //字符成员
};                                       short n;    //短整型成员
                                     };
```

对于 union A,m、n、a、b 共享内存单元,其内存结构如图 8.4(a)所示。对于 union B,m、a、b、n 共享内存单元,其内存结构如图 8.4(b)所示。

比较以下共用体和结构体类型:

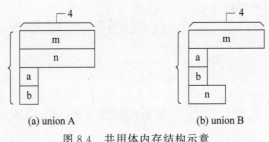

(a) union A　　　　　　(b) union B

图 8.4　共用体内存结构示意

```
union UDATA {        //共用体类型          struct SDATA {        //结构体类型
    int n;           //整型成员                int n;            //整型成员
    char a;          //字符成员                char a;           //字符成员
};                                            };
```

UDATA 类型内存结构如图 8.5(a) 所示, 可以看出两个成员共享了同一段内存单元, 考虑到整型有 4 字节, 字符型只有 1 字节, 相当于 a 是 n 的一部分。SDATA 类型内存结构如图 8.5(b) 所示, 可以看出两个成员 n 和 a 是各自独立的。

(a) UDATA　　　　　　(b) SDATA

图 8.5　共用体与结构体内存结构比较

显然, 结构体与共用体的内存形式是截然不同的。共用体内存长度是所有成员内存长度的最大值, 结构体内存长度是所有成员内存长度之和。建议用 sizeof 取它们的内存长度。

需要注意, 共用体内存分配时仍然采用字节对齐规则。

8.6.2　共用体对象的定义

与结构体对象相似, 定义共用体对象也有 3 种形式。

(1) 先定义共用体类型, 再定义共用体对象。

共用体类型名　共用体对象名列表；

(2) 同时定义共用体类型和定义共用体对象。

union 共用体类型名 {成员列表} 共用体对象名列表；

(3) 直接定义共用体对象。

union {成员列表} 共用体对象名列表；

其中第二种形式最常用。

定义共用体对象时可以进行初始化, 但只能按一个成员给予初值, 例如：

```
A x={ 5678 };                                    //正确,只能给出 1 个初值
A y={5,6,7,8};                                   //错误,试图给出 4 个初值(结构体做法)
```

8.6.3 共用体对象的使用

共用体对象的使用主要是引用它的成员,方法是对象成员引用运算(.)。例如:

```
1    x.m=5678;                                              //给共用体成员赋值
2    cout<<x.m<<","<<x.n<<","<<x.a<<","<<x.b<<endl;         //输出 5678,5678,.,.
3    cin>>x.m>>x.n>>x.a>>x.b;
4    x.n++;                                                 //共用体成员运算
```

在上述程序中,第 1 句给成员 m 赋值 5678,由于所有成员内存是共享的,因此每个成员都是这个值。第 2 句输出 m 和 n 为 5678,输出 a 和 b 为'.',因为 a 和 b 类型为 char,仅使用共享内存中的一部分(4 字节的低字节),即 5678(0x162E)的 0x2E(46)。同时每个成员的起始地址是相同的,当运行第 3 句时输入 1 2 3 4↙,x.m 得到 1,但紧接着 x.n 得到 2 时,x.m 也改变为 2 了(因为共享),以此类推,最终 x.b 得到 4 时,所有成员都是这个值。第 4 句当 x.n 自增运算后,所有成员的值都改变了。

显然,由于成员是共享存储空间的,使用共用体对象成员时有如下特点。

(1) 修改一个成员会使其他成员发生改变,所有成员存储的总是最后一次修改的结果。

(2) 所有成员的值是相同的,区别是不同类型决定使用这个值的全部或部分。

(3) 所有成员的起始地址值是相同的,因此通常只按一个成员输入和初始化。

不能对共用体对象整体进行输入、输出和算术运算等操作,只能对它进行赋值操作。赋值实际上就是将一个对象的内容按内存形式完全复制到另一个对象中。例如:

```
A one,two={1234};
one=1234;                      //错误,类型不兼容
one=two;                       //正确,赋值时复制 two 的内存数据到 one 中
```

可以得到共用体对象的地址。显然,该地址与各成员的地址值相同。可以定义指向共用体对象的指针,其指向类型应与共用体类型一致。通过指向共用体对象的指针访问成员与结构体相同,方法是指针成员引用运算(—>)。例如:

```
A z={1234}, *p;                //指针类型为 union A *
p=&z;                          //指向共用体对象
cout<<p-> a<<endl;             //通过指针引用成员
```

可以定义共用体数组及指向共用体数组的指针,也可以在共用体中包含数组和指针成员。例如:

```
union C {
    int n[5];                  //数组成员
    int *np;                   //指针成员
};
```

```
C M[10], *p=M;              //定义共用体数组,指向共用体数组的指针
M[0].n[1]=1;                //引用数组成员元素
p->np=p->n+1;               //通过指针引用成员,等价于 M[0].np=&M[0].n[1];
```

函数的参数和返回类型可以是共用体对象、共用体指针。对象参数传递和返回时均采用复制对象方式。通过地址方式仅传递地址,调用开销小。例如:

```
A fun1(A a,A *p)
{
    a.a=a.a +p->a;
    return a;
}
```

8.6.4 结构体与共用体嵌套

如何才能做到两组不同类型成员共享呢?方法是将其设计为结构体类型,再将这些结构体类型构造为共用体类型。例如:

```
struct DATA1 {
    int a;              //整型成员
    double b;           //浮点型成员
};
struct DATA2 {
    char name[10];      //字符串成员
};
```

```
union DATA12 {
    DATA1 a;
    DATA2 b;
};
```

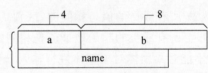

图 8.6 共用体嵌套结构体类型的内存结构

DATA12 内存形式如图 8.6 所示。

在共用体中嵌套结构体类型,可以解决复杂数据类型之间共享内存的需求。在结构体中嵌套共用体类型,可以节省存储空间。

8.7 枚举类型

8.7.1 枚举类型的声明

枚举类型是用户自定义的由多个命名枚举常量构成的类型,其声明形式为

enum 枚举类型名 {命名枚举常量列表};

例如:

enum DAYS {MON,TUE,WED,THU,FRI,SAT,SUN};

DAYS 是枚举类型,MON 等是命名枚举常量。默认时枚举常量总是从 0 开始,后续的枚举常量总是前一个的枚举常量加 1。如 MON 为 0,TUE 为 1,…,SUN 为 6。

可以在(仅仅在)声明枚举类型时为命名枚举常量指定值。例如:

enum COLORS {RED=10,GREEN=8,BLUE,BLACK,WHITE};

则 RED 为 10，GREEN 为 8，BLUE 为 9，BLACK 为 10，WHITE 为 11。

命名枚举常量是一个整型常量值，也称为枚举器（enumerator），在枚举类型范围内必须是唯一的。命名枚举常量是右值不是左值，例如：

```
RED=10;                    //错误，RED 不是左值，不能被赋值
GREEN++;                   //错误，GREEN 不是左值，不能自增自减
```

8.7.2 枚举类型对象

定义枚举类型对象有 3 种形式：

```
enum 枚举类型名 {命名枚举量列表} 枚举对象名列表;
enum 枚举类型名 枚举对象名列表;            //在已有枚举类型下最常用的定义形式
enum {命名枚举量列表} 枚举对象名列表;       //使用较少的定义形式
```

可以在定义对象时进行初始化，其形式为

枚举对象名 1=初值 1, 枚举对象名 2=初值 2, …;

例如：

```
enum DIRECTION {LEFT,UP,RIGHT,DOWN,BEFORE,BACK} dir=LEFT;
```

本质上，枚举类型对象是其值限定在枚举值范围内的整型变量。在许多应用程序中，例如设计使用操作杆的游戏程序，代表操作方向的变量的取值就是有限集合常量，这时使用枚举类型很方便。

当给枚举类型对象赋值时，若值是除枚举值之外的其他值，编译器会给出错误信息，这样就能在编译阶段帮助程序员发现潜在的取值超出规定范围的错误。例如：

```
COLORS color;
color=101;                 //错误，不能类型转换
color=(COLORS)101;         //正确，但结果没有定义
```

8.8 位域

8.8.1 位域的声明

在声明结构体和共用体类型时，可以指定其成员占用存储空间的二进制位数，这样的成员称为位域（bit field），又称位段。其声明形式为

```
struct/union 结构体/共用体类型名 {
    位域类型 成员名:常量表达式;            //声明位域
    成员类型 成员名;                     //数据成员列表
};
```

其中，常量表达式为非负整数值，用来指明位域所占存储空间的二进制位长度；位域类型必须是 unsigned int 或 int，有的编译器如 VC 还允许 char 和 long 及其 unsigned 类型。

例如：

```
struct DATE {                    //日期类型
    int week   :3;               //3位,星期
    int day    :6;               //6位,日
    int month  :5;               //5位,月
    int year   :8;               //8位,年
};
```

数据的内存形式如下：

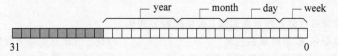

成员 week、day、month、year 分别占 3、6、5、8 位。在存储位域时，一般从存储单元的低位至高位分配位域，具体因编译器而异，使用位域时可以不关心这个细节。

本质上，位域是按其类型所对应的存储单元（如 int）存放的，即将位域存放在一个单元(int)内，若位数不够时再分配一个单元(int)，直至能够容纳所有的位域。如上述位域（均为 int）共 22 位，因此需要一个 int(32 位,4 字节)来存储。又如

```
struct BITDATA {       //总计 4+1+2+1 字节,32+8+16+8 位
    int a:1;           //分配 1 个 int(4字节,32 位)存储 a,只用其中的 1 位,其余空闲不用
    char b:2;          //分配 1 个 char(1 字节,8 位)存储 b,只用其中的 2 位,其余空闲不用
    char c:2;          //使用前面分配的 char 存储 c(归并分配),用其中的 2 位
    short d:3;         //分配 1 个 short(2 字节,16 位)存储 c,只用其中的 3 位,其余空闲不用
    unsigned char data;  //数据成员(非位域成员),unsigned char 型(1 字节,8 位)
};
```

按不同位域类型归并分配存储单元，而 data 成员不是位域，总是从另一字节起按其类型（unsigned char）的实际大小来存放。

一般地，设 m 个类型位域的二进制位长度为 $L_i(L_i \geqslant 1), i=1,2,\cdots,m$，位域类型对应的存储单元大小为 Z_i（字节），则分配得到的存储单元数 $n = \sum_{i=1}^{m}([(L_i-1)/(Z_i*8)]+1)*Z_i$（方括号表示取整）。而非位域成员由其类型决定长度。如 BITDATA 的存储单元数 $n=([(1-1)/(4*8)]+1)*4+([(4-1)/(1*8)]+1)*1+([(1-1)/(2*8)]+1)*2+1=8$。

若存储单元位长度大于位域总长度，则多余二进制位空闲不用。如上述内存形式的阴影部分。需要注意，包含位域的结构体和共用体同样有字节对齐的问题。

位域的长度不能超过其类型对应的存储单元的大小，且必须存储在同一个存储单元中，不能跨两个单元。如果一个单元的剩余存储空间不能容纳下一个位域，则该空间闲置不用，直接从下一个单元起存储位域。例如：

```
struct BITDATA3 {
    int x:33;                    //错误,指定的位数超过 int 的容量
```

```
    char y:9;                    //错误,指定的位数超过 char 的容量
    unsigned char m:6;           //6 位,剩余 2 位空闲不用
    unsigned char n:7;           //3 位,剩余 1 位空闲不用
};
```

位域可以是匿名成员,即只指定位长度而不声明成员名称,例如:

```
struct BITDATA2 {                //4 字节(unsigned)
    unsigned a :1;               //1 位
    unsigned   :2;               //匿名位域成员,2 位,但空闲不用
    unsigned c :3;               //3 位,剩余 26 位空闲不用
};
```

匿名位域占用二进制位,但空闲不用。若匿名位域的位长度为 0,则表示其后的位域成员将另起一个存储单元。例如:

```
struct DATE {                    //2 个 int,8 字节
    int week   :3;               //3 位,星期
    int day    :6;               //6 位,日
    int        :0;               //强制后面的位域成员从一个新的 int 开始存储
    int month  :5;               //5 位,月
    int year   :8;               //8 位,年
};
```

数据的内存形式如下:

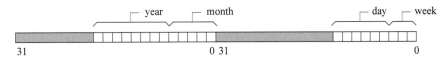

不能声明数组形式和指针形式的位域。位域只能是结构体、共用体类型的一部分,而不能单独定义。

位域适合系统编程和硬件编程,广泛地应用于操作系统、设备驱动、检测与控制、嵌入式控制系统等领域。之所以使用位域成员,原因有二:一是这些领域中某些数据往往对应硬件的物理信号线,决定了数据是二进制位形式而不是字节形式。二是以硬件为基础的系统编程中,存储容量是有限的,尽量节省存储空间是这些领域编程时的重要原则。

8.8.2 位域的使用

包含位域对象的定义形式与结构体对象的定义形式完全相同。例如:

```
struct C8253 {                        //8253 定时器数据类型
    unsigned char  CLK :3;            //8253 时钟输入线
    unsigned char  GATE :3;           //8253 门控信号
    unsigned char  OUT :3;            //输出信号
    unsigned char  A   :2;            //地址编码
    unsigned char  CS  :1;            //片选信号
```

```
    unsigned char    RD :1;              //控制器读信号
    unsigned char    WR :1;              //控制器写信号
} m,n={0,1,0,2,1,1,0};                   //初始化
```

其使用与结构体对象相同,如整体对象可以初始化、赋值,但不能做算术运算、输入输出。

通过成员引用运算符(.)来使用位域。例如:

```
n.GATE=2;                                                      //位域赋值
n.CS=m.GATE >>1 && 0x3;                                        //位域运算
cout<<m.OUT<<","<<m.GATE<<","<<m.A<<","<<m.CLK<<endl;          //输出位域
```

运算时,位域自动转换成整型。由于位域只有部分的二进制位,实际编程中需要注意其数值范围。如 m.A 只有 2 位,因此有效的数值只能是 0～3,超出这个范围的二进制位会自动被截掉。如给 m.A 赋值 8,m.A 得值 0。

由于位域是内存单元中的一段,因而没有地址,故不能对位域取地址,也不能定义指针指向位域或函数返回位域。

8.9 用户自定义类型

用户自定义类型主要是通过构造类型实现的。构造类型中的数组能够实现同一类型的多个实体,体现了自定义类型时量的需求;构造类型中的结构体能够实现不同类型的数据组合,体现了自定义类型时质的需求。而且 C++ 构造类型是可以递归声明的,即数组元素可以是结构体和数组,结构体成员也可以是结构体和数组,无限嵌套组合的结果使 C++ 具有表示任意复杂的数据类型的能力。

在开发应用程序和软件设计过程中,经常会自定义新的数据类型,甚至会建立起一整套适应开发需要的数据类型体系。例如 Windows 为应用程序开发就建立了一套数据类型体系,称为 Win32 应用程序接口数据类型(Win32 API data types)。当程序中有大量自定义数据类型时,规范化的类型命名是建立类型体系的核心任务之一,typedef 是实现这个核心任务的重要工具。

可以用 typedef 声明一个新类型名来代替已有类型名,其形式为

typedef 已有类型名 新类型名;

其中,已有类型名必须是已存在的数据类型的名称,新类型名是标识符序列,习惯上用大写标识;如果是多个新类型名,用逗号(,)作为间隔。最后以分号(;)结束。例如:

```
typedef unsigned char BYTE;              //按计算机汇编指令习惯规定的字节型
typedef unsigned short WORD;             //按计算机汇编指令习惯规定的字类型
typedef unsigned long DWORD;             //按计算机汇编指令习惯规定的双字类型
```

BYTE 即 unsigned char(基本数据类型)的新类型名,因此

```
unsigned char a,b,c;                     //定义无符号字符型
BYTE a,b,c;                              //定义字节型
```

两者完全是等价的。但对于熟悉计算机汇编指令的人来说，BYTE 更适应他们的习惯。

typedef 是存储类别关键字，因此不能与 auto、static、register 和 extern 同时使用。例如：

    typedef auto int INTEGER;   //错误，不能在声明中有多个存储类别关键字
    typedef static float REAL;   //错误，不能在声明中有多个存储类别关键字
    typedef extern int COUNT;   //错误，不能在声明中有多个存储类别关键字

而且 typedef 允许递归声明，即将前一次 typedef 得到的新类型当作已有类型。例如：

    typedef unsigned int UINT;   //无符号整型
    typedef UINT WPARAM;   //32 位消息参数类型

可以用 typedef 一次声明多个新类型名。例如：

    typedef int UINT,BOOL;   //无符号整型、逻辑型

使用 typedef 声明一个新类型名的方法如下。
（1）先按变量定义的方法写出定义形式，如"char * s1,* s2"，表示字符串。
（2）将变量名换成新类型名，如"char * LPSTR,* PSTR"。
（3）最后在前面加上 typedef，如"typedef char * LPSTR,* PSTR"，即得字符串类型。
下面针对不同数据类型列举一些 typedef 形式。
（1）基本数据类型。

    typedef 基本数据类型名 新类型名;   //新类型名为基本数据类型

（2）数组类型。

    typedef 元素类型 新类型名[常量];   //新类型名为一维数组类型
    typedef 元素类型 新类型名[常量1][常量2];   //新类型名为二维数组类型
    typedef char 新类型名[常量];   //新类型名为字符串类型
    typedef char 新类型名[常量1][常量2];   //新类型名为字符串数组类型

（3）指针类型。

    typedef 指向类型 *新类型名;   //新类型名为指针类型
    typedef 指向类型 *新类型名[常量];   //新类型名为指针数组类型
    typedef 指向类型（*新类型名）[常量];   //新类型名为数组指针类型
    typedef char *新类型名;   //新类型名为字符串类型
    typedef char *新类型名[常量];   //新类型名为字符串数组类型
    typedef 指向类型 * *新类型名;   //新类型名为指针的指针类型

（4）函数类型。

    typedef 函数类型（新类型名）(形式参数列表);   //新类型名为函数类型
    typedef 函数类型（*新类型名）(形式参数列表); //新类型名为函数指针类型

(5) 结构体、共用体、枚举类型。

```
typedef 结构体/共用体/枚举类型旧类型名 新类型名;    //新类型名为结构体、共用体或枚举类型
typedef struct/union 结构体类型名 {
    成员列表
} 新类型名, *新类型名, 新类型名[10];         //分别为结构体、结构体指针和结构体数组类型
```

例如,下面是 Win32 应用程序接口数据类型体系中的部分类型声明:

```
typedef long LONG;                        //32 位有符号长整型
typedef LONG LPARAM, LRESULT;             //32 位消息参数类型,有符号消息处理结果类型
typedef DWORD COLORREF;                   //颜色值类型
typedef unsigned __int64 ULONGLONG;       //无符号 64 位整型类型
typedef const char *LPCSTR, *PCSTR;       //常字符串类型
typedef void *HANDLE;                     //句柄类型(实为指针类型)
typedef struct tagPOINT {                 //已有类型是结构体类型
    LONG x,y;
} POINT, *PPOINT, POINTS[10];             //POINT 为结构体,PPOINT 为结构体指针,POINTS
                                          //   为结构体数组
typedef int (CALLBACK *PROC)();           //回调函数指针类型
typedef LRESULT (CALLBACK *WNDPROC)(HWND,UINT,WPARAM,LPARAM);    //消息处理函数类型
```

使用 typedef 重新命名一个类型名的好处有以下几点。

(1) 声明易于记忆的类型名或适应具体要求的类型名,如用 COLORREF 能让人见名知义,比起 unsigned long 更靠近应用。

(2) 使变量或对象定义变得更直观,如 LPSTR a 比 char * a 更让人容易理解。

(3) 为复杂的类型声明取一个简单的别名,得到原声明的简化版,如用 WNDPROC 降低了 LRESULT (CALLBACK *)(HWND,UINT,WPARAM,LPARAM)的复杂性。

(4) 声明与平台无关的类型,如 GCC 的无符号 64 位整型类型为 unsigned long long, VC 的无符号 64 位整型类型为 unsigned __int64,都统一为 ULONGLONG,最方便跨平台。

需要注意 typedef 和♯define 两者的区别。例如:

```
typedef char *STRING1;
#define STRING2 char *
STRING1 s1,s2;                //s1 和 s2 实际为 char *类型
STRING2 s3,s4;   //s3 实际为 char *类型,s4 实际为 char 类型,因为 STRING2 替换为 char *
```

显然,就类型重命名来说,使用 typedef 要比♯define 要好。

通常,在建立应用程序数据类型体系时,习惯将所有 typedef 都写在一个头文件中,凡是需要用到新类型名的源程序只要用♯include 包含这个头文件即可。

习题

1. 有 30 个学生,每个学生有 3 门课的成绩,从键盘输入数据(包括学号、姓名、3 门课成绩),计算 3 门课程总平均成绩,以及最高分的学生信息。

2. 用下面的结构体类型表示复数：

struct COMPLEX { double r,i; };   //实部 r、虚部 i

编写 4 个函数分别实现复数的和、差、积、商计算，在主函数中输入数据并调用这些函数得到复数运算结果。

3. 设计分数类型：

struct FRACTION { int m,n;};   // m/n

编写 4 个函数分别实现分数的和、差、积、商计算，在主函数中输入数据并调用这些函数得到分数运算结果。

4. 假设有 100 个数，有些是整型，有些是实型，设计满足要求的自定义类型的数组，实现该数组的输入、输出和按升序排序。

5. 设有一个学校人员信息表，其中有学生和教师。学生信息包括姓名、号码、性别、班级和成绩，教师信息包括姓名、号码、性别、职称和工资。要求输入人员数据，对于学生统计不及格的人数，对于教师则统计职称为讲师的人数。

6. 设计日期类型如下：

struct DATE { int year,month,day;};   //年、月、日

编写函数分别实现：①计算日期的星期；②比较两个日期的大小；③计算两个日期间的差（天数）；④计算一个日期加减 n 天（正为后，负为前）的日期。

7. 用下面的数据类型分别表示点、线、矩形和圆：

struct POINT {   //点
    int x,y;   //坐标值 x 和 y
};
struct RECT {   //矩形
    POINT lt,rb;   //矩形的左上角和右下角
};
struct LINE {   //线
    POINT s,e;   //线的两端
};
struct CIRCLE {   //圆
    POINT c;   //圆心
    double r;   //半径
};

编写函数分别实现以下运算。

(1) 点的运算：①求两点距离；②判断一个点是否在矩形、圆的内部和线上；③计算一个点距一条线、矩形、圆的最近距离。

(2) 线的运算：①判断两条线是否为平行线；②判断两条线是否交叉，求交叉点位置；③判断一条线及其延长线是否会与一个矩形、圆相交，若相交，计算交叉点位置。

(3) 矩形运算：①求矩形面积；②求一个矩形在坐标系中 45°角投射的阴影区（为一个三角形）；③判断一个矩形与另一个矩形、圆是否有交叉，若有，求交叉区域的面积；④求两个互相交叉的矩形所组成的多边形（用 POINT 数组表示）的面积。

(4) 圆的运算：①求圆的面积；②判断一个圆是否与另一个圆有交叉，若有，求交叉区域的面积；③若两个圆相连，求连接点的切线；④判断一个圆是否完全包含另一个圆。

在主函数中输入上述要求的点、线、矩形和圆的数据，并调用这些函数得到运算结果。

8. 用动态内存分配第 7 题的 POINT 类型数组表示任意形状的多边形，输入这个多

边形各顶点的坐标。判断一个点是否在这个多边形内部,若在,则以该点出发找出所有在多边形的点,但不包括多边形的边线(称为颜色填充算法)。

9. 用枚举类型表示 5 种水果:苹果、橘子、香蕉、葡萄和梨。从中任意选择 3 种不同的水果组成拼盘,输出每种拼盘的内容,求出共有多少种不同的拼盘。

10. 一副扑克有 52 张牌,利用随机函数 rand 模拟洗牌,把洗好的牌分发给 4 个人。

11. 参考火车时刻表,编写程序。输入一个城市名称,能求出该城市是否有直达的火车,若有(可能多个),输出铁路距离、火车票价和车次信息。

第3部分

方法篇

第 9 章

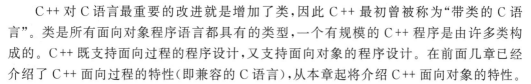

C++ 对 C 语言最重要的改进就是增加了类,因此 C++ 最初曾被称为"带类的 C 语言"。类是所有面向对象程序语言都具有的类型,一个有规模的 C++ 程序是由许多类构成的。C++ 既支持面向过程的程序设计,又支持面向对象的程序设计。在前面几章已经介绍了 C++ 面向过程的特性(即兼容的 C 语言),从本章起将介绍 C++ 面向对象的特性。

结构体类型是对复杂数据的抽象和封装,函数是对程序代码的封装。现实世界中抽象数据类型(abstract data type,ADT)的范畴可以更广,它不再局限于前述已定义并实现的数据类型,还包括用户在设计软件系统时自己定义的数据类型。为了提高软件的复用率和可维护性,在现代程序设计方法学中指出,一个软件系统的框架应建立在数据之上,而不是建立在操作之上(后者是传统的软件设计方法所为)。即在构成软件系统的每个相对独立的模块上定义一组数据和施于这些数据上的一组操作,并在模块内部给出这些数据的表示及其操作细节,而在模块外部使用的只是抽象的数据和抽象的操作。类即实现数据抽象和封装的数据类型,它封装了复杂数据和操纵复杂数据的程序代码。从这个角度出发,程序员在求解现实问题中会逐步从面向过程上升到面向对象。

9.1 类的定义和声明

9.1.1 类的定义

类(class)是用户自定义数据类型。如果程序中要使用类类型(class type),必须根据实际需要定义,或者使用已设计好的类。

C++ 定义一个类,其方法与定义一个结构体类型是相似的,一般形式为

```
class 类名{                    //类体
    成员列表
};
```

其中,成员列表(member list)是类成员的集合,数目可以任意多,由具体应用确定。一对大括号是成员列表的边界符,与成员列表一起称为类体(class body)。类体后面必须用分号结束。

每个类可以没有成员,也可以有多个成员。类成员可以是数据、函数或类型别名。所有成员必须在类的内部声明,一旦类定义完成后,就没有任何其他方式可以再增加成员了。

类定义时必须给出各个数据成员(data member)的数据类型声明,其一般形式为

```
class 类名{                                              //类体
    …
    数据成员类型 数据成员名列表;                          //数据成员声明
    …
};
```

这很像我们所熟悉的变量定义。声明时数据成员名列表允许为多个,用逗号(,)作为间隔,最后必须用分号(;)结束。

像第8章介绍的结构体类型,它只包含数据成员,是一个仅有域值(field value)的数据集合,没有使用面向对象的特性。在 C++ 中,称这种数据类型为普通的旧式数据类型(plain old data structure 或 plain ol'data,POD),即 POD 是基本类型、指针、数组、仅有数据成员的共用体、结构体和类类型之一。一般地,POD 的结构体类型等价于 C 语言纯粹的结构体,故称为"C 风格结构体(C-style struct)"。

C++ 的类和结构体可以是非 POD 的,成员函数(member function)是其中的一个重要特性。每个类可以包含成员函数,能够访问类自身的所有成员。面向对象程序设计一般将数据隐蔽起来,外部不能直接访问,而把成员函数作为对外界的接口,通过成员函数访问数据。即数据成员是属性,成员函数是方法,通过方法存取属性。

在类体内部,声明成员函数是必需的,而定义成员函数则是可选的,因此类的成员函数有两种形式。

(1) 成员函数定义(也是声明)在类定义中,形式如下:

```
class 类名{                                              //类体
    …
    返回类型 函数名(形式参数列表)                        //成员函数定义
    {
        函数体
    }
    …
};
```

这种形式将一个完整的函数定义放到类定义中,所谓完整是指函数头和函数体一起放到类中。需要注意,函数体右大括号(})后面不能有分号(;),因为函数定义要求如此。

(2) 成员函数声明在类中,定义在类外部实现,形式如下:

```
class 类名{                                              //类体
    …
    返回类型 函数名(类型1 参数名1,类型2 参数名2,…);    //成员函数声明
        或
    返回类型 函数名(类型1,类型2,…);                    //成员函数声明
    …
};
```

```
返回类型 类名::函数名(形式参数列表)              //成员函数定义在类外部实现
{
    函数体
}
```

这种形式只在类定义中给出成员函数的原型声明,而将该函数的定义放在类类型定义的外部去实现。由于是函数原型,因此有两种写法,区别仅是有无参数名称。需要注意,成员函数原型声明后面必须用分号(;)结束,因为函数原型要求如此。

例如:

```
class Data{                     //Data 类定义
    void set(int d);            //成员函数原型声明,与 void set(int);等价
    int get(){                  //成员函数类内部定义
        return data;
    }                           //get 函数定义结束
    int data;                   //数据成员
};                              //Data 类定义结束
void Data::set(int d)           //成员函数类外部定义
{
    data=d;                     //访问类的数据成员
}
```

类定义一般放在程序文件开头,或者放到头文件中被程序文件包含,此时这个定义是全局的。在全局作用域内,该定义处处可见,因此同一作用域内的所有函数都可以使用它。

类定义也可以放到函数内部或局部作用域中,此时这个定义是局部的。若在函数内部有同名的类定义,则全局声明在该函数内部是无效的,有效的是局部定义的。例如:

```
class Data{                     //全局的 Data 类定义
    void show();                //成员函数原型声明
    int data;                   //数据成员
};                              //Data 类定义结束
void fun()
{                               //全局 Data 类在函数中无效,有效的是局部定义的 Data 类
    class Data{                 //局部的 Data 类定义
        void show(){cout<<data;}    //set 函数定义
        int data;               //数据成员
    };                          //Data 类定义结束
}
```

C++规定,在局部作用域中声明的类,成员函数必须是函数定义形式,不能是原型声明。一般地,由于类是为整个程序服务的,因此很少有将类放到局部作用域中定义的。

需要理解 class 本身是一种抽象的数据类型。即 class 笼统地代表类,它的具体内容是什么并不确定,因此不能直接用 class 去定义对象。所以,类使用前必须先定义类,有了具体的数据类型才谈得上使用类。

类定义向编译器声明了一种新的数据类型,该数据类型有不同类型的数据成员和成员函数。如上面的 Data,它和其他内置数据类型名(如 int、char 和 double 等)一样是类型名称,而不是该类型的一个实体。因此尽管数据成员类似于变量的定义,但类型声明时并不会产生该成员的实体,即为它分配存储空间。

9.1.2　成员访问控制

对类的成员进行访问,来自两个访问源:类成员和类用户。类成员指类本身的成员函数,类用户指类外部的使用者,包括全局函数、另一个类的成员函数等。

无论数据成员还是函数成员,类的每个成员都有访问控制属性,由以下 3 种访问标号(access label)说明:public(公有的)、private(私有的)和 protected(保护的)。

公有成员用 public 标号声明,类成员和类用户都可以访问公有成员,任何一个来自类外部的类用户都必须通过公有成员来访问。显然,public 实现了类的外部接口。

私有成员用 private 标号声明,只有类成员可以访问私有成员,类用户的访问是不允许的。显然,private 实现了私有成员的隐蔽。

保护成员用 protected 标号声明,在不考虑继承的情况下,protected 的性质和 private 的性质一致,但保护成员可以被派生类的类成员访问。

成员访问控制是 C++ 的类和结构体的又一个重要特性。加上访问标号,类定义更一般的形式为

```
class 类名{                          //类体
public:                             //公有访问权限
    公有的数据成员和成员函数
protected:                          //保护访问权限
    保护的数据成员和成员函数
private:                            //私有访问权限
    私有的数据成员和成员函数
};
```

访问权限用于控制类成员在程序中的可访问性。如果没有声明访问控制属性,则类所有成员默认为 private,即私有的。例如:

```
class Data{
    int a,b;                        //默认为私有的,外部不能直接访问
public:                             //公有的,外部可以直接访问
    void set(int i,int j,int k,int l,int m,int n){a=i,b=j,c=k,d=l,e=m,f=n;}
protected:                          //保护的,外部不能直接访问,派生类可以访问
    int c,d;
private:                            //私有的,外部不能直接访问,派生类也不可以访问
    int e,f;
};
```

Data 类的数据成员均是外部不能直接访问的,这使得类的数据被"隐蔽"起来,是"安全的"。但成员函数 set 是公有的,外部可以直接访问。从以上代码可知,通过 set 设置了数

据成员,因此 set 成员函数是外部访问数据成员的"接口"。

在定义类时,声明为 public、private 或 protected 的成员的次序任意。既可以先出现 public 部分,也可以先出现 private 或 protected 部分。在一个类体中不一定都包含 public、private 或 protected 部分,可以只有 public、private、protected 中的一种或者三者的任意组合。关键字 public、private 和 protected 可以分别出现多次,即一个类体可以包含多个 public、private 或 protected 部分。每个部分的访问权限有效范围到出现另一个访问标号或类体结束时(右大括号)为止。可以对每个成员分别声明其访问控制属性,但更通用的做法是将相同访问控制属性的成员集中在一起来写。

在实际编程中,为了使程序清晰,每一种成员访问限定符在类体中只出现一次,且按照 public、protected 和 private 的顺序组织,形成访问权限层次分明的结构。

9.1.3 类的数据成员

1. 在类中声明数据成员

正如我们所见,类的数据成员的声明类似于普通变量的声明。如果一个类具有多个同一类型的数据成员,则这些成员可以在一个成员声明中指定。

例如,可以定义一个名为 Cube 的类型来表示几何中的立方体。每个 Cube 可以有一个表示立方体外表颜色的 long 成员,以及中心点的三维坐标值和边长的 double 成员。可以用如下方式定义这个类的成员:

```
class Cube{                        //Cube 类表示立方体
    ...                            //其他成员
    long color;                    //数据成员
    double x,y,z,side;             //数据成员
};
```

类的数据成员可以是基本类型、数组、指针、引用、共用体、枚举类型、void 指针和 const 限定等数据类型。例如:

```
class ADT{                         //类成员数据类型
    ...                            //成员函数
    long color;
    double x,y,z,side;             //基本类型
    int a[10];                     //数组
    char *s;                       //指针
    char &r;                       //引用
    void *p;                       //void 指针
};
```

类的数据成员还可以是成员对象(member object),即类类型或结构体类型的数据成员。若类 A 中嵌入了类 B 的对象,称这个对象为子对象(subobject)。例如:

```
class Point{                       //Point 类表示点
```

```
public:
    void set(int a,int b);
    int x,y;
};
class Line{                                    //Line 类表示线
public:
    void set(Point a,Point b);
    Point start,end;                           //成员对象
};
```

类 Line 嵌入了类 Point 的子对象 start、end。

当类产生实体时,会为实体的数据成员分配存储空间,类的每个实体的非静态数据成员的内存单元是独立的,各自不同。

2. 在类中定义或声明数据类型

除了定义数据和成员函数之外,类还可以定义自己的局部类型,并且使用类型别名来简化。在类定义中,可以定义结构体和共用体类型以及嵌套的类定义,声明枚举类型。例如:

```
class ADT{                                                      //类定义
    struct Point{int x,y;};                                     //定义结构体
    union UData{ Point p; long color;};                         //定义共用体
    enum COLORS {RED,GREEN,BLUE,BLACK,WHITE};                   //定义枚举类型
    class Nested{                                               //嵌套类定义
        …                                                       //成员函数
        Point start;                                            //数据成员
        UData end;                                              //数据成员
        COLORS color;                                           //数据成员
    };
    typedef Point * LPPOINT;                                    //声明类型别名
    …                                                           //成员函数
    …                                                           //数据成员
};                                                              //类定义结束
```

在类中定义或声明的数据类型的作用域是类内部,因此,它们不能在类外部使用。

9.1.4 类的成员函数

1. 在类的外部定义成员函数

如果成员函数仅有声明在类定义中,则在类外部必须有它的实现,其一般形式为

返回类型 类名::函数名(形式参数列表)
{
　　函数体

}

由于成员函数仅属于类中所有，而不是全局的普通函数，所以外部定义成员函数时必须加上类限定（qualifed），即

类名::成员

由此说明成员函数是哪一个类的。例如：

```
1   class Data{                  //Data 类定义
2   public:
3       void set(int d);         //成员函数原型声明
4       int get(){               //成员函数定义
5           return data;
6       }                        //get 函数定义结束
7   private:
8       int data;                //数据成员
9   };                           //Data 类定义结束
10  void Data::set(int d)        //成员函数的外部定义，使用 Data::限定
11  {
12      data= d;                 //访问类的数据成员
13  }
14  void set(int d)              //全局普通函数
15  {
16      …                        //函数体
17  }
```

第 10～13 行是 Data 类的 set 成员函数定义，而第 14～17 行是全局普通函数 set。

::是作用域限定符（field qualifed）。如果在作用域限定符的前面没有类名，或者函数前面既无类名又无作用域限定符。例如：

::set(10) 或 set(10)

则表示 set 函数不属于任何类，这个函数不是成员函数，而是全局的普通函数。此时的::不是类作用域限定符的含义，而是第 13 章的命名空间域限定符的含义。

请记住，在成员函数中可以访问这个类的任何成员，无论它是公有的或保护的，是类内部声明的还是类外部定义的。如在 Data::set 函数中访问私有的 data 数据成员。

类定义的函数原型声明必须出现在外部成员函数定义之前，否则编译时会出错。虽然成员函数在类的外部定义，但在调用成员函数时会根据在类中声明的函数原型找到函数的定义（即函数代码），从而执行该函数。

在类的内部对成员函数作声明，而在类的外部定义成员函数，这是一个良好的编程习惯。如果一个成员函数的函数体不太复杂，只有几行时，一般可在类体中定义；否则，在类体内声明，在类外定义。这样不仅可以减少类体的长度，使类体结构清晰，便于阅读，而且有助于类的接口和实现分离。

2. 内联成员函数

类的成员函数可以指定为 inline，即内联函数。

在默认情况下，在类体中定义的成员函数若不包括循环等控制结构，符合内联函数要求时，C++ 会自动将它们作为内联函数处理（隐式 inline）。也就是说，当它们被调用时，编译器试图将它们的代码嵌入程序的调用点，这样可以大大减少调用成员函数的时间开销。

当然，也可以显式地将成员函数声明为 inline。例如：

```
class Data{                                    //Data 类定义
    int getx(){return x;}                      //内联成员函数
    inline int gety(){return y;}               //显式指定内联成员函数
    inline void setxy(int _x,int _y);          //显式指定内联成员函数
    void display();
    int x,y;
};
inline void Data::setxy(int _x,int _y)         //内联成员函数
{
    x=_x,y=_y;
}
void Data::display()                           //非内联成员函数
{
    ...                                        //函数体
}
```

getx 函数是内联的，因为它符合内联函数的要求（短小、没有控制结构语句等）；gety 函数和 setxy 函数是内联的，因为它们符合内联函数的要求且被显式指定为 inline。但 display 函数不是内联的，因为它在类外部定义，而且既没有在类体显式指定为 inline，也没有在外部定义时显式指明，因此 C++ 默认它不是内联的。

总之，成员函数是否为内联的，有以下几个条件。

（1）符合内联函数要求。

（2）符合（1）的条件，并且在类体中定义，自动成为内联的。

（3）符合（1）的条件，在类体显式指定为 inline，或在外部定义时显式指定为 inline，或者同时显式指定，则函数是内联的。

（4）在类外部定义，并且既没有在类体中也没有在外部定义时显式指定为 inline，则函数不是内联的。

在声明和类的外部定义同时指定为 inline 的一个好处是可以使得类比较容易阅读。

像其他内联函数一样，内联成员函数的 inline 定义必须对调用该函数的每个源文件是可见的。不在类体中定义的 inline 成员函数，其定义通常应与类定义放在同一个头文件中。

3. 成员函数重载及默认参数

可以像第 4 章那样,对成员函数重载或使用默认参数。例如:

```
class MAX{
    int Max(int x,int y){ return x>y? x:y;}
    int Max(){return Max(Max(a,b),Max(c,d));}                    //重载 Max
    int Set(int i=1,int j=2,int k=3,int l=4){a=i,b=j,c=k,d=l;}    //默认参数
    int a,b,c,d;
};
```

Max 函数被重载,有两个调用版本,与其他重载函数一样,调用重载成员函数时提供适当数目和(或)类型的实参来选择运行哪个版本。Set 函数 4 个形参均是默认参数。

需要注意,声明成员函数的多个重载版本或指定成员函数的默认参数只能在类内部中进行。因为类定义中的声明先于成员函数的外部实现,根据重载或默认参数函数的要求,必须在第一次出现函数声明或定义时就明确函数是否重载或有默认参数。

4. 成员函数的存储方式

用类实例化一个对象时,系统会为每一个对象分配存储空间。如果一个类包括了数据成员和函数成员,则要分别为数据和函数的代码分配存储空间。

通常,C++会为每个对象的数据成员分配各自独立的存储空间,像第 8 章讲到的结构体成员那样。那么在类中的成员函数是否会如图 9.1(a)所示那样也分配各自独立的存储空间呢?

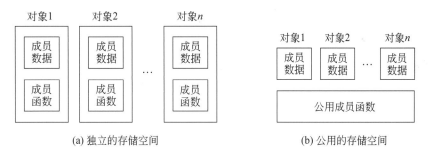

(a) 独立的存储空间　　　　　　　　　　(b) 公用的存储空间

图 9.1　成员函数的存储方式

一般情况下,不同对象的数据成员是不相同的,因而需要不同的空间存储它们;而不论调用哪一个对象的函数代码,实际调用的都是同样内容的代码。因此,若像图 9.1(a)那样存放相同代码的多份副本,既浪费空间又无必要。实际上,C++的每个对象所占用的存储空间只是该对象的数据成员所占用的存储空间,而不包括成员函数所占用的存储空间。成员函数代码只有公用的一个,调用不同对象的成员函数时都是执行同一段函数代码,如图 9.1(b)所示。

例如,定义了如下的一个类:

```
class Time{                         //Time 类
```

```
        int h,m,s;                                        //数据成员
        void settime(int a,int b,int c){h=a,m=b,s=c;}     //成员函数
    };
```

sizeof(Time)的值是 12。显然，Time 类的存储空间长度只取决于数据成员 h、m 和 s 所占的空间，而与成员函数 settime 无关。C++把成员函数的代码存储在对象空间之外的地方。

成员函数对于类来讲，一方面是逻辑上的"从属"关系，即成员函数从属于类；另一方面是存储空间上的"不依赖"关系，即类的数据成员和成员函数是分开存储的。

9.1.5 类声明与类定义

一旦遇到类体后面的右大括号，类的定义就结束了，并且一旦定义了类，以后就知道了所有的类成员以及存储该类的对象所需的存储空间。在一个给定的源文件中，一个类只能被定义一次。如果在多个文件中定义一个类，那么每个文件中的定义必须是完全相同的。

将类定义放在头文件中，可以保证在每个使用类的文件中以同样的方式定义类。通过第 5 章介绍的防止头文件重复包含的方法，可以保证即使头文件在同一文件中被包含多次，类定义也只出现一次。

可以声明一个类而不定义它：

```
    class Point;                    //Point 类声明,非 Point 类定义,因为没有类体
```

这个声明称为前向声明(forward declaration)，表示在程序中引入了 Point 类类型。在声明之后、定义之前，类 Point 是一个不完全类型(incomplete type)，即已知 Point 是一个类，但不知道它包含哪些成员。类的前向声明一般用来编写相互依赖的类。

不完全类型只能以有限方式使用。不能定义该类型的对象，只能用于定义指向该类型的指针及引用，或者用于声明(而不是定义)使用该类型作为形参类型或返回类型的函数。

在创建类的对象之前，必须完整地定义该类。必须定义类，而不只是声明类，这样，编译器就会给类的对象准备相应的存储空间。同样地，在使用引用或指针访问类的成员之前，必须已经定义类。

只有当类定义已经在前面出现过，类的数据成员才能被指定为该类类型。如果该类类型是不完全类型，那么数据成员只能是指向该类类型的指针或引用。只有当类定义体完成后才能定义类，因此类不能具有自身类型的数据成员。然而，只要类名一经出现就可以认为该类已声明。因此，类的数据成员可以是指向自身类型的指针或引用。例如：

```
    class Point;               //Point 类声明,非 Point 类定义,因为没有类体
    class Line{
        Point a;               //错误,不能使用仅有类声明而没有类定义的类定义数据对象
        Point *pp,&rp;         //正确,只有类声明,即可用它定义该类的指针或引用
        Line b;                //错误,类不能具有自身类型的数据成员
        Line *pl,&rl;          //正确,类可以有指向自身类型的指针或引用的数据成员
    };
```

9.1.6 类之间的关系

通常,一个有规模的 C++ 程序总是有许多类,类与类之间存在着一定的关系。下面讨论类之间的关系。

1. 类的 UML 标记图

UML 是一种可视化建模语言,主要用于面向对象分析和设计(object oriented analysis and design,OOAD)。本书借助它来说明类的有关知识。下面简要介绍 UML 的标记图。

如图 9.2 所示,在 UML 中,类使用短式或长式两种方式表示。短式仅用 1 个含有类名的方框表示。长式使用 3 个方框表示,最上面的方框填入类的名称,如果是抽象类用斜体字;中间方框填入属性(即数据成员);最下面的方框填入操作(即成员函数);+表示公有成员,-表示私有成员,♯表示保护成员。图 9.2(a)是最简单的形式,仅给出类的名字;图 9.2(b)给出属性和操作;图 9.2(c)是 Point 类。可以对属性和操作进一步细化,如给出数据类型、参数及类型、访问权限等。

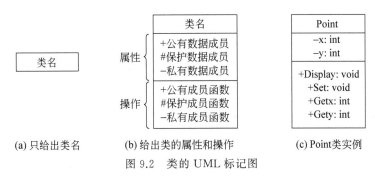

(a) 只给出类名　　(b) 给出类的属性和操作　　(c) Point类实例

图 9.2　类的 UML 标记图

2. 类的关系

UML 类图关系分为关联、聚合、组合、泛化和依赖等。

(1) 关联(association)。

当一个类的对象作为另一个类的对象的成员时,这两个类之间就是关联关系。关联关系是有方向的,且具有多重性,即一个类的一个实例对应另一个类的多个实例。

① 双向关联(A—B)指双方的对象都作为对方的成员。双向关联用一段实线来表示,连线两端用一个数字表明一端的类可以有几个实例,如图 9.3(a)所示。双向关联在代

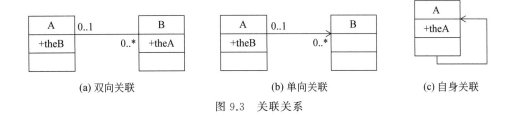

(a) 双向关联　　　　　　(b) 单向关联　　　　　　(c) 自身关联

图 9.3　关联关系

码中表现为拥有对方的一个指针（当然也可以是引用类型或者对象）：

```
class B;
class A{public:B* theB;};                //指针、引用类型或对象
class B{public:A* theA;};                //指针、引用类型或对象
```

② 单向关联（A—>B）指 B 对象作为 A 的成员，A 可以调用 B 的公共属性和操作，且没有生命期的依赖。单向关联用带箭头的实线来表示，如图 9.3(b)所示。单向关联在代码上表现为 A 有 B 的指针，而 B 对 A 一无所知：

```
class B{};
class A{public:B* theB;};                //指针、引用类型或对象
```

③ 自身关联（A—A）指自己引用自己，就是在类的内部有一个自身的指针或引用类型。自身关联用带箭头的实线来表示，如图 9.3(c)所示，代码表现形式为

```
class A{public:A* theA;};                //指针或引用类型
```

(2) 聚合（aggregate）。

聚合是关联关系的一种特例，它体现的是整体与部分拥有的关系，是"有一个（has-a）"的关系。此时整体与部分之间是可分离的，具有各自的生命期，部分可以属于多个整体对象，也可以为多个整体对象所共享，例如计算机与 CPU、公司与员工的关系。聚合关系用空心菱形和实线箭头表示，处于空心菱形一端的是整体，另一端为部分，如图 9.4(a)所示。聚合关系在代码上和关联关系是一致的，只能从语义来区分。

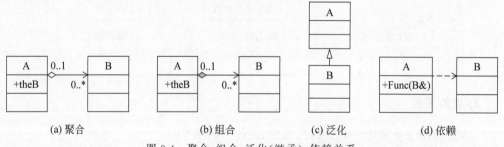

(a) 聚合　　　　(b) 组合　　　　(c) 泛化　　　　(d) 依赖

图 9.4　聚合、组合、泛化（继承）、依赖关系

(3) 组合（composite）。

组合也是关联关系的一种特例，它体现的是整体与部分比聚合更强的关系，是"包含一个（contains-a）"的关系。此时整体与部分是不可分的，整体的生命期结束也就意味着部分的生命期结束，例如人和人的大脑的关系。组合关系用实心菱形和实线箭头表示，处于实心菱形一端的是整体，另一端为部分，如图 9.4(b)所示。组合关系在代码上和关联关系是一致的，只能从语义来区分。

(4) 泛化（generalization）。

泛化关系即继承关系，指的是一个类继承另一个类的特性，并可以增加自己的新特性的关系，是"一个（is-a）"的关系。例如父和子、动物和老虎、植物和花的关系。继承关系用

带空箭头的实线表示,空箭头指向基类,如图 9.4(c)所示。继承关系代码表现形式为

```
class A{};
class B:public A{};                    //B继承于 A
```

(5) 依赖(dependency)。

依赖关系就是一个类使用到了另一个类,而这种使用关系是具有偶然性的、临时性的、非常弱的。例如某人要过河,需要用一条船,此时人与船之间的关系就是依赖。依赖关系用带箭头的虚线表示,箭头指向所依赖的类,如图 9.4(d)所示。依赖关系在代码上表现为一个类中的某个操作将另一个类的对象作为参数使用:

```
class B {};
class A{void Func(B &b);};             //A 依赖于 B
```

9.1.7　类和结构体的区别

C++ 增加 class 类型后,为了兼容 C 语言,仍然保留了 struct 结构体类型,而且把它的功能也扩展了。本质上,C++ 中用 struct 声明的结构体类型就是类类型。

struct 声明的结构体类型和 class 声明的类类型只有一个区别:结构体类型的所有成员默认为 public 的,而类类型默认为 private 的。除此之外,两者完全相同。例如:

```
class CData{        //C++类              struct SData{        //C++结构体
    int a;                                   int a;
        //私有的,仅有默认访问权限区别            //公有的,仅有默认访问权限区别
public:                                  public:
    void set();     //公有的                  void set();     //公有的
protected:                               protected:
    int b;          //保护的                  int b;          //保护的
private:                                 private:
    int c;          //私有的                  int c;          //私有的
};                                       };
```

一般地,C++ 程序员习惯将 struct 按 POD 来使用,即只有数据成员而没有成员函数。

9.2　对象的定义和使用

9.2.1　对象的定义

定义一个类时,也就是定义了一个具体的数据类型。若要使用类,需要将类实例化,即定义该类的对象。需要注意,本书前面也使用了"对象"一词,那里主要是指数据对象。从本章起,"对象"一词表示类的实体。广义地说,以往的变量和数据对象等都是某个类型的实体,如 int a,a 是 int 型的对象;又如 double B[10],B 是 double 型的数组对象。

定义类对象有 3 种方法。

(1) 先定义类类型再定义对象。

假定事先已经定义了类类型,可以用它来定义类的对象,有两种形式。

① 将类的名字直接用作类型名:

类名　对象名列表;

② 指定关键字 class 或 struct,后面跟着类的名字:

class 类名　对象名列表;

或

struct 类名　对象名列表;

第①种形式是 C++ 特色,第②种形式是兼容的 C 语言特色,显然第①种形式更简捷。

对象名列表是一个或多个对象的序列,各对象之间用逗号(,)分隔,最后必须用分号(;)结束,对象取名必须遵循标识符的命名规则。例如:

```
Point a,b;                //C++特色定义对象
class Point x,y;          //兼容C语言特色定义对象
```

(2) 定义类类型的同时定义对象。

一般形式为

```
class 类名{               //类体
    成员列表
}对象名列表;
```

这种形式需要注意对象名列表是在右大括号(})和分号(;)之间。例如:

```
class Point {             //类体
public:
    ...                   //公有的数据成员和函数成员
private:
    ...                   //私有的数据成员和函数成员
} one,two;                //对象列表
```

(3) 直接定义对象。

一般形式为

```
class{                    //类体
    成员列表
}对象名列表;
```

这种方法显然是第(2)种方法的一个特例,即不定义类类型,只定义类对象。例如:

```
class {                   //无类名类体
public:
    ...                   //公有的数据成员和函数成员
private:
```

```
    ...                                 //私有的数据成员和函数成员
}p1,p2;                                 //对象列表
```

第(1)种方法应用得最普遍和最灵活,第(3)种方法因为没有类名,使用较少,也不提倡用。因为在面向对象程序设计和C++程序中,类的定义和类的使用是分开的,类不仅仅只为一个程序服务,人们把通用的功能封装成类,并放在类库中,且按类名来管理。因此,在实际编程中,一般都采用第(1)种方法。

一般而言,定义类时不进行存储分配。例如:

```
class Point {                           //Point 类定义
public:                                 //公有接口
    int getx(){return x;}
    int gety(){return y;}
    void setXY(int a,int b){x=a,y=b;}
private:                                //私有信息
    int x,y;
};
```

定义了一个新的类 Point,但没有进行任何存储分配,如不会为 x 和 y 分配存储空间。

当定义一个对象时,将为其分配存储空间。例如:

```
Point one,two;                          //定义 Point 对象
```

编译器分配了足以容纳 Point 对象的两个存储空间,one 和 two 分别代表它们。每个对象具有自己的类数据成员,修改 one 的 x 和 y 数据成员不会改变任何其他 Point 对象的数据成员,如 two 的 x 和 y 数据成员。

9.2.2 对象的动态建立和释放

用前面介绍的方法定义的是静态存储对象,在程序运行过程中,这样的对象占用空间的分配和释放的时间点是固定的。例如,在一个函数中定义了一个对象,进入函数运行时,为对象分配存储空间;函数结束运行时,释放对象所占用的空间。

有时人们希望在需要用到对象时才创建(create)对象,在不需要用该对象时就撤销(destroy)它,释放其所占的存储空间,从而提高存储空间的利用率。

利用第 7 章介绍的 new 运算符可以动态地分配对象空间,delete 运算符释放对象空间。动态分配对象的一般形式为

```
类名 * 对象指针变量;
对象指针变量=new 类名;
```

例如:

```
Point *p;                               //定义指向 Point 对象的指针变量
p=new Point;                            //动态分配 Point 对象
```

用 new 运算动态分配得到的对象是无名的,它返回一个指向新对象的指针的值,即

分配得到的是对象的内存单元的起始地址。程序通过这个地址可以间接访问这个对象，因此需要定义一个指向类的对象的指针变量来存放该地址。显然，用 new 建立的动态对象是通过指针来引用的。

在执行 new 运算时，如果内存不足，无法开辟所需的内存空间，C++ 编译器会返回一个 0 值指针。因此，只要检测返回值是否为 0，就可以判断动态分配对象是否成功，只有指针有效时才能使用对象指针。C++ 标准还规定，new 运算在内存不足时会抛出一个异常，程序能够捕获这个异常并进行相关的处理。

当不再需要使用由 new 建立的动态对象时，必须用 delete 运算予以撤销。例如：

```
delete p;                       //撤销 p 所指向的 Point 对象
```

释放了 p 所指向的对象。此后程序不能再使用该对象。

注意，new 建立的动态对象不会自动被撤销，即使程序运行结束也是如此，必须人为使用 delete 撤销。

9.2.3　对象成员的引用

访问对象中的成员可以有 3 种方法。

(1) 通过对象名和对象成员引用运算(.)访问对象中的成员。
(2) 通过指向对象的指针和指针成员引用运算(->)访问对象中的成员。
(3) 通过对象的引用变量和对象成员引用运算(.)访问对象中的成员。

1. 通过对象名访问对象中的成员

访问对象中的数据成员的一般形式为

对象名.成员名

调用对象中的成员函数的一般形式为

对象名.成员函数(实参列表)

需要注意，从类外部只能访问类公有的成员。
例如已定义了一个类：

```
class Data{                     //Data 类
public:
    int data;
    void fun(int a,int b,int d);
private:
    void add(int m){data+=m;}
    int x,y;
};
void Data::fun(int a,int b,int d)
{
    data=d;         //类函数成员可以访问类的任何数据成员，包括 public 的
```

```
    add(5);         //类函数成员可以访问类的任何函数成员,包括 public 的
    x=a,y=b;        //类函数成员可以访问类的任何数据成员,包括 private 的
}
```

则函数

```
void caller1()
{
    Data A,B;            //定义对象
    A.fun(1,2,3);        //正确,类外部可以访问类的 public 函数成员
    A.data=100;          //正确,类外部可以访问类的 public 数据成员
    A.add(5);            //错误,类外部不能访问类的任何 private 成员
    A.x=A.y=1;           //错误,类外部不能访问类的任何 private 成员
    B.data=101;          //正确,A.data 和 B.data 是两个对象的数据成员,为不同的存储空间
    B.fun(4,5,6);        //正确,A.fun 和 B.fun 函数调用代码相同但作用不同的数据成员
}
```

显然,在一个类中应当至少有一个公有的函数成员作为外部访问类的接口,否则程序无法对类的对象进行任何操作。

2. 通过对象指针访问对象中的成员

访问对象中的数据成员的一般形式为

对象指针->成员名

调用对象中的成员函数的一般形式为

对象指针->成员函数(实参列表)

例如:

```
void caller2()
{
    Data A, * p, * p1;   //定义对象指针变量
    p1=&A;               //p1 指向对象 A
    p1->data=100;        //正确,类外部可以访问类的 public 数据成员
    p1->fun(1,2,3);      //正确,类外部可以访问类的 public 函数成员
    p=new Data;          //动态分配 Data 对象
    p->data=100;         //正确,类外部可以访问类的 public 数据成员
    p->fun(1,2,3);       //正确,类外部可以访问类的 public 函数成员
    delete p;            //撤销 p 所指向的 Data 对象
}
```

3. 通过引用变量访问对象中的成员

访问对象中的数据成员的一般形式为

对象引用变量名.成员名

调用对象中的成员函数的一般形式为

对象引用变量名.成员函数(实参列表)

例如：

```
void caller3()
{
    Data A,&r=A;              //定义对象引用变量
    r.data=100;               //正确,类外部可以访问类的public数据成员
    r.fun(1,2,3);             //正确,类外部可以访问类的public函数成员
}
```

4. 对象的赋值

如果一个类定义了两个或多个对象,则这些同类的对象之间可以互相赋值,或者说,一个对象的"值"可以赋给另一个同类的对象。这里所指的对象的"值"是指对象中所有数据成员的值。

对象之间的赋值是通过赋值运算符(=)进行的。本来,赋值运算符(=)只能用来对基本类型的变量赋值,现在被扩展为两个同类对象之间的赋值,这是通过赋值运算符重载实现的,关于运算符的重载将在第 11 章中介绍。编译器会为任何一个类重载赋值运算符,其作用是成员复制(memberwise copy),即将一个对象的数据成员值逐个复制给另一对象对应的成员。对象赋值的一般形式为

对象名 1=对象名 2

注意,对象名 1 和对象名 2 必须属于同一个类。例如：

```
Point a,b;                    //定义两个对象
…
a=b;                          //同类的对象赋值
```

关于对象赋值的说明如下。

(1) 对象的赋值只对其中的非静态数据成员赋值,而不对函数成员赋值。非静态数据成员是独立地占用存储空间的,不同对象的数据成员占有不同的存储空间,赋值的过程是将一个对象的数据成员按存储空间的二进制位完全地复制到另一对象的数据成员的存储空间中(而不管这些数据的实际类型)。但不同对象的成员函数和静态数据成员是同一个存储区域,不需要,也无法对它们赋值。

(2) 如果对象的数据成员中包括动态分配资源的指针,按上述赋值的原理,赋值时只复制了指针值而没有复制指针所指向的内容。这时往往产生一个问题：对象 a 有一个成员 p(指针类型),p 指向用 new 分配得到的动态内存区；将 a 赋值给 b 后,则 b 的成员 p 与 a 的成员 p 值相同,即它们指向同一个内存区域；若对象 a 释放了 p 所指向的动态内存,如果不相应地修改对象 b 的成员 p,则它是一个悬垂指针,在后续使用中可能出现严重后果。

5. 对象、对象指针或对象引用作为函数的参数

函数的参数可以是对象、对象指针或对象引用。

当形参是对象时，实参要求是同类的对象名，C++不能对类对象进行任何隐式类型转换。此时实参将对象内存单元的所有内容（即数据成员）逐一复制到形参中，形参是实参对象的副本。在函数中若修改了形参对象并不会影响到实参对象，即形参对象的变化不能返回到主调函数中。采用这样的值传递方式会增加函数调用在空间和时间上的开销，特别是当数据成员的长度很大时，开销会急剧增加。在实际编程中，传递对象时需要考虑类的规模带来的调用开销，如果开销很大时建议不要用对象作为函数参数。

当形参是对象指针时，实参要求是同类对象的指针，C++不能对对象指针进行任何隐式类型转换。此时实参仅将对象的地址传递到形参中。函数调用时，无论类有多大规模，传递的参数是一个地址值，其开销非常小。采用地址传递方式，在函数中若按间接引用方式修改了形参对象，本质上就是修改了实参对象。因此，使用对象指针作为函数参数可以向主调函数传回变化后的对象。如果希望用对象指针减少函数调用开销而又不允许在函数中意外修改实参对象，可以将对象指针形参作 const 限定，则函数中任何试图修改形参对象的代码都会导致语法出错，进而防止意外修改。

当形参是对象引用时，实参要求是同类的对象名，其功能与对象指针相似。此时函数形参对象实际上是实参对象的别名，为同一个对象。在函数中若修改了形参对象，本质上就是修改了实参对象。因此，使用对象引用作为函数参数可以向主调函数传回变化后的对象。

例如：

```
1    void func1(Data a,Data * p,Data &r)
2    {
3        a.data=100;
4        p->data=200;
5        r.data=300;
6    }
7    void caller4()
8    {
9        Data A,B,C;
10       A.fun(1,2,3);B.fun(4,5,6);C.fun(7,8,9);
11       func1(A,&B,C);
12   }
```

第 11 行分别将对象 A、对象 B 的地址和对象 C 的引用传递到函数 func1。第 1 行中，对象 A 值传递给形参 a，a 仅是 A 的副本，因此第 3 行对副本 a 的 data 成员进行赋值，并不会影响实参对象 A 的值(a 和 A 是两个不同的对象)；对象 B 的地址值传递给形参 p，即 p 所指向的对象是 B，因此第 4 行实际上是通过指针 p 对对象 B 的 data 成员进行赋值，会影响实参对象 B 的值；对象 C 引用递给形参 r，r 是 C 的别名，即 r 和 C 为同一个对象，因此第 5 行对 r 的 data 成员进行赋值，会影响实参对象 C 的值。

如果希望避免在函数中修改实参对象的值,函数形参必须作 const 限定。例如:

```
void func2(Data a,const Data * p,const Data &r)
{
    a.data=100;
    p->data=200;                    //错误,左值是 const 对象
    r.data=300;                     //错误,左值是 const 对象
}
```

不必对对象形参作 const 限定,如上述代码中的形参 a,因为即使在函数中修改了 a,也不会影响实参对象。

6. 函数返回值是对象、对象指针或对象引用

函数返回值可以是对象、对象指针或对象引用。

函数返回对象时,将其内存单元的所有内容复制到一个临时对象中。因此函数返回对象时会增加调用开销。

函数返回对象指针或引用,本质上返回的是对象的地址而不是它的存储内容,因此不要返回局部对象的指针或引用,因为它在函数返回后是无效的。

例如:

```
1    Data func1()
2    {
3        Data a;a.fun(1,2,3);
4        return a;                  //可以返回局部对象,因为它被复制返回
5    }
6    Data * func2(Data * p1,Data * p2)
7    {
8        if (p1->data >p2->data) return p1;
9        return p2;
10   }
11   Data&func3(Data &r1,Data &r2)
12   {
13       if (r1.data >r2.data) return r1;
14       return r2;
15   }
16   void caller()
17   {
18       Data A,B,C;
19       A.fun(1,2,3);B.fun(4,5,6);
20       C=func1();
21       func2(&A,&B)->data=100;    //等价于(&B)->data=100;
22       func3(A,B).data=100;       //等价于 B.data=100;
23   }
```

第 21、22 行的写法很独特,因为它们将函数调用放到了赋值运算符(=)的左边。

第 21 行将对象 A 和 B 的地址传递到函数 func2 中,根据 func2 的功能,它返回 B 的地址,因此 func2(&A,&B) 就是 B 的指针,func2(&A,&B)->data=100 等价于 (&B)->data=100。

第 22 行将对象 A 和 B 的引用传递到函数 func3 中,根据 func3 的功能,它返回 B 的引用,因此 func3(A,B) 的实际结果就是 B,func5(A,B).data=100 等价于 B.data=100。

7. 对象的 UML 标记图

对象的 UML 表示有 3 种方式,最简单的是只填写对象名,如图 9.5(a)所示。完整方式是给出对象名和类名(类名在右,两者之间用冒号连接),如图 9.5(b)所示。当还没有决定这个对象的名称时,可以不给出对象名,但不能省略冒号,如图 9.5(c)所示。

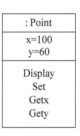

图 9.5　对象的 UML 标记图

9.3　构造函数和析构函数

9.3.1　构造函数

1. 对象的初始化

在建立一个对象时,通常最需要立即做的工作是初始化对象,如对数据成员赋初值。当对象刚被创建,系统为它分配存储空间时,对象的数据成员占用了一定数目的内存单元(长度由数据成员的类型决定),这些内存单元原始的值就成了数据成员的初始值。显然,这些初始值是不可预知的。这种状况与求解现实问题的要求不符:对象是一个实体,它反映客观事物的属性,应该在使用前有确定的值。

类的数据成员是不能在类定义时初始化的。例如:

```
class Point{                    //Point 类
    int x=0,y=0;                //错误,不能在类定义中对数据成员初始化
    …                           //其他成员
};
```

原因是类定义并没有产生一个实体,而是给出了一个数据类型,不占用存储空间,因而也无处容纳数据。

如果一个类中所有的数据成员是公有的,则可以在定义对象时对数据成员进行初始化。例如:

```
class Point{                                    //Point 类定义
public:
    int x,y;                                    //数据成员声明
    …                                           //其他成员
};
Point one={10,10};                              //对象初始化
Point A[3]={{10,10},{20,20},{30,30}};           //对象数组初始化
```

这种情况与结构体的初始化是相似的,初值列表与数据成员的声明次序一一对应。

但如果类中的数据成员是私有的,如 private 的或 protected 的,就不能用这种方法初始化,因为外部不能直接访问私有的数据成员。

从前面的内容我们知道,私有的数据成员主要是通过公有的成员函数设置其值的。因此,对私有的数据成员初始化,一种变通的方法是在对象建立之后,调用公有的成员函数设置它们的值。但这种方法仅仅是像初始化,因为它并不是在对象建立时完成的。

2. 构造函数的定义

为了解决对象初始化的问题,C++ 提供了构造函数(constructor)来处理对象的初始化。构造函数是类的一种特殊成员函数,与其他成员函数不同,它不需要人为调用,而是在建立对象时自动被执行。换言之,在建立对象时构造函数被自动执行了,程序员因此有机会在这里进行对象的初始化工作。

C++ 规定构造函数的名字与类的名字相同,并且不能指定返回类型。定义形式为

```
类名(形式参数列表)
{
    函数体
}
```

构造函数可以没有形参,有如下两种形式:

```
//第 1 种形式                                    //第 2 种形式
类名()                                          类名(void)
{                                               {
    函数体                                          函数体
}                                               }
```

与其他任何函数一样,构造函数可以声明为内联的。

只要创建类类型的新对象,都要执行构造函数,因此,构造函数的主要用途是初始化类的数据成员。

对于有参数的构造函数,定义对象的一般形式为

```
类名  对象名 1(实参列表),对象名 2(实参列表),…;
```

对于无参数的构造函数,定义对象的一般形式为

类名　对象名1,对象名2,…;

【例 9.1】 有两个长方体,其长、宽、高分别为 1、2、3 和 10、20、30。分别求它们的体积。设计一个类表示长方体,在类中用带参数的构造函数。

程序代码如下:

```
1   #include <iostream>
2   using namespace std;
3   class Cuboid{                                    //Cuboid类表示长方体
4   public:
5       Cuboid(int l,int h,int d);                   //构造函数
6       int volume(){ return length*height*depth;}   //计算体积
7   private:
8       int length,height,depth;                     //长、高、深
9   };
10  Cuboid::Cuboid(int l,int h,int d)                //外部定义的构造函数
11  {
12      length=l,height=h,depth=d;                   //初始化数据成员
13      cout<<"Cuboid:"<<"L="<<l<<",H="<<h<<",D="<<d<<endl;
14  }
15  int main()
16  {
17      Cuboid a(1,2,3);                             //定义长方体对象a,调用构造函数初始化
18      cout<<"volume="<<a.volume()<<endl;           //输出体积
19      Cuboid b(10,20,30);                          //定义长方体对象b,调用构造函数初始化
20      cout<<"volume="<<b.volume()<<endl;           //输出体积
21      return 0;
22  }
```

程序运行结果如下:

Cuboid:L=1,H=2,D=3
volume=6
Cuboid:L=10,H=20,D=30
volume=6000

运行结果第 1 行是创建对象 a 时自动调用构造函数输出的,第 2 行是调用 a.volume 函数输出的;第 3 行是创建对象 b 时自动调用构造函数输出的,第 4 行是调用 b.volume 函数输出的。

关于构造函数,有如下几点说明。

(1) 构造函数是在创建对象时自动执行的,而且只执行一次,并先于其他成员函数执行。构造函数不需要人为调用,也不能被人为调用。例如:

　　a.Cuboid(1,2,3);   //错误

(2)构造函数一般声明为公有的(public),因为创建对象通常是在类的外部进行的,必须确保构造函数能够有外部访问权限。如果构造函数声明为受保护的(protected)或私有的(private),那就意味着在类外部创建对象(并调用构造函数)是错误的。换言之,这样的类不能由外部实例化,只能由类内部(一般是静态成员函数)实例化,这种情况不是通常的做法。

(3)在构造函数的函数体中不仅可以对数据成员初始化,而且可以包含任意其他功能的语句,例如分配动态内存等,但是一般不提倡在构造函数中加入与初始化无关的内容。

(4)每个构造函数应该为每个内置或构造类型的成员提供初始化。没有初始化内置或构造类型成员的构造函数,将使那些成员处于未定义的状态。除了作为赋值的目标之外,以任何方式使用一个未定义的成员都是错误的。如果每个构造函数将每个成员设置为明确的已知状态,则成员函数可以区分空对象和具有实际值的对象。

(5)带参数的构造函数中的形参,是在定义对象时由对应的实参给定的,用这种方法可以方便地实现对不同对象进行不同的初始化。需要注意,实参必须与构造函数的形参的个数、次序和类型一致。

3. 构造函数初始化列表

与任何其他函数一样,构造函数具有函数名、形参列表和函数体。与其他函数不同的是,构造函数可以包含一个构造函数初始化列表(constructor initialize list),有两种定义形式:

```
//第 1 种形式                          //第 2 种形式
类名(形式参数列表)                      类名(形式参数列表):构造函数初始化列表
    :构造函数初始化列表
{                                     {
    函数体                                函数体
}                                     }
```

构造函数初始化列表以一个冒号(:)开始,接着是一个以逗号分隔的数据成员列表,每个数据成员后面跟一个放在圆括号中的初始化式。构造函数初始化列表跟在构造函数头的后面,其后与函数体相接。可以根据初始化列表长短选择上述两种形式之一。例如:

```
Cuboid::Cuboid(int L,int H,int D)
    :Length(L),Height(H),Depth(D)          //构造函数初始化列表
{                                          //初始化列表较长时的写法
    cout<<"Cuboid:"<<"L="<<L<<",H="<<H<<",D="<<D<<endl;
}
```

或

```
Cuboid::Cuboid(int L,int H,int D):Length(L),Height(H),Depth(D)
                                           //构造函数初始化列表
{                                          //初始化列表较短时的写法
```

```
        cout<<"Cuboid:"<<"L="<<L<<",H="<<H<<",D="<<D<<endl;
    }
```

构造函数将 Length、Height、Depth 成员分别初始化为形参 L、H、D。

与其他的成员函数一样,构造函数可以定义在类的内部或外部,但构造函数初始化列表只在构造函数的定义中而不是函数原型声明中指定。

从初始化角度来看,可以认为构造函数分两个阶段执行:初始化阶段和普通的计算阶段。初始化阶段由构造函数初始化列表组成,计算阶段由构造函数函数体的所有语句组成,初始化阶段先于普通的计算阶段,即

```
类名(形式参数列表)  :初始化阶段
{
    普通的计算阶段
}
```

例如:

```
Cuboid::Cuboid(int L,int H,int D):Length(L)              //构造函数初始化列表
{
    Height=H,Depth=D;                                    //初始化数据成员
    cout<<"Cuboid:"<<"L="<<L<<",H="<<H<<",D="<<D<<endl;
}
```

Length 初始化为形参 L 先于 Height、Depth 成员分别被赋值为形参 H、D。

在本节中编写的多个 Cuboid 构造函数版本具有同样的效果,无论是在构造函数初始化列表中初始化成员,还是在构造函数函数体中对它们赋值,最终结果是相同的。构造函数执行结束后,3 个数据成员保存同样的值。不同之处在于,使用初始化列表的版本初始化数据成员,没有定义初始化列表的构造函数版本在函数体中对数据成员赋值。这个区别的重要性取决于数据成员的类型。

不管成员是否在构造函数初始化列表中显式地初始化,类的成员对象初始化总是发生在计算阶段开始之前。

在构造函数初始化列表中没有显式地提及的每个成员,使用与初始化变量相同的规则来进行初始化。运行该类型的默认构造函数来初始化类类型的数据成员;内置或构造类型的成员的初始值依赖于对象的作用域,在局部作用域中这些成员不被初始化,而在全局作用域中它们被初始化为 0。

关于构造函数初始化列表有如下几点说明。

(1) 有时必须用构造函数初始化列表。

如果没有为类类型的数据成员提供初始化列表,编译器会隐式地使用该成员的默认构造函数。如果那个类没有默认构造函数,则编译器会报告错误。在这种情况下,为了初始化类类型的数据成员,必须提供初始化列表。

一般地,没有默认构造函数的成员对象,以及 const 或引用类型的成员,都必须在构造函数初始化列表中进行初始化。

例如,下面的构造函数是错误的:

```cpp
class CRData{
public:
    CRData(int a);
private:
    int i;const int ci;int &ri;
};
CRData::CRData(int a)
{                           //没有显式的初始化列表是不能对引用 ri 初始化的
    i=a;                    //正确
    ci=a;                   //错误,不能给一个 const 赋值
    ri=i;                   //错误,不能给一个绑定未知对象的引用 ri 赋值
}
```

请记住,可以初始化 const 对象或引用类型的对象,但不能对它们赋值。在开始执行构造函数的函数体之前,就要完成它们的初始化。显然,初始化 const 或引用类型数据成员的唯一机会是在构造函数初始化列表中。编写 CRData 构造函数的正确形式为

```cpp
//正确,显式初始化引用类型成员和 const 成员
CRData::CRData(int a):i(a),ci(a),ri(i){}
```

C++ 程序员习惯使用构造函数初始化列表进行初始化。

(2) 成员初始化的次序与数据成员的声明次序一致。

每个成员在构造函数初始化列表中只能指定一次,但构造函数初始化列表仅指定用于初始化成员的值,并不指定这些初始化执行的次序。成员被初始化的次序就是数据成员的声明次序。第 1 个成员首先被初始化,然后是第 2 个,以此类推。

例如:

```cpp
class A{
    int i;                  //第 1 个成员
    int j;                  //第 2 个成员
public:
    A(int a):j(a),i(j){}    //运行时有问题,i 先于 j 初始化
};
```

在这种情况下,构造函数初始化列表看起来似乎是用 a 初始化 j,然后再用 j 来初始化 i。事实却是 i 首先被初始化,这个初始化列表的结果是用尚未初始化的 j 值来初始化 i。

一般地,按照与成员声明一致的次序编写构造函数初始化列表,并且尽可能避免使用成员来初始化其他成员。通过重复使用构造函数的形参而不是使用对象的数据成员,可以避免由初始化式的执行次序而引起的任何问题。如下面这样为 A 编写构造函数会更好:

```cpp
A(int a):i(a),j(a){}
```

(3) 初始化式可以是任意表达式。

一个初始化式可以是任意复杂的表达式,但初始化类类型的数据成员时,要指定实参

并传递给成员对象的一个构造函数,可以使用该成员的任意构造函数。例如:

```
class A{
    string s1,s2,s3;                                    //string 类型成员对象
public:
    A(string str):s1(str),s2("hello"),s3(10,'9'){}      //成员对象初始化式
};
```

初始化成员对象 s1、s2 和 s3 时,初始化式可以是 string 类的任意构造函数。

9.3.2 构造函数的重载

在一个类中可以定义多个构造函数版本,即构造函数允许被重载。只要每个构造函数的形参列表是唯一的,可以为一个类声明的构造函数的数量没有限制。一般地,不同的构造函数允许建立对象时用不同的方式来初始化数据成员。

【例 9.2】 平面上有两个点,其 x、y 坐标分别为 0、0 和 1、2。编程显示坐标值。设计一个类表示平面上的点,设计两个带参数和不带参数版本的构造函数。

程序代码如下:

```
1    #include <iostream>
2    using namespace std;
3    class Point{                                       //Point 类表示平面上的点
4    public:
5        Point(){ x=y=0;}                               //无参数的构造函数
6        Point(int a,int b) :x(a),y(b){ }               //有参数的构造函数
7        void display(){ cout<<"x="<<x<<",y="<<y<<endl;}
8    private:
9        int x,y;                                       //坐标值
10   };
11   int main()
12   {
13       Point m;                                       //定义 Point 对象 m,调用构造函数初始化
14       m.display();                                   //显示坐标
15       Point n(1,2);                                  //定义 Point 对象 n,调用构造函数初始化
16       n.display();                                   //显示坐标
17       return 0;
18   }
```

程序运行结果如下:

x=0,y=0
x=1,y=2

在 Point 类中定义了两个构造函数版本。第一个无参数,在构造函数函数体中对私有的数据成员赋值 0。第二个在构造函数初始化列表中对数据成员初始化,函数有两个参数,建立对象时需要两个实参与之对应。**系统根据对象建立的形式确定对应的构造**

函数。

在主函数中，建立对象 m 时没有给出实参，因此调用无参的构造函数，执行此构造函数的结果是使两个数据成员的值均为 0。然后输出 m 的坐标。建立对象 n 时给出两个实参，因此调用有两个形参的构造函数，执行此构造函数的结果是使两个数据成员的值为 1、2，然后输出 n 的坐标。

需要注意，使用无参的构造函数建立对象时，应该写成

Point m;

而不是

Point m();   //错误，无实参时不应该有括号

尽管在一个类中可以包含多个构造函数，但是对于每一个对象来说，建立对象时只执行其中一个，并非每个构造函数都被执行。

9.3.3　带默认参数的构造函数

构造函数的参数允许使用默认值。对类的设计者来说，使用默认参数可以减少代码重复；对类的使用者来说，使用默认参数可以方便地用适当的参数进行初始化。

【例 9.3】用带默认参数的构造函数改进例 9.2。

程序代码如下：

```
1    #include <iostream>
2    using namespace std;
3    class Point{                                     //Point 类表示平面上的点
4    public:
5        Point(int a=0,int b=0) :x(a),y(b){}          //带默认参数的构造函数
6        void display(){cout<<"x="<<x<<",y="<<y<<endl;}
7    private:
8        int x,y;                                     //坐标值
9    };
10   int main()
11   {
12       Point k,m(1),n(1,2);        //定义 Point 对象 k、m、n，调用构造函数初始化
13       k.display(); m.display(); n.display();       //显示坐标
14       return 0;
15   }
```

程序运行结果如下：

x=0,y=0
x=1,y=0
x=1,y=2

定义对象 k 时没有给出实参，因此形参均默认为 0；定义对象 m 时给了一个实参，因此形

参 a 为 1,b 默认为 0;定义对象 n 时给了两个实参,因此形参 a 为 1,b 为 2。

可以看到,在构造函数中使用默认参数是方便而有效的,它提供了建立对象时的多种选择,其作用相当于好几个重载的构造函数。这样做的好处是,即使在调用构造函数时没有提供实参值,不仅不会出错,而且还确保按照默认的参数值对对象进行初始化。尤其在希望对每一个对象都有同样的初始化状况时使用这种方法更为方便,不需要额外数据,对象按预定值初始化。

关于构造函数默认参数有如下说明。

(1) 无论构造函数是在类中定义,还是在类中声明,类外部实现,都要求在类定义中指定构造函数的默认参数,不能在类外部指定默认参数。因为类定义是类的对外接口,用户是可以看到的,而函数的定义是类的实现细节,用户往往看不到。在类定义中指定默认参数,这样用户就知道在建立对象时怎样使用默认参数。

(2) 声明默认参数的构造函数时,形参名可以省略,即上述程序第 5 行可以写成

```
Point(int=0,int=0);          //有默认参数构造函数的声明
```

(3) 如果构造函数的全部参数都指定了默认值,则在定义对象时可以给一个或几个实参,也可以不给出实参。这时,就与无参数的构造函数有歧义了。例如,同时定义下面两个构造函数是错误的:

```
Point();                     //声明一个无参数构造函数
Point(int a=0,int b=0);      //声明一个全部参数都带默认值的构造函数
```

因为在建立对象时,如果写成

```
Point k;                     //定义对象 k
```

编译器无法分辨应该调用哪个构造函数,出现了歧义性,导致编译错误。

(4) 在一个类中定义了带默认参数的构造函数后,不能再定义与之有冲突的重载构造函数。例如,在一个类中有以下构造函数的声明:

```
Point();                     //第 1 个版本构造函数:无参数
Point(int a);                //第 2 个版本构造函数:有一个参数
Point(int a=0,int b=0);      //第 3 个版本构造函数:两个参数均为默认参数
```

则对象定义

```
Point a;                     //错误,不能分辨是用第 1 个版本还是第 3 个版本构造函数
Point b(10);                 //错误,不能分辨是用第 2 个版本还是第 3 个版本构造函数
```

又如,有以下构造函数的声明:

```
Point();                     //第 1 个版本构造函数:无参数
Point(int a);                //第 2 个版本构造函数:只有 1 个参数
Point(int a,int b=0);        //第 3 个版本构造函数:1 个参数为默认参数
```

则对象定义

```
Point a;              //正确
Point b(10);          //错误,不能分辨是用第 2 个版本还是第 3 个版本构造函数
Point c(10,20);       //正确
```

一般地,不应同时使用构造函数的重载和带默认参数的构造函数。

9.3.4 默认构造函数

定义默认构造函数(default constructor)的一般形式为

类名()
{
    函数体
}

它由不带参数的构造函数,或者所有形参均是默认参数的构造函数定义。如果定义某个类的对象时没有提供初始化式,就会使用默认构造函数。

与默认构造函数相对应的对象定义形式为

类名　对象名;

任何一个类有且只有一个默认构造函数。如果定义的类中没有显式定义任何构造函数,编译器会自动为该类生成默认构造函数,称为合成默认构造函数(synthesized default constructor)。

合成默认构造函数使用与变量初始化相同的规则来初始化成员。具有类类型的成员通过运行各自的默认构造函数来进行初始化。内置和构造类型的成员,如指针和数组,只对定义在全局作用域中的对象才初始化。当对象定义在局部作用域中时,内置或构造类型的成员不进行初始化。通常,在默认构造函数中给成员提供的初始值应该指出该对象是"空"的,即按二进制位全置为 0。

一个类哪怕只定义了一个构造函数,编译器也不会再生成默认构造函数。换言之,如果为类定义了一个带参数的构造函数,还想要无参数的构造函数,就必须自己定义它。

一般地,任何一个类都应定义一个默认构造函数。因为,在很多情况下,默认构造函数是由编译器隐式调用的。如果类没有默认构造函数,则该类就不能用在这些环境中。

为了说明需要默认构造函数的情况,假定有一个 NDData 类:

```
class NDData{              //NDData 类定义
public:
    NDData(string str):s1(str){}
private:
    string s1;
};
```

它没有定义自己的默认构造函数 NDData(),却有一个 NDData(string str)构造函数。因为该类定义了一个构造函数,因此编译器将不会为 NDData 合成默认构造函数。NDData 没有默认构造函数,意味着:

(1) 具有 NDData 成员的每个类的每个构造函数,必须通过传递一个初始的 string 值给 NDData 构造函数来显式地初始化 NDData 成员。
(2) NDData 类型不能用作动态分配数组的元素类型。
(3) NDData 类型按静态分配的数组必须为每个元素提供一个显式的初始化式。
例如:

```
class Data{                           //Data 类定义
public:
    Data(){;}                         //错误,NDData 对象没有合适的默认构造函数可用
private:
    NDData one;
};
```

只要在 Data 类的构造函数初始化列表中没有形如 one("hello")之类的初始化式,则 Data 类的构造函数总是错误的。因为 Data 类的构造函数试图使用 NDData 的默认构造函数,但 NDData 没有默认构造函数。

9.3.5 隐式类类型转换

在第 2 章介绍过,C++语言定义了内置类型之间的几个自动转换。也可以定义将其他类型的对象隐式转换为自定义的类类型,或将类类型的对象隐式转换为其他类型。在第 11 章将介绍如何定义从类类型到其他类型的转换,本节讨论其他类型转换为类类型。

为了实现其他类型到类类型的隐式转换,需要定义合适的构造函数。可以用单个实参调用的构造函数(称为转换构造函数)定义从形参类型到该类类型的隐式转换。
例如:

```
class Data{                           //Data 类定义
public:
    Data(const string& str=""):s1(str){}
    void SetString(const Data& r){s1=r.s1;}
private:
    string s1;
};
```

Data(const string& str="")构造函数定义了一个隐式类型转换,如下代码:

```
Data one;
string str="hello";
one.SetString(str);                   //实现了 string 到 Data 的隐式转换
```

使用一个 string 类型对象作为实参传给 Data 的 SetString 函数,该函数的形参希望是一个 Data 对象作为实参。编译器使用接收 string 实参的 Data 构造函数从 str 生成一个新的 Data 对象,新生成的临时 Data 对象被传递给 SetString 函数,即 string 对象隐式转换为 Data 类型。

使用单个参数的构造函数来进行类类型转换的方法可以总结如下。

(1) 先声明一个类。

(2) 在这个类中定义一个只有一个参数的构造函数,参数的类型是需要转换的数据类型,即转换构造函数的一般形式为

类名(const 指定数据类型 & obj)

(3) 采用转换构造函数定义对象时即进行类型转换,一般形式为

类名(指定数据类型的数据对象)

就可以将指定类型的对象转换为此类类型的对象。例如:

```
Data::Data(const string& str){…}        //string 转换为 Data 对象
Data::Data(const double& d){…}          //double 转换为 Data 对象
```

也可以用显式的构造函数来生成类型转换:

```
one.SetString(Data(str));
```

显式地使用构造函数 Data(str)中止了隐式地使用构造函数,任何构造函数都可以用来显式地创建临时对象。

可以禁止由构造函数定义的隐式转换,方法是通过将构造函数声明为 explicit,来防止在需要隐式转换的上下文中使用构造函数。例如:

```
class Data{                                    //Data 类定义
public:
    explicit Data(const string& str=""):s1(str){}
    void SetString(const Data& r){s1=r.s1;}
private:
    string s1;
};
```

现在,构造函数不能用于隐式地创建对象:

```
one.SetString(str);              //错误,构造函数必须是显式的
one.SetString(Data(str));        //正确,显式地构造对象
```

C++ 关键字 explicit 用来修饰类的构造函数,指明该**构造函数是显式的**。explicit 关键字只能用于类内部的构造函数声明上,在类定义外部不能重复它。

一般地,除非有明显的理由想要定义隐式转换,否则,单形参构造函数应该为 explicit。将构造函数设置为 explicit 可以避免错误,如果真需要转换,可以显式地构造对象。

9.3.6 复制构造函数

只有单个形参,而且该形参是对本类类型对象的引用常量,这样的构造函数称为复制构造函数(copy constructor)。定义的一般形式为

类名(const 类名 & obj)

```
    {
        函数体
    }
```

例如：

```
class Point{                                        //Point 类
public:
    Point():x(0),y(0){}                             //默认构造函数
    Point(const Point& r):x(r.x),y(r.y){}           //复制构造函数
    Point(int a,int b):x(a),y(b){}                  //带参数构造函数
    Point(const string& str);                       //带参数构造函数
private:
    int x,y;
};
Point::Point(const string& str)
{                                                   //从"x,y"形式的字符串中解析出 x 和 y
    char buf[100];
    int loc=str.find(','),ylen=str.size()-loc-1;    //查找','的位置
    str.copy(buf,loc,0);buf[loc]=0; x=atoi(buf);    //解析 x
    str.copy(buf,ylen,loc+ 1);buf[ylen]=0;y=atoi(buf); //解析 y
}
```

类 Point 有一个默认构造函数 Point()、复制构造函数 Point(const Point& r) 和带参数的构造函数 Point(int a,int b)、Point(const string& str)。

复制构造函数有且只有一个本类类型对象的引用形参，通常使用 const 限定。形参声明为引用类型可以减少调用时间和空间的开销，使用 const 是必须的，因为复制构造函数只是复制对象，没有必要改变传递来的对象的值。复制构造函数的功能是利用一个已知的对象来初始化一个被创建的同类的对象。

与复制构造函数对应的对象的定义形式为

类名　对象名 1(类对象 1),对象名 2(类对象 2),…;

例如：

```
Point a;                        //调用默认构造函数
Point b(1,2);                   //调用 Point(int a,int b)构造函数
Point c(b);                     //调用复制构造函数
Point d2("101,2021");           //调用 Point(const string& str)构造函数
```

其中，Point c(b) 表示用 b 作为实参对象定义一个类对象 c，复制构造函数的初始化结果是使得 c 有与 b 一样的数据值。

1. 合成复制构造函数

每个类必须有一个复制构造函数。如果类没有定义复制构造函数，编译器就会自动

合成一个,称为合成复制构造函数(synthesized copy constructor)。与合成默认构造函数不同,即使定义了其他构造函数,也会合成复制构造函数。合成复制构造函数的操作是:执行逐个成员初始化(memberwise initialize),将新对象初始化为原对象的副本。

所谓"逐个成员",指的是编译器将现对象的每个非静态数据成员依次复制到正创建的对象中。每个成员的类型决定了复制该成员的含义。

(1) 内置类型成员直接复制其值。

(2) 类类型成员使用该类的复制构造函数进行复制。

(3) 虽然一般情况下不能复制数组,但如果一个类具有数组成员,则合成复制构造函数将复制数组,即复制数组的每一个元素到新对象中。

逐个成员初始化可以这样理解:将合成复制构造函数看作是每个数据成员在构造函数初始化列表中进行初始化的构造函数。例如,假定有一个 Data 类,它有 3 个数据成员。

```
class Data{                    //Data 类
    ...                        //无复制构造函数的其他成员
private:
    string str;                //类类型成员(成员对象)
    double val;                //内置类型成员
    int A[20];                 //数组成员
};
```

那么,由编译器合成的复制构造函数如下所示。

```
Data::Data(const Data& orig):str(orig.str),val(orig.val)
{}                             //空函数体
```

2. 何时使用复制构造函数

以下 3 种情况会使用复制构造函数。

(1) 用一个对象显式或隐式初始化另一个对象,即复制初始化时。

第 2 章讲过 C++ 支持两种初始化形式:复制初始化和直接初始化。复制初始化使用等号(=),而直接初始化将初始化式放在圆括号中。

当用于类类型对象时,复制初始化和直接初始化是有区别的:直接初始化直接调用与实参匹配的构造函数,而复制初始化总是调用复制构造函数。复制初始化首先使用指定构造函数创建一个临时对象,然后用复制构造函数将临时对象复制到正在创建的对象。例如:

```
Point empty_direct;            //直接初始化,调用默认构造函数
Point d1(1,2);                 //直接初始化,调用 Point(int a,int b)构造函数
Point empty_copy=Point();      //复制初始化,调用默认构造函数
Point d2="101,2022";           //复制初始化,调用 Point(const string& str)构造函数
```

创建 d1 时,调用参数为两个整型的 Point 构造函数并直接初始化 d1 的成员。创建 d3 时,编译器首先调用接收一个 C 语言风格字符串形参的 string 构造函数,创建一个临

时对象,然后,编译器使用 Point 复制构造函数将 d3 初始化为那个临时对象的副本。

empty_copy 和 empty_direct 的初始化都调用默认构造函数。对前者初始化时,默认构造函数创建一个临时对象,然后复制构造函数用该对象初始化 empty_copy。对后者初始化时,直接运行 empty_direct 的默认构造函数。

(2) 函数参数按值传递对象时或函数返回对象时。

当函数形参为对象类型,而非指针和引用类型时,函数调用按值传递对象,即编译器调用复制构造函数产生一个实参对象副本传递到函数中。

类似地,以对象类型作为返回值时,编译器调用复制构造函数产生一个 return 语句中的值的副本返回调用函数。

例如,已知函数声明:

```
Point fun(Point a,Point b)
{
    ...                              //函数体
}
```

那么

```
Point x,y,c;
c=fun(x,y);
```

fun 函数调用时,调用复制构造函数分别产生 x 和 y 的副本为形参 a 和 b,fun 返回时又调用复制构造函数产生一个临时 Point 对象,然后赋值给 c。

(3) 根据元素初始化式列表初始化数组元素时。

如果没有为类型数组提供元素初始化式,则将用默认构造函数初始化每个元素。然而,如果使用常规的大括号的数组初值列表形式来初始化数组时,则使用复制初始化来初始化每个元素。

总的来说,正是有了复制构造函数,函数才可以传递对象和返回对象,对象数组才能用初值列表的形式初始化。

3. 深复制与浅复制

如果一个拥有资源(如用 new 得到的动态内存)的类对象发生复制的时候,若对象数据与资源内容一起复制,称为深复制,如图 9.6(a)所示;若复制对象但未复制资源内容,称为浅复制,如图 9.6(b)所示。

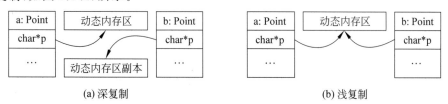

图 9.6 深复制与浅复制示意

例如，假定有一个 Point 类：

```
class Data{                                    //Data 类
public:
    Data():size(50),p(0){}                     //默认构造函数
    void doNew(){p=new int[size];}             //为 p 分配 size 个 int 内存空间资源
    Data(const Data& r);                       //复制构造函数
    int size, * p;
};
```

则如下的复制构造函数

```
Data::Data(const Data& r):p(r.p){}             //浅复制,仅复制指针值,没有复制指向内容
```

是浅复制。

请注意，若 Point 未提供复制构造函数，而由编译器自动生成的合成复制构造函数与上述代码相同，因此合成复制构造函数也是浅复制。

若执行

```
Data a;
a.doNew();                    //分配内存
Data b(a);                    //复制构造函数,但并未复制分配的内存
```

或

```
Data a,b;
a.doNew();                    //分配内存
b=a;                          //对象赋值,但并未复制分配的内存
```

对象 a 的指针 p 分配了内存空间，但对象 b 的指针 p 仅复制了 a 的指针值，没有分配内存空间。当对象 a 的指针 p 释放了内存后，对象 b 的指针 p 就成了悬垂指针，不再有效。显然，由于浅复制并没有复制资源内容，使得在资源释放的时候会产生指向资源的指针归属不清的情况，进而可能导致严重错误。

下面的代码将复制构造函数改为深复制：

```
Data::Data(const Data& r):size(r.size)
{                             //深复制,复制指向内容,两个对象的 p 值不相同
    p=new int[size];          //为新对象分配与复制对象 r 相同的内存空间资源
    for (int i=0; i<size; i++) p[i]=r.p[i];   //一一复制资源内容
}
```

其原理是为新对象分配一个与原对象 r 大小一样的动态内存，然后复制 r 的动态内存中的每个数据值，从而在新对象中产生与 r 相同的动态内存区副本。需要注意，新对象的 p 成员与原对象 r 的 p 成员不相同，因为它们分别执行不同的内存区，这点可以从图 9.6(b)直观地看到。

有些类需要完全禁止复制。例如 iostream 类就不允许复制。如果想要禁止复制，不

能用省略复制构造函数的方法。因为如果不定义复制构造函数的话,编译器将自动合成一个。为了防止复制,类可以显式声明其复制构造函数为 private,或者写一个什么也不做的复制构造函数。

不定义复制构造函数和(或)默认构造函数,会严重局限类的使用。不允许复制的类对象只能作为指针或引用类型传递给函数或从函数返回。

一般来说,最好显式或隐式定义默认构造函数和复制构造函数。只有不存在其他构造函数时才合成默认构造函数。如果定义了复制构造函数,也必须定义默认构造函数。

9.3.7 构造函数小结

构造函数的形式和内容比较多,这里简要总结一下。

(1) 构造函数的主要作用是初始化数据成员。可以在构造函数初始化列表中或在构造函数函数体中进行初始化,其中初始化列表的初始化先于函数体的初始化完成。如果类的数据成员是 const 对象、类类型对象,则这些对象的初始化只能在初始化列表中进行。

(2) 构造函数决定了对象定义时的形式。

① 无参数的构造函数或默认构造函数对应的对象定义形式为

类名　对象名 1,对象名 2,…;

换言之,如果对象定义采用了如上形式,那么类必须有无参数的构造函数或默认构造函数。

如果一个类有类类型对象,且又没有对它显式初始化,则这个类对象必须有无参数的构造函数或默认构造函数。

② 有参数(重载或带默认参数)的构造函数对应的对象定义形式为

类名　对象名 1(实参列表),对象名 2(实参列表),…;

换言之,如果对象定义采用如上形式,那么类必须有与实参匹配的构造函数。

③ 直接初始化:

类名　对象名 1(实参列表),对象名 2(实参列表),…;

要求类必须有与实参匹配的构造函数。

④ 复制初始化:

类名　对象名 1=初始化式 1,对象名 2=初始化式 2,….;

要求类必须有复制的构造函数。

(3) 类有重载的构造函数,或者类带默认参数的构造函数时,需要注意不能有冲突的构造函数形式。

(4) 任何一个类只要定义了一个任意形式的构造函数,则编译器不会再合成默认构造函数。如果此时又必须要有它,则只能显式定义无参数的构造函数。

(5) 除非自定义复制构造函数,否则类总是会自动合成一个复制构造函数。复制构

造函数的形式为

> 类名(const 类名 & obj)

当用一个对象初始化另一个对象、函数参数使用对象、函数返回使用对象或运算中出现临时对象时,要求类必须有复制构造函数(无论合成或自定义的)。

（6）单个参数的构造函数(不是复制构造函数)形式为

> 类名(const 指定数据类型 & obj)

可以实现将指定数据类型转换为类类型。

（7）对象赋值和对象复制在概念上、实现上和形式上是不同的。

对象的赋值是对一个已经存在的对象赋值,因此必须先定义被赋值的对象,才能进行赋值。而对象的复制则是从无到有地建立一个新对象,并使它与一个已有的对象完全相同(包括对象的结构和成员的值)。

对象赋值是因为类重载了赋值运算符,因为任何类默认都会重载赋值运算符,因此任何类的对象都可以进行赋值。对象复制是因为类有复制构造函数,因为任何类默认都会合成复制构造函数,因此任何类的对象在定义时都可以使用复制初始化,函数形成和返回可以是类对象。

例如：

```
Data a,b;
a=b;                          //对象赋值
Data c(a),d=b;                //对象复制
Data fun(Data x,Data y);      //fun 函数原型,对象复制
```

9.3.8 析构函数

析构函数(destructor)是类的另一个特殊成员函数,它的作用与构造函数相反,C++规定析构函数的名字是类名的前面加一个波浪号(~)。其定义形式为

```
~类名()
{
    函数体
}
```

析构函数不返回任何值,没有返回类型,也没有函数参数。由于没有函数参数,因此它不能被重载。换言之,一个类可以有多个构造函数,但是只能有一个析构函数。

1. 何时调用析构函数

当对象的生命期结束,撤销类对象时会自动调用析构函数。

（1）对象在程序运行超出其作用域时自动撤销,撤销时调用该对象的析构函数。

如果在一个函数中定义了一个非静态局部对象,那么当函数调用结束时,对象被释放,在对象释放前调用析构函数。

函数中的静态局部对象在函数调用结束时对象并不释放,因此不调用析构函数。静态局部对象或全局作用域的对象只在主函数结束,即程序运行结束时才释放,这时调用析构函数。

(2)如果用 new 运算动态地建立了一个对象,那么用 delete 运算释放该对象时,调用该对象的析构函数。

这种方式不以作用域范围为对象生命期,而是以执行 new 和 delete 运算区间为生命期,因此这种方式可以跨多个函数作用域。需要注意,尽管动态对象可以跨作用域范围,保存动态对象的指针变量却是以作用域范围为生命期的。

动态对象的指针即使超出其作用域,也不会自动调用对象的析构函数,只有在指向该对象的指针被 delete 时才撤销。如果没有 delete 指向动态对象的指针,对象就一直存在,从而导致内存泄漏,而且,对象内部使用的任何资源也不会释放。

2. 合成析构函数

与复制构造函数或赋值运算符重载不同,编译器总是会为类生成一个析构函数,称为合成析构函数(synthesized destructor)。合成析构函数按对象创建时的逆序撤销每个非静态成员,即它是按成员在类中声明次序的逆序撤销成员的。对于类类型的每个成员,合成析构函数调用该成员的析构函数来撤销对象。

需要注意,合成析构函数并不删除指针成员所指向的对象,它需要程序员显式地编写析构函数去处理。

3. 何时需要编写析构函数

许多类不需要显式地编写析构函数,尤其是具有构造函数的类不一定需要定义自己的析构函数。析构函数通常用于释放在构造函数或在对象生命期内获取的资源(如动态分配的内存)。广义地讲,析构函数的作用并不仅限于释放资源方面,它可以执行任意操作,用来执行"对象即将被撤销之前程序员所期待的任何操作"。

如果类需要析构函数,则该类几乎必然需要定义自己的复制构造函数和赋值运算符重载,这个规则称为析构函数三法则(rule of three)。原因是:如果类真的需要析构函数,则类中必然出现了指针类型的成员且分配了资源,需要自己编写析构函数来释放资源(否则使用合成析构函数就可以了)。同时,有指针类型的成员,应该尽可能防止浅复制。所以,复制构造函数和赋值运算符重载这两个函数是防止浅复制所必需的。

【例 9.4】 设计一个类表示字符串,长度可以动态变化。

程序代码如下:

```
1    #include <iostream>
2    using namespace std;
3    class CString{                        //CString 类
4    public:
5        CString(const char * str);        //单个参数构造函数
6        ~CString();                       //析构函数
```

```
7        void show(){cout<<p<<endl;}              //显示字符串
8    private:
9        char * p;                                //存储字符串动态内存区
10   };
11   CString::CString(const char * str)
12   {
13       p=new char [strlen(str)+1];              //为存储 str 动态分配内存
14       strcpy(p,str);                           //复制 str 到 p
15       cout<<"构造:"<<str<<endl;
16   }
17   CString::~CString()
18   {
19       cout<<"析构:"<<p<<endl;
20       delete [] p;                             //析构函数必须是否 p 占用的内存
21   }
22   int main()
23   {
24       CString s1("C++"),s2="JavaScript";       //定义对象
25       s1.show(); s2.show();
26       return 0;
27   }
```

程序运行结果如下：

构造:C++
构造:JavaScript
C++
JavaScript
析构:JavaScript
析构:C++

由于 CString 构造函数是单个参数的构造函数,因此 const char * 类型可以转换成 CString 类型,所以 CString 类对象定义时既可以使用直接初始化形式,又可以使用复制初始化形式,如第 24 行。CString 需要析构函数的原因是它的数据成员 p 是动态分配内存的,这个内存不可能自动释放,必须在 CString 对象将要销毁前在析构函数调用时人为释放它,如第 20 行。根据运行结果看出,构造和析构的次序正好相反,即构造 s1→s2,析构 s2→s1。

9.3.9 构造函数和析构函数的调用次序

在使用构造函数和析构函数时,需要特别注意对它们的调用时间和调用次序。

构造函数和析构函数的调用很像一个栈的先进后出,调用析构函数的次序正好与调用构造函数的次序相反。最先被调用的构造函数,其对应的(同一对象中的)析构函数最后被调用,而最后被调用的构造函数,其对应的析构函数最先被调用,如图 9.7 所示。可

简述为:先构造的后析构,后构造的先析构。

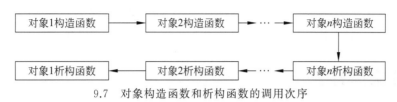

9.7 对象构造函数和析构函数的调用次序

9.4 对象数组

将具有相同类类型的对象有序地集合在一起便构成了对象数组,以一维对象数组为例,其定义形式为

类名 对象数组名[常量表达式];

一维对象数组有时也称为对象向量,它的每个元素都是相同类类型的对象。

例如,要表示平面上若干点,可以这样定义:

Point points[100];   //表示 100 个点

关于对象数组有如下说明。

(1) 在建立对象数组时,需要调用构造函数。如果对象数组有 100 个元素,就需要调用 100 次构造函数。

(2) 如果对象数组所属类有带参数的构造函数时,可用初始化列表按顺序调用构造函数,使用复制初始化来初始化每个数组元素。例如:

Point A[3]={Point(0,0),Point(1,1),Point(2,2)};   //Point(int a=0,int b=0)
Point B[3]={Point(1),Point(2),Point(3)};   //Point(int a=0,int b=0)

(3) 如果对象数组所属类有单个参数的构造函数时,定义数组时可以直接在初值列表中提供实参。例如:

Point A[3]={1,2,3};   //Point(int a=0,int b=0)单个参数构造函数

式中的初值 1、2、3 分别转换成临时对象进行复制初始化,等价于

Point A[3]={Point(1),Point(2),Point(3)};

因此

Point A[2]={1,2,3};   //错误,数组长度小于初值个数

(4) 如果对象数组创建时没有初始化,则其所属类要么有合成默认构造函数(此时无其他的构造函数),要么定义无参数的构造函数或全部参数为默认参数的构造函数(此时编译器不再合成默认构造函数)。

(5) 对象数组的初始化式究竟是什么形式,本质上取决于所属类的构造函数。因此,

需要明晰初始化实参与构造函数形参的对应关系,避免出现歧义性。

(6) 如果对象数组所属类含有析构函数,那么每当建立对象数组时,按每个元素的排列顺序调用构造函数;每当撤销数组时,按相反的顺序调用析构函数。

9.5 对象指针

9.5.1 指向对象的指针

在建立对象时,编译器会为每一个对象分配一定的存储空间,以存放其成员。对象内存单元的起始地址就是对象的指针。可以定义一个指针变量,用来存放对象的指针。指向类对象的指针变量的定义形式为

  类名 * 对象指针变量名=初值;

例如:

```
class Time{
public:
    Time(int h=0,int m=0,int s=0):hour(h),minute(m),second(s){}
    void set(int h=0,int m=0,int s=0){ hour=h,minute=m,second=s;}
    int hour,minute,second;
};
Time now(12,0,0),*pt;                  //指向对象的指针变量
pt=&now;                               //指向对象
```

可以通过对象指针访问对象和对象的成员。例如:

```
pt->set(13,13,0);
pt->hour=1;
```

9.5.2 类成员指针

对象的成员要占用存储空间,因此也有地址,可以用第7章讲到的C语言方法定义指向对象成员的指针变量,一般形式为

  数据成员类型 * 指针变量名=初值;

例如:

  int * ptr=&now.hour;   //指向对象数据成员的指针变量

然而,C++比C语言有更严格的静态类型,更加强调类型安全和编译时检查,因此,C++的指针被分成数据指针、函数指针、数据成员指针和成员函数指针4种,而且不能随便相互转换。其中前两种是C语言的,称为普通指针(ordinary pointer);后两种是C++专门为类扩展的,称为成员指针(pointer to member)。

成员指针与类的类型和成员的类型相关,它只应用于类的非静态成员。由于静态类

成员不是任何对象的组成部分,所以静态成员指针可用普通指针。

1. 数据成员指针

定义数据成员指针的一般形式为

数据成员类型 类名::＊指针变量名=成员地址初值;

例如,已知一个类:

```
class Data{                                    //Data 类
public:
    typedef unsigned int index;                //类型成员
    char get()const;                           //成员函数
    char get(index st,index eb)const;          //成员函数
    string content;                            //数据成员
private:
    index cursor,top,bottom;                   //数据成员
};
```

Data 类的 content 成员的类型为 string,其完全类型是"Data 类的成员,其类型是 string",所以指向 content 的指针的完全类型是"指向 string 类型的 Data 类成员的指针",即

string Data::＊

因此,指向 Data 类的 string 成员 content 的指针可以像下面这样定义和初始化:

string Data::＊ps=&Data::content;   //指向 Data::content 的成员指针

2. 成员函数指针

定义成员函数的指针时必须确保在 3 方面与它所指函数的类型相匹配。
(1) 函数形参的类型和数目,包括成员是否为 const。
(2) 返回类型。
(3) 所属类的类型。
定义的一般形式为

返回类型(类名::＊指针变量名)(形式参数列表)=成员地址初值;

或

返回类型(类名::＊指针变量名)(形式参数列表)const=成员地址初值;

例如,char get() const 成员函数的指针可以像下面这样定义和初始化:

char(Data::＊pmf)()const=&Data::get;   //指向 Data::get()的成员指针

由于函数调用运算符()的优先级高于成员指针运算符,因此,包围 Data::＊的括号是必需的,没有这个括号,编译器就将下面代码当作(无效的)函数声明:

```
char Data::*p() const;          //错误,被理解为 Data 的一个成员函数声明
```

可以为成员指针使用类型别名。例如:

```
typedef char(Data::*GETFUNC)(Data::index,Data::index)const;
                                //类型别名 GETFUNC
```

GETFUNC 是类型"Data 类接收两个 index 类型形参并返回 char 的成员函数的指针"的类型别名,这样指向 get 成员函数的指针的定义可以简化为

```
GETFUNC pfget=&Data::get;       //定义成员函数指针 pfget
```

3. 使用类成员指针

通过对象成员指针引用(.*)可以从类对象或引用及成员指针间接访问类成员,或者通过指针成员指针引用(->*)可以从指向类对象的指针及成员指针访问类成员,见表 9.1。

表 9.1 成员指针间接引用运算符

运算符	功 能	目	结合性	用 法
.*	对象成员指针引用	双目	自左向右	pointer->*member_pointer
->*	指针成员指针引用	双目	自左向右	object.*member_pointer

对象成员指针引用(又称成员指针解引用)运算符左边的运算对象必须是类类型的对象,指针成员指针引用运算符左边的运算对象必须是类类型的指针,上述两个运算符右边的运算对象必须是成员指针。

例如:

```
Data d,*p=&d;                   //指向对象 d 的指针
int Data::*pt=&Data::top;       //pt 为指向数据成员 top 的指针
int k=d.top;                    //对象成员引用,直接访问对象,直接访问成员,与下面等价
k=d.*pt;                        //对象成员指针引用,直接访问对象,间接访问成员
k=p->top;                       //指针成员引用,间接访问对象,直接访问成员,与下面等价
k=p->*pt;                       //指针成员指针引用,间接访问对象,间接访问成员
char (Data::*pmf)(int,int) const;   //pmf 为成员函数指针
pmf=&Data::get;                 //指向有两个参数的 get 函数
char c1=d.get(0,0);             //对象直接调用成员函数,与下面等价
char c2=(d.*pmf)(0,0);          //对象通过成员函数指针间接调用成员函数
char c3=(p->*pmf)(0,0);         //指针间接引用对象通过成员函数指针间接调用成员函数
```

9.5.3 this 指针

除了静态成员函数外,每个成员函数都有一个额外的、隐含的形参定义:this。在调用成员函数时,编译器向形参 this 传递调用函数的对象的地址。例如,有以下的成员函数:

```
void Point::set(int a,int b){x=a,y=b;}                //成员函数定义
```
编译器实际上会重写这个函数为
```
void Point::set(Point * const this,int a,int b) this->x=a,this->y=b;}
```
对应的函数调用为
```
one.set(10,10);                                        //调用成员函数
```
编译器实际上会重写这个函数调用为
```
Point::set(&one,10,10);                                //调用成员函数
```
由此可见,this 指针在成员函数调用时为实参对象传递而来的地址值,在成员函数运行结束后释放。而"Point * const this"的写法说明：this 指针不能被修改(const 的),但 this 指向的对象可以被修改。编译器会自动将成员函数里的成员加上 this->,除非该名字与函数形参同名。例如：
```
void Point::set(int x,int y){x=x,y=y;}                //成员函数定义
```
并没有给数据成员 x 和 y 赋值。

给成员函数增加 this 形参是由编译器自动实现的；程序员不必人为地在形参中增加 this 指针,也不必将对象的地址传给 this 指针。但可以在成员函数中显式地使用 this 指针,例如：
```
void Point::set(int a,int b){ this->x=a,this->y=b;}   //成员函数定义
```

9.6 类作用域与对象生命期

9.6.1 类作用域

每个类都定义了自己的作用域和唯一的类型。在类的定义体内声明类成员,将成员名引入类的作用域中。两个不同的类具有两个独立的类作用域。即使两个类具有完全相同的成员列表,它们也是不同的类型。每个类的成员不同于任何其他类(或任何其他作用域)的成员。例如：
```
class A{public:int i;double d;};
class B{public:int i; double d;};
A obj1;
B obj2=obj1;                                           //错误,不同的类类型对象不能赋值
```
在类作用域之外,成员只能通过对象、指针或引用分别使用成员访问操作符"."或"->"来访问。这些运算符左边的运算对象分别是一个类对象、指向类对象的指针或对象的引用,后面的成员名字必须在相关联的类的作用域中声明：
```
Data obj;                                              //定义对象
```

```
Data *ptr=&obj ,&r=obj;                    //定义指针和引用
a=member;                                  //错误,member 需要作用域限定
obj.member;                                //正确,通过对象使用 member
a=ptr->member;                             //正确,通过指针使用 member
r.memfunc();                               //通过引用使用 memfunc
```

静态成员或类中定义的类型成员需要直接通过类作用域运算符(::)来访问。

```
class Data{
public:
    enum COLORS{RED,GREEN,BLUE,BLACK,WHITE};    //声明枚举类型
    COLORS getcolor();


};
COLORS c1;                                  //错误,COLORS 只能在类作用域中
Data::COLORS cc;                            //正确,Data::限定 COLORS 在类作用域中
```

在定义于类外部的成员函数中,形参列表和函数体出现在成员名之后,这些都是在类作用域中,所以可以不用限定而直接引用成员。例如:

```
class Data {                                        //Data 类定义内部
public:
        enum COLORS {RED,GREEN,BLUE,BLACK,WHITE};   //声明枚举类型
        COLORS newcolor (COLORS nc);
private:
        COLORS c;
};
```

```
Data::COLORS Data::newcolor (COLORS nc)             //成员函数
{
        return (nc==RED ? C : GREEN);
}
```

方框内都是 Data 类的作用域。与形参 COLORS 类型相比,返回类型出现在成员名字前面。如果函数在类定义体之外定义,则用于返回类型的名字在类作用域之外。如果返回类型使用由类定义的类型,则必须使用类限定名,如 Data::COLORS。

1. 类作用域中的名字查找

根据第 4 章介绍的作用域规则,在 C++ 程序中,所有名字必须在使用之前声明。名字查找(name lookup),即寻找与给定的名字相匹配的声明的过程,是相对直接的。

(1) 在使用该名字的块中查找名字的声明,且只考虑在该项使用之前声明的名字。

(2) 如果找不到该名字,则在包围的作用域中查找。
(3) 如果找不到任何声明,则编译错误。

类作用域遵循同一规则,但有点不同。可能引起混淆的是在类定义体内定义的函数的名字。

1) 类成员声明的名字查找

按以下方式确定在类成员的声明中用到的名字。

(1) 检查出现在名字使用之前的类成员的声明。

(2) 如果(1)查找不成功,则检查包含类定义的作用域中出现的声明以及出现在类定义之前的声明。

必须在类中先定义类型名字,才能将它们用作数据成员的类型,或者成员函数的返回类型或形参类型。编译器按照成员声明在类中出现的次序来处理名字。通常,名字必须在使用之前进行定义,而且,一旦一个名字被用作类型名,该名字就不能被重复定义。例如:

```
typedef double DBLFLOAT;
class A{
    DBLFLOAT fun(){ return d;}         //使用前面的全局类型声明 DBLFLOAT
    typedef long double DBLFLOAT;      //错误,不能重复定义 DBLFLOAT
    DBLFLOAT d;
};
```

2) 类成员定义中的名字查找

按以下方式确定在成员函数的函数体中用到的名字。

(1) 检查成员函数局部作用域中的声明。

(2) 如果在成员函数中找不到该名字的声明,则检查对所有类成员的声明。

(3) 如果在类中找不到该名字的声明,则检查在此成员函数定义之前的作用域中出现的声明。

例如:

```
int k=10;
class Window{
public:
    void seta(int h){h=h;}              //两个都是形参 h
    void setb(int w){this->w=w;}        //this->w 是成员 w
    void setc(int w){Window::w=w;}      //Window::w 是成员 w
    void setd(int d){k=d;}              //k 为成员 k
    void sete(int e){::k=e;}            //k 为全局定义 k
    int h,w,k;
};
```

编译器在 seta 函数的局部作用域中查找 h,函数的局部作用域中声明了一个函数形参 h,因此 seta 函数体中使用的名字 h 指的就是这个形参,即 h 形参屏蔽名为 h 的成员。

尽管类的成员被屏蔽了,但仍然可以通过用类名来限定成员名或显式地使用 this 指针来使用它,如 setb 函数和 setc 函数。同理,在 setd 函数体中,类定义的 k 成员屏蔽了全局作用域的 k。然而可以通过用全局作用域运算符(::)来限定,仍然可以使用全局作用域的 k。

2. 嵌套类

可以在类 A 的内部定义类 B,称类 B 为嵌套类(nested class),又称为嵌套类型(nested type),称类 A 为外围类(enclosing class)。例如:

```
class Queue{                              //外围类定义体
private:
    struct QueueItem{                     //嵌套类
        QueueItem(const int &);
        int item;
        QueueItem * next;
    };
    QueueItem * head, * tail;
};
```

说明:

(1) 嵌套类是独立的类,基本上与它们的外围类不相关,因此,外围类和嵌套类的对象是互相独立的。嵌套类型的对象不具备外围类所定义的成员,同样,外围类的成员也不具备嵌套类所定义的成员。

(2) 嵌套类的名字在其外围类的作用域中可见,但在其他类作用域或定义外围类的作用域中不可见,嵌套类的名字不会与另一作用域中声明的名字冲突。

(3) 嵌套类可以具有与非嵌套类相同种类的成员。像任何其他类一样,嵌套类使用访问标号控制对自己成员的访问。成员可以声明为 public、private 或 protected。外围类对嵌套类的成员没有特殊访问权,并且嵌套类对其外围类的成员也没有特殊访问权。

(4) 嵌套类定义了其外围类中的一个类型成员。像任何其他成员一样,外围类决定对这个类型的访问。在外围类的 public 部分定义的嵌套类定义可在任何地方使用的类型,在外围类的 protected 部分定义的嵌套类定义只能由外围类、友元或派生类访问的类型,在外围类的 private 部分定义的嵌套类定义只能被外围类或其友元访问的类型。

QueueItem 类的构造函数不是 Queue 类的成员,因此,不能将它定义在 Queue 类定义体中的任何地方,它必须与 Queue 类在同一作用域但在 Queue 类的外部定义。为了将成员定义在嵌套类定义体外部,必须记住,成员的名字在类外部是不可见的。要定义这个构造函数,必须指出 QueueItem 是 Queue 类作用域中的嵌套类,通过用外围 Queue 类的名字限定类名 QueueItem 来做到这一点。例如:

```
Queue::QueueItem::QueueItem(const Type &t):item(t),next(0){}
```

也可以在外围类外部定义嵌套类,例如:

```cpp
class Queue{                            //外围类定义体
private:
    struct QueueItem;                   //声明 QueueItem 类
    QueueItem * head, * tail;
};
struct Queue::QueueItem{                //外围类外部定义嵌套类
    QueueItem(const int &);
    int item;
    QueueItem * next;
};
```

为了在外围类的外部定义类体，必须用外围类的名字限定嵌套类的名字。需要注意，必须在 Queue 类的定义体声明 QueueItem 类。

如果 QueueItem 类声明了一个静态成员，它的定义也需要放在外层作用域中。假定 QueueItem 类有一个静态成员，则它的定义如下：

```cpp
int Queue::QueueItem::static_mem=1024;
```

嵌套类可以直接引用外围类的静态成员、类型名和枚举成员，当然，引用外围类作用域之外的类型名或静态成员，需要作用域运算符(::)。

3. 局部类

可以在函数体内部定义类，这样的类称为局部类。一个局部类定义了一个类型，该类型只在定义它的局部作用域中可见。例如：

```cpp
int a,v;
void fun(int v)
{
    static int s;                       //静态局部变量
    enum Loc{a=1024,b};
    class Bar{                          //局部类
        public:
            Loc locv;                   //正确,允许使用局部类型
            int barv;
            void setBar(Loc l=a){       //正确,默认参数值为枚举类型的枚举器 a
                barv=v;                 //错误,v 是函数 fun 的形参
                barv=::v;               //正确,使用全局 v
                barv=s;                 //正确,使用静态局部变量
                locv=b;                 //正确,使用枚举器 b
            }
    };
}
```

对于局部类，有如下说明。

（1）局部类的所有成员（包括函数）必须完全定义在类定义体内部，因此，局部类远不

如嵌套类有用。

（2）局部类可以访问的外围作用域中的名字是有限的。局部类只能访问在外围作用域中定义的类型名、静态变量和枚举成员，不能使用定义该类的函数中的变量。

（3）外围函数对局部类的私有成员没有特殊访问权，当然，局部类可以将外围函数设为友元。实际上，局部类中 private 成员几乎是不必要的，通常局部类的所有成员都为 public 成员。

（4）可以访问局部类的程序部分是非常有限的。局部类封装在它的局部作用域中，进一步通过信息隐藏进行封装通常是不必要的。

9.6.2 对象生命期

按生命期的不同，对象可分为如下 3 种。

（1）局部对象。

局部对象在运行函数时被创建，调用构造函数；当函数运行结束时被释放，调用析构函数。

（2）静态局部对象。

静态局部对象确保不迟于在程序执行函数第一次经过该对象的定义语句时被创建，调用构造函数。这种对象一旦被创建，在程序结束前都不会撤销。即使定义静态局部对象的函数结束时，静态局部对象也不会撤销。在该函数被多次调用的过程中，静态局部对象会持续存在并保持它的值。

静态局部对象在程序运行结束时被释放，调用析构函数。

（3）全局对象。

全局对象在程序开始运行时且 main 运行前创建对象，并调用构造函数；在程序运行结束时被释放，调用析构函数。

（4）自由存储对象。

用 new 分配的自由存储对象在 new 运算时创建对象，并调用构造函数；在 delete 运算时被释放，调用析构函数。自由存储对象一经 new 运算创建，就会始终保持直到 delete 运算时，即使程序运行结束它也不会自动释放。

例如：

```
#include <iostream>
using namespace std;
class A{
public:int n;
    A(int a):n(a){ cout<<"A("<<n<<")构造\t"<<endl;}
    ~ A(){ cout<<"A("<<n<<")析构\t"<<endl;}
};
int main()
{
    A * p1;                         //定义对象指针，但无 new
    A * p2=new A(2);                //定义对象指针，new 调用构造函数
```

```
        A * p3=new A(3);              //定义对象指针,new 调用构造函数
        delete p3;                    //p3 被 delete,调用析构函数
        return 0;                     //p2 没有被 delete,不调用析构函数
}
```

程序运行结果如下:

A(2)构造

A(3)构造

A(3)析构

对象指针 p1 没有 new,因此不会调用构造函数;对象指针 p2 和 p3 有 new,因此可以调用构造函数;但 p2 没有 delete,因此 p2 不会调用析构函数。

【例 9.5】 构造函数和析构函数的调用时机。

程序代码如下:

```
1   #include <iostream>
2   using namespace std;
3   class A{
4   public:int n;
5       A(int _n=10):n(_n){ cout<<"A("<<n<<")构造\t";}
6       ~ A(){ cout<<"A("<<n<<")析构\t";}
7   };
8   class B{
9   public:int m;
10      B(int _n=20):m(_n),a(_n){ cout<<"B("<<m<<")构造"<<endl;}
11      ~ B(){ cout<<"B("<<m<<")析构"<<endl;}
12      A a;                          //类类型对象
13  };
14  B * gp,gb(30);                    //全局对象
15  void fun4()
16  {
17      static B b41(41);             //静态局部对象
18      B b42(42);                    //局部对象
19      gp=new B(43);                 //自由存储对象
20  }
21  void fun5()
22  {
23      static B b51(51);             //静态局部对象
24      B b52(52);                    //局部对象
25  }
26  B fun6(B b61)                     //形参对象
27  {
28      delete gp;                    //释放自由存储对象
29      return b61;
```

```
30      }
31      int main()
32      {
33          cout<<"----------main start---------"<<endl;
34          fun4(); cout<<"\n----------fun4 end---------"<<endl;
35          fun5(); cout<<"\n----------fun5 end---------"<<endl;
36          B b71(71),b72(72);              //局部对象
37          b72=fun6(b71);                  //函数返回临时对象
38          cout<<"\n---------main end---------"<<endl;
39          return 0;
40      }
```

程序运行结果如下：

A(30)构造   B(30)构造
-----main start-----
A(41)构造   B(41)构造
A(42)构造   B(42)构造
A(43)构造   B(43)构造
B(42)析构
A(42)析构
-----fun4 end------
A(51)构造   B(51)构造
A(52)构造   B(52)构造
B(52)析构
A(52)析构
-----fun5 end-----
A(71)构造   B(71)构造
A(72)构造   B(72)构造
B(43)析构
A(43)析构   B(71)析构
A(71)析构   B(71)析构
A(71)析构
-----main end-----
B(71)析构
A(71)析构   B(71)析构
A(71)析构   B(51)析构
A(51)析构   B(41)析构
A(41)析构   B(30)析构
A(30)析构

程序中类 B 包含类 A 对象 a（聚合关系）。由于 a 是在 B 构造函数初始化列表进行初始化的，先于构造函数函数体，所以每次构造 B 时，总是先输出 A 的构造信息，再输出 B 的构造信息。根据构造与析构的调用次序规则，析构 B 时总是先调用 B 的析构函数，再调用 A 的析构函数。

全局对象 gb 的构造函数先于 main 函数运行，因此也最后析构；在 fun4 函数中，根据定义次序，b41、b42、gp 先后构造，函数结束时，只有 b42 析构；在 fun5 函数中，b51、b52 先后构造，函数结束时，只有 b52 析构；接下来在 main 函数中，b71、b72 先后构造，且 b71 传递到 b61；在 fun6 函数中，gp、形参 b61 被析构，返回到 main 函数时，返回的临时对象被析构；main 函数结束时，b71、b72（已被赋值为 b71）、b51、b41 先后析构。

9.7 const 限定

C++ 有不少措施来保护数据的安全性，如 private 保护类的数据成员等。但是有些数据却往往是共用的，如函数实参与形参等，我们可以在不同的场合通过不同的途径访问同一个数据对象。有时不经意的误操作会改变数据的值，而这是我们不希望出现的。

既要使数据能在函数间共享，又要保证它不被任意修改，可以使用 const 限定，即把数据定义为只读的。

9.7.1 常对象

在定义对象时使用 const 限定，称它为**常对象**，定义的一般形式为

类名 const 对象名 1(实参列表)，对象名 2，…；

或

const 类名　对象名 1(实参列表)，对象名 2，…；

其中，const 关键字可以放在类名左右两边，有无实参取决于构造函数。

例如，已知一个 Data 类：

```
class Data{                                  //Data 类
public:
    Data(int a=0,int b=0,int d=0) :x(a),y(b),data(d){}
    void show(){ cout<<"x="<<x<<",y="<<y<<",data="<<data;}
    int getx(){return x;}
    int gety(){return y;}
    int data;
private:
    int x,y;
};
```

定义常对象如下：

```
const Data d1;                               //定义常对象
Data const d2(10,20,100);                    //定义常对象
```

常对象中的数据成员均是 const 的，因此必须要有初值。无论什么情况，**常对象中的数据成员都不能被修改**。而且，除了合成的默认构造函数和默认析构函数外，**也不能调用常对象的非 const 型的成员函数**。例如：

```
d1.data=10;              //错误,常对象数据成员 data 为 const,不能成为左值
d2.show();               //错误,不能调用常对象中非 const 型成员函数
```

尽管 show 函数中并没有修改常对象中数据成员的值,但编译器只要发现调用了常对象的成员函数,而且该函数未被声明为 const,就报编译错误,提请程序员注意。

如果想要调用 show 函数,需要将它声明为 const 型函数,即常成员函数。例如:

```
void show() const{cout<<"x="<<x<<",y="<<y<<",data="<<data;}
```

在这样的声明前提下,

```
d2.show();               //正确,常对象可以访问 const 型成员函数
```

然而,即使可以调用 show 函数,常成员函数可以访问常对象中的数据成员,但依然不允许修改常对象中数据成员的值。

在实际编程中,有时一定要修改常对象中的某个数据成员的值,这时可以将数据成员声明为 mutable(可变的)来修改它的值。声明形式为

```
mutable 数据成员类型 数据成员名列表;        //可变的数据成员声明
```

其中,mutable 为 C++ 关键字,表示**可变的数据成员**。

例如:

```
mutable int data;                        //可变的数据成员
```

在这样的声明前提下,常对象的成员函数(const 型或非 const 型)及其他访问点都可以修改 mutable 型数据成员。如:

```
d1.data= 10;             //正确,可以修改常对象的 mutable 型数据成员
```

9.7.2 常数据成员

在声明数据成员时使用 const 限定,称它为**常数据成员**。声明的一般形式为

```
const 数据成员类型 数据成员名列表;          //常数据成员声明
```

例如:

```
const int data;                          //常数据成员
```

无论是类的成员函数还是非成员函数都不允许修改常数据成员的值。

常数据成员只能通过构造函数初始化列表进行初始化。因为在别的地方,如构造函数的函数体内部,都是赋值形式,而常数据成员是不允许被赋值的。例如:

```
Data(int a=0,int b=0,int d=0) :x(a),y(b)    //data 只能在初始化列表初始化
{
    data=d;              //错误,不允许修改常数据成员的值
}
```

在构造函数初始化列表中(也只能在此)由于是初始化阶段,因此可以对任意的数据

成员初始化,自然包括常数据成员。例如:

Data(int a=0,int b=0,int d=0) :x(a),y(b),data(d){}

在类定义中若声明了一个常数据成员,那么该类所有对象中的该数据成员的值都是不能被修改的;但不同对象中该数据成员的值可以是不一样的,由对象定义时的初始化确定。

9.7.3 常成员函数

在定义成员函数时使用 const 限定,称它为**常成员函数**。定义的一般形式为

```
class 类名{                          //类体
    ...
    返回类型 函数名(形式参数列表)const    //常成员函数定义
    {
        函数体
    }
    ...
};
```

或

```
class 类名{                          //类体
    ...
    返回类型 函数名(类型 1 参数名 1,类型 2 参数名 2,…)const;
    ...
};
返回类型 类名::函数名(形式参数列表)const    //常成员函数外部定义
{
    函数体
}
```

例如:

```
int getx() const;                   //类体声明常成员函数
int Data::getx()const               //外部定义常成员函数
{
    return x;
}
```

需要注意 const 的位置在函数头和函数体之间,不要写成

const 返回类型 函数名(类型 1 参数名 1,类型 2 参数名 2,…);

这种写法表示函数返回值只读(如返回只读引用)。

无论声明还是定义常成员函数都要有 const 关键字。常成员函数可以访问常数据成员,也可以访问非常数据成员。常数据成员可以被常成员函数访问,也可以被非常成员函

数访问,具体情况见表 9.2。

表 9.2 const 限定访问关系

数 据 成 员	非常成员函数	常成员函数
非常数据成员	允许访问,可以修改	允许访问,不能修改
常数据成员	允许访问,不能修改	允许访问,不能修改
常对象数据成员	不允许访问和修改	允许访问,不能修改

关于常成员函数有以下说明。

(1) 在一个类中,如果有些数据成员的值允许修改,另一些数据成员的值不允许修改,那么可以将一部分数据成员声明为 const(常数据成员),使得其值不能被修改,而普通的成员函数可以修改普通的数据成员,但只能访问常数据成员的值。

(2) 如果要求所有数据成员的值都不允许改变,可以将所有数据成员声明为 const,或将对象声明为 const 的(常对象),那么只能用常成员函数访问数据成员,且不能修改其值。这样,数据成员无论如何也不会被修改。

(3) 如果定义了一个常对象,只能调用其中的常成员函数,而不能调用非常成员函数(无论这些函数是否会修改对象中的数据)。如果需要访问对象中的数据成员,可将常对象中所有成员函数都声明为常成员函数,但应确保在函数中不会修改对象中的数据成员。

(4) 常对象中的成员函数不一定是常成员函数。常对象只保证其数据成员是常数据成员,其值不被修改。如果在常对象中的成员函数未加 const 声明,C++ 把它作为非常成员函数处理。

(5) 常成员函数不能调用另一个非常成员函数。

9.7.4 指向对象的常指针

指向对象的常指针定义形式如下:

类名 * const 指针变量名=对象地址;   //常指针

其含义是将指向对象的指针变量声明为 const,并初始化为对象地址,这样指针始终保持其初值,程序中不能被修改。例如:

```
Data d(10,20,100),d1;
Data * const p=&d;                        //定义指向对象的常指针
p=&d1;                                    //错误,不能修改常指针的指针值
```

请注意,对象的常指针必须在定义时初始化,其后就不能再指向别的对象了。例如:

```
Data * const p;                           //错误,常指针必须初始化
p=&d;                                     //错误,不能修改常指针的指针值
```

虽然常指针是 const 的,不能被修改,但常指针所指向的对象却不是 const 的。

通常,使用常指针作为函数的形参,目的是不允许在函数执行过程中改变指针变量的值,使其始终指向原来的对象。如果在函数执行过程中试图修改常指针形参的值,就会出

现编译错误。

9.7.5 指向常对象的指针变量

指向常对象的指针变量定义形式如下：

const 类名 *指针变量名;

其含义是指针变量指向的对象为 const（即常对象）。例如：

const Data *p;   //指向常对象的指针变量

指向常对象的指针变量，是不能通过它改变所指向的对象的值的，但是指针变量本身的值是可以改变的，因此可以在定义时不初始化。

注意指向对象的常指针变量与指向常对象的指针变量的区别：

Data * const p=&d;   //定义指向对象的常指针
const Data *p;   //指向常对象的指针变量

（1）如果一个对象已被声明为常对象，只能用指向常对象的指针变量指向它，而不能用指向非常对象的指针变量去指向它。例如：

const Data d(10,20,100);   //定义常对象
Data *p=&d;   //错误，指向非常对象的指针变量不能指向常对象

（2）如果定义了一个指向常对象的指针变量，即使它指向一个非常对象，其指向的对象也是不能通过指针来改变的。例如：

Data d(10,20,100);   //定义非常对象
const Data *p=&d;   //指向常对象
d.data=10;   //正确，d 不是常对象，data 是公有的且不是 const
p->data=20;   //错误，p 是指向常对象的指针变量

如果希望 d 在任何情况下都不能被修改，则应将 d 定义为常对象。例如：

const Data d(10,20,100);   //定义常对象
const Data *p=&d;   //指向常对象
d.data=10;   //错误，d 是常对象
p->data=20;   //错误，p 是指向常对象的指针变量

（3）指向常对象的指针常用作函数形参，目的是在保护形参指针所指向的对象，使它在函数执行过程中不被修改。

9.7.6 对象的常引用

在 C++ 程序中，经常用对象的常指针和常引用作函数参数。这样既能保证数据安全，使数据在函数中不能被随意修改，在调用函数时又不必传递实参对象的副本，大幅减少函数调用的空间和时间的开销。

对象常引用的定义形式如下：

const 类名 & 引用变量名;

例如,复制构造函数就使用了常引用作为函数唯一的形参:

Data(const Data& r):x(r.x),y(r.y),data(r.data){}   //复制构造函数

9.8 静态成员

有时,对于特定类类型的全体对象而言,访问一个全局性的对象是必要的。例如程序需要统计已创建的特定类类型对象的数量;或者,共同指向类错误处理函数的一个指针;或者,指向类类型对象的内在自由存储区的一个指针。

在第 4 章中曾介绍过全局变量,它能够实现函数间的数据共享。如果在一个程序文件中有多个函数,在每一个函数中都可以改变全局变量的值。但是使用全局变量会破坏类的封装,由于在各处都可以自由地访问全局变量,因此,一般的用户代码就可以修改这个值。

可以定义类的静态成员,而不是定义一个可普遍访问的全局对象,就能够实现同类的多个对象之间数据共享。使用类的静态成员的优点如下。

(1) 静态成员的名字是在类的作用域中,因此可以避免与其他类的成员或全局对象名字冲突。

(2) 静态成员可以实施封装,可以是私有成员,而全局对象不可以。

(3) 静态成员是与特定类关联的,结构清晰。

9.8.1 静态数据成员

静态数据成员是类的一种特殊数据成员,它以关键字 static 开始,声明形式为

```
class 类名{                              //类体
    ...
    static 数据成员类型  数据成员名列表;    //静态数据成员声明
    ...
};
```

例如:

```
class Data{                              //Data 类定义
public:
    static int count;                    //静态数据成员
    int maxlevel;                        //非静态公有数据成员
    Data(int i=0);                       //构造函数
private:
    int level;                           //非静态私有数据成员
};
int Data::count=0;                       //静态数据成员定义且初始化
```

count 数据设计的目的是计数 Data 类总共有多少个实例化对象。显然,对各对象来说,count 的值是一样的,count 应该为各对象所共有,而不只属于某个对象的成员。否则,各对象都有各自不同的 count 是不符合要求的,因此,可以把 count 定义为静态数据成员,所有对象都可以引用它。

如图 9.8 所示,静态数据成员 count 在内存中只占一份空间,而不是每个对象都分别为它分配一份空间,与非静态数据成员 maxlevel 和 level 是不同的。静态数据成员的值对所有对象都是一样的。如果改变它的值,则在各对象中这个数据成员的值都同时改变了。

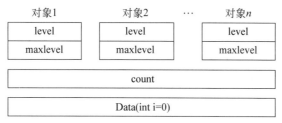

图 9.8 静态数据成员存储示意

关于静态数据成员有以下说明。

(1) 通常,非静态数据成员存在于类类型的每个对象中,静态数据成员独立于该类的任何对象,在所有对象之外单独开辟空间存储。每个静态数据成员是与类关联的对象,并不与该类的对象相关联,在为对象所分配的空间中不包括静态数据成员所占的空间。

如果只声明了类而未定义对象,则类的非静态数据成员是不占存储空间的,只有在定义对象时,才为对象的数据成员分配空间。但是只要在类中定义了静态数据成员,即使不定义任何对象,也为静态数据成员分配空间,它可以被引用(甚至在尚未建立对象时)。

访问静态成员时同样需要遵守公有及私有访问规则。可以通过作用域运算符从类直接引用静态成员,或者通过对象、引用或指向该类类型对象的指针间接引用。例如:

```
int main()
{
    Data::count=10;              //正确,在未建立类对象时也可以使用静态数据成员
    Data::maxlevel=0;            //错误,没有对象时不能访问非静态数据成员
    Data d(10), * p=&d,&r=d;     //定义对象、指向对象的指针和对象引用
    d.maxlevel=0;                //正确,通过对象访问非静态数据成员
    cout<<d.count<<'\t'<<p->count; //正确,通过对象、指向对象的指针和对象引用访问
    return 0;
}
```

(2) 静态数据成员可以声明为任意类型,可以是常量、引用、数组和类类型等。静态数据成员必须在类外部定义一次(仅有一次)。静态数据成员不通过类构造函数进行初始化,而是在定义时进行初始化。定义静态数据成员的方式与定义其他类成员和变量的方式相同:先指定类型名,接着是成员的完全限定名,即

数据成员类型 类名::静态数据成员名=初始化式;

例如:

  int Data::count= 0;   //静态数据成员定义且初始化

当初始化式是一个常量表达式,C++最新标准支持 static const 数据成员在类的定义体中进行初始化:

```
class Data{                              //Data 类定义
    …
    static const int N=100;              //C++ 03标准支持
    int A[N];
};
```

但该数据成员仍必须在类的定义体之外进行定义。

(3) 静态数据成员的类型可以是该成员所属的类类型,非静态成员被限定声明为其自身类对象的指针或引用。例如:

```
static Data one;        //正确,静态数据成员可以是自身类类型
Data two;               //错误,非静态数据成员不能是自身类类型
Data *p,&r;             //正确,允许自身类的指针类型和引用类型
```

(4) 静态数据成员可用作默认实参;非静态数据成员不能用作默认实参,因为它的值不能独立于所属的对象而使用。例如:

```
class Data{                              //Data 类定义
    …
    Data& setbkcolor(int=bkcolor);
    static const int bkcolor=5;
};
```

(5) 有了静态数据成员,各对象之间实现了数据共享,因此可以不使用全局变量。

9.8.2 静态成员函数

成员函数也可以定义为静态的,在类中声明函数的前面加 static 就成了静态成员函数,声明的一般形式为

```
class 类名{                              //类体
    …
    static 返回类型 函数名(类型1 参数名1,类型2 参数名2,…);
    …
};
```

例如:

  static int getcount(){return count;} //静态成员函数

和静态数据成员一样,静态成员函数是类的一部分,而不是对象的一部分。如果要在类外调用公有的静态成员函数,可以类作用域运算符(::)和通过对象名调用静态成员函数,例如:

cout<<Data::getcount()<<'\t'<<d.getcount();

静态成员函数与非静态成员函数的根本区别是:非静态成员函数有 this 指针,而静态成员函数没有 this 指针。因此,静态成员函数不能访问本类中的非静态成员。静态成员函数的作用是为了访问静态数据成员。

需要注意,静态成员函数不能被声明为 const。毕竟,将成员函数声明为 const 就是为了不修改该函数所属的对象。同时,静态成员函数也不能被声明为虚函数。

【例 9.6】 静态成员的应用。

程序代码如下:

```
1    #include <iostream>
2    using namespace std;
3    class CTest{
4    public:
5        CTest(){ s_total++;id=s_total;cout<<"构造"<<id<<" ";}
6        ~CTest(){ s_total--;cout<<"析构"<<id<<" ";}
7        static int gettotal(){ return s_total;}
8    private:
9        static int s_total;
10       int id;
11   };
12   int CTest::s_total=0;
13   int main()
14   {
15       CTest a,b,c;
16       CTest *p=new CTest;
17       cout<<"合计="<<CTest::gettotal()<<" ";
18       delete p;
19       cout<<"合计="<<CTest::gettotal()<<" ";
20       return 0;
21   }
```

程序运行结果如下:

构造 1 构造 2 构造 3 构造 4 合计=4 析构 4 合计=3 析构 3 析构 2 析构 1

CTest 类的静态数据成员 s_total 记录建立 CTest 对象的总数,它只能是 static 的,否则每个对象都有独自的 s_total 不合理,它应该只有一个,当对象析构时 s_total 应该减 1。数据成员 id 表示每个对象的识别号,它不能是 static 的,因为每个对象的识别号应该是不同的。之所以将 gettotal 定义成 static 的是因为通过它要访问 s_total。

9.9　友元

在一个类中可以有公有成员和私有成员,在类外部的类用户可以访问公有成员,而只有类成员可以访问本类的私有成员。在某些情况下,有时需要允许特定的非类成员访问一个类的私有成员,同时仍然阻止一般的访问。例如,流插入(<<)运算符或流提取(>>)运算符经常需要访问类的私有数据成员。这些运算符不可能为类的成员(因为它们是公共层面上的操作)。

C++提供**友元**(friend)机制,允许一个类将其非公有成员的访问权授予指定的函数或类。友元的声明以关键字 friend 开始,它只能出现在类定义的内部。友元声明可以在类中的任何地方,由于友元不是授予友元关系(friendship)的那个类的成员,所以它们不受访问标号声明出现部分的访问控制影响。通常,将友元声明成组地放在类定义的开始或结尾。

友元可以是普通的非成员函数,或已定义的其他类的成员函数,或整个类。将一个函数设为友元,称为**友元函数**(friend function),将一个类设为友元,称为**友元类**(friend class)。友元类的所有成员函数都可以访问授予友元关系的那个类的非公有成员。

现在,访问类非公有成员可以有两个用户:类成员和友元。

9.9.1　友元函数

如果在一个类以外的某个地方定义了一个函数,在类定义中用 friend 对其进行声明,此函数就称为这个类的友元函数。友元函数可以访问这个类中的私有成员。

1. 将非成员函数声明为友元函数

【例 9.7】 友元函数的应用。

程序代码如下:

```
1    #include <iostream>
2    #include <cmath>
3    using namespace std;
4    class Point{                                    //Point 类
5    public:
6        Point(int _x=0,int _y=0):x(_x),y(_y){}
7    private:
8        int x,y;                                    //私有数据成员
9        friend double distance(Point& r1,Point& r2); //友元函数
10   };
11   double distance(Point& r1,Point& r2)            //计算两个点的距离
12   {
13       double x=r2.x>r1.x?r2.x-r1.x:r1.x-r2.x;     //访问 Point 类私有成员
14       double y=r2.y>r1.y?r2.y-r1.y:r1.y-r2.y;     //访问 Point 类私有成员
```

```
15        return sqrt(x*x+y*y);
16    }
17    int main()
18    {
19        Point a(1,1),b(5,5);                    //定义两个点
20        cout<<distance(a,b);                    //输出它们的距离
21        return 0;
22    }
```

程序运行结果如下：

distance=5.656 85

distance 计算两个点的距离，是一个全局普通函数。如果没有第 9 行声明 distance 函数是 Point 类的友元函数，distance 函数是不能访问 Point 类的私有成员 x 和 y 的，即第 13、14 行会出错。

distance 函数访问 Point 类的私有成员时，必须要用成员引用运算，若是对象或对象引用使用"."，若是对象指针使用"—>"。因为 distance 函数不是 Point 类的成员函数，不能像成员函数那样直接访问类成员。

因为友元函数 distance 不是 Point 类的成员，所以友元声明放在 Point 的 public 或 private 存取标号区是没有区别的，不会受 Point 的访问权限影响。

2. 友元成员函数

友元函数可以是另一个类的成员函数，称为友元成员函数。

【例 9.8】 友元成员函数的应用。

程序代码如下：

```
1     class B;                                    //类的前向声明
2     class A{                                    //A 类
3     public:
4         A(int _a=0) :a(_a){ }
5         void setb(B& r);
6     private:
7         int a;                                  //私有数据成员
8     };
9     class B{                                    //B 类
10    public:
11        B(int _b=0) :b(_b){ }
12    private:
13        int b;                                  //私有数据成员
14        friend void A::setb(B& r);
15    };
16    void A::setb(B& r)
17    {
```

```
18        r.b=a;                    //访问 B 类的私有成员 b
19    }
```

A 类的成员函数 setb 需要访问 B 类的私有成员 b,因此第 14 行在 B 类中声明 A::setb 成员函数为 B 类的友元。由于是在 A 类的外部,因此需要加上 A::限定 setb 的类属关系。

第 5 行声明成员函数 setb 时,由于在此之前并未出现 B 类定义和声明,因此 B& r 会编译出错。为此在第 1 行引入"class B;",即 B 类的前向声明,确保第 5 行编译通过。

上述代码中,B 类是授予友元关系的类,因此 A 类的成员函数可以访问 B 类的成员。如果希望 B 类的成员函数可以访问 A 类的成员,那么需要反过来让 A 类是授予友元关系的类,即将 B 类的成员函数在 A 类中声明为友元。

9.9.2 友元类

不仅可以将一个函数声明为友元,还可以将一个类(如 B)声明为另一个类(如 A)的友元,这时 B 类就是 A 类的友元类。友元类 B 中的所有成员函数都是 A 类的友元函数,可以访问 A 类中的所有成员。

```
class 类名{                       //类体
    ...
    friend 友类名;
};
class 友类名{                      //类体
    ...
};
```

关于友元类有如下说明。

(1) 友元的关系是单向的而不是双向的。如果声明了 B 类是 A 类的友元类,不等于 A 类是 B 类的友元类,A 类中的成员函数不能访问 B 类中的私有数据。

(2) 友元的关系不能传递或继承,如果 B 类是 A 类的友元类,C 类是 B 类的友元类,不等于 C 类是 A 类的友元类。如果想让 C 类是 A 类的友元类,必须显式地在 A 类中另外声明。

面向对象程序设计的一个基本原则是封装性和信息隐蔽,而友元却可以访问其他类中的私有成员,突破了封装原则。友元的使用有助于数据共享,能提高程序的效率,但也不要滥用,要在数据共享与信息隐蔽之间选择一个恰当的平衡点。

9.10 类模板

9.10.1 类模板的定义

就像可以定义函数模板一样,也可以定义类模板。其定义的一般形式为

```
template <模板形参表>
```

```
class 类模板名{                                          //类体
    成员列表
};
```

类模板必须以关键字 template 开头,后接模板形参表(template parameter list)。模板形参表是用一对尖括号<>括住的一个或多个模板形参的列表,不允许为空,形参之间以逗号分隔。其一般形式为

<class 类型参数 1,class 类型参数 2,…>

模板形参表很像函数形参表,表示可以在类定义中使用的类型。类型形参跟在关键字 class 或 typename 之后定义,如 class T 是名为 T 的类型形参,在这里 class 和 typename 没有区别。一般地,类模板习惯用 class,函数模板习惯用 typename。

例如,Point 类声明一个 class T 的类型形参。在 Point 类内部,可以使用名字 T 表示一个类型,T 表示哪个实际类型由使用模板时提供的实参类型确定。

除了模板形参列表外,类模板的定义与类定义相似。类模板可以定义数据成员和函数成员,也可以使用访问标号控制对成员的访问,还可以定义构造函数和析构函数等。在类和类成员的定义中,可以使用模板形参作为类型或值的占位符,在使用类时再提供那些类型或值。

由于类模板包含类型参数,因此又称为参数化的类。如果说类是对象的抽象,对象是类的实例,则类模板是类的抽象,类是类模板的实例。利用类模板可以建立支持各种数据类型的类。

例如,定义一个类模板表示平面上的点:

```
template <class T>                                       //类模板定义
class Point{                                             //Point 不是类名是模板名
public:
    Point():x(0),y(0){}                                  //默认构造函数
    Point(const T a,const T b):x(a),y(b){}               //带参数构造函数
    void Set(const T a,const T b);
    void Display(){ cout<<"Display:"<<"x="<<x<<",y="<<y<<endl;}
private:
    T x,y;
};
```

如果在类模板外部定义成员函数,形式为

```
template<模板形参表>
返回类型 类名<类型参数表>::函数名(形式参数列表)
{
    函数体
}
```

例如:

```cpp
template <class T>
void Point<T>::Set(const T a,const T b)          //类模板外部定义成员函数
{
    x=a,y=b;
}
```

用类模板定义对象时,必须为模板形参显式地指定类型实参,一般形式为

类模板名<类型实参表>对象名列表;
类模板名<类型实参表>对象名1(实参列表1),对象名2(实参列表2),…;

即在类模板名之后的尖括号内指定实际的类型名,在进行编译时,编译器就用实际的类型名取代类模板中的类型参数,这样就把类模板具体化了,或者说实例化了。例如:

```cpp
Point <int>a,b;                     //定义类模板对象,调用默认构造函数
Point <double>m(1,2),n(3,4);        //定义类模板对象,调用带参数构造函数
```

模板形参表还可以是非类型形参,其形式与函数形参表相似。例如:

```cpp
class Sequence{                     //Sequence 类模板
public:
    void Set(int i,T value);
    T Get(int i){ return array[i];}
private:
    T array[N];
};
template <class T,int N>
void Sequence<T,N>::Set(int i,T value)
{
    array[i]=value;
}
```

这个模板有两个形参,第1个 class T 为类型形参,第2个 int N 为非类型形参。当定义类模板对象时,必须为每个非类型形参提供常量表达式以供使用。例如:

```cpp
Sequence<int,5>a;                   //提供类型和常量表达式
Sequence<double,5>b;                //提供类型和常量表达式
```

模板形参还可以设置默认值。例如:

```cpp
template<class T=char,int N=10>     //类模板定义
class Sequence{…};
```

则对象定义时可以有以下形式:

```cpp
Sequence<>m;                        //使用默认类型 char 和默认值 10
Sequence<double>n;                  //提供类型和使用默认值 10
Sequence<int,100>k;                 //提供类型和常量表达式
```

C++ 的分离编译模式(separate compilation model)允许在一个编译单元(translation unit)中定义函数和类型等,而在另一个编译单元中引用它们,引用的方法是第 4 章讲过的 extern 声明。例如,在 A.CPP 文件中定义了 int 型全局变量 x,则在 B.CPP 文件中引用 x 时要给出"extern int x;"的声明。当编译器处理完所有编译单元后,连接器接下来处理所有 extern 符号的引用,从而生成可执行文件。

然而这种模式用于模板时却产生了问题:编译器实例化模板时必须在上下文中可以查看到其定义体;反过来,在看到实例化模板之前,编译器对模板的定义体并不处理。原因很简单,编译器怎么会预先知道 typename 或 class 的实参是什么呢?因此模板的实例化与定义体必须放到同一编译单元中。

标准 C++ 为此提供了关键字 export,其作用与 extern 相似。例如:

```
extern int n;                              //声明整型 n,变量定义在另一个编译单元
extern struct Point p;                     //实例化结构体对象 p,结构体定义在另一个编译单元
extern class Stack s;                      //实例化类对象 s,类定义在另一个编译单元
export template<class T>class A<int>a;
                                           //实例化类模板对象 s,类模板定义在另一个编译单元
export template<class T>void f (T& t);
                                           //实例化函数模板 f,函数模板定义在另一个编译单元
```

这样,函数模板或类模板的实例化与定义体可以不必放在同一个编译单元了。然而,模板的分离编译模式实现起来较复杂和困难,许多主流的编译器(如 VC 和 GCC)目前尚未支持 export。

类模板在表示数组、向量、列表、队列、栈和矩阵等数据结构时显得特别重要,因为这些数据结构的表示和算法的选择不受其所包含的元素的类型的影响。如下面是一个通用数组类模板的定义:

```
template<class T,int N>class array{
public:
    array(){for(int i=0;j<N;jC++ ) elem[i]=0;}
    T& operator[](int i){ return elem[i];}              //重载[]运算符
private:
    T elem[N];
};
```

9.10.2 泛型编程

面向过程(procedure oriented,PO)、面向对象(object oriented,OO)、泛型编程(generic programming,GP)是 3 种重用的编程方法。早期的 C++ 语言泛型编程思想仅仅体现于简单的模板技术。而之后的标准模板库(standard template library,STL)是泛型编程思想的实际体现和具体实现。

面向过程是通过将代码段封装在一个函数中,通过函数调用来实现目标代码的重用,面向对象是通过类的继承来实现对象目标代码的重用。如果需要编写一个可用于不同数

据类型的算法,可以采用的方法有以下两种。

(1) 面向过程的方法:对源代码进行复制和修改,生成不同数据类型版本的算法函数,调用时需要对数据类型进行手工的判断。

(2) 面向对象的方法:在一个类中,编写多个同名函数,它们的算法一致,但是所处理数据的类型不同,当然函数的参数类型也不同,通过函数重载来自动调用对应数据类型版本的函数。

显然,以上两种方法都需编写多个相同算法的不同函数,不能做到代码真正的重用。它们二者之间的主要差别只是调用方便与否。如果采用泛型编程,就可以实现源代码级的重用。

泛型(generic)是一种允许一个数据取不同类型的技术,与操作对象数据类型独立的算法称为泛型算法,以独立于任何特定类型的抽象表示的编程方法称为泛型编程。

泛型算法是建立在各种抽象化基础之上的。利用参数化模板来达到数据类型的抽象化,利用容器和迭代器来达到数据结构的抽象化,利用分配器和适配器来达到存储分配和界面接口的抽象化。

模板是泛型编程的基础。泛型编程关注于产生通用的软件组件,让这些组件在不同的应用场合都能很容易地重用。在 C++ 中,类模板和函数模板是进行泛型编程极为有效的机制。与针对现实问题和数据的面向对象的方法不同,泛型编程中强调的是算法,是一类通用的参数化算法,它们对各种数据类型和各种数据结构都能以相同的方式进行工作,从而实现源代码级的软件重用。

9.11 数据封装和信息隐蔽

C++ 通过类实现数据封装,即通过指定各成员的访问权限来实现。在定义类时,通常将数据成员声明为私有的,以便隐藏数据;将需要让外界调用的成员函数声明为公有的,外界通过公有的成员函数实现对数据成员的操作,因此公有成员函数是类的用户使用类的公有接口(public interface)。为了防止类的用户随意修改成员函数,往往不让用户看到成员函数的实际定义源码(称为实现),用户只能接触到成员函数的目标代码。也即实现的细节对用户来说是隐蔽的,称为私有实现(private implementation)。

【例 9.9】 设计一个类 AImpl,它有一个属性,通过两个公有接口 set 和 get 分别设置属性和获取属性。

程序代码如下:

```
1   class AImpl {              //类 AImpl
2   public:
3       void set(int a);       //公有接口
4       int get();             //公有接口
5   private:
6       int attribute;         //隐藏数据
7   };
```

```
 8    void AImpl::set(int a)        //私有实现
 9    {  attribute=a;                //操纵数据,可以对操纵进行有效性检查
10    }
11    int AImpl::get()               //私有实现
12    {  return attribute;           //操纵数据,返回有效性数据
13    }
14    int main()
15    {  AImpl one;                  //main 函数是类 AImpl 的用户(即 AImpl 的使用者)
16       one.attribute=10;           //错误,类的用户不能直接操纵属性
17       one.set(10);                //正确,类的用户通过公有接口操纵属性
18       return 0;
19    }
```

通过指定属性的访问权限,可以控制外界访问属性。将属性封装隐藏还有一个优点:迫使类的用户 main 使用公有接口(即方法)set 来修改属性,这样我们可以在方法 set 中对用户提供的属性值进行有效性检查。虽然在 C 语言中,可以设计函数访问属性来达到有效性检查,但属性也可以不通过函数就直接存取。

如果将例 9.9 的代码写在一个源文件中,类的用户 main 依然看到了类的实现部分(第 8～13 行)。实际编程中,类的定义和使用一般分为 3 个文件来存放:

(1) 类定义文件。根据程序的规模和可读性的需要将一个或多个类的定义(数据成员、类型成员、成员函数、友元等的声明)编写在一个或多个头文件(.h 或.hpp)中。

(2) 类实现文件。将类成员函数(内置成员函数除外)的实现定义代码编写在一个或多个(与类定义头文件相对应的)源文件(.cpp)中。这类文件可以单独编译成目标代码(.obj)提供给类用户,但不能运行。

(3) 类应用文件。将类的使用代码编写在一个或多个源文件(.cpp)中,其中有且只有一个源文件中必须包含一个 main 函数(或程序启动代码)用于整个程序的运行。

一般地,类定义文件的头文件和类实现文件的源文件,文件名相同,扩展名不同,这样有助于接口与实现的文件清晰地辨认。

【例 9.10】 将例 9.9 的代码按接口与实现分离方法重写在 3 个文件中。
程序代码如下:

```
//AImpl.h 文件              //AImpl.cpp 文件              //main.cpp 文件
class AImpl {  //类 AImpl   #include "AImpl.h"           #include "AImpl.h"
public:                     void AImpl::set(int a)       int main()
    void set(int a);        {  attribute=a;              {  //类 AImpl 的用户
    int get();              }                               AImpl one;
private:                    int AImpl::get()                one.set(10);
    int attribute;          {  return attribute;            return 0;
};                          }                            }
```

这种类的公有接口与私有实现的分离形成了数据隐藏(data hiding),又称信息隐蔽(information hiding),它是面向对象程序设计的一个基本原则。接口与实现分离的好处

是如果想修改或扩充类的功能,只须修改类中有关的数据成员和与它有关的成员函数(如 AImpl.cpp),类的公有接口部分可以不必修改(如 AImpl.h)。换句话说,只要类的接口没有改变,对私有实现的修改不会影响使用类接口的其他程序(如 main.cpp)。

在例 9.10 中,可以将私有实现 AImpl.cpp 单独编译成目标代码 AImpl.obj。这样,只要提供目标代码 AImpl.obj 和接口 AImpl.h 给类应用文件 main.cpp,就能让 main.cpp 编译连接通过,从而达到隐藏私有实现 AImpl.cpp 的目的(相对于类的用户 main.cpp)。

但是,如果类 AImpl 发生变化(即 AImpl.h 发生变化),包含 AImpl.h 的所有源文件(如 main.cpp)都需要重新编译;另一方面,对于 main.cpp 来说,由于包含了 AImpl.h,因此类 AImpl 的私有数据是可见的。显然,例 9.10 的数据隐藏是不彻底的。

一个更好的方法是设计一个代理类 A,它只负责提供接口,其接口通过调用实现类 AImpl 的对应接口来实现,这样可以形成真正意义上的接口与实现分离。代码如下:

```
//A.h
class AImpl; //实现类
class A { //代理类
public: //公有接口
    A();
    ~A();
    void set(int a);
    int get();
private: //私有实现类指针
    AImpl * pImpl;
};
```

```
//A.cpp
#include "AImpl.h"
#include "A.h"
A::A() //代理类构造函数
{ pImpl=new AImpl; }
A::~A() //代理类析构函数
{ delete pImpl; }
//通过代理类调用实现类接口
void A::set(int a)
{ pImpl-> set(a); }
int A::get()
{ return pImpl-> get(); }
```

```
//main.cpp
#include "A.h"
int main()
{ //代理类 A 的用户
    A one;
    one.set(10);
    return 0;
}
```

代理类 A 包含实现类 AImpl 的对应接口(set、get)及其指针 pImpl,由于仅使用类 AImpl 的指针,因此编译 A.h 时不需要类 AImpl 的定义,只要给出它的前置声明(即 class AImpl;)。在类 A 的实现 A.cpp 中,通过 pImpl 指针调用类 AImpl 的接口。对于 main.cpp 来说,只要提供 A.obj 和 A.h 就可以使用,从而彻底让类 AImpl 的所有细节隐藏,编译 main.cpp 不需要包含 AImpl.h。当然,这种方法是需要付出代价的,即多了类 AImpl 的指针 pImpl 需要维护,如 A 的构造函数和析构函数。

习题

1. 定义一个 tree(树)类,有成员 ages(树龄),成员函数 grow(int years)对 ages 加上 years,用 age()显示 tree 对象的 ages 值。

2. 实现并测试一个名为 CRect 的矩形类,其成员为矩形的左下角与右上角两个点的坐标 x1、y1、x2、y2,要求能计算矩形的面积。

3. 设计一个类表示长方体,数据成员包括长、宽、高。要求用成员函数实现:①输入长、宽、高;②计算长方体体积;③输出 3 个长方体体积。

4. 设计一个满足如下要求的 CDate 类:①用年月日格式输入日期;②可执行加一天

的操作(即第 2 天的日期);③设置新日期;④两个日期相减(间隔天数)。

5. 设计一个用于人事管理的 person 类。考虑到通用性,这里只抽象出所有类型人员都具有的属性:编号、性别、出生日期和身份证号等。其中"出生日期"声明为一个"日期"类内嵌子对象。用成员函数实现对人员信息的录入和显示。要求包括构造函数和析构函数、复制构造函数、内联成员函数、带默认形参值的成员函数、类的组合。

6. 设计一个栈类(后进先出,用数组来实现),包含进栈和出栈成员函数,测试进栈一组数据,出栈并显示其顺序。

7. 设计一个队列类(先进先出,用数组来实现),包含入队和出队成员函数,测试入队一组数据,出队并显示其顺序。

8. 用上述栈和队列类设计一个程序,检查输入的数据是不是回文数据。所谓回文是指左右读都一样,如 12321。

9. 设计一个类表示一个集合 set,它包含两个数据成员:int elem[N]和 int num,num 表示集合中最后一个元素的位置。set 类包括如下成员函数:

```
set();                          //构造函数
set(int a[],int s);             //以数组 a 和位置 s 构造一个集合
set(set& s);                    //复制构造函数
void clear();                   //清空集合
int isempty();                  //判断是否为空集合
int ismember(int a);            //判断 a 是否集合中的元素
int insert(int a);              //将 a 添加到集合中
int remove(int a);              //从集合中删除元素 a
aint equ(set &s);               //判断两个集合是否相等
set inter(set &s);              //求两个集合的交集
set merge(set &s);              //求两个集合的并集
void show();                    //输出集合
```

10. 定义一个 Cat 类,拥有静态数据成员 HowManyCats,记录 Cat 的个体数目,静态成员函数 GetHowMany()存取 HowManyCats。测试验证这个类。

11. 定义 Boat 与 Car 两个类,二者都有 weight 属性,定义二者的一个友元函数 totalWeight(),计算二者的重量和。

12. 设计一个 Time 类(时分秒)作为 Date 类(年月日)的友元类,输出年月日和时分秒。

13. 定义队列类模板,要求该类模板提供入队和出队的操作功能。

第10章　继承与派生

面向对象程序设计有 4 个特征:数据抽象、封装、继承和多态性。在第 9 章中介绍了类和对象,了解了数据抽象与封装,本章介绍继承和多态性。

继承(inheritance)是面向对象程序设计的一个重要特性,是软件复用(software reusability)的一种形式。它允许在原有类的基础上创建新的类,新类可以从一个或多个原有类中继承数据和函数,并且可以重新定义或增加新的数据和函数,从而形成类的层次。继承具有传递性,不仅支持系统的可重用性,而且还促进系统的可扩充性。

类的对象是各自封闭的,如果没继承性机制,则类的对象中的数据和函数就会出现大量重复。继承改变了传统程序设计方法中对不再适合要求的用户自定义数据类型和函数进行改写甚至重写的方法,克服了程序无法重复使用的缺点。通过继承,可以吸收现有类的数据和行为来创建新类,并增添新的性能增强此类,这样可以节省程序开发的时间。

多态性(polymorphism)也是面向对象程序设计的重要特性之一。它考虑类之间的层次关系以及类自身内部特定成员函数之间的关系问题,解决功能和行为的再抽象问题。

10.1 类的继承与派生

10.1.1 基类与派生类

在 C++ 中,继承就是在一个已存在的类的基础上建立一个新的类。已存在的类称为基类(base class),又称为父类;新建立的类称为派生类(derived class),又称为子类。

一个新类从已有的类那里获得其特性,这种现象称为类的继承。通过继承,一个新建子类从已有的父类那里获得父类的特性。另一方面,从已有的父类产生一个新的子类,称为类的派生。派生类继承了基类的所有数据成员和成员函数,具有基类的特性,还可以对成员作必要的增加或调整,定义自己的新特性。

一个基类可以派生出多个派生类,每一个派生类又可以作为基类再派生出新的派生类,因此基类和派生类是相对而言的。**单级派生**如图 10.1(a)所示,**多级派生**如图 10.1(b)所示:类 A 为基类,类 B 是类 A 的派生类,类 C 是类 B 的派生类,因此类 C 也是类 A 的派生类。其中,类 B 称为类 A 的**直接派生类**,类 C 称为类 A 的**间接派生类**。类 A 是类 B 的**直接基类**,是类 C 的**间接基类**。本书采用 UML 类图表示,带空心箭头的实线表示继承关系,空心箭头朝向基类。

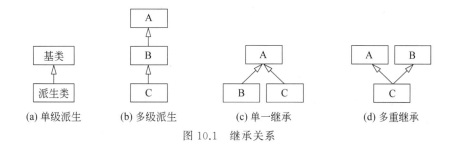

图 10.1 继承关系

一个派生类可以只从一个基类派生,称为**单一继承**(single inheritance),这是最常见的继承形式,如图 10.1(c)所示,类 B 和类 C 都只从类 A 派生。一个派生类有两个及两个以上的基类,称为**多重继承**(multiple inheritance),如图 10.1(d)所示,类 C 从类 A 和类 B 派生。

很多情况下,一个类的对象也是另一个类的对象。例如,矩形是四边形,正方形、平行四边形和梯形也一样。因而在 C++ 中,矩形类 Rect 可以由四边形类 Quad 继承而来。在此,四边形类 Quad 是基类,矩形类 Rect 是派生类。矩形是特殊的四边形,但是如果断言四边形一定都是矩形,则是不对的,因为四边形中还有平行四边形或其他形状。表 10.1 列出了几种简单的基类和派生类的现实示例。

表 10.1 基类和派生类的现实示例

基 类	派 生 类
大学生	本科生、研究生
形状	圆、三角形、矩形、球体、立方体
职员	教职员工、后勤人员
交通工具	汽车、轮船、飞机、自行车
控件	按钮、组合框、编辑框、列表框、状态条、工具条、卷滚条、选项卡、树形控件

因为每个派生类的对象都是其基类的一个对象,并且一个基类可以有很多派生类,基类所能表示的集合一般比派生类所表示的对象集合要大。例如,基类交通工具表示所有的交通工具,包括汽车、轮船、飞机、自行车等。相比之下,派生类汽车只表示一个更小的更加特殊化的交通工具子集。

继承关系构成一种树状层次结构,基类和派生类间存在这种层次关系。虽然类可以独立存在,但是加入到继承关系中,它们和其他的类就有了关联。换言之,在继承关系中,类作为基类(为别的类提供成员)或是派生类(从别的类中继承成员),或二者兼而有之。

从上面的描述可知,基类与派生类之间有如下关系。

(1) **基类是对派生类的抽象,派生类是对基类的具体化**。基类抽取了它的派生类的公共特征,而派生类通过增加信息将抽象的基类变为某种具体的类型,派生类是基类定义的延续,是抽象基类的具体实现。

（2）派生类是基类的组合，多重继承可以看作多个单一继承的简单组合。

10.1.2 派生类的定义

定义派生类的一般形式为

```
class 派生类名:类派生列表{                    //类体
    成员列表
};
```

显然，除增加类派生列表外，派生类的定义与类定义并无二致。类派生列表（class derivation list）指定了一个或多个基类（base class），具有如下形式：

```
访问标号    基类名
```

类派生列表可以指定多个基类，中间用逗号(,)间隔，基类名是已定义的类的名字。访问标号表示继承方式，可以是 public（公有继承）、protected（保护继承）或 private（私有继承），决定了对继承成员的访问权限。访问标号是可选的，如果未给出则默认为 private（私有继承）；但如果用 struct 来定义派生类，则默认为 public（公有继承）。

派生类的成员列表定义派生类自己新增加的数据成员和成员函数。例如：

```
class Base{                                  //Base 类定义,基类
public:                                      //基类公有成员
    void set(int a,int b,int c){i=a,j=b,k=c;}
    int getk(){return k;}
protected:                                   //基类保护成员
    int i,j;
private:                                     //基类私有成员
    int k;
};
class Derived:public Base{                   //Derived 类定义,派生类
public:                                      //派生类公有成员
    void setm(int a){m=a;}
    int mul(){return m*i*j*getk();}
private:                                     //派生类私有成员
    int m;
};
```

用作基类的类必须是已定义的，其原因是显而易见的：每个派生类包含并且可以访问其基类的成员，为了使用这些成员，派生类必须知道它们是什么。这一规则说明不可能从类自身派生出一个类。

如果需要声明（但并不实现）一个派生类，则声明包含类名但不包含派生列表。例如，下面的前向声明会导致编译错误：

```
class Derived:public Base;
```

正确的前向声明为

```
class Base;
class Derived;
```

10.1.3　派生类的构成

在一个派生类中，其成员由两部分构成：一部分是从基类继承得到的，另一部分是自己定义的新成员，所有这些成员仍然分为 public（公有）、private（私有）和 protected（保护）3 种访问属性。

友元关系不能继承。一方面，基类的友元对派生类的成员没有特殊访问权限。另一方面，如果基类被授予友元关系，则只有基类具有特殊访问权限，该基类的派生类不能访问授予友元关系的类。

如果基类定义了静态成员，则整个继承层次中只有一个这样的成员。无论从基类派生出多少个派生类，每个静态成员只有一个实例。静态成员遵循常规访问控制：如果成员在基类中为私有的，则派生类不能访问它。假定可以访问成员，则既可以通过基类访问静态成员，也可以通过派生类访问静态成员。一般地，可以使用作用域运算符（::）也可以使用对象成员引用运算符（.）或指针成员引用运算符（->）访问静态成员。

图 10.2 是带有一个基类的派生类的构成示意。

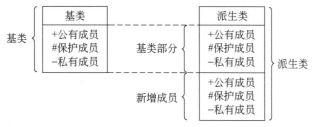

图 10.2　派生类的构成示意

在实际编程中，设计一个派生类包括 3 方面的工作。

（1）从基类接收成员。

除构造函数和析构函数外，派生类会把基类全部的成员继承过来。这种继承是没有选择的，不能选择接收其中一部分成员，而舍弃另一部分成员。

有些基类成员，在派生类中实际是用不到的，但是也必须继承过来。这就会造成数据的冗余，尤其是在多次继承之后，会在派生类对象中存在大量无用的数据。不仅浪费了大量的空间，而且在对象的建立、赋值、复制和参数的传递中消耗了许多无用的时间，从而降低了效率。

因此，根据派生类的需要慎重设计基类，使其结构最精简。不要随意地从已有的类中找一个作为基类去构造派生类，应当考虑怎样能使派生类有更合理的结构。事实上，有些类是专门作为基类而设计的，在设计时充分考虑到了派生类的要求。

（2）调整基类成员的访问。

派生类接收基类成员是程序员不能选择的，但是程序员可以对这些成员指定访问策略。例如通过指定继承方式来实现基类成员在派生类中的访问属性，又如可以通过继承把基类的公有成员指定为在派生类中是私有的,等等。

此外,可以在派生类中声明一个与基类成员同名的成员,则派生类中的新成员会覆盖基类的同名成员,需要注意,如果是成员函数,不仅应使函数名相同,而且函数的形参列表也应相同,否则就成为函数的重载而不是覆盖了。使用这样的方法可以用新成员取代基类的成员。

(3)在定义派生类时增加新的成员。另外,一般还应当自己定义派生类的构造函数和析构函数,因为构造函数和析构函数是不能从基类继承的。

10.2 派生类成员的访问

10.2.1 类的保护成员

如果没有继承,一个类只有两种类型的访问者:类成员和类用户。将类划分为 private 和 public 访问级别反映了对访问者的分隔:类用户只能访问公有成员,类成员和友元既可以访问公有成员也可以访问私有成员。

有了继承,就有了类的第 3 种访问者:派生类成员。派生类通常(但并不总是)需要访问(一般为私有的)基类成员,为了允许这种访问而仍然禁止对基类的一般访问,可以使用 protected 访问标号。类的 protected 部分仍然不能被类用户访问,但可以被派生类访问。只有基类类成员及其友元可以访问基类的 private 部分,派生类不能访问基类的私有成员,如图 10.3 所示。

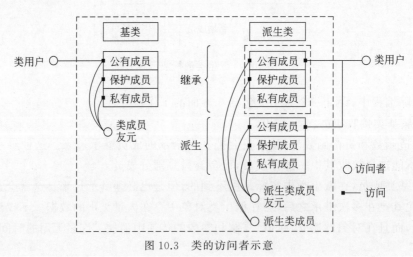

图 10.3 类的访问者示意

类的保护成员用 protected 访问标号声明,可以认为 protected 访问标号是 private 和 public 的混合。

(1)像私有成员一样,保护成员不能被类用户访问。

(2)像公有成员一样,保护成员可以被该类的派生类访问。

如果基类声明了私有成员,那么任何派生类都不能访问它们,若希望在派生类中能访问它们,应当把它们声明为保护成员。如果在一个类中声明了保护成员,就意味着该类可能要用作基类,在它的派生类中会访问这些成员。

10.2.2 派生类成员的访问权限

派生类中包含继承来的基类成员和派生类自己新增的成员,因而产生了这两部分成员的关系和访问属性的问题。对基类成员和派生类自身的成员是按不同的原则处理的,具体来说,在讨论访问属性时,需要考虑以下6种情形。

(1) 基类的类成员和友元访问基类成员。
(2) 派生类的类成员和友元访问派生类自己新增的类成员。
(3) 基类的类成员访问派生类新增的类成员。
(4) 派生类新增的类成员访问基类的类成员。
(5) 类用户访问派生类的类成员。
(6) 类用户访问派生类的基类成员。

对于第(1)种和第(2)种情形,可以按第9章介绍过的规则处理,即基类的类成员和友元可以访问基类成员,派生类的类成员和友元可以访问派生类新增的类成员。私有成员只能被同一类中的类成员访问,公有成员可以被类用户访问。

第(3)种情形,基类的类成员不能直接访问派生类的成员(因为有基类的时候尚未有派生类),但可以通过虚函数间接访问派生类的成员。

第(5)种情形比较明确,类用户可以访问派生类的公有成员,不能访问派生类任何私有的或保护的成员。

第(4)种和第(6)种情形比较复杂,其访问形式实际是两种形式。

(1) 内部访问:由派生类中新增成员对基类继承来的成员的访问。
(2) 对象访问:在派生类外部,通过派生类的对象对从基类继承来的成员的访问。

这些涉及如何确定基类的成员在派生类中的访问属性的问题,不仅要考虑对基类成员所声明的访问属性,还要考虑派生类所声明的对基类的继承方式,根据这两个因素共同决定基类成员在派生类中的访问属性。

前面提到,在派生类中,对基类的继承方式可以有3种。不同的继承方式决定了基类成员在派生类中的访问属性。

(1) 公有继承(public inheritance)。
基类的公有成员和保护成员在派生类中保持原有访问属性,私有成员仍为基类私有。
(2) 私有继承(private inheritance)。
基类的所有成员在派生类中均为私有成员。
(3) 保护继承(protected inheritance)。
基类的公有成员和保护成员在派生类中成了保护成员,私有成员仍为基类私有。

在基类内部,没有成员是不可访问的。对于基类用户来说,可能的访问权限是private、public 和 protected。但是在派生类中,存在第(4)种访问权限:不可访问(inaccessible)。表10.2列出3种不同继承方式下的基类特性和访问属性。

表 10.2 不同继承方式下的基类特性和访问属性

继承方式	基类访问属性	在派生类的访问属性	派生类成员	派生类用户	派生类的公有派生类
public	public	public	可以访问	可以访问	可以访问
	protected	protected	可以访问	不可访问	可以访问
	private	inaccessible	不可访问	不可访问	不可访问
private	public	private	可以访问	不可访问	不可访问
	protected	private	可以访问	不可访问	不可访问
	private	inaccessible	不可访问	不可访问	不可访问
protected	public	protected	可以访问	不可访问	可以访问
	protected	protected	可以访问	不可访问	可以访问
	private	inaccessible	不可访问	不可访问	不可访问

无论采用何种继承方式得到的派生类,派生类成员及其友元都不能访问基类的私有成员,派生类外部的用户只能访问公有属性的成员。多级派生的情况下,保护继承和私有继承会进一步地将基类的访问权限隐蔽成不可访问的。一般地,保护继承与私有继承在实际编程中是极少使用的,它们只在技术理论上有意义。

【例 10.1】 多级派生的访问属性。

程序代码如下:

```
1    class A{
2        int k;
3    public:
4        int i;
5    protected:
6        void f2();
7        int j;
8    };
9    class B:public A{              //public 继承
10       int m;
11   public:
12       void f3();
13   protected:
14       void f4();
15   };
16   class C:protected B{           //protected 继承
17       int n;
18   public:
19       void f5();
20   };
```

类 A 是类 B 的公有基类,类 B 是类 C 的保护基类。各成员在不同类的访问属性如

表 10.3 所示。

表 10.3　例 10.1 各成员在不同类的访问属性

	i	f2	j	k	f3	f4	m	f5	n
基类 A	公有	保护	保护	私有					
派生类 B	公有	保护	保护	不可访问	公有	保护	私有		
派生类 C	公有	保护	保护	不可访问	保护	保护	不可访问	公有	私有

10.3　赋值兼容规则

赋值兼容规则是指在需要基类对象的任何地方，都可以使用公有派生类的对象来替代。通过公有继承，派生类得到了基类中除构造函数和析构函数之外的所有成员。这样，公有派生类实际就具备了基类的所有功能，凡是基类能解决的问题，公有派生类都可以解决。赋值兼容规则中所指的替代包括以下情况。

（1）派生类的对象可以赋值给基类对象。
（2）派生类的对象可以初始化基类的引用。
（3）派生类对象的地址可以赋给指向基类的指针。

例如：

```
class Base{};                    //基类
class Derive:public Base{};      //公有派生类
Base b, * pb;                    //定义基类对象、指针
Derive d;                        //定义派生类对象
```

其中：

（1）派生类对象可以赋值给基类对象，即用派生类对象中从基类继承来的成员，逐个复制给基类对象的成员：

```
b=d;                             //派生类对象赋值给基类，复制基类继承部分
```

（2）派生类的对象可以初始化基类对象的引用，即基类可以引用到派生类的对象：

```
Base &rb=d;                      //基类引用到派生类对象
```

（3）派生类对象的地址可以赋给指向基类的指针，即基类指针可以指向派生类对象：

```
pb=&d;                           //基类指针指向派生类对象
```

由于赋值兼容规则的引入，对于基类及其公有派生类的对象，可以使用相同的函数统一进行处理（因为当函数的形参为基类的对象时，实参可以是派生类的对象），而没有必要为每一个类设计单独的函数，大大提高了程序的效率。可以说，赋值兼容规则是 C++ 多态性的重要基础之一。

10.4 派生类的构造和析构函数

在定义派生类时,派生类并没有把基类的构造函数和析构函数继承下来。因此,对继承的基类成员初始化的工作要由派生类的构造函数承担,同时基类的析构函数也需要由派生类的析构函数来调用。

10.4.1 派生类的构造函数

1. 派生类构造函数的定义

在设计派生类的构造函数时,不仅要考虑派生类新增加的数据成员的初始化,还应当考虑基类的数据成员初始化。换言之,在执行派生类的构造函数时,使派生类的数据成员和基类的数据成员同时都被初始化。

继承的基类部分实际上可以看作派生类的子对象,而一个类内部的对象初始化必须在构造函数初始化列表中完成,不能在构造函数函数体进行。因此,派生类若要调用基类的构造函数,其定义形式如下:

派生类名(形式参数列表):基类名(基类构造函数实参列表),派生类初始化列表
{
    派生类初始化函数体
}

式中,"基类名(基类构造函数实参列表)"即调用基类构造函数,而派生类新增加的数据成员可以在"派生类初始化列表"(尽量在此)初始化,也可以在"派生类初始化函数体"中初始化。

需要注意,由于这里是调用基类构造函数,初始化的这些参数是实参而不是形参。它们可以是常量、全局变量和派生类形式参数列表中的参数。

派生类构造函数的调用顺序如下。

(1) 调用基类构造函数。
(2) 执行派生类初始化列表。
(3) 执行派生类初始化函数体。

例如:

```
class Point{int x,y;
public:Point(int a,int b):x(a),y(b){}                    //构造函数
};
class Rect:public Point{ int h,w;
public:Rect(int a,int b,int c,int d):Point(a,b),h(c),w(d){} //派生类构造函数
};
```

2. 组合关系的派生类的构造函数

假定类 A 和类 B 的关系是组合关系,类 A 中有类 B 的子对象。如果类 B 有默认构造函数,或者参数全是默认参数的构造函数,或者有无参数的构造函数,那么类 A 的构造函数中可以不用显式地初始化子对象。编译器总是会自动调用 B 的构造函数进行初始化。

可以在一个类的构造函数中显式地初始化其子对象,初始化式只能在构造函数初始化列表中,形式为

类名(形式参数列表):子对象名(子对象属类构造函数实参列表),类初始化列表
{
  类初始化函数体
}

显然,一个包含子对象的派生类的构造函数有如下 3 个任务。
(1) 对基类数据成员的初始化。
(2) 对子对象数据成员的初始化。
(3) 对派生类自己的数据成员的初始化。
因此,包含多个子对象的派生类的构造函数应定义为

派生类名(形式参数列表): 基类名(基类构造函数实参列表),
         子对象 1 名(子对象 1 属类构造函数实参列表),
         …,
         派生类初始化列表
{
  派生类初始化函数体
}

其调用顺序如下。
(1) 调用基类构造函数。
(2) 调用子对象构造函数,各个子对象时按其声明的次序先后调用。
(3) 执行派生类初始化列表。
(4) 执行派生类初始化函数体。
说明:
(1) 如果在基类和子对象所属类的定义中都没有定义带参数的构造函数,而且也不需要对派生类自己的数据成员初始化,那么可以不必显式地定义派生类构造函数。派生类会合成一个默认构造函数,并在调用派生类构造函数时,会自动先调用基类的默认构造函数和子对象所属类的默认构造函数。例如:

```
class A{};                              //合成默认构造函数
class B{};                              //合成默认构造函数
class D:public B{A a;};                 //派生类合成默认构造函数
```

(2) 如果在基类中没有定义构造函数,或定义了没有参数的构造函数,那么,在定义派生类构造函数时可以不显式地调用基类构造函数。在调用派生类构造函数时,系统会自动先调用基类的无参数构造函数或默认构造函数。例如:

```
class B{public:B(){}};                    //无参数构造函数
class D:public B{
    D(){}                                 //派生类构造函数不必显式调用基类构造函数
};
```

(3) 如果在基类或子对象所属类的定义中定义了带参数的构造函数,那么就必须显式地定义派生类构造函数,并在派生类构造函数中显式地调用基类或子对象所属类的构造函数。例如:

```
class A{public:A(int){}};                 //有参数构造函数
class B{public:B(int){}};                 //有参数构造函数
class D:public B{
    D(int x):a(x),B(x){}                  //显式调用基类或子对象构造函数
    A a;
};
```

(4) 如果在基类中既定义了无参数的构造函数,又定义了有参数的构造函数(构造函数重载),则在定义派生类构造函数时,既可以显式调用基类构造函数,也可以不调用基类构造函数。在调用派生类构造函数时,根据构造函数的内容决定调用基类的有参数的构造函数还是无参数的构造函数。可以根据派生类的需要决定采用哪一种方式。

10.4.2 派生类的析构函数

在派生时,派生类是不能继承基类的析构函数的,也需要通过派生类的析构函数去调用基类的析构函数。在派生类中可以根据需要定义自己的析构函数,用来对派生类中所增加的成员进行清理工作。基类的清理工作仍然由基类的析构函数负责。在执行派生类的析构函数时,系统会自动调用基类的析构函数和子对象的析构函数,对基类和子对象进行清理。

析构函数调用的顺序与构造函数正好相反:先执行派生类自己的析构函数,对派生类新增加的成员进行清理,然后调用子对象的析构函数,对子对象进行清理,最后调用基类的析构函数,对基类进行清理。

10.5 多重继承

10.5.1 多重继承派生类

前面讨论的是单一继承的情况,即一个类从一个基类派生。实际上,C++还支持一个派生类同时继承多个基类。

1. 多重继承派生类的定义

如果已经定义了多个基类,那么定义多重继承的派生类的形式为

```
class 派生类名:访问标号1 基类名1,访问标号2 基类名2,…{        //类体
    成员列表
};
```

例如:

```
class A{};
class B:public A{};                          //A→B
class C:public A{};                          //A→C
class D:public B,public C{};                 //A→B,C→D
```

2. 多重继承派生类的构造函数

多重继承派生类的构造函数形式与单一继承时的构造函数形式基本相同,只是在派生类的构造函数初始化列表中调用多个基类构造函数。一般形式为

```
派生类名(形式参数列表):基类名1(基类1构造函数实参列表),
                    基类名2(基类2构造函数实参列表),
                    …,
                    子对象名1(子对象1属类构造函数实参列表),
                    …,
                    派生类初始化列表
{
    派生类初始化函数体
}
```

其调用顺序是如下。

(1)调用基类构造函数,各个基类按定义时的次序先后调用。
(2)调用子对象构造函数,各个子对象按声明时的次序先后调用。
(3)执行派生类初始化列表。
(4)执行派生类初始化函数体。

10.5.2 二义性问题及名字支配规则

1. 二义性问题

多重继承时,多个基类可能出现同名的成员。在派生类中如果使用一个表达式的含义能解释为可以访问多个基类的成员,则这种对基类成员的访问就是不确定的,称这种访问具有二义性(ambiguous)。C++要求派生类对基类成员的访问必须是无二义性的。

例如:

1   class A{public:

```
2        void fun(){cout<<"a.fun"<<endl;}
3    };
4    class B{public:
5        void fun(){cout<<"b.fun"<<endl;}
6        void gun(){cout<<"b.gun"<<endl;}
7    };
8    class C:public A,public B{public:
9        void gun(){cout<<"c.gun"<<endl;}
10       void hun(){fun();}                          //出现二义性
11   };
```

类 C 的成员函数 hun()调用 fun()时,无法确定是访问基类 A 的 fun()函数还是基类 B 的 fun()函数,因此出现二义性。可以通过在 fun()函数前加上作用域限定运算符解决这个二义性问题。例如 A::fun()表示调用 A 的 fun()函数,B::fun()表示调用 B 的 fun()函数。

不过,程序仍然具有二义性,如用类 C 的对象 c 或指针访问函数 fun()时,出现二义性:

```
C c;c.fun();                                       //出现二义性
```

使用成员名限定可以消除二义性。例如:

```
c.A::fun();                                        //成员名限定消除二义性
c.B::fun();                                        //成员名限定消除二义性
p->A::fun();                                       //成员名限定消除二义性
p->B::fun();                                       //成员名限定消除二义性
```

其基本形式为

基类名::成员名
对象名.基类名::成员名
对象指针名->基类名::成员名

2. 名字支配规则

C++ 对于在不同的作用域声明的名字的可见性原则是:如果存在两个或多个具有包含关系的作用域,外层声明了一个名字,而内层没有再次声明相同的名字,那么外层名字在内层可见;如果在内层声明了相同的名字,则外层名字在内层不可见,这时称内层名字隐藏(或覆盖)了外层名字,这种现象称为隐藏规则。

在类的派生层次结构中,基类的成员和派生类新增的成员都具有类作用域,二者的作用域是不同的。它们是相互包含的两个层,基类在外层,派生类在内层。这时,如果派生类声明了一个和基类成员同名的新成员,派生的新成员就覆盖了基类同名成员,直接使用成员名只能访问到派生类的成员。如果派生类中声明了与基类成员函数同名的新函数,即使函数的参数不同,从基类继承的同名函数的所有重载形式也都会被覆盖。如果要访问被覆盖的成员,就需要使用作用域限定运算符和基类名来限定。

需要注意,不同的成员函数,只有在函数名和参数个数相同、类型相匹配的情况下才发生同名覆盖。如果只有函数名相同而参数不同,不会发生同名覆盖,而属于函数重载。

派生类 D 中的名字 N 支配基类 B 中同名的名字 N,称为名字支配规则。如果一个名字支配另一个名字,则二者之间不存在二义性,当选择该名字时,使用支配者的名字,例如:

```
c.gun();                                                //使用 C::gun
```

如果要使用被支配者的名字,则应使用成员名限定,例如:

```
c.B::gun();                                             //使用 B::gun
```

10.5.3 虚基类

从上面的介绍可知,如果一个派生类有多个直接基类,而这些直接基类又有一个共同的基类,则在最终的派生类中会保留该间接共同基类数据成员的多份同名成员。

在一个类中保留间接共同基类的多份同名成员,虽然有时是有必要的,可以在不同的数据成员中分别存放不同的数据,也可以通过构造函数分别对它们进行初始化。但在大多数情况下,这种现象是人们不希望出现的。因为保留多份数据成员的副本,不仅占用较多的存储空间,还增加了访问这些成员时的困难。而且在实际上,并不需要有多份副本。

C++ 提供虚基类(virtual base class)的机制,使得在继承间接共同基类时只保留一份成员。

1. 虚基类的定义

虚基类是在派生类定义时指定继承方式时声明的。因为一个基类可以在生成一个派生类时作为虚基类,而在生成另一个派生类时不作为虚基类。声明虚基类的一般形式为

```
class 派生类名:virtual 访问标号 虚基类名,…{             //类体
    成员列表
};
```

即在定义派生类时,将关键字 virtual 加到继承方式的前面。经过这样的声明后,当基类通过多条派生路径被一个派生类继承时,该派生类只继承该基类一次,也就是说,基类成员只保留一次。

需要注意,为了保证虚基类在派生类中只继承一次,应当在该基类的所有直接派生类中声明为虚基类。否则仍然会出现对基类的多次继承。

2. 虚基类的初始化

如果在虚基类中定义了带参数的构造函数,而且没有定义默认构造函数,则在其所有派生类(包括直接派生或间接派生的派生类)中,通过构造函数的初始化表对虚基类进行初始化。例如:

```
class A{public:A(int){}};                               //定义基类
class B:virtual public A{public:B(int a):A(a){}};       //对基类 A 初始化
class C:virtual public A{public:C(int a):A(a){}};       //对基类 A 初始化
```

```
class D:public B,public C{public:D(int a):A(a),B(a),C(a){}};
```

在定义类 D 的构造函数时,与以往使用的方法有所不同。以前,在派生类的构造函数中只须负责对其直接基类初始化,再由其直接基类负责对间接基类初始化。现在,由于虚基类在派生类中只有一份数据成员,所以这份数据成员的初始化必须由派生类直接给出。如果不由最后的派生类直接对虚基类初始化,而由虚基类的直接派生类(如类 B 和类 C)对虚基类初始化,就有可能由于在类 B 和类 C 的构造函数中对虚基类给出不同的初始化参数而产生矛盾。所以规定:在最后的派生类中不仅要负责对其直接基类进行初始化,还要负责对虚基类初始化。

10.6 多态性与虚函数

派生一个类的原因并非总是为了继承或添加新成员,有时是为了重新定义基类的成员,使基类成员"获得新生"。面向对象程序设计的真正力量不仅仅是继承,还在于允许派生类对象像基类对象一样处理,其核心机制就是**多态和动态联编**。

10.6.1 多态性的概念

多态是指同样的消息被不同类型的对象接收时导致不同的行为。所谓消息是指对类成员函数的调用,不同的行为是指不同的实现,也就是调用了不同的函数。

1. 多态的分类

从广义上来说,多态性是指一段程序能够处理多种类型对象的能力。在 C++ 中,这种多态性可以通过重载多态(函数和运算符重载)、强制多态(类型强制转换)、类型参数化多态(模板)和包含多态(继承及虚函数)4 种形式来实现。类型参数化多态和包含多态统称为一般多态性,用来系统地刻画语义上相关的一组类型;重载多态和强制多态统称为特殊多态性,用来刻画语义上无关联的类型间的关系。

(1) 重载多态。

重载是多态性的最简单形式,分为函数重载和运算符重载。

重定义已有的函数称为函数重载。在 C++ 中既允许重载一般函数,也允许重载类的成员函数,还允许派生类的成员函数重载基类的成员函数。如对构造函数进行重载定义,可使程序有几种不同的途径对类对象进行初始化。

C++ 允许为类重定义已有运算符的语义,使系统预定义的运算符可操作于类对象。如流插入(<<)运算符和流提取(>>)运算符(原先语义是位移运算),关于运算符重载将在第 11 章讨论。

(2) 强制多态。

强制多态也称类型转换。如 C++ 定义了基本数据类型之间的转换规则,即 char→short→int→unsigned→long→unsigned long→float→double→long double。同时,可以在表达式中使用 3 种强制类型转换表达式:①static_cast<T>(E);②T(E);③(T)E,其中 E 代表运算表达式,T 代表一个类型表达式。上述任意一种都可改变编译器所使用的规则，以便按自己的意愿进行所需的类型强制。但是强制多态使类型检查复杂化，尤其在允许重载的情况下，导致无法消解的二义性。

(3) 类型参数化多态。

参数化多态又称非受限类属多态，即将类型作为函数或类的参数，避免了为各种不同的数据类型编写不同的函数或类，减轻了设计者的负担，提高了程序设计的灵活性。

模板是 C++ 实现参数化多态性的工具，分为函数模板和类模板。类模板中的成员函数均为函数模板，因此函数模板是为类模板服务的。

(4) 包含多态。

C++ 中采用虚函数实现包含多态。虚函数为 C++ 提供了更为灵活的多态机制，这种多态性在程序运行时才能确定，因此虚函数是多态性的精华，至少含有一个虚函数的类称为多态类。包含多态在面向对象程序设计中使用十分频繁。

派生类继承基类的所有操作，或者说，基类的操作能被用于操作派生类的对象。当基类的操作不能适应派生类时，派生类就需要重载基类的操作。

2. 静态联编

联编(binding)又称绑定，就是将模块或者函数合并在一起生成可执行代码的处理过程，同时对每个模块或者函数分配内存地址，并且对外部访问也分配正确的内存地址。

在编译阶段就将函数实现和函数调用绑定起来称为静态联编(static binding)。静态联编在编译阶段就必须了解所有的函数或模块执行所需要的信息，它对函数的选择是基于指向对象的指针（或者引用）的类型。在 C 语言中，所有的联编都是静态联编；在 C++ 中，一般情况下联编也是静态联编。

【**例 10.2**】 静态联编应用示例。

程序代码如下：

```
1    #include <iostream>
2    using namespace std;
3    class Point{                                      //Point 类表示平面上的点
4        double x,y;                                   //坐标值
5    public:
6        Point(double x1=0,double y1=0):x(x1),y(y1){}  //构造函数
7        double area(){ return 0;}                     //计算面积
8    };
9    class Circle:public Point{                        //Circle 类表示圆
10       double r;                                     //半径
11   public:
12       Circle(double x,double y,double r1):Point(x,y),r(r1){}  //构造函数
13       double area(){ return 3.14*r*r;}              //计算面积
14   };
15   int main()
16   {   Point a(2.5,2.5);Circle c(2.5,2.5,1);
17       cout<<"Point area="<<a.area()<<endl;          //基类对象
```

```
18    cout<<"Circle area="<<c.area()<<endl;              //派生类对象
19    Point * pc=&c,&rc=c;                                //基类指针、引用指向或引用派生类对象
20    cout<<"Circle area="<<pc->area()<<endl;             //静态联编基类调用
21    cout<<"Circle area="<<rc.area()<<endl;              //静态联编基类调用
22    return 0;
23 }
```

程序运行结果如下：

Point area=0
Circle area=3.14
Circle area=0
Circle area=0

编译器对第 17 行的解释是：显式的 a.area()调用明确告诉编译器，它调用的是对象 a 的成员函数 area，输出 0。同理，第 18 行显式的 c.area()调用明确表示调用的是对象 c 的成员函数 area，输出 3.14。名字支配规律决定它们(a 和 c)调用各自的同名函数 area。

第 20 行和第 21 行问题的实质是：如果基类和派生类都定义了同名成员函数，通过对象指针或引用调用成员函数时，应调用该指针的基类类型，还是指针或引用实际所指的类型？换句话说，pc—>area()应调用 Point∷area()还是 Circle∷area()？根据前面的赋值兼容性规则，应该调用基类的 area()，因此第 20 行和第 21 行输出 0。图 10.4(a)是 Point 的对象 a 和 Circle 的对象 c 的内存分配示意。

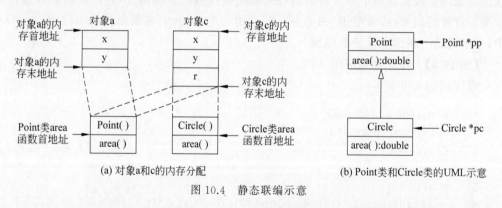

图 10.4　静态联编示意

从图中可见，对象的内存地址空间中只包含数据成员，并不存储成员函数。因此，成员函数的内存地址与其对象的内存地址无关。图中虚线表示类与成员函数的隶属关系，编译器只根据类类型编译成员函数的地址并判断调用的合法性。

如果定义两个指针：

Point * pp;Circle * pc;

图 10.4(b)为 Point 类和 Circle 类的简要 UML 表示。可以看出，定义的基类指针只指向基类，派生类指针只指向派生类。它们所属类型决定它们只能调用各自的 area 函数。除非派生类没有基类的同名函数，派生类的指针才根据继承原则调用基类的函数，但这已经

超越讨论的前提了。

由于第 19 行定义 pc 的所属类型为 Point，因此即使它实际指向 Circle 对象，使用 Point 的指针也只能调用对象 c 的基类的 area 函数，所以第 20 行输出 0。引用的情况与指针类似，所以第 21 行输出 0。

这些完全符合赋值兼容性规则。编译器编译成员函数是根据类型，而类型是事先决定的，所以由静态联编决定。

3. 动态联编

在程序运行的时候才进行函数实现和函数调用的绑定称为动态联编（dynamic binding）。如果在编译 Point ＊pc＝&c 时，只根据兼容性规则检查它的合理性，即检查它是否符合派生类对象的地址可以赋给基类的指针的条件。至于 pc->area()调用哪个函数，等到程序运行到这里再决定。如果希望 pc->area()调用 Circle::area()，也就是使类 Point 的指针 pc 指向派生类函数 area 的地址，则需要将 Point 类的 area 函数设置成虚函数。其定义形式为

```
virtual double area(){return 0;}                //计算面积
```

当编译器编译含有虚函数的类时，将为它建立一个**虚函数表 VTABLE**（virtual table），它相当于一个指针数组，存放每个虚函数的入口地址。编译器为该类增加一个额外的数据成员，这个数据成员是一个指向虚函数表的指针，通常称为 **vptr**。Point 类只有一个虚函数 area，所以虚函数表里只有一项。图 10.5(a)是 Point 对象的 UML 示意。

如果派生类 Circle 没有重写这个虚函数 area，则派生类的虚函数表里的元素所指向的地址就是基类 Point 的虚函数 area 的地址，即派生类仅继承基类的虚函数，那么它调用的是基类的 area 虚函数。

如果派生类 Circle 重写这个虚函数 area 如下：

```
virtual double area(){return 3.14＊r＊r;}        //计算面积
```

这时编译器将派生类虚函数表里的元素指向 Circle::area()，即指向派生类 area 虚函数的地址。图 10.5(b)是 Circle 对象的 UML 示意。

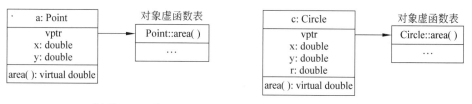

(a) Point对象的UML示意　　　　　　　(b) Circle对象的UML示意

图 10.5　动态联编示意

由此可见，虚函数的地址编译取决于对象的内存地址（只在运行时才会有）。编译器为含有虚函数的对象先建立一个函数入口地址，这个地址用来存放指向虚函数表的指针 vptr，然后按照类中虚函数的声明次序一一填入函数指针。当调用虚函数时，先通过 vptr

找到虚函数表,然后找出虚函数的真正地址,再调用它。

派生类能继承基类的虚函数表,而且只要是和基类同名(参数也相同)的成员函数,无论是否使用 virtual 声明,它们都自动成为虚函数。如果派生类没有改写继承基类的虚函数,则函数指针调用基类的虚函数。如果派生类改写了基类的虚函数,编译器将重新为派生类的虚函数建立地址,函数指针会调用改写以后的虚函数。如图 10.5 所示,派生类 Circle 的函数指针调用的是 Circle::area()。

虚函数的调用规则是:根据当前对象,优先调用对象本身的虚成员函数。这和名字支配规律类似,不过虚函数是动态联编的,是在运行时(通过虚函数表中的函数地址)"间接"调用实际上欲联编的函数。显然,程序运行到语句

```
pc->area()
```

时,才能确定 pc 指向的是派生类 Circle 的对象,从而调用 Circle::area()函数。

10.6.2 虚函数

1. 虚函数的定义

虚函数只能是类中的一个成员函数,且不能是静态的。在成员函数定义或声明前面加上关键字 virtual,即定义了虚函数:

```
class 类名{                                    //类体
    ...
    virtual 返回类型 函数名(形式参数列表)       //虚函数
    ...
};
```

例如:

```
class Point{                                   //Point 类表示平面上的点
    ...
    virtual double area();                     //虚函数声明
    virtual double volume(){ return 0;}        //虚函数定义
};
```

需要注意,virtual 只在类体中使用。

当在派生类中定义了一个同名的成员函数时,只要该成员函数的参数个数和类型以及返回类型与基类中同名的虚函数完全一样,则派生类的这个成员函数无论是否使用 virtual,它都将成为一个虚函数。程序员习惯给派生类的同名函数也加上 virtual,以便于阅读理解。

利用虚函数,可在基类和派生类中使用相同的函数名定义函数的不同实现,从而实现"一个接口,多种方式"。当用基类指针或引用对虚函数进行访问时,系统将根据运行时指针或引用所指向或引用的实际对象来自动确定调用对象所在类的虚函数版本。

2. 虚函数实现多态的条件

关键字 virtual 指示 C++ 编译器对调用虚函数进行动态联编。这种多态性是程序运行到相应的语句时才动态确定的,所以称为运行时的多态性。不过,使用虚函数并不一定产生多态性,也不一定使用动态联编。例如,在调用中对虚函数使用成员名限定,可以强制 C++ 对该函数的调用使用静态联编。

虚函数产生运行时的多态性必须有如下 3 个条件。

(1) 类之间的继承关系满足赋值兼容性规则。
(2) 改写了同名的虚函数。
(3) 根据赋值兼容性规则使用指针(或引用)。

满足前两条并不一定产生动态联编,必须同时满足第(3)条才能保证实现动态联编。第(3)条分为两种情况。

① 使用基类指针(或引用)访问虚函数。例如:

```
Point * p=new Circle;              //基类指针指向派生类
cout<<p->area();                   //动态联编
```

② 把指针(或引用)作为函数参数,这个函数不一定是类的成员函数,可以是普通函数,而且可以重载。例如:

```
void fun(Point * p)
{cout<<p->area();}                 //动态联编
```

3. 类成员函数的指针与多态性

在派生类中,当一个指向基类成员函数的指针指向一个虚函数,并且通过指向对象的基类指针(或引用)访问这个虚函数时,仍将发生多态性。

【例 10.3】 使用基类成员函数的指针产生多态。

程序代码如下:

```
1    #include <iostream>
2    using namespace std;
3    class Base{
4    public:virtual void print(){cout<<"Base"<<endl;}       //虚函数
5    };
6    class Derived:public Base{
7    public:void print(){ cout<<"Derived"<<endl;}           //虚函数
8    };
9    void display(Base * p,void(Base:: * pf)())
10   { (p-> * pf)();}
11   int main()
12   {
13       Derived d;
```

```
14        Base b;
15        display(&d,Base::print);                        //派生类对象
16        display(&b,Base::print);                        //基类对象
17        return 0;
18    }
```

程序运行结果如下：

Derived
Base

display 函数有两个参数，第一个参数是基类指针，第二个参数是指向类成员函数的指针。display 使用基类指针调用指向成员函数的指针所指向的成员函数。是调用基类的虚函数，还是派生类的虚函数，取决于基类指针指向的对象。

4. 虚函数的工作原理

假定有一个包含虚函数的类：

```
class A{
public:
    virtual void f(){cout<<"A::f"<<endl;}                //虚函数 f
    virtual void g(){cout<<"A::g"<<endl;}                //虚函数 g
};
```

定义一个类 A 的对象 a：

```
A a;                                                     //定义 A 的对象
```

对象 a 的内存首地址(&a)存储的是虚函数表指针 vptr，而 vptr 指向一个指针数组，该数组存储了类 A 的两个虚函数，按虚函数声明的次序依次为 f、g 函数的首地址，以下程序段输出虚函数表地址(vptr 的值)和两个虚函数地址。

```
int**vptr=(int**)(&a);     //对象首地址对应的内存单元即 vptr,这里将指针按 int 型处理
cout<<"虚函数表地址:"<<vptr<<endl;
                           //vptr 指向虚函数表(指针数组),则 * vptr 为虚函数表
cout<<"虚函数表第一个函数地址:"<< * vptr+0<<endl;    //虚函数表第 0 个元素地址
cout<<"虚函数表第二个函数地址:"<< * vptr+1<<endl;    //虚函数表第 1 个元素地址
```

可以做下面有趣的实验：

```
typedef void( * memberFun)();   //定义指向 void Fun()的函数指针类型 Fun
memberFun pf;                    //定义函数指针
pf=(memberFun) * ( * vptr+0);    //指向虚函数表第一个函数,即 A::f
pf();                            //通过 pf 函数指针调用虚函数表第一个函数,等价于 a.f()
pf=(memberFun) * ( * vptr+1);    //指向虚函数表第二个函数,即 A::g
pf();                            //通过 pf 函数指针调用虚函数表第二个函数,等价于 a.g()
```

读者可以将类 A 的两个虚函数的访问权限改成 private,那么 a.f()就是错误的,但这时仍

然能通过 pf();调用成员函数 f。对象 a 内存结构及其虚函数表内存结构如图 10.6 所示。图中虚函数表的最后多加了一个结束元素,就像字符串的结束符"\0"一样,表示虚函数表的结束。这个结束标志的值在不同的编译器下是不同的。

图 10.6　对象 a 内存结构及其虚函数表内存结构

下面分情况讨论继承关系下的虚函数表。首先假定有与类 A 相同的类 B 和类 C,类 D 是类 A 或类 A、B、C 的派生类,定义类 D 的一个对象"D d;",类 D 的虚函数"无覆盖"或"有覆盖"基类的虚函数。需要注意,没有覆盖基类的虚函数是毫无意义的,这里是为了给一个对比。

(1) 单一继承,无虚函数覆盖,如图 10.7 所示。

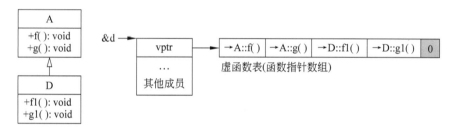

图 10.7　派生类对象 d 内存结构及其虚函数表内存结构

在这个继承关系中,派生类 D 没有重载基类 A 的任何函数。可以看出:
① 虚函数按照其声明次序放于虚函数表中。
② 基类的虚函数在派生类的虚函数前面。

(2) 单一继承,有虚函数覆盖,如图 10.8 所示。

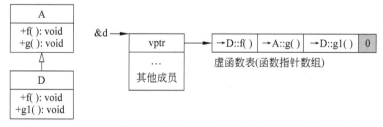

图 10.8　覆盖虚函数派生类对象 d 内存结构及其虚函数表内存结构

在这个继承关系中,派生类 D 覆盖了类 A 的一个函数 f。可以看出:
① 覆盖派生类 f 函数放到了虚函数表中原来基类虚函数 f 的位置。
② 没有被覆盖的函数依旧。

那么下面的程序:

```
A * p = new D;                    //基类指针指向派生类
p->f();                           //虚函数动态联编
```

由于 p 所指对象的虚函数表 f 的位置已经被 D::f() 函数地址所取代,于是调用 p->f() 时,是 D::f() 被调用了,从而实现了多态。

(3) 多重继承,无虚函数覆盖,如图 10.9 所示。

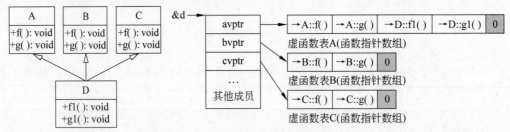

图 10.9 多重继承派生类对象 d 内存结构及其虚函数表内存结构

在这个多重继承关系中,派生类 D 没有重载 3 个基类的任何函数。可以看出:
① 每个基类都有自己的虚函数表。
② 派生类的虚函数被放到了第一个基类的虚函数表中(按继承声明次序)。

这样做的目的是为了解决不同的基类类型的指针指向同一个派生类实例,进而能够调用到实际的函数。

(4) 多重继承,有虚函数覆盖,如图 10.10 所示。

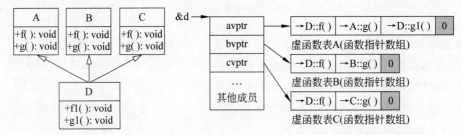

图 10.10 覆盖虚函数多重继承派生类对象 d 内存结构及其虚函数表内存结构

在这个继承关系中,派生类 D 覆盖了 3 个基类的一个函数 f。可以看出 3 个基类虚函数表中 f 的位置替换成了派生类的函数 f。程序代码如下:

```
D d; A * pa=&d; B * pb=&d; C * pc=&d;
pa->f();                          //D::f()虚函数动态联编
pb->f();                          //D::f()虚函数动态联编
pc->f();                          //D::f()虚函数动态联编
pa->g();                          //A::g()
pb->g();                          //B::g()
pc->g();                          //C::g()
```

也实现了多态。

5. 何时需要虚函数

（1）首先看成员函数所在的类是否会作为基类。然后看成员函数在类的继承后有无可能被更改功能，如果希望派生类更改其功能的，一般应该将它声明为虚函数。

（2）如果成员函数在类被继承后功能无须修改，或派生类用不到该函数，则不要把它声明为虚函数。不要仅仅考虑到要作为基类而把类中的所有成员函数都声明为虚函数。

（3）应考虑对成员函数的调用是通过对象名还是通过基类指针或引用去访问，如果是通过基类指针或引用去访问的，则应当声明为虚函数。

（4）有时，在定义虚函数时并不定义其函数体，即函数体是空的。它的作用只是定义了一个虚函数名，具体功能留给派生类去添加。

使用虚函数，系统要增加一定的空间开销用来存储虚函数表，但系统在进行动态联编时的时间开销是很少的，因此，多态性是高效的。

10.6.3 虚析构函数

在构造函数和析构函数中调用虚函数采用静态联编，即它们所调用的虚函数是自己类的或基类中定义的函数，但不会是任何在派生类中重新定义的虚函数。

派生类的对象从内存中撤销时一般先调用派生类的析构函数，然后再调用基类的析构函数。但是，如果用 new 运算符建立了派生类对象，且定义了一个基类的指针指向这个对象，即

```
Point * pp=new Circle;              //基类指针指向派生类
delete pp;                          //仅执行基类析构函数
```

那么当用 delete 运算符撤销对象时，系统会只执行基类的析构函数，而不执行派生类的析构函数，因而也无法对派生类对象进行真正的撤销清理操作。

如果希望"delete pp"执行 Circle 的析构函数，那么基类 Point 的析构函数要声明为虚函数，称为虚析构函数。

如果将基类的析构函数声明为虚函数，由该基类所派生的所有派生类的析构函数也都自动成为虚函数，即使派生类的析构函数与基类的析构函数名字不相同。

当基类的析构函数为虚函数时，无论指针指的是同一类族中的哪一个类对象，系统总会采用动态联编，调用正确的析构函数，对该对象进行清理。最好把基类的析构函数声明为虚函数，这将使所有派生类的析构函数自动成为虚函数。这样，delete 时系统会调用相应类的析构函数。即使基类并不需要析构函数，有经验的程序员一般也显式地定义一个函数体为空的虚析构函数，以保证在撤销动态对象时能得到正确的处理。

C++ 支持虚析构函数，但不支持虚构造函数，即构造函数不能声明为虚函数。这是因为在执行构造函数时，类对象还未完成建立过程，当然谈不上虚函数与类对象的绑定。

10.6.4 纯虚函数

在许多情况下，不能在基类中为虚函数给出一个有意义的定义，这时可以将它说明为

纯虚函数(pure virtual function),将具体定义留给派生类去做。纯虚函数的定义形式为

  virtual 返回类型 函数名(形式参数列表)=0;

即在虚函数的原型声明后加上"=0",表示纯虚函数根本就没有函数体。

  如因为 Sharp 类没有面积,所以可以将其计算面积的成员函数 area 定义为纯虚函数:

  virtual double area()=0;   //纯虚函数

请注意,需要将空的虚函数与纯虚函数区分开。例如:

  virtual double area(){}   //空的虚函数

空的虚函数有函数体,只不过什么都不做,而纯虚函数根本就没有函数体。因为纯虚函数没有定义代码,所以当成员函数调用纯虚函数时将导致程序运行错误。

  纯虚函数的作用是在基类中为其派生类保留一个函数的名字,以便派生类根据需要对它进行定义。如果在一个类中声明了纯虚函数,而在其派生类中没有对该函数定义,则该虚函数在派生类中仍然为纯虚函数。

10.6.5 抽象类

  包含纯虚函数的类称为抽象类(abstract class)。一个抽象类只能作为基类来派生新类,所以又称为抽象基类(abstract base class)。抽象类不能定义对象,例如将 Sharp 类的成员函数 area 定义为纯虚函数,则 Sharp 就是一个抽象类,不能用 Sharp 来定义对象,即"Sharp a;"是错误的。

  如果在派生类中给出了抽象类的纯虚函数的实现,则该派生类不再是抽象类。否则只要派生类仍然有纯虚函数,则派生类依然是抽象类。抽象类至少含有一个虚函数,而且至少有一个虚函数是纯虚函数。

  抽象类的主要作用是声明一族派生类的共同接口,而接口的完整实现,即纯虚函数的函数体由派生类自己定义,使它们能够更有效地发挥多态特性。

  虽然抽象类不能定义对象(或者说抽象类不能实例化),但是可以定义抽象类的指针和引用。通过基类的指针或引用,可以指向并访问派生类对象,实现多态的操作。

  【例 10.4】 编写计算图形(如圆)面积和物体(如圆柱)体积的程序。

程序代码如下:

```
1    #include <iostream>
2    using namespace std;
3    class Sharp{                                    //Sharp 类,抽象类
4    public:
5        virtual double area()=0;                    //纯虚函数
6        virtual double volume()=0;                  //纯虚函数
7    };
8    class Circle:public Sharp{                      //Circle 类表示圆
9    public:
```

```
10      Circle(double a):r(a){}
11      virtual double area(){return 2*3.1415926*r;}    //虚函数
12      virtual double volume(){ return 0;};            //虚函数
13   private:
14      double r;
15   };
16   class Cylinder:public Circle{                      //Cylinder 表示圆柱体
17   public:
18      Cylinder(double a,double b):Circle(a),h(b){}    //调用 Circle 类构造函数
19      virtual double volume(){ return area()*h;};     //虚函数
20   private:
21      double h;
22   };
23   int main()
24   {
25      Circle a(10.0);                                 //定义 Circle 对象
26      Cylinder b(5.6,10.5);                           //定义 Cylinder 对象
27      cout<<a.area()<<","<<b.volume()<<endl;          //静态联编
28      Sharp * pb;                                     //定义基类指针
29      pb=&b;                                          //指向 Circle 对象
30      cout<<pb->area()<<","<<pb->volume()<<endl;      //动态联编
31      return 0;
32   }
```

程序运行结果如下：

62.8319,369.451
35.1858,369.451

10.7 命名的强制类型转换

C++不仅支持第 2 章的 C 语言风格类型转换，还支持命名的强制类型转换（named cast），相关的运算符见表 10.4。

表 10.4 C++ 类型转换运算符

运 算 符	功 能	目	结合性	用 法
static_cast	静态类型转换	单目	自左向右	static_cast<type>(expr)
reinterpret_cast	重新解释转换	单目	自左向右	reinterpret_cast<type>(expr)
const_cast	限定类型转换	单目	自左向右	const_cast<type>(expr)
dynamic_cast	动态类型转换	单目	自左向右	dynamic_cast<type>(expr)
typeid	类型识别	单目	自左向右	typeid(expr)

1. static_cast

static_cast<type>(expr)运算结果是把 expr 转换为 type 类型的值,等价于隐式类型转换的结果。

static_cast 有如下 4 种用法。

(1) static_cast 常用来进行基本类型的转换,如 char 与 int、int 与 float、enum 与 int 之间的转换,需要由程序员自己确定要转换的数据确实是 type 类型的数据。例如:

```
double d=97.0;
char ch=static_cast<char>(d);          //转换 d 为 char 型
void * p=&d;                            //正确,void * 指针可以存储任意类型的指针
double * dp=static_cast<double * >(p); //转换 p 为 double * 指针
```

在把 int 转换为 char 时,如果 char 没有足够的位来存放 int 的值(大于 127 或小于－127 时),那么 static_cast 所做的只是简单的截断,即简单地把 int 的低 8 位复制到 char 的 8 位中,并抛弃高位。在把 int 转换为 enum 时,如果 int 的值不在 enum 的范围内,则 enum 的值是"未定义"的。

(2) static_cast 可以转换自定义类型对象,但 type 类型必须有相应的构造函数。例如:

```
class A{}a;
class B{public:B(){}B(A& a){}}b;    //B 必须有隐式类型转换构造函数
b=static_cast<B>(a);                //以 a 为参数构造一个 B 类型的临时对象,再把它赋值给 b
```

(3) static_cast 可以转换类层次间的指针或引用。

static_cast 进行上行转换是安全的;进行下行转换时,由于没有动态类型检查,所以是不安全的。所谓上行转换(upcast)指派生类的指针或引用转换成基类,下行转换(downcast)指基类指针或引用转换成派生类。上行转换可以是隐式转换。例如:

```
class B{};                              //基类
class D:public B{};                     //派生类
B b, * pb=&b;                           //pb 执行基类
D d, * pd=&d;                           //pd 执行派生类
B * pb1=static_cast<B * >(pd);  //安全转换,派生类指针转换为基类指针,D 总是包含 B
D * pd1=static_cast<D * >(pb);  //不安全的,基类指针转换为派生类指针,D 有 B 没有的成员
```

(4) static_cast 可以把任何表达式都转换成 void 类型。

2. reinterpret_cast

reinterpret_cast<type>(expr)运算符用来处理任意指针类型之间的转换,即使是不相关的类类型。重新解释(reinterpret)表明其运算结果是从一个指针类型到 type 类型值的二进制位复制。

reinterpret_cast 有如下 3 种用法。

(1) reinterpret_cast 运算允许任何整数类型转换到任何指针类型,反之亦然。如先把一个指针转换成一个整数,再把该整数转换成原类型的指针,还可以得到原先的指针值。

(2) reinterpret_cast 运算可用于如 char * 到 int * 的转换,或者一个类的指针到另一个不相关类的指针的转换,这种转换很可能是不安全的。

(3) reinterpret_cast 运算可以转换一个空指针为 type 类型的空指针。

例如:

```
double * p=new double;
unsigned int val=reinterpret_cast<unsigned int>(p);        //指针值转换为整型
class A{};
class B{};
A* pa=new A;
B* pb=reinterpret_cast<B*>(pa);   //一个类的指针转换成另一个类的指针,b是不安全的
```

3. const_cast

const_cast<type>(expr)运算符用来去除 expr 的 const 或 volatile 限定。除了 const 或 volatile 限定之外,运算结果和 expr 的类型是一样的。

const_cast 有如下 3 种用法。

(1) 常量指针被转换成非常量指针,并且仍然指向原来的对象。
(2) 常量引用被转换成非常量引用,并且仍然引用原来的对象。
(3) 常量对象被转换成非常量对象。

例如:

```
const char * c="Objective-C";
char * p1=c;                           //错误,不能将 const char * 赋值给 char *
char * p2=const_cast<char *>(c);       //正确
int i=3;
const int& cref_i=i;
cref_i=4;                              //错误,常引用不能被修改
const_cast<int&>(cref_i)=4;            //正确,i 为 4
```

只有使用 const_cast 才能将表达式的 const 或 volatile 限定属性转换掉。在这种情况下,试图使用其他 3 种形式的强制转换都会导致编译时的错误。同理,除了添加或删除 const 或 volatile 限定,用 const_cast 来执行其他任何类型的转换都会引起编译错误。

4. dynamic_cast

dynamic_cast<type>(expr)运算将基类类型对象的引用或指针 expr 转换为同一继承层次中 type 类型的引用或指针。type 必须是类的指针、引用或 void * 指针。当 type 为指针类型时 expr 必须是指针,当 type 为引用类型时 expr 必须是左值,使用的指针必须是有效的,即它必须为 0 或者指向一个对象。

与其他强制类型转换不同,dynamic_cast 运行时进行类型检查。如果绑定到引用或指针的对象不是 type 类型的对象,则 dynamic_cast 失败。如果转换到指针类型的 dynamic_cast 失败,则 dynamic_cast 的结果是 0 值指针;如果转换到引用类型的 dynamic_cast 失败,则抛出一个 bad_cast 类型的异常。例如:

```cpp
class A{virtual void f(){}};
class B{virtual void f(){}};
class C:public B{};                    //B←C
class D:public C{};                    //B←C←D
A * pa=new A;
B * px=dynamic_cast<B * >(pa);         //错误,得到 0 值指针,B 没有继承 A
D * pd=new D;
C * pc=dynamic_cast<C * >(pd);         //正确,C 是直接基类,pc 指向 pd 的 C 子对象
B * pb=dynamic_cast<B * >(pd);         //正确,B 是间接基类,pb 指向 pd 的 B 子对象
```

显然,dynamic_cast 运算符一次执行两个操作。它首先验证被请求的转换是否有效,只有转换有效,运算符才实际进行转换。一般而言,引用或指针所绑定的对象的类型在编译时是未知的,基类的指针可以赋值为指向派生类对象,同样,基类的引用也可以用派生类对象初始化,因此,dynamic_cast 运算符执行的验证必须在运行时进行。

dynamic_cast 有如下 4 种用法。

(1) dynamic_cast 用于类层次间的上行转换。

如果 type 是 expr 明确可访问的直接或间接基类的指针类型,则 dynamic_cast 运算结果是 expr 的子对象,否则得到转换失败。例如:

```cpp
class A{virtual void f(){}};
class B:public A{};                    //A←B
class C:public B{};                    //A←B←C
class D:public B{};                    //A←B←D
class E:public C,public D{};           //A←B←C,D←E
E * pe=new E;
C * pc=dynamic_cast<C * >(pe);         //正确,E 到 C 成功
B * pb=dynamic_cast<B * >(pe);         //警告,得到 0 值指针,E 到 B 失败,因为不知道怎么转换
```

在类层次间进行上行转换时,dynamic_cast 和 static_cast 的效果是一样的。

(2) dynamic_cast 用于类层次间的下行转换。

```cpp
class A{virtual void f(){}};
class B:public A{virtual void f(){}};  // A←B
A * pb=new B;
A * pa=new A;
B * pb1=dynamic_cast<B * >(pb);        //正确,pb 真实指向 B
B * pb2=dynamic_cast<B * >(pa);        //错误,得到 0 值指针,pa 指向 A 而非 B
```

在进行下行转换时,dynamic_cast 具有类型检查的功能,比 static_cast 更安全。

(3) dynamic_cast 用于类层次间的交叉转换(cross cast)。

```
class A{virtual void f(){}};
class B:public A{ virtual void f(){}};            //A←B
class C:public A{};                                //A←C
class D{virtual void f(){}};
class E:public B,public C,public D{virtual void f(){}};  //A←(B,C),D←E
D * pd=new E;
B * pb=dynamic_cast<B * >(pd);      //交叉转换,pd 真实为 E,故 D 到 B 成功
A * pa=pb;                           //上行转换(隐式转换)
```

（4）dynamic_cast 用于类与 void * 指针转换。

```
class A{virtual void f(){}};
class B{virtual void f(){}};
A * pa=new A;
B * pb=new B;
void * pv=dynamic_cast<void * >(pa);    //void * 指针 pv 指向 A,运行时检查
pv=dynamic_cast<void * >(pb);           //void * 指针 pv 指向 B,运行时检查
```

5. typeid

typeid(expr)运算得到 expr 的类型,expr 可以是任意表达式或者类型名。

如果表达式的类型是类类型且该类包含一个或多个虚函数,则表达式的动态类型可能不同于它的静态编译时类型。例如,如果表达式对基类指针间接引用,则该表达式的静态编译时类型是基类类型;但是,如果指针实际指向派生类对象,则 typeid 运算结果是派生类型。

typeid 运算符的结果是名为 type_info 的标准库类型的对象引用,要使用 type_info 类,必须包含库头文件<typeinfo>。例如:

```
class Base{virtual void f(){}};
class Derived:public Base{};
Derived * pd=new Derived;
Base * pb=pd;
cout<<typeid( pb ).name() <<endl;      //输出 class Base *
cout<<typeid( * pb ).name() <<endl;    //输出 class Derived
cout<<typeid( pd ).name() <<endl;      //输出 class Derived *
cout<<typeid( * pd ).name() <<endl;    //输出 class Derived
```

typeid 最常见的用途是比较两个表达式的类型,或者将表达式的类型与特定类型相比较。例如:

```
if (typeid( * pb)==typeid( * pd)){     //运行时比较两个对象的类型
    ...                                //程序代码
}
if (typeid( * pb)==typeid(Derived)){   //测试是否为指定类型
```

　　　　…　　　　　　　　　　　　//程序代码
　　}

6. 运行时类型识别

　　通过运行时类型识别（run-time type identification，RTTI），程序能够使用基类的指针或引用来检索这些指针或引用所指对象的实际派生类型。

　　使用前面讲的两个运算符可以提供 RTTI。

　　typeid：返回指针或引用所指对象的实际类型。

　　dynamic_cast：将基类类型的指针或引用安全地转换为派生类型的指针或引用。

　　这些运算符只为带有一个或多个虚函数的类返回动态类型信息；对于其他类型，返回静态（即编译时）类型的信息。

习题

　　1. 设计一个基类，从基类派生圆，从圆派生圆柱，设计成员函数输出它们的面积和体积。

　　2. 定义一个线段类作为矩形类的基类，基类有起点和终点坐标，有输出坐标和长度以及线段和 x 轴的夹角的成员函数。矩形类用线段对象的两个坐标作为自己一条边的位置，它具有另一个边长，能输出矩形的 4 个顶点坐标。设计类并测试它们。

　　3. 基类是使用极坐标的点类，从它派生一个圆类，圆类用点类的坐标作为圆心，圆周通过极坐标原点，圆类有输出圆心直角坐标、圆半径和面积的成员函数。设计类并测试它们。

　　4. 设计类计算正方体、球体和圆柱体的表面积和体积。

　　5. 编写一个学生和教师数据输入和显示的程序，学生数据有编号、姓名、班级和成绩，教师数据有编号、姓名、职称和部门。要求将编号、姓名输入和显示设计成一个类 Person，并作为学生数据操作类 Student 和教师数据操作类 Teacher 的基类。

　　6. 编写一个程序，其中有一个简单的 String 串类，包含设置字符串、返回字符串长度及内容等功能。另有一个具有编辑功能的 EditString 串类，它的基类是 String，在其中设置一个光标，使其能支持在光标处的插入、替换和删除等编辑功能。

　　7. 设计一个类族：①定义一个基类 vehicle，具有两个保护成员变量 maxspeed 和 weight，有 3 个公有成员函数 run()、stop() 和 show()，以及带参数的构造函数和析构函数；②定义一个从 vehicle 公有继承的 bicycle 类，增加一个保护属性的成员变量 height，定义 bicycle 类的构造函数和析构函数，改造基类 show 函数，用于输出本类中的完整信息；③再增加一个从 vehicle 公有继承的 car 类，增加一个保护属性的成员变量 seatnum，定义 car 类的构造函数和析构函数，改造基类 show 函数，用于输出本类中的完整信息；④在 main() 函数中定义 bicycle 类对象和 car 类对象，观察构造函数和析构函数的执行顺序，以及各成员函数的调用。

第 11 章 运算符重载

C++是一个对数据类型敏感且以数据类型为中心的程序语言。程序员可以使用基本类型，也可以定义新类型。C++丰富的运算符可以作用在基本类型上，这些运算符给程序员提供了简洁的符号，用来操作基本类型数据。

程序员同样可以在用户自定义类型上使用运算符。尽管C++不允许创造新的运算符，不过它允许重载大部分现有的运算符，使得在新类型对象上使用这些运算符时，运算符可以执行适合那些对象的操作。

运算符重载是C++多态性的一个方面，它是C++最吸引人的特点之一。

11.1 运算符重载的概念

运算符重载（operator overloading）就是**对现有的运算符重新进行定义**，赋予其另一种功能，以适应不同的类型。在第4章中介绍过函数重载，所谓重载，就是重新赋予新的含义。函数重载就是对一个已有的函数赋予新的含义，使之适应新的功能。

实际上，我们已经在不知不觉中使用了重载的运算。例如，C++语言本身就重载了加法运算符（+）和减法运算符（-），在整数算术运算、浮点数算术运算和指针算术运算中，这两个运算符会根据上下文执行不同的运算，适应不同的数据类型。

又如，<<是C++位运算中的左移运算符，但在输出操作中又是与流对象 cout 配合使用的流插入运算符，>>是右移运算符，但在输入操作中又是与流对象 cin 配合使用的流提取运算符。

C++允许程序员重载大部分运算符，使运算符符合所在的上下文环境，编译器基于上下文（尤其是运算对象的类型）产生合适的代码。有些运算符经常需要重载，如赋值运算符及诸如+、-之类的各种算术运算符。虽然重载的运算符实现的任务也可以通过显式的函数调用来完成，但是使用运算符的表示往往使程序更清晰，也更为程序员所熟悉。

11.2 运算符重载的方法

11.2.1 运算符函数

本质上，运算符重载是函数的重载。重载运算符是具有特殊名称的函数，关键字

operator 后接需要重载的运算符号,称为**运算符函数**。其定义形式为

> 返回类型　operator 运算符号(形式参数列表)
> {
> 　　函数体
> }

像其他函数一样,**运算符函数具有返回类型和形式参数列表**,比较一下函数的定义形式:

> 返回类型　函数名(形式参数列表)
> {
> 　　函数体
> }

可以看出,运算符函数的函数名就是"**operator 运算符号**"。

除了函数调用运算符之外,重载运算符的形参数目(含类成员函数隐式的 this 指针)与运算符的运算对象数目相同,而函数调用运算符可以接受任意数目的运算对象。

例如将＋用于分数类 Fraction 的加法运算,运算符函数原型可以这样:

> Fraction operator+(const Fraction& a,const Fraction& b);

operator＋是函数名,它有两个形参 a 和 b,这是因为加法运算符是双目运算符。由于形参是引用类型,因此调用 operator＋函数时实参必须是 Fraction 类对象或引用。

在定义了运算符函数后,可以说运算符函数 operator＋重载了运算符＋。调用运算符函数的形式可以如下:

> operator 运算符号(实参列表)

例如:

```
Fraction a(1,4),b(1,2),c;
c=operator+(a,b);                    //调用运算符函数 operator+
```

这虽然是规范的函数调用写法,然而它不如运算符表达式来得直观,例如:

```
c=a+b;                               //等价于 operator+(a,b)的调用
```

编译器会将 a＋b 表达式的 a 和 b 作为函数实参,调用运算符函数 operator＋(a,b)。

本章设计一个分数类 Fraction 来展开运算符重载的讨论,为节省篇幅,这里先给出分数类的基本程序代码:

```
1    class Fraction{                          //Fraction 类表示分数
2    public:
3        Fraction(int n=0,int d=1):nume(n),deno(d){ simplify();}
4        Fraction(double d);                  //double 类型转换 Fraction 构造函数
5        Fraction(const string& str);         //string 类型转换 Fraction 构造函数
6        Fraction(const Fraction& f):nume(f.nume),deno(f.deno){}
                                              //复制构造函数
```

```cpp
7       void display();                         //显示分数
8   private:
9       void simplify();                        //简化分数
10      int nume,deno;                          //分子 numerator,分母 denominator
11  };
12  Fraction::Fraction(const string& str):nume(0),deno(1)
13  {                                           //字符串"2/3"转换为分数类
14      char buf[200];
15      int i=str.find('/'),j=str.length()-i-1;
16      if (i>=0){
17          str.copy(buf,i,0);buf[i]=0;nume=atoi(buf);     //前面子串转换为分子
18          str.copy(buf,j,i+1);buf[j]=0;deno=atoi(buf);   //后面子串转换为分母
19      }
20      simplify();                             //规格化分数
21  }
22  Fraction::Fraction(double d):nume(d),deno(1)    //分子初始为 d 的整数部分
23  {
24      d=d-nume;                               //d 的小数部分 0.25
25      while ( int(d*10)!=0)                   //0.25=>25/100
26          nume=nume*10+int(d*10),deno=deno*10,d=d*10-int(d*10);
27      simplify();                             //规格化分数
28  }
29  void Fraction::simplify()
30  {                                           //分数规格化
31      int m,n,r,s=1;
32      if (nume!=0 && deno!=0){                //分母不能为 0
33          if (deno<0) s=-s,deno=-deno;        //分母取正数
34          if (nume<0) s=-s,nume=-nume;        //分子取正数,s 为分数符号,符号在分子上
35          m=nume,n=deno;
36          while(n!=0) r=m%n,m=n,n=r;          //求 nume 和 deno 的最大公约数 m
37          if (m!=0) nume=s*nume/m,deno=deno/m;    //分子和分母去除公约数
38      }
39      else nume=0,deno=1;                     //分子或分母为 0 时规格化为分子=0,分母=1
40  }
41  void Fraction::display()
42  {                                           //显式规格化的分数
43      if (deno!=0 && deno!=1 && nume!=deno) cout<<nume<<"/"<<deno;
44      else cout<<nume;                        //当出现 nume/0、nume/1 或 nume/nume 时只显示 nume
45  }
```

Fraction 类用两个私有的数据成员 nume 和 deno 表示一个分数的分子和分母,如分数 1/2 对应 nume 为 1、deno 为 2。simplify 函数的作用:每当分数的分子 nume 和分母 deno 发生变化时,调用它来简化分数,如 nume 为 4、deno 为 6 时,分数应为 2/3;simplify 函数规范分数的符号仅在分子上,分母始终为正数;simplify 函数还将类似于 0/deno、

0/0 或 nume/0 的分数统一为 nume 为 0、deno 为 1,避免分母为 0。第 7 行的 display 函数按分数形式输出分数,如输出 1/2,如果出现 nume/0、nume/1 或 nume/nume 的情形时则仅输出分子,如分数 2/1 输出 2。

第 6 行的 Fraction(const Fraction& f)为复制构造函数,因此它可以复制对象,使得 Fraction 类可以作为函数实参、函数返回值或临时对象;第 5 行的 Fraction(const string& str)为单个字符串引用参数构造函数,因此它可以将 string 类型的数据转换为 Fraction 类型,如"2/3"对应分数 2/3;第 4 行的 Fraction(double d)为单个 double 参数构造函数,因此它可以将 double 类型的数据转换为 Fraction 类型,如 0.25 对应分数 1/4;第 3 行的Fraction(int n=0,int d=1)接受两个默认参数作为分数的分子和分母。总的来说,分数对象的定义可以有如下形式:

```
Fraction a;                //默认构造函数,分数为 0
Fraction b(2);             //单个参数构造函数,分数为 2
Fraction c(4,6);           //两个参数构造函数,分数为 2/3
Fraction d(0.25);          //单个参数构造函数,将 double 类型的数据转换为分数 1/4
Fraction e("2/3");         //单个参数构造函数,将 string 类型的数据转换为分数 2/3
```

【例 11.1】 为 Fraction 编写成员函数 Add 和运算符函数 operator+,实现两个分数的加法运算。

程序代码如下:

```
Fraction Fraction::Add(const Fraction& a,const Fraction& b)         //Add(a,b)
{ return Fraction(a.nume*b.deno+a.deno*b.nume,a.deno*b.deno);}
Fraction operator+(const Fraction& a,const Fraction& b)              //a+b
{ return Fraction(a.nume*b.deno+a.deno*b.nume,a.deno*b.deno);}
```

Add 函数为类 Fraction 的成员函数,operator+为类 Fraction 的友元函数。这样调用它们可以实现两个分数相加,例如:

```
Fraction a(1,4),b(1,2),c,d;               //a=1/4,b=1/2
c=a.Add(a,b);c.display();cout<<endl;      //用函数实现两个分数相加,c=3/4
d=a+b;d.display();cout<<endl;             //用运算符重载实现两个分数相加,d=3/4
```

显然,重载运算符与函数调用相比,加法运算形式上更直观,使用上更简洁和方便。

11.2.2 重载运算符的规则

重载运算符的使用有以下规则。

(1) C++ 中的运算符分为可以重载的运算符和不可以重载的运算符。

① C++ 中绝大部分的运算符可以重载,具体见表 11.1。

② 不能重载的运算符只有 5 个:.(对象成员引用)、.*(对象成员指针引用)、::(域运算符)、sizeof(取长度运算符)和?:(条件运算符)。

对象成员引用和对象成员指针引用因为无法确定是重载了"."的对象,还是通过"."引用的对象,因而不能重载;域运算符不能够被重载是因为它的运算对象之一是一个名字

表 11.1 C++ 可重载的运算符

分　类	可重载的运算符及其操作
算术运算符	*(乘)、/(除)、%(求余)、+(加)、-(减)
关系运算符	<(小于)、<=(小于或等于)、>(大于)、>=(大于或等于)、==(等于)、!=(不等于)
逻辑运算符	!(逻辑非)、&&(逻辑与)、‖(逻辑或)
位运算符	~(按位取反)、&(按位与)、^(按位异或)、|(按位或)、<<(按位左移)、>>(按位右移)
赋值运算符	=(赋值)、+=、-=、*=、/=、%=、^=、&=、|=、<<=、>>=(复合赋值)
单目运算符	+(取正)、-(取负)、*(间接引用)、&(取地址)、()(类型转换)
自增自减运算符	++(自增)、--(自减)
动态分配与释放运算符	new(动态分配)、new[](动态数组分配)、delete(释放)、delete[](释放数组)
其他运算符	()(函数调用)、->(指针成员引用)、->*(指针成员指针引用)、,(逗号)、[](下标)

空间或者一个类,不具有重载的特征(要求是对象);取长度运算符是编译时计算的,并不是运行时的运算符,因而不能重载;条件运算符则是因为不值得重载。

C++ 不允许重载本规则之外的其他符号或者通过组合可重载的运算符创建新的运算符,如"**"是不合法的。

(2) 重载运算符不能改变运算符的特性,即**不能改变运算符的优先级、结合性和运算对象数目**。

(3) **运算符函数不能使用默认参数**,因为它的参数个数是由运算对象数目决定的,不得随意增减。从第(1)点可知,C++ 只能重载单目或双目运算符,其中有 4 个符号(+、-、* 和 &)既可作为单目运算符又可作为双目运算符,定义的是哪个运算符本质上由运算对象数目决定。

(4) **重载运算符会改变运算符原先的求值顺序**,如 &&、‖ 和逗号运算符的表达式求值。第 2 章讲过,&& 和 ‖ 的两个运算对象可能只计算了左运算对象,但在 && 和 ‖ 的重载函数中,两个运算对象都要进行求值,而且运算对象的求值顺序没有运算符原先的规定。

(5) **重载运算符必须具有一个类对象(或类对象的引用)的参数**,不能全部是 C++ 的内置类型。如下面的重载是错误的:

int operator+(int a,int b){return (a+b);}

换言之,运算符重载不能修改 C++ 事先定义好的内置数据类型的运算性质,也不能为内置数据类型重定义运算符,如不能定义两个数组类型的 operator+。

如果运算符函数有两个参数,这两个参数可以都是类对象,也可以一个是类对象,另一个是 C++ 内置类型的数据,例如:

```
Fraction operator+(int i,const Fraction& b)                    //i+b
{return Fraction(i*b.deno+i*b.nume,i*b.deno);}
```

它的作用是一个整型数与一个分数相加。

(6) **运算符函数可以是类的成员函数,也可以是类的友元函数**,还可以是既非类的成员函数也不是友元函数的普通函数。

① 只有在极少数情况下才使用既不是类的成员函数也不是友元函数的普通函数,原因是重载运算符必须访问类成员,普通函数不能直接访问类的私有成员,而通过类的公有成员函数访问或私有成员变公有的方法都是"曲里拐弯的"。将普通函数声明为类的友元函数,可以更直接,效率更高。

② 赋值(＝)、下标([ ])、函数调用(( ))、指针成员引用(－＞)和指针成员指针引用(－＞*)等运算符必须定义为成员函数,否则导致编译错误。

③ 改变对象状态或与给定类型紧密联系的一些运算符,如自增、自减和间接引用,通常定义为成员函数。

④ 算术、复合赋值、逻辑、关系和位运算符最好定义为类的友元函数。

⑤ 流插入(＜＜)和流提取(＞＞)运算符以及类型转换运算符不能定义为类的成员函数。

(7) **运算符函数返回类型不是对象就是引用类型**。一般地,**若运算结果可以是左值,则返回引用类型;若运算结果只能是右值,则只能返回对象**。如加法返回右值,故operator＋返回对象,而复合赋值返回对左运算对象的引用。

(8) **尽量不要重载具有内置含义的赋值(＝)、取地址(&)和逗号(,)运算符**。

① 默认情况下,编译器会为每一个新定义的类重载取地址和逗号运算符。取地址运算符返回对象的内存地址;逗号运算符从左至右计算每个表达式的值,并返回最右边运算对象的值。

② 如果类没有定义赋值重载,编译器会自动产生一个,称为合成赋值运算符(synthesized assignment operator)。合成赋值运算符与合成复制构造函数的操作类似,它会执行逐个成员赋值:右运算对象的每个成员赋值给左运算对象的对应成员。每个成员用所属类型的常规方式进行赋值,而数组是逐个元素赋值。需要注意,合成赋值运算符是浅复制。因此,只有需要深复制时才会重载赋值运算符。

(9) 通常,如果一个类有算术运算符或位运算符,那么也要提供相应的复合赋值运算符;如果类定义了相等运算符(==),它也应该定义不等运算符(!=);如果类定义了＜,则它可能应该定义全部的 4 个关系操作符(＞、＞=、＜和＜=)。测试对象是否为空的操作可用逻辑非运算符 operator! 表示,通过重载移位运算符进行输入(＞＞)和输出(＜＜)。

(10) **重载运算符的功能应该与该运算符作用于内置类型数据时所呈现的功能相同**,如不要将＞运算符实际重载为小于比较,或进行输入操作。

11.2.3　运算符重载为类成员函数

运算符重载为类的成员函数的一般形式为

```
class 类名{                                    //类体
    ...
    返回类型 operator 运算符号(形式参数列表)      //成员运算符函数定义
    {
        函数体
    }
    ...
};
```

或

```
class 类名{                                    //类体
    ...
    返回类型 operator 运算符号(形式参数列表);     //成员运算符函数声明
    ...
};
返回类型  类名::operator 运算符号(形式参数列表)  //运算符函数类外部实现
{
    函数体
}
```

当运算符重载为类的成员函数时,函数的形参个数比运算符规定的运算对象数目要少一个(后置的＋＋、－－除外),原因是类的非静态成员函数都有一个隐含的 this 指针参数,运算符函数可以用 this 指针隐式地访问类对象的成员,因此这个对象自身的数据可以直接访问,不需要放到形参列表中进行传递,少了的运算对象就是该对象本身。

运算符重载为类成员函数,最大特点是它可以自由地访问本类的任意访问权限的数据成员。实际应用中,总是通过该类的某个对象来访问重载的运算符。如果是双目运算符,一个运算对象是类对象本身,由 this 指针给出,另一个运算对象需要通过运算符函数的形参列表来传递。如果是单目运算符,运算对象由对象的 this 指针给出,不再需要任何其他参数(即形式参数列表为空)。

(1) 双目运算符 op 重载为类的成员函数,使之能够实现表达式 obj1 op obj2。

运算符函数的一般形式为

```
返回类型  类名::operator op(const 所属类型 & obj2)
{
    ...                    //this 指针对应 obj1 运算对象
}
```

该函数只有一个形参 obj2,类型为 obj2 所属类型的引用。**之所以使用引用形参,原因是引用比对象传递效率高、开销低**;之所以用 const 限定,是防止在函数体中不慎修改 **obj2**;但如果运算符函数需要改变 **obj2**,就不能用 const 限定(以下相同)。经过重载后,表达式 obj1 op obj2 相当于函数调用 obj1.operator op(obj2)。

(2) 前置单目运算符 op 重载为类的成员函数,使之能够实现表达式 op obj。

运算符函数的一般形式为

```
返回类型  类名::operator op()
{
    ...                    //this 指针对应 obj 运算对象
}
```

该函数没有形参,经过重载后,表达式 op obj 相当于函数调用 obj.operator op()。

(3) 后置单目运算符++、－－重载为类的成员函数,使之能够实现表达式 obj++ 或 obj－－。

运算符函数的一般形式为

```
返回类型  类名::operator op(int)
{
    ...                    //this 指针对应 obj 运算对象
}
```

该函数必须有一个 int 型形参。int 型参数在运算中不起任何作用,因此不用给出参数名,它只是为了区别前置++、－－和后置++、－－。经过重载后,表达式 obj++ 或 obj－－相当于函数调用 obj.operator++(0) 或 obj.operator－－(0)。

11.2.4 运算符重载为友元函数

运算符重载为类的友元函数的一般形式为

```
class 类名{                                              //类体
    ...
    friend 返回类型 operator 运算符号(形式参数列表);    //友元声明
};
返回类型 operator 运算符号(形式参数列表)                //运算符函数
{
    函数体
}
```

当重载为类的友元函数时,**形参个数与运算符规定的运算对象数目必须相同**。原因是重载为友元函数时,友元函数对某个对象的数据进行操作,必须通过该对象的名称来进行。因此使用到的运算对象都要进行传递,运算对象的个数就不会有变化。

将运算符重载为类的友元函数,这样,它也可以自由地访问该类的任何数据成员。此时,运算所需要的运算对象都需要通过函数的形参列表来传递,形参从左到右的顺序就是运算符运算对象的顺序。

(1) 双目运算符 op 重载为类的友元函数,使之能够实现表达式 obj1 op obj2。

运算符函数的一般形式为

```
返回类型 operator op(const 所属类型 & obj1,const 所属类型 & obj2)
{
    ...            //obj1 和 obj2 分别对应两个运算对象
}
```

该函数有两个形参 obj1 和 obj2，其中一个必须是类类型。经过重载后，表达式 obj1 op obj2 相当于函数调用 operator op(obj1,obj2)。

（2）前置单目运算符 op 重载为类的友元函数，使之能够实现表达式 op obj。

运算符函数的一般形式为

返回类型 operator op(const 所属类型 & obj)
{
  …   //obj 对应运算对象
}

该函数有一个形参 obj，它必须是类类型。经过重载后，表达式 op obj 相当于函数调用 operator op(obj)。

（3）后置单目运算符＋＋、－－重载为类的友元函数，使之能够实现表达式 obj＋＋或 obj－－。

运算符函数的一般形式为

返回类型 operator op(const 所属类型 & obj,int)
{
  …   //obj 对应运算对象
}

该函数有两个形参 obj 和 int 型形参，其中 obj 必须是类类型，int 型参数在运算中不起任何作用，只是用于区别前置＋＋、－－和后置＋＋、－－。经过重载后，表达式 obj＋＋或 obj－－相当于函数调用 operator＋＋(obj,0)或 operator－－(obj,0)。

11.3 典型运算符的重载

11.3.1 重载双目运算符

双目运算符又称二元操作符(binary operator)，有两个运算对象：左运算对象和右运算对象。在重载双目运算符时，作为友元的运算符函数应该有两个形参，分别表示左右运算对象；作为类成员的运算符函数只有一个形参，this 指针对应左运算对象，形参对应右运算对象。

【例 11.2】 为 Fraction 重载算术运算(＋、－、*、/)和关系运算(＝＝、!＝、>、>＝、<、<＝)。

分析：两个分数的算术运算和关系运算的计算公式如下：

分数相加：$\dfrac{a.\text{nume}}{a.\text{deno}} + \dfrac{b.\text{nume}}{b.\text{deno}} = \dfrac{a.\text{nume} \times b.\text{deno} + a.\text{deno} \times b.\text{nume}}{a.\text{deno} \times b.\text{deno}}$

分数相减：$\dfrac{a.\text{nume}}{a.\text{deno}} - \dfrac{b.\text{nume}}{b.\text{deno}} = \dfrac{a.\text{nume} \times b.\text{deno} - a.\text{deno} \times b.\text{nume}}{a.\text{deno} \times b.\text{deno}}$

分数乘除：$\dfrac{a.\text{nume}}{a.\text{deno}} \times \dfrac{b.\text{nume}}{b.\text{deno}} = \dfrac{a.\text{nume} \times b.\text{nume}}{a.\text{deno} \times b.\text{deno}}$，

$$\frac{a.\text{nume}}{a.\text{deno}} \div \frac{b.\text{nume}}{b.\text{deno}} = \frac{a.\text{nume} \times b.\text{deno}}{a.\text{deno} \times b.\text{nume}}$$

分数相等：$\frac{a.\text{nume}}{a.\text{deno}} == \frac{b.\text{nume}}{b.\text{deno}} = a.\text{nume} \times b.\text{deno} == a.\text{deno} \times b.\text{nume}$，其余比较以此类推。

将算术运算符和关系运算符设计成 Fraction 的友元函数，程序代码如下：

```
Fraction operator+(const Fraction& a,const Fraction& b)              //a+b
{return Fraction(a.nume*b.deno+a.deno*b.nume,a.deno*b.deno);}        //返回新对象
Fraction operator-(const Fraction& a,const Fraction& b)              //a-b
{return Fraction(a.nume*b.deno-a.deno*b.nume,a.deno*b.deno);}        //返回新对象
Fraction operator*(const Fraction& a,const Fraction& b)              //a*b
{return Fraction(a.nume*b.nume,a.deno*b.deno);}                      //返回新对象
Fraction operator/(const Fraction& a,const Fraction& b)              //a/b
{return Fraction(a.nume*b.deno,a.deno*b.nume);}                      //返回新对象
bool operator==(const Fraction& a,const Fraction& b)                 //a==b
{return a.nume*b.deno==a.deno*b.nume;}
bool operator!=(const Fraction& a,const Fraction& b)                 //a!=b
{return a.nume*b.deno!=a.deno*b.nume;}
bool operator>(const Fraction& a,const Fraction& b)                  //a>b
{return a.nume*b.deno>a.deno*b.nume;}
bool operator>=(const Fraction& a,const Fraction& b)                 //a>=b
{return a.nume*b.deno>=a.deno*b.nume;}
bool operator<(const Fraction& a,const Fraction& b)                  //a<b
{return a.nume*b.deno<a.deno*b.nume;}
bool operator<=(const Fraction& a,const Fraction& b)                 //a<=b
{return a.nume*b.deno<=a.deno*b.nume;}
```

算术运算的结果为 Fraction 新对象，只能作为右值；关系运算的结果为逻辑值，也只能作为右值。算术运算返回新对象的原因是算术运算产生结果但不影响运算对象，如 a+b 得到相加的结果，但 a 和 b 是不能被修改的。

如执行语句：

```
Fraction a(1,4),b(1,2),c;
c=a+b;c.display();cout<<",";                                         //两个分数相加
c=a-b;c.display();cout<<",";                                         //两个分数相减
c=a*b;c.display();cout<<",";                                         //两个分数相乘
c=a/b;c.display();cout<<endl;                                        //两个分数相除
cout<<boolalpha<<(a==b)<<","<<(a!=b)<<","<<(a>=b)<<","<<(a<=b);
                                                                     //分数比较
```

程序运行结果如下：

3/4,-1/4,1/8,1/2
false,true,false,true

如果计算表达式 c=a+10,即右运算对象是一个整型时,考虑到 Fraction 类有构造函数 Fraction(int n=0,int d=1),它支持将一个整型转换成 Fraction 类型。因此 10 转换为临时对象 Fraction(10,1),c=a+10 相当于 c=a+Fraction(10,1),故 c 为 41/4。同理,计算表达式 c=a+0.5 时,0.5 转换为 Fraction(0.5),故 c 为 3/4。由此看出,为类设计一个好的构造函数有时可以简化类的运算。

11.3.2 重载单目运算符

单目运算符又称一元操作符(unary operator),只有一个运算对象。在重载单目运算符时,作为友元的运算符函数只有一个形参,作为类成员的运算符函数没有形参。如果是后置单目运算符(仅有后置++、−−),需要额外增加一个 int 型参数以区别前置。

【**例 11.3**】 为 Fraction 重载自增自减运算(++、−−)和取负运算(−)。

分析:分数自增自减运算是指分数加 1 或减 1,分数取负是改变其符号(实际是分子的符号),实现算法可以参考前面的计算公式。

将自增自减运算符和取负运算符设计成 Fraction 的公有成员函数,程序代码如下:

```
Fraction Fraction::operator++()          //++a
{   nume=nume+deno;simplify();           //计算后需要重新规格化分数
    return *this;                        //前置自增返回新对象
}
Fraction Fraction::operator--()          //--a
{   nume=nume-deno;simplify();           //计算后需要重新规格化分数
    return *this;                        //前置自减返回新对象
}
Fraction Fraction::operator++(int)       //a++,函数不使用整型形参,因此可以无参数名
{   Fraction old(*this);                 //复制旧对象
    nume=nume+deno;simplify();           //计算后需要重新规格化分数
    return old;                          //后置自增返回旧对象
}
Fraction Fraction::operator--(int)       //a--,函数不使用整型形参,因此可以无参数名
{   Fraction old(*this);                 //复制旧对象
    nume=nume-deno;simplify();           //计算后需要重新规格化分数
    return old;                          //后置自减返回旧对象
}
Fraction Fraction::operator-()           //-a
{   return Fraction(-nume,deno);}        //返回新对象
```

前置++、−−运算的含义是"先计算、后使用",如++a,先让 a 加 1,然后使用改变后的 a。因此重载前置运算符时,先让对象 *this 的分数改变,由于分子发生变化,需要重新规格化分数,运算符函数返回已改变的对象(仍然是 *this)。

后置++、−−运算的含义是"先使用、后计算",如 a++,表达式先使用 a,然后让 a 加 1。因此重载后置运算符时,先将目前的对象 *this 保存为 old,然后分数改变,由于分子发生变化,需要重新规格化分数,运算符函数返回改变前的对象(old)。

取负运算时，如-a，运算结果是 a 的负值，但 a 本身不发生变化，因此返回新对象。如执行语句：

```
Fraction a(1,4),b(1,4),c(1,4),d;
d=a++;a.display();cout<<",";d.display();cout<<",";
d=++b;b.display();cout<<",";d.display();cout<<",";
d=-c;c.display();cout<<",";d.display();cout<<endl;
```

程序运行结果如下：

5/4,1/4,5/4,5/4,1/4,-1/4

11.3.3 重载复合赋值运算符

这里仅以+=和-=为例，说明复合赋值运算符的重载方法。考虑到复合赋值运算会出现类似于 a+=a-=b 的表达式，因此运算符函数需要返回引用类型，以便参与连续运算。

将复合赋值运算符设计成 Fraction 的公有成员函数，程序代码如下：

```
Fraction& Fraction::operator+=(const Fraction& b)          //a+=b
{    nume=nume*b.deno+deno*b.nume,deno=deno*b.deno;simplify();
     return *this;                                         //返回左运算对象
}
Fraction& Fraction::operator-=(const Fraction& b)          //a-=b
{    nume=nume*b.deno-deno*b.nume,deno=deno*b.deno;simplify();
     return *this;                                         //返回左运算对象
}
```

如执行语句：

```
Fraction a(2,5),b(1,2),c;
a+=a-=b;a.display();cout<<endl;
```

程序运行结果如下：

-1/5

11.3.4 重载流运算符

用户自己定义类型的数据，是不能直接用<<和>>来输出和输入的。如果想用它们输出和输入自定义的类的数据，必须对它们进行重载。

对<<和>>重载的函数是由标准库 iostream 规定的，形式为

```
ostream& operator <<(ostream& os,const 类类型 &obj)
{
     os << …                    //obj 数据成员逐个输出
     return os;                 //必须返回 ostream 对象
```

}
istream& operator >>(istream& is,类类型 &obj)
{
  is >>…   //逐个输入 obj 数据成员
  return is;   //必须返回 istream 对象
}

<<流插入重载函数第 1 个形参是对 ostream 对象的引用，在该对象上将产生输出。ostream 不能是 const 的，因为写入到流会改变流的状态。该形参是一个引用，因为不能复制 ostream 对象。第 2 个形参一般应是对要输出的类类型的引用，该形参是一个引用，可以减少开销，提高参数传递效率。它可以是 const 的，因为（一般而言）输出一个对象不应该改变对象。使形参成为 const 引用，就可以使用同一个定义来输出 const 和非 const 对象。流插入重载函数的返回类型必须是一个 ostream 引用，它的值通常是输出运算符所操作的 ostream 对象。

>>流提取重载函数与流插入运算符类似，第 1 个形参是一个引用，指向它要读的流，并且返回的也是对同一个流的引用。第 2 个形参是对要读入的对象的非 const 引用，该形参必须为非 const 的，因为输入运算符的目的是将数据读到这个对象中。

流插入和流提取重载函数不能是类的成员函数。否则，左运算对象只能是该类类型的对象，于是输出和输入变成 a<<cout 或 a>>cin 这样错误的形式了。如果想要支持正常的形式，则左运算对象必须为 ostream 类型或 istream 类型。这意味着，如果该运算符是类的成员，则它必须是 ostream 类或 istream 类的成员，然而 ostream 类和 istream 类是标准库的组成部分，是不可能为标准库中的类增加成员的。因此，如果想要使用流插入和流提取为该类型提供输入输出操作，就必须将它们定义为非成员函数。由于流插入和流提取运算符通常要对非公有数据成员进行读写，因此，应将它们设为友元。

【例 11.4】 为 Fraction 重载<<流插入和>>流提取。

将流插入运算符和流提取运算符设计成 Fraction 的友元函数，程序代码如下：

```
ostream& operator<<(ostream& os,const Fraction& a)     //os<<a
{                                                       //显式规格化的分数
    if (a.deno!=0 && a.deno!=1 && a.nume!=a.deno) os<<a.nume<<"/"<<a.deno;
    else os<<a.nume;              //当出现 nume/0、nume/1 或 nume/nume 时只显示 nume
    return os;                    //必须返回 ostream 对象
}
istream& operator>>(istream& is,Fraction& a)    //is>>a
{   char ch;
    is>>a.nume>>ch>>a.deno;       //按"分子/分母"的形式输入数据
    return is;                    //必须返回 istream 对象
}
```

operator<<函数按分数形式(分子/分母)输出分数，operator>>函数按分数形式(分子/分母)输入分数，实际上"/"可以是任意字符。需要注意 operator>>函数的第二个参数不能是 const 的，因为输入操作需要改变参数。两个函数需要声明为类 Fraction

的友元函数而不是类的成员函数。

之所以两个函数都返回流对象的引用类型,是因为无论流插入或是流提取都需要连续输出或输入,如 cout<<a<<b<<c 或 cin>>a>>b>>c,因此运算对象应该是左值。

如执行语句:

```
Fraction a,b;                    //定义两个分数
cin>>a>>b;                       //输入两个分数
cout<<"a+b="<<a+b<<endl;         //输出分数
```

程序运行结果如下:

1/7 1/4↙
a+b=11/28

显然,对分数类 Fraction 重载流插入和流提取运算符后,分数类的输入输出与基本类型数据的输入输出形式完全相同了,符合人们的使用习惯。

11.3.5 重载类型转换运算符

C++ 对基本类型数据既有隐式类型转换,又有显式类型转换。第 9 章讲过通过构造单个参数的构造函数:

类名(const 指定数据类型 & obj)

可以将指定数据类型隐式转换为类类型,例如:

```
Fraction(double d);              //double 类型转换为 Fraction 的构造函数
Fraction(const string& str);     //string 类型转换为 Fraction 的构造函数
```

如果要将类类型(显式地)转换为其他数据类型,则需要为类重载类型转换运算符,即定义类型转换运算符函数。其形式为

类名::operator 类型名()
{
  …   //将 this 的数据转换为指定类型
}

其作用是将一个类的对象转换成指定类型的数据。函数没有参数,在函数名"operator 类型名"前面不能指定返回类型,其返回值的类型是由函数名中的类型名来确定的。类型转换运算符函数只能作为类的成员函数,因为转换的运算对象是类的对象,不能作为友元函数或普通函数。

【例 11.5】 将 Fraction 转换为 double 类型。

将类型转换运算符设计成 Fraction 的公有成员函数,程序代码如下:

```
Fraction::operator double()
{return (double)nume/deno;}
```

如执行语句：

```
Fraction a,b(1,2);
a=0.125;                          //double 转换为 Fraction 类型
cout<<(double)(a+b)<<endl;        //Fraction 类型转换为 double
```

执行结果如下：

0.625

习题

1. *this 引用的是什么？重载赋值运算符为什么应返回 *this？
2. 为什么应把流插入和流提取运算符重载为友元？
3. 前置++、－－和后置++、－－重载时如何区分？
4. 是什么机制使得重载的下标运算符出现在赋值的左边，如 v[2]=10？
5. 设计一个 Complex 类表示复数（实部、虚部），重载下列运算符：①算术运算符（+、-、*、/）实现复数和、差、积、商，支持 a+b、a+i、i+a 形式（a、b 为复数，i 为整型）；②关系运算符（<、<=、>、>=、==、!=）实现复数的比较；③复合赋值运算符（+=、-=、*=、/=）实现复数赋值和复合赋值；④自增自减运算符（前置++、－－，后置++、－－）；⑤流插入和流提取运算符实现复数的输出与输入；⑥复数转换为 double 型。
6. 设计一个 Matrix 类表示 N×M 矩阵，重载下列运算符：①算术运算符（+、-、*、/）实现两个矩阵加、减、乘、除；②流插入和流提取运算符实现矩阵的输出与输入。
7. 设计一个 Point 类表示平面上的点（x、y 坐标），重载下列运算符：①算术运算符（+、-、*、/）实现点的加、减、乘、除运算；②赋值运算符和复合赋值运算符（=、+=、-=、*=、/=）实现点的赋值和复合赋值；③流插入和流提取运算符实现点的输出与输入；④比较两个点是否重合或不重合。
8. 设计一个 CTime 类表示时间（时、分、秒），重载下列运算符：①算术运算符（+、-）实现时间的加、减运算；②赋值运算符和复合赋值运算符（=、+=、-=）实现时间的赋值和复合赋值；③流插入和流提取运算符实现时间的输出与输入；④关系运算符（<、<=、>、>=、==、!=）实现时间的比较。
9. 设计一个 CString 类表示字符串（动态分配 char*），重载下列运算符：①下标运算符引用字符串中的任一字符；②赋值运算符实现字符串深复制；③加法运算符实现两个字符串相连；④关系运算符（<、<=、>、>=、==、!=）实现两个字符串的比较；⑤CString 转换为 string 型；⑥流插入和流提取运算符实现字符串的输出与输入。

第4部分

工 具 篇

第 12 章 异常处理

程序中的错误分为编译错误和运行错误。编译错误主要是语法错误，例如句尾没有加分号、括号不匹配、关键字错误等，这类错误比较容易修改，因为编译器会指出错误在什么地方、是什么错误。而运行错误则不容易修改，因为其中的错误是不可预料的，或者可以预料但无法避免的，例如内存空间不够，或者在调用函数时出现数组越界等错误。如果对于这些错误没有采取有效的防范措施，那么往往会得不到正确的运行结果，程序不正常终止或严重的会出现死机现象。我们把程序运行时的这类错误统称为异常（exception），**对异常进行处理称为异常处理**（exception handling）。C++提供的异常处理机制结构清晰，在一定程度上可以保证程序的健壮性。

12.1 基本概念

12.1.1 为什么要异常处理

在设计各种软件系统中，处理程序中的错误和其他反常行为是最困难的部分之一。像服务器上长期运行的网络服务程序必须将 80％的代码用于实现错误检测和错误处理。

所谓异常，就是运行时出现的不正常。程序运行过程通常可能会出现下列异常。

（1) CPU 异常。在计算过程中，出现除数为 0 的情况。

（2) 内存异常。①用 new 或 malloc 申请动态内存但内存空间不够，无法完成预定的操作；②使用数组时下标越界；③使用野指针、迷途指针或悬垂指针读取内存。

（3) 设备异常。①无法打开输入文件，或虽然打开但该文件有损坏，因而无法读取数据；②正在读写磁盘文件时移挪文件或磁盘；③正在使用打印机但设备被断开；④正在使用的网络断线或阻塞。

（4) 用户数据异常。①scanf 输入时数据格式或类型有错；②正在处理的数据库有错误；③程序假定的数据环境（如注册表）发生变化。

由于程序中没有对上述异常的防范措施，或者防不胜防，因此系统遇到这些异常时通常就是立即终止程序的运行。

对于使用程序的用户来说，希望程序不仅在正确的环境下能正常运行，而且在出现异常的情况下也能作出相应的处理，而不至于程序莫名其妙地终止，甚至出现死机的现象。例如，人们在网上购物进行第三方支付时，若第三方支付发生问题，网购系统不能让人无终止地等待,也不能简单地中断了事,因为这样会使用户不知所措,无所适从。网购系统应该给出明确的信息提示,这样,用户就明白出了什么情况,应该采取什么措施纠正。

12.1.2 程序健壮性

健壮性(robust)又称鲁棒性,是指程序对于规范要求以外的特殊情况的处理能力。所谓健壮的程序是指对于规范要求以外的特殊情况能够判断出不符合规范的要求,并能有合理的处理方式。所谓鲁棒性是指系统在一定(结构、大小)的参数变动下,维持某些性能和功能的特性。

健壮性有时也和容错性、可移植性或正确性有交叉的地方。一个程序可以从错误的环境中推断出正确合理的内容,这是容错性量度标准,但是也可以认为这个程序是健壮的。一个程序可以正确地运行在不同环境下,则认为程序可移植性高,也可以称该程序在不同平台下是健壮的。一个程序能够检测自己内部的设计或者编码错误,并得到正确的执行结果,这是程序的正确性标准,但是也可以说程序有内部的保护机制,是代码健壮的。

程序健壮性是在异常情况下系统生存的关键。计算机程序在输入错误、磁盘故障、网络过载或有意攻击的情况下能否不死机、不崩溃,就是该程序的健壮性。

12.1.3 异常处理的方法

理论上,异常处理有两种基本模型。

(1) 终止模型。

终止模型是 C++ 所支持的模型。在这种模型中,将假设错误非常关键,以至于程序无法返回异常发生的地方继续执行。一旦异常被抛出,就表明错误已无法挽回,也不能回来继续执行。

(2) 恢复模型。

恢复模型是指异常处理程序的工作是修正错误,然后重新尝试调动出问题的过程,并认为两次能成功。

虽然恢复模型显得很吸引人,并且现代的操作系统也支持恢复模型的异常处理,但多数程序员最终还是转向了使用终止模型。因为异常处理程序必须关注异常抛出的地点,这势必要包含依赖于抛出位置的非通用性代码(如到处都用 if 语句判断异常),从而增加了代码编写和维护的困难,对于异常可能会从许多地方抛出的大型程序来说,更是如此。

C++ 处理异常的机制由 3 部分组成,即**抛出异常(throw)**、**检查异常(try 块)**和**捕获异常(catch 块)**。其基本原理是:把需要检测的程序放到 try 块中,把处理异常的程序放到 catch 块;如果执行一个函数时出现异常,可以不在该函数中立即处理,而是抛出异常信息,传递给它的上一级函数(即调用函数),它的上一级函数捕获到这个信息后进行处理;如果上一级函数也不做处理,就会逐级向上传递;如果到了最高一级(如 main 函数)还不做处理,最后只好异常终止程序的执行。

C++ 异常处理的机制使异常与处理可以不由同一函数来完成。优点是使深层次的函数专注于问题求解,而不必承担处理异常的任务,以减轻深层次函数的负担(执行效率和代码维护),而把处理异常的任务集中到某一层次的函数中处理。

12.2 异常处理的实现

12.2.1 抛出异常

如果函数检测到自己不能处理的异常,可以使用 throw 表达式抛出异常,将它抛掷给主调函数去处理。throw 表达式的一般形式为

> throw 表达式

其中,throw 是关键字,为异常抛出运算符。throw 表达式通常用分号(;)结束。

异常通常以类似于实参传递给函数的方式(由 throw)抛出和(被 catch)捕获,throw 表达式的类型决定了所抛出的异常类型。由于 C++ 是根据类型来区分不同的异常,因此在抛出异常时,throw 表达式的值没有实际意义,而表达式的类型非常重要。如果程序中有多处要抛出异常,应该用不同的表达式类型来相互区别。例如:

```
if(test==0) throw test;         //抛出 throw int 型异常
if(test==1) throw 'a';          //抛出 throw char 型异常
if(test==2) throw 333.23;       //抛出 double 型异常
```

关于 throw 的说明如下。

(1) 执行 throw 的时候,不会执行跟在 throw 后面的语句,而是将程序从 throw 转移到匹配的 catch,该 catch 可以是同一函数中局部的 catch,也可以在直接或间接调用发生异常函数的上一级函数中。

(2) 因为在处理异常的时候会释放局部对象,所以被抛出的对象不是局部的,而是用 throw 表达式初始化一个称为异常对象(exception object)的特殊对象。异常对象由编译器创建并管理,存储在可能被激活的任意 catch 都可以访问的栈空间中。这个对象由 throw 创建,并初始化为被抛出的表达式的副本。异常对象将传给对应的 catch,并且在完全处理异常之后撤销。所以异常对象必须是可以复制的类型(具有复制构造函数)。

(3) 异常对象可以是传给非引用形参的任意类型的对象。如果抛出一个数组,被抛出的对象自动转换为指向数组首元素的指针,类似地,如果抛出一个函数,函数被转换为指向该函数的指针。

(4) 如果抛出一个指针,在抛出中对指针间接引用,其结果是一个对象,其类型与指针的类型相同。但如果指针指向继承层次中的一个类型,指针所指对象的类型就有可能与指针的类型不同。无论对象的实际类型是什么,异常对象的类型都与指针的类型相同。换言之,如果该指针是一个指向派生类对象的基类类型指针,则那个对象将被分割,只抛出基类部分。

(5) 抛出指向局部对象的指针总是错误的,其原因与从函数返回指向局部对象的指针是错误的一样。抛出指针的时候,必须确保进入异常处理程序时指针所指向的对象仍然存在。

12.2.2 检测捕获异常

检测捕获异常的一般形式为

```
try {
    …                              //检测程序块(可能抛出异常的代码)
}
catch (异常说明符 1) {
    …                              //处理程序(当异常说明符 1 被抛出时执行的程序)
}
catch (异常说明符 2) {
    …                              //处理程序(当异常说明符 2 被抛出时执行的程序)
} …                                //更多的 catch
```

try 块以关键字 try 开始,后面是用一对大括号({})括起来的需要检测的程序块。

catch 块以关键字 catch 开始,圆括号内为单个类型或单个对象的声明,称为异常说明符(exception specifier),后跟一对大括号({})括起来的 catch 子句。一个 try 块可以紧跟一个或多个 catch 块,或者没有 catch 块。在 try 中执行程序块所抛出来的异常,通常会被其中的一个 catch 子句处理。由于 catch 子句处理异常,所以也称它为处理程序(handler)。一旦 catch 子句执行结束,程序流程继续执行紧随最后一个 catch 子句后面的语句,而不是执行另一个 catch 子句。

1. 异常检测

如果预料某段程序(或对某个函数的调用)有可能发生异常,就将它放在 try 块中。如果这段程序(或被调函数)运行时真的遇到异常情况,其中的 throw 表达式就会抛出这个异常。

2. 捕获异常

catch 子句捕获由 throw 表达式抛出的异常。当异常被抛出后,catch 子句便依次被检查,若某个 catch 子句的异常说明符与抛出的异常类型匹配,则执行 catch 子句的处理程序。

catch 子句中的异常说明符像只有一个形参的形参列表。通常有以下 3 种形式。

① catch (类型名)
② catch (类型名 形参名)
③ catch (…)

异常说明符的类型决定了处理程序能够捕获的异常种类,其类型必须是内置类型或者已经定义的自定义类型,包括 C++ 的类。

如果 catch 为了处理异常只需要了解异常的类型时,可以省略形参名,使用形式①;如果处理程序需要了解异常的类型之外的信息,使用形式②;如果希望捕获所有类型的异常,使用形式③。

除了为每个可能的异常提供特定 catch 子句之外,因为不可能知道可能被抛出的所有异常,这时使用捕获所有异常的 catch(…)子句是非常有效的。catch(…)子句与任意类型的异常都匹配,它可以单独使用,也可以用在几个 catch 子句中间。如果 catch(…)子句与其他 catch 子句结合使用,那么它必须是最后一个;否则,任何跟在它后面的 catch 子句都得不到匹配检测。例如:

```
try {
    …                       //欲检测可能发生异常的程序块
} catch (int) {
    …                       //匹配 int 型的异常
} catch (Point) {           //对应 int 类型的异常处理程序
    …                       //匹配 Point 类的异常
} catch (…) {               //对应 Point 类的异常处理程序
    …                       //匹配其他类型的异常
}                           //对应其他类型的异常处理程序
```

在查找匹配的 catch 期间,找到的 catch 不必是与异常最匹配的那个 catch,相反,将选中第一个找到的可以处理该异常的 catch。因此,在 catch 子句列表中,最特殊的 catch 必须最先出现。

异常与 catch 异常说明符匹配的规则比匹配实参和形参类型的规则更严格,除下面几种情形外,异常的类型与 catch 说明符的类型必须完全匹配。

(1) 允许从非 const 到 const 的转换。也就是说,非 const 对象的 throw 可以与指定接受 const 引用的 catch 匹配。

(2) 允许从派生类型到基类类型的转换。

(3) 将数组转换为指向数组类型的指针,将函数转换为指向函数类型的适当指针。

进入 catch 的时候,用异常对象初始化 catch 的形参。像函数形参一样,如果异常说明符是对象,就将异常对象复制到 catch 形参中,此时对形参所做的任何改变都只作用于副本,不会作用于异常对象本身。如果异常说明符是引用类型,则像引用形参一样,catch 形参只是异常对象的别名,对 catch 形参所做的改变作用于异常对象。如果 catch 对象是基类类型对象,而异常对象是派生类型的,就将异常对象分割为它的基类子对象。

因为 catch 子句按出现次序匹配,所以来自继承层次的异常的程序必须将它们的 catch 子句排序,以便派生类型的处理代码出现在其基类类型的 catch 之前。带有因继承而相关类型的多个 catch 子句,必须从最低派生类型到最高派生类型排序。

3. 异常处理的执行过程

异常处理的执行过程如下。

(1) 程序流程到达 try 块,然后执行 try 内的程序块。如果没有引起异常,那么跟在 try 块后的 catch 子句都不执行,程序从最后一个 catch 子句后面的语句继续执行下去。

(2) 抛出异常的时候,将暂停当前函数的执行,开始查找匹配的 catch 子句。

(3) 首先检查 throw 是否在 try 块内部,如果是,检查与该 catch 相关的 catch 子句,看是否其中之一与抛出对象相匹配。如果找到匹配的 catch,就处理异常;如果找不到,就退出当前函数并释放局部对象,然后继续在调用函数中查找。

(4) 在调用函数中,如果抛出异常的函数调用是在 try 块中,则检查与该 try 相关的 catch 子句。如果找到匹配的 catch,就处理异常;如果找不到匹配的 catch,调用函数也退出,然后继续在调用这个函数的函数中查找。

(5) 沿着嵌套函数调用链继续向上,直到为异常找到一个 catch 子句。只要找到能够处理异常的 catch 子句,就进入该 catch 子句,并在它的处理程序中继续执行。当 catch 结束时,跳转到该 try 块的最后一个 catch 子句之后的语句继续执行。

上述查找匹配的 catch 子句的过程称为**栈展开**(stack unwinding)。如果匹配的 catch 子句始终未找到,系统将自动调用 terminate 函数终止程序的执行。

如图 12.1 所示,实箭头表示栈展开方向。若在 f_n 函数中抛出异常,则先从 f_n 函数中的 catch 子句开始匹配,若 f_n 函数没有 catch 子句或没有可以匹配的 catch 子句,则转向上一级调用函数;直至 main 函数,若仍未有可以匹配的 catch 子句则调用 terminate 函数终止程序。在栈展开中,若 f_i 函数有一个与异常类型匹配的 catch 子句,则程序跳转到 f_i 函数中的这个 catch 子句开始执行,然后在 f_i 函数中继续执行直到函数返回。

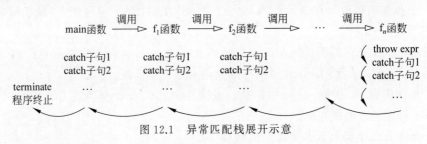

图 12.1 异常匹配栈展开示意

异常抛出的新对象并非创建在函数栈上,而是创建在专用的异常栈上,因此它才可以跨接多个函数而传递到上层,否则在栈清空的过程中就会被销毁。所有从 try 到 throw 语句之间构造起来的对象的析构函数将被自动调用。但如果一直上溯到 main 函数后还没有找到匹配的 catch 块,那么系统调用 terminate 终止整个程序,这种情况下不能保证所有局部对象会被正确地销毁。

4. 重抛异常

在 catch 子句中,可以再次抛出异常。例如:

```
try {
    throw "hello";                  //抛出 char *异常
} catch(const char * ) {             //捕获 char *异常
    throw;                          //重新抛出 char *异常至上一级函数
}
```

即 throw 不加表达式,它表示再次抛出 try 块中检测到的异常表达式(throw "hello")。需要注意,重抛异常不能被 try-catch 块捕获,只能传递到上一级函数。

【例 12.1】 处理除零异常。

程序代码如下：

```
1   #include <iostream>
2   using namespace std;
3   void fun(int test)
4   {   if(test==0) throw test;              //当 test 是 0 时抛出 int 型异常
5       if(test==1) throw 1.5;               //当 test 是 1 时抛出 double 型异常
6       if(test==2) throw "abc";             //当 test 是 2 时抛出 char * 型异常
7       cout<<"fun 调用正常结束"<<endl;
8   }
9   void caller1(int test)
10  {   try {                                //检测异常发生
11          fun(test);
12      } catch (int) {                      //捕获异常
13          cout<<"caller1 捕获 int→";
14      }
15      cout<<"caller1 调用正常结束"<<endl;   //caller1 正常结束时输出
16  }
17  void caller2(int test)
18  {   try {                                //检测异常发生
19          caller1(test);
20      } catch (double) {                   //捕获异常
21          cout<<"caller2 捕获 double→";
22      } catch (…) {                        //捕获异常
23          cout<<"caller2 捕获所有未知异常→";
24      }
25      cout<<"caller2 调用正常结束"<<endl;   //caller2 正常结束时输出
26  }
27  int main()
28  {   for (int i=3;i>=0;i--) caller2(i);
29      return 0;
30  }
```

程序运行结果如下：

fun 调用正常结束→caller1 调用正常结束→caller2 调用正常结束
caller2 捕获所有未知异常→caller2 调用正常结束
caller2 捕获 double→caller2 调用正常结束
caller1 捕获 int→caller1 调用正常结束→caller2 调用正常结束

程序中函数调用关系为：main→caller2→caller1→fun。当 test 为 3 时，fun 正常调用结束，因此 fun→caller1→caller2 调用正常结束；当 test 为 2 时，fun 抛出指针类型异常，caller1 没有匹配的异常类型而 caller2 有 catch(…)，因此 caller2 捕获所有未知异常→caller2 调用正常结束；当 test 为 1 时，fun 抛出 double 类型异常，caller1 没有匹配的异常类型而caller2有catch(double),因此caller2捕获double→caller2调用正常结束;当test为0时,fun抛出int类型异常,caller1有catch(int),因此caller1捕获int→caller1→caller2调用正常结束。

12.2.3 函数声明中的异常接口说明

为了增强程序的可读性,使函数的用户能够方便地知道所使用的函数会抛出哪些异常,C++允许在声明函数时列出可能抛出的异常类型,其形式为

返回类型 函数名(形式参数列表) throw(异常说明列表);

称为函数的异常接口声明。例如:

void fun() throw(int,double,Base,Derived);

表明函数fun可能并且只可能抛出类型(int,double,Base,Derived)及其子类型的异常。

如果在函数的声明中没有包括异常的接口声明,则此函数可以抛出任何类型的异常,例如:

void fun();   //可以抛出任何类型的异常

一个不会抛出任何类型异常的函数可以进行如下形式的声明:

void fun() throw();

这时即使在函数执行过程中出现了throw,实际上也不执行throw,并不抛出任何异常信息。

编写异常接口说明时,要确保派生类成员函数的异常说明和基类成员函数的异常说明一致,即派生类改写的虚函数的异常说明至少要和对应的基类虚函数的异常说明相同,甚至更严格,更特殊。

12.2.4 异常处理中的构造与析构

C++异常处理的能力,不仅在于它能够处理各种不同类型的异常,还在于它具有为异常抛掷前构造的所有局部对象自动调用析构函数的能力。

当catch子句的异常说明符的参数被初始化后,栈展开过程便开始了。系统将从对应的try块开始到异常抛掷处之间构造(且尚未析构)的所有局部对象自动地进行析构,析构的顺序与构造的顺序相反。

在C++中通知类对象构造失败的唯一方法是在构造函数中抛出异常。构造函数中抛出异常时,其子对象将被逆序析构,但系统却不会调用类自己的析构函数,原因是类对象尚未建立,何来析构。如果在构造函数中发生异常,则该对象可能只是部分被构造,它的一些成员可能已经初始化,而另一些成员在异常发生之前还没有初始化。即使对象只是部分被构造了,也要保证会适当地撤销已构造的成员。因此,正确的处理方法是:如果**在构造函数中要抛出异常,则在抛出前要删除申请到的资源**。

一般地,析构函数应该从不抛出异常。原因是在为某个异常进行栈展开的时候,析构

函数如果又抛出自己的未经处理的另一个异常,将会导致调用 terminate 函数。一般而言,terminate 函数将调用 abort 函数,强制整个程序非正常退出。在实际编程中,因为析构函数的目的是释放资源,所以它不太可能抛出异常。当某一个析构函数中会有一些可能(即使是一点点可能)发生异常时,那么必须要把这种可能发生的异常完全封装在析构函数内部,即在析构函数中使用 try-catch(…)块捕获且处理所有异常,决不能让它抛出函数之外。

习题

1. 编写程序,在一个函数中显示整型数组中指定下标的元素,并用异常处理检测下标越界的情况。

2. 输入任意 a、b、c,在函数 root 中求 $ax^2+bx+c=0$ 的根,并用异常处理虚根的情形。

3. 编写程序用 new 分配一个很大的内存,如果操作不成功,抛出一个 int 类型异常,捕获并显示这个异常。

4. 编写程序,采用异常处理的方法,在输出 Student(学号、姓名、性别、出生日期、成绩)类对象的数据时检测成绩输入是否正确(即当成绩大于 100 或小于 0 时抛出异常)。

5. 设计一个异常抽象类 Exception,在此基础上派生一个 OutOfMemory 类响应内存不足,一个 RangeError 类响应输入的数不在指定范围内,实现并测试这些类。

第13章 命名空间

大型应用程序经常使用来自不同厂商的开发库,加上用户自定义函数和数据类型,如果都放在一个命名空间中,几乎不可避免地会使用彼此相同的名字,进而一个库中定义的名字可能会与其他库中的名字同名而产生冲突,使得程序不能组合各自独立的开发库。

命名空间(namespace)用来限定名字的解析和使用范围,是 C++ 开发大型程序的工具之一。

13.1 命名空间的概念

在 C++ 程序中,名字(name)可以是枚举常量、变量、函数、结构体、类、对象和模板名称,创建名字是编程最基本的活动。C++ 规定,在一个给定的作用域中定义或声明的每个名字在该作用域中必须是唯一的,如一个函数内部不能有同名的局部变量。

每个 C++ 程序都有一个唯一的全局作用域,出现在全局作用域上的名字定义就难以满足名字规定了。例如在全局作用域上的类和结构体类型(几乎所有的类和结构体类型都是在全局作用域上定义的)、枚举常量和枚举类型、非成员函数和模板(几乎所有的非成员函数和模板都是在全局作用域上定义的)。对于来自不同厂商的开发库的模板名、类型名或函数名,出现名字相同的概率更大,进而产生名字冲突。这种名字冲突的现象称为**命名空间污染**(namespace pollution)。

1. C 语言命名空间污染的解决方法

由于不同的语句块、函数、类和结构体内部是一个独立的作用域,因此它们之间是容易满足名字规定的。例如:

```
class CPoint {
    int x,y;                    //类中的变量定义
};
struct TPoint {
    int x,y;                    //结构体中的变量定义,与上面的同名名字不冲突
};
void fun()
```

```
    {   int x,y,i;                  //函数中的局部变量定义,与上面的同名名字不冲突
        for (i=1;i<10;i++) {
            int x,y;                //语句块中的局部变量定义,与上面的同名名字不冲突
        }
    }
```

C语言提供一种方法能够避免用户自定义名字的冲突,那就是给函数或全局变量、全局对象加上 static 修饰。static 用来指明函数、变量和对象是"文件私有的",即 static 修饰的全局名字仅在该源程序文件有效。假定一个程序由 3 个文件组成,则文件中有如下同名定义:

```
//button.cpp
int btndata=10;                 //全局变量定义
int getdata(){…}                //全局函数定义
//radio.cpp
int btndata=10;                 //错误,名字与 button.cpp 中的定义冲突
int getdata(){…}                //错误,名字与 button.cpp 中的定义冲突
//win.cpp
static int btndata=10;          //正确,私有的全局变量定义,仅在 win.cpp 有效
static int getdata(){…}         //正确,私有的全局函数定义,仅在 win.cpp 有效
```

在简单的程序开发中,利用上面的方法,只要小心注意、仔细协调,是可以避免名字冲突的。但是,如果程序中引用了不同厂商的开发库,这些成型的开发库是不可能协调的,命名空间污染的可能性依然存在。

传统上,程序员是通过将全局作用域上的名字故意设得很长或者很奇怪来避免命名空间污染的,例如用特定字符序列作为程序中名字的前缀:

```
class cplusplus_LinearList {…};
string&cplusplus_LinearList_format(const string&,cplusplus_LinearList&);
```

这样的做法很不理想,程序员编写、阅读和维护这种长名字的程序非常麻烦。

2. C++ 命名空间污染的解决方法

C++ 引入命名空间(又称为名字空间、名称空间、名字域),为防止名字冲突提供了更好的机制。**命名空间的原理是将全局作用域划分为一个一个的命名空间,每个命名空间是一个独立的作用域**,在不同命名空间内部定义的名字彼此之间互不影响,从而有效地避免了命名空间污染。

C++ 命名空间的作用类似于操作系统的目录管理。由于文件较多,不便管理,而且可能存在同名文件,于是操作系统允许建立目录,把文件放到不同的目录中,不同目录的文件可以同名。

需要注意,如同指示文件需要指出其路径一样,C++ 命名空间的使用也要给出其命名"路径"。

13.2 命名空间的定义与未命名的命名空间

13.2.1 命名空间的定义

命名空间的定义形式为

```
namespace 命名空间名{                    //命名空间体
    ...                                 //声明和(或)定义序列
}
```

其作用是将全局作用域的一部分(一对大括号({})括起来的区域)声明为指定名字且独立的作用域空间。需要注意,右大括号(})后面不能有分号。

命名空间可以在全局作用域或其他命名空间内部定义,但不能在函数、结构体或类内部定义,而且要确保命名空间之间不会出现名字冲突。

在命名空间作用域内,可以包含如下内容。

(1) 变量、对象以及它们的初始化。
(2) 枚举常量。
(3) 函数声明以及函数定义。
(4) 类、结构体声明与实现。
(5) 模板。
(6) 其他命名空间(即在一个命名空间中又声明一个命名空间,称为嵌套的命名空间)。

例如:

```cpp
namespace A {                                           //定义命名空间 A
    const int PI=3.1415926;                             //const 常量
    enum tagDAYS{MON,TUE,WED,THU,FRI,SAT,SUN};          //枚举常量
    int i,j,k=10;                                       //变量,变量初始化
    string str,str2("hello");                           //对象,对象初始化
    int max(int x,int y);                               //函数声明
    int min(int x,int y){ return x>y?x:y;}              //函数定义(即函数实现)
    template<typename T>                                //函数模板
        int compare(const T&v1,const T&v2){ return v1==v2;}
    template<class T>class TComplex{                    //类模板
        public:
            TComplex(){}
            void setdata(T a,T b){x=a,y=b;}
        private:
            T r,i;                                      //实部与虚部
    };
    namespace B{                                        //嵌套的命名空间
        int i,j,k;                                      //变量
```

    }
}

1. 每个命名空间是一个作用域

定义在命名空间中的实体(entity)称为命名空间成员。与任何作用域一样,命名空间中的每个名字必须是该命名空间中的唯一实体。因为不同命名空间引入不同作用域,所以不同命名空间可以具有同名成员。

```
namespace A {                              //定义命名空间 A
    int fun;
    int j;
    int fun() {return 10;}                 //错误,同一命名空间中不能有相同的名字
}
namespace B {                              //定义命名空间 B
    int fun,j;                             //正确,A 和 B 不同命名空间可以有相同的名字
}
```

在命名空间中定义的名字可以被命名空间中的其他成员直接访问,命名空间外部的代码必须指出名字定义在哪个命名空间中,即用作用域运算符限定命名空间,形式为

命名空间名::成员名

例如:

```
namespace A {                              //定义命名空间 A
    int i=10;
    void output1() { cout<<i;}             //同一命名空间中直接引用成员 i
}
void output2() { cout<<A::i;}              //不同命名空间中引用命名空间限定成员 A::i
```

2. 命名空间可以是不连续的

与其他作用域不同,命名空间可以在几部分中定义。命名空间由它的分离定义部分的总和构成,即命名空间是累积的。一个命名空间的分离部分可以分散在多个文件中,在不同文件中的命名空间定义也是累积的。换言之,下面的命名空间定义:

```
namespace 命名空间名 {                      //命名空间体
    ...                                    //声明和(或)定义序列
}
```

既可以定义新的命名空间,也可以添加到现有的命名空间中。

如果命名不是引用前面定义的命名空间,则用该命名创建新的命名空间。否则,命名空间定义打开一个已存在的命名空间,并将这些新声明增加到那个命名空间。例如:

```
namespace A {                              //新创建一个命名空间 A
    int i;
```

```
}
namespace B {                              //新创建一个命名空间 B
    int i,j;
}
namespace A {                              //这个命名空间合并到前面的 A 中
    int i;                                 //错误,与前面重复定义 i
    int j;                                 //正确,与 B::i 可以同名
}
```

当然,名字只在声明名字的文件中可见。如果命名空间的一个部分需要定义在另一文件中的名字,仍然必须声明该名字。

3. 接口和实现的分离

命名空间定义可以不连续意味着用分离的接口文件和实现文件构成命名空间,因此,可以用与管理类和函数定义相同的方法来组织命名空间:

(1) 定义类的命名空间成员,以及作为类接口的一部分的函数声明与对象声明,可以放在头文件中,使用命名空间成员的文件可以包含这些头文件。

(2) 命名空间成员的定义可以放在单独的源文件中。

按这种方式组织命名空间,也满足了不同实体(非内联函数、静态数据成员或变量等)只能在一个程序中定义一次的要求,这个要求同样适用于命名空间中定义的名字。通过将接口和实现分离,可以保证函数和其他需要的名字只定义一次,但相同的声明可以在任何使用该实体的地方见到。

例如:

```
//complex.h 类接口放在头文件中
namespace A {                              //定义命名空间 A
    class Complex {                        //复数类
        public:
            Complex() {}
            void setdata(double a,double b);
        private:
            double r,i;                    //实部与虚部
    };
}
//complex.cpp 类实现放在源文件中
namespace A {                              //合并到头文件中的 A
    void Complex::setdata(double a,double b) {r=a,i=b;}
}
```

4. 定义命名空间的成员

在命名空间内部定义的函数可以使用同一命名空间中定义的名字。例如:

```
namespace A {                                    //命名空间 A
    Complex sub(Complex&c1,Complex &c2);         //声明 sub,直接使用 Complex
}
```

也可以在命名空间的外部定义命名空间成员,与在类外部定义类成员的方式相似。名字的命名空间声明必须在作用域中,并且定义必须指定该名字所属的命名空间。例如：

```
A::Complex A::sub(Complex&c1,Complex &c2)    //命名空间外部函数定义必须指明 A::
{   Complex c;
    c.setdata(c1.getreal()+c2.getreal(),c1.getimag()+c2.getimag());
    return c;
}
```

这个函数定义看起来像定义在类外部的类成员函数,返回类型 A::Complex 和函数名 A::sub 由命名空间名字限定。一旦看到完全限定的函数名,函数就处于命名空间 A 的作用域中。因此,形参和函数体中的命名空间成员引用可以使用无限定名,即用 Complex 而不用 A::Complex。

虽然可以在命名空间外部定义命名空间成员,对这个定义可以出现的地方仍有些限制,只有包围成员声明的命名空间可以包含成员的定义。例如,sub 函数既可以定义在命名空间 A 中,也可以定义在全局作用域中,但它不能定义在不相关的命名空间中。

5. 全局命名空间

定义在全局作用域的名字(在任何类、函数或命名空间外部声明的名字)是定义在全局命名空间(global namespace)中的。全局命名空间是隐式声明的,存在于每个程序中。在全局作用域定义实体的每个文件将那些名字加到全局命名空间。

可以用作用域运算符引用全局命名空间的成员。因为全局命名空间是隐含的,它没有名字,所以

::成员名

表示引用全局命名空间的成员。例如：

```
int i=10;                                    //全局作用域
namespace A {                                //命名空间 A
    void output() { cout<<::i;}              //使用全局作用域成员 i
}
```

6. 嵌套命名空间

一个嵌套命名空间即一个嵌套作用域,其作用域嵌套在包含它的命名空间内部。嵌套命名空间中的名字遵循名字规则：外围命名空间中声明的名字被嵌套命名空间中同一名字的声明所屏蔽。嵌套命名空间内部定义的名字局部于该命名空间。外围命名空间之外的代码只能通过限定名引用嵌套命名空间中的名字。例如：

```
namespace Outer {                       //外围命名空间
    int i;
    namespace Inner {                   //嵌套命名空间
        void f() { i++;}                //这里是 Outer::i
        int i;                          //嵌套命名空间中的 i 屏蔽了 Outer::i
        void g() { i++;}                //因此这里是 Inner::i
        void h() { Outer::i++;}         //则使用 Outer::i 必须要命名空间限定
    }
}
```

13.2.2 未命名的命名空间

定义命名空间时如果没有给出命名,称为未命名的命名空间(unnamed namespace),其定义形式为

```
namespace {                             //命名空间体
    ...                                 //声明和(或)定义序列
}
```

说明:

(1) 未命名的命名空间中定义的名字可直接使用,毕竟,没有命名空间名字来限定它们。

(2) 未命名的命名空间可以在给定文件中不连续,但不能跨越文件,每个文件有自己的未命名的命名空间。本质上在一个文件中所有未命名的命名空间会被系统用同一个标识符代替,且区别于其他文件的标识符。例如:

```
namespace { int i;}                     //假定未命名的命名空间标识为 unique
void f() { i++;}                        //unique::i++
namespace A {
    namespace {
        int i;                          //A::unique::i
        int j;                          //A::unique::j
    }
    void g() { i++;}                    //正确,A::unique::i++
}
using namespace A;
void h() {
    i++;                                //错误,unique::i 和 A::unique::i 名字冲突
    A::i++;                             //正确,A::unique::i
    j++;                                //正确,A::unique::j
}
```

(3) 未命名的命名空间用于声明局部于文件的实体。在未命名的命名空间中定义的变量在程序开始时创建,在程序结束之前一直存在。

(4) 未命名的命名空间中定义的名字只在包含该命名空间的文件中可见。如果另一

文件包含一个未命名的命名空间,两个命名空间不相关。两个命名空间可以定义相同的名字,而这些定义将引用不同的实体。

(5)未命名的命名空间中定义的名字可以在定义该命名空间所在的作用域中找到。如果在文件的最外层作用域中定义未命名的命名空间,那么,未命名的命名空间中的名字必须与全局作用域中定义的名字不同。例如:

```
int i;                    //全局作用域定义 i
namespace {               //未命名的命名空间
    int i;
}
void input() { cin>>i;}   //错误,全局作用域 i 和非嵌套未命名的命名空间 i 名字冲突
```

(6)像其他命名空间一样,未命名的命名空间也可以嵌套在另一命名空间内部。如果未命名的命名空间是嵌套的,其中的名字按常规方法使用外围命名空间名字访问。例如:

```
int i;                         //全局作用域定义 i
namespace A {
    namespace {
        int i;
    }
}
void input() { cin>>A::i;}     //正确,全局作用域 i 和嵌套未命名的命名空间 i 名字不冲突
```

未命名的命名空间与 C 语言对全局变量或函数使用 static 修饰的作用相同,都是使文件全局作用域的实体限于该文件中。C++ 程序员应尽量使用未命名的命名空间取代对全局实体的 static 修饰。

13.3 命名空间的使用

13.3.1 命名空间成员的使用

如果命名空间名字比较长,尤其是在有嵌套命名空间的情况下,采用

命名空间名::命名空间成员名

形式引用命名空间成员需要写很长的作用域限定。在一个程序中如果要多次引用成员时,就会不方便。例如:

```
nspath::i=10;              //较长的作用域限定
nspath::nsdir::i=12;       //较长的作用域限定
```

为此,C++ 提供简化使用命名空间成员的措施。

1. 命名空间的别名

可以为命名空间起一个别名(namespace alias),用来代替较长的命名空间名,形式为

```
namespace 命名空间别名=命名空间名；
```

需要注意，最后用分号(;)结尾。

```
namespace ns_with_very_long_name { /* … */ }
namespace NWVLN=ns_with_very_long_name;
namespace NWVLN=ns_with_very_long_name;          //正确，允许重复取别名
namespace NWVLN=NWVLN;                           //正确，允许重复取别名
namespace NSPD=nspath::nsdir;                    //可以引用嵌套的命名空间
```

一个命名空间可以有许多别名，所有别名以及原来的命名空间名字都可以互换使用。

2. using 声明

可以使用 using 声明引入命名空间成员，形式为

using 命名空间名::命名空间成员名；

需要注意，最后用分号(;)结尾。

一个 using 声明一次只引入一个命名空间成员，它使得无论程序中使用哪些名字，都非常明确。例如：

```
using std::cout;                    //引入标准命名空间 std 的 cout
```

using 声明中引入的名字遵循常规作用域规则：从 using 声明点开始，直到包含该 using 声明的作用域的末尾，名字都是可见的，外部作用域中定义的同名实体被屏蔽。名字只能在声明它的作用域及其嵌套作用域中使用，一旦该作用域结束了，就必须使用完全限定名。

using 声明可以出现在全局作用域、局部作用域或者命名空间作用域中。类作用域中的 using 声明局限于被定义类的基类中定义的名字。

3. using 指示

using 指示的形式为

using namespace 命名空间名；

需要注意，最后用分号(;)结尾。

using 指示使得特定命名空间的所有名字可见，没有限制。成员字可从 using 指示点开始使用，直到出现 using 指示的作用域的末尾。例如：

```
namespace A {                       //命名空间 A 在全局作用域定义
    int i,j;
}
void f()                            //函数 f 在全局作用域定义
{
    using namespace A;              //插入命名空间 A 的作用域到全局作用域中
    cout<<i*j<<endl;                //因此可以直接使用命名空间 A 中的 i,j
```

}

用 using 指示引入名字的作用域比 using 声明的更复杂。using 声明将名字直接放到出现 using 声明的作用域中,好像 using 声明是命名空间成员的局部别名一样。因为这种声明是局部化的,冲突的机会最小。using 指示不声明命名空间成员名字的别名,相反,它具有将命名空间成员提升到包含命名空间本身和 using 指示的最近作用域的效果。例如:

```
namespace A {                      //命名空间 A
    int i=16,j=15,b=23;
}
int j =0;                          //正确,屏蔽 A::j
void manip()
{   using namespace A;             //将命名空间 A 的作用域加入全局作用域
    ++i;                           //正确,A::i 为 17
    ++j;                           //错误,全局 j 和 A::j 名字冲突
    ++::j;                         //正确,全局 j 为 1
    ++A::j;                        //正确,A::j 为 16
    int k=97;                      //局部定义屏蔽 A::k
    ++k;                           //正确,局部 k 为 98
}
```

using 指示注入来自一个命名空间的所有名字,因此它的使用是靠不住的:只用一个语句,命名空间的所有成员名就突然可见了。虽然这个方法看似简单,但也有它自身的问题。如果应用程序使用许多库,并且用 using 指示使得这些库中的名字可见,那么,全局命名空间污染问题就会重新出现。

相对于 using 指示,对程序中使用的每个命名空间名字使用 using 声明更好,这样做减少注入命名空间中的名字数目,由 using 声明引起的二义性错误在声明点,而不是使用点检测,因此更容易发现和修正。

using 指示最有用的一种情况是用在命名空间本身的实现文件中。

13.3.2 类和命名空间

对命名空间内部使用的名字的查找遵循常规 C++ 名字查找规则:当查找名字的时候,通过外围作用域向外查找。对命名空间内部使用的名字而言,外围作用域可能是一个或多个嵌套的命名空间,最终以全包围的全局命名空间结束。只考虑已经在使用点之前声明的名字,而该使用点仍在开放的块中。例如:

```
namespace A {                      //命名空间 A
    int i;
    namespace B {                  //命名空间 B
        int i,j;                   //B 中屏蔽了 A::i
        int f1() {
            int j;                 //f1 局部变量 j 屏蔽了 A::B::j
```

```
        return i;              //B::i
    }
}                              //命名空间 B 封闭,其中的名字在后面不再可见
int f2() {
    return j;                  //错误,j 未定义
}
int j=i;                       //定义 A 中的 j,且初始化为 A::i 而不是 B::i
}
```

正如前面介绍的,类内部所定义的成员可以使用出现在定义点之后的名字。例如,即使数据成员的定义出现在构造函数定义之后,类定义体内部定义的构造函数也可以初始化那些数据成员。当在类作用域中使用名字的时候,首先在成员本身中查找,然后在类中查找,包括任意基类,只有在查找完类之后,才检查外围作用域。当类包在命名空间中的时候,发生相同的查找:首先在成员中找,然后在类(包括基类)中找,再在外围作用域中找,外围作用域中的一个或多个可以是命名空间。例如:

```
namespace A {                  //命名空间 A
    int i,k;
    class C1 {                 //类 C1 内部作用域
        public:
            C1() {i=j=0;}      //正确,C1::i 和 C1::j
            int f1() {
                return k;      //A::k
            }
            int f2() {
                return h;      //错误,h 未定义
            }
            int f3();
        private:
            int i,j;           //C1 类内部屏蔽了 A::i
    };
    int h=i;                   //初始化 h 为 A::i
}
int A::C1::f3()                //在命名空间 A 和 C1 类外部定义 f3 成员函数
{
    return h;                  //正确,A::h
}
```

可以从函数的限定名推断出查找名字时所检查作用域的次序,限定名以相反次序指出被查找的作用域。例如限定符 A::C1::f3 指出了查找类作用域和命名空间作用域的相反次序,首先查找函数 f3 的作用域,然后查找外围类 C1 的作用域。在查找包含 f3 定义的作用域之前,最后查找命名空间 A 的作用域。

1. 实参相关的查找与类类型形参

考虑下面的简单程序:

```
std::string s;
getline(std::cin,s);            //调用 std::getline
```

这段程序使用了 std::string 类型，但它没有限定就调用了 getline 函数。为什么可以无须 std:: 限定符或 using 声明而使用该函数呢？

这是命名空间名字规则的一个重要例外。接受类类型形参（或类类型指针及引用形参）的函数（包括重载运算符），以及与类本身定义在同一命名空间中的函数，在用类类型对象（或类类型的引用及指针）作为实参的时候是可见的。

当编译器编译 getline(std::cin,s); 的时候，它在当前作用域、包含调用的作用域以及定义 cin 的类型和 string 类型的命名空间中查找匹配的函数。进而，它在命名空间 std 中查找到由 string 类型定义的 getline 函数，所以 getline 函数调用不用 std:: 限定。

2. 隐式友元声明与命名空间

当一个类声明友元函数的时候，函数的声明不必是可见的。如果不存在可见的声明，那么，友元声明具有将该函数或类的声明放到外围作用域的效果。如果类在命名空间内部定义，则没有另外声明的友元函数也在同一命名空间中声明。

```
namespace A {
    class C {
        friend void f(const C&);
    };
}
```

因为该友元接受类类型实参并与类隐式声明在同一命名空间中，所以使用它时可以无须使用显式命名空间限定符：

```
void f2()                       //全局 f2
{   A::C cobj;
    f(cobj);                    //A::f
}
```

13.3.3 标准命名空间的使用

为了避免 C++ 标准库中的名字与程序中的名字以及与其他不同库中的名字之间的名字冲突，标准库的所有名字都是在一个名为 std 的标准命名空间中定义的。当程序中用到标准库时，需要使用 std 作用域限定。

本书前面几乎所有示例代码使用的都是 std 的 using 指示，即

```
using namespace std;            //加入标准命名空间 std 到程序作用域中
```

现在看来，这样的用法并不好。

使用 std 的 using 指示，程序可以不必对每个 std 成员（如 cout、cin 或 endl）一一处理。但这样一来，std 的作用域加入程序全局作用域中，导致程序和其他库与 std 的名字出现冲突的机会多了起来。

使用 std 限定的一个好方法是对每个 std 成员作限定。例如：

std::cout<<"hello,world"<<std::endl;   //std::cout,std::endl 逐个限定

虽然不是很方便,但最大限度地避免了与标准命名空间的名字冲突。

一个尽可能地减少名字冲突又有效率的 std 限定方法是使用 std 的 using 声明。例如：

using std::cout;   //程序仅引入标准命名空间 std 的 cout
using std::cin;   //程序仅引入标准命名空间 std 的 cin
using std::endl;   //程序仅引入标准命名空间 std 的 endl

程序员往往将应用程序经常用到的标准命名空间的 using 声明(如上述代码)放到一个头文件中,然后程序包含头文件即可。

习题

1. 编写程序输出杨辉三角形,要求程序中不能出现 using namespace 指示。

2. 编写程序用牛顿迭代法求 $\sqrt{x}$,要求程序中不能出现 using namespace 指示或 using 声明。

3. 设计一个 Complex 类表示复数(实部、虚部),重载运算符实现复数的和、差、积、商,两个复数的比较,复数赋值和复合赋值,复数自增自减运算符,复数的输出与输入。将这个类放到命名空间 Complex 中定义和实现,主函数测试 Complex 类。

4. 设计一个 Sharp 类族,Sharp 为基类,派生出圆、矩形、三角形、椭圆、圆柱和球体等类,能够计算面积或体积。将这个类放到命名空间 Graph 中定义和实现,主函数测试这些类。

5. 设计一个 CString 类表示字符串(动态分配 char *),重载运算符按下标引用字符串中的任一字符,实现两个字符串相连,字符串的输出与输入。将这个类放到命名空间 CString 中定义和实现,主函数测试 CString 类。

第 14 章 标 准 库

C++ 标准定义了庞大且功能丰富的标准库,内容分为 10 类,包括 C1 语言支持 (language support)、C2 输入/输出(input/output)、C3 诊断功能(diagnostics)、C4 通用工具(general utilities)、C5 字符串(strings)、C6 容器(containers)、C7 迭代器(iterators)、C8 算法(algorithms)、C9 数值操作(numerics)和 C10 本地化(localization)。

本章将介绍标准输入输出、容器和迭代器。

14.1 C++ 标准库

C++ 标准库所有的头文件都没有扩展名(.h),内容总共在 51 个标准头文件中定义,如表 14.1 所示。其中 18 个<cname>形式的头文件(<complex>除外)内容与标准 C 语言的 name.h 头文件相同,但包含了 C++ 扩展的功能。在<cname>形式的头文件中,与宏相关的名称在全局作用域中定义,其他名称在 std 命名空间中声明。另外,在 C++ 中还可以使用 name.h 形式的 C 语言头文件,但不建议这样用。

表 14.1 C++ 标准库索引

分类	功　　能	头　文　件	分类	功　　能	头　文　件
C1	C 标准定义	<cstddef>	C2	标准输入输出	<iostream>
	整型大小	<climits>		iostream 基类	<ios>
	C 标准实用工具	<cstdlib>		输入流类	<istream>
	运行时类型信息	<typeinfo>		字符串流类	<sstream>
	可变参数	<cstdarg>		流缓存类	<streambuf>
	C 中断处理	<csignal>		输入输出操纵器	<iomanip>
	C++ 数值类型特性	<limits>		输入输出前向声明	<iosfwd>
	浮点型特性	<cfloat>		输出流类	<ostream>
	动态内存管理	<new>		文件流类	<fstream>
	异常处理	<exception>		C 标准输入输出	<cstdio>
	非局部跳转	<csetjmp>			

续表

分类	功能	头文件	分类	功能	头文件
C3	异常类	<stdexcept>	C6	栈	<stack>
	C 出错码	<cerrno>		集合	<set>
	C 断言验证	<cassert>		列表	<list>
C4	实用元件	<utility>		队列	<queue>
	内存管理器	<memory>		映射	<map>
	函数对象	<functional>		位集	<bitset>
	C 时间日期	<ctime>	C7	迭代器	<iterator>
C5	字符串类	<string>	C8	算法	<algorithm>
	单字节字符类型	<cctype>		ISO 646 字符集替换	<ciso646>
	扩展多字节宽字符	<cwchar>	C9	复数	<complex>
	C 字符串	<cstring>		数学运算	<numeric>
	多字节字符类型	<cwctype>		数值矢量	<valarray>
	C 字符串流类	<strstream>		C 数学库	<cmath>
C6	向量	<vector>	C10	本地化	<locale>
	双队列	<deque>		C 语言本地化	<clocale>

在标准库中，**容器、迭代器、算法和数值操作合称为标准模板库 STL**（standard template library）。STL 被组织为以下 13 个头文件：<algorithm>、<deque>、<functional>、<iterator>、<vector>、<list>、<map>、<memory>、<numeric>、<queue>、<set>、<stack>和<utility>。几乎所有的标准模板库代码都采用了类模板和函数模板的形式，因此相比于传统的由函数和类组成的库来说 STL 提供了更好的代码重用。

除了标准库外，还有一个重要的 C++ 库：Boost 库（http://www.boost.org/）。Boost 库由 Boost 开发社区组织维护，为程序员提供开源的、可移植的程序库。Boost 库可以与 C++ 标准库共同工作，并且为 C++ 的标准化工作提供可供参考的实现。目前，多个 Boost 库已成为标准库的候选方案。从某种意义上来讲，Boost 库是具有实践意义的准标准库。

14.2 标准输入输出

C++ 兼容支持 C 语言的 printf、scanf 和文件操作，但 C++ 也提供了基于类的输入输出操作，具有类型安全和可扩展性。

14.2.1 C++ 流的概念

C++ 的输入输出是以字节流的形式实现的。流是指由若干字节组成的字节序列的数据从一个对象传递到另一个对象的操作。从流中读取数据称为提取操作,向流内添加数据称为插入操作。流在使用前要建立,使用后要删除。流具有方向性:与输入设备相联系的流称为输入流,与输出设备相联系的流称为输出流,与输入输出设备相联系的流称为输入输出流。标准库内置了一些可以实现输入输出操作的流类,其对象称为流对象。

1. C++流类

C++输入输出类库中包含许多流类(stream class),如图14.1所示。

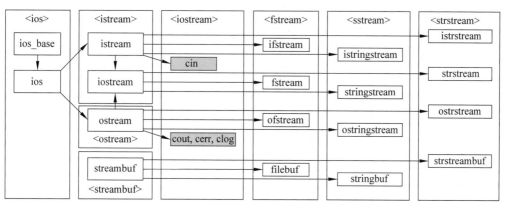

图14.1 流类及其派生关系

ios_base和ios是抽象基类,由它派生出istream类和ostream类,再通过多重继承派生出iostream类。istream类支持输入操作,ostream类支持输出操作,iostream类支持输入输出操作,它们定义在头文件＜iostream＞或＜istream＞、＜ostream＞中,实现C++标准的终端设备(键盘和显示器)的输入输出操作。

C++对文件的输入输出需要用ifstream、ofstream和fstream类。ifstream类支持文件的输入操作,ofstream类支持文件的输出操作,fstream类支持文件的输入输出操作,它们定义在头文件＜fstream＞中。

C++将字符串也理解为一种输入输出设备,因此也可以像终端设备和文件那样将数据"输入输出"到字符串中。C++对字符串的输入输出有两个版本。

(1) 基于C++字符串类string。

C++对string的输入输出需要用istringstream、ostringstream和stringstream类,istringstream类支持string的输入操作,ostringstream类支持string的输出操作,stringstream类支持string的输入输出操作,它们定义在头文件＜sstream＞中。

(2) 基于C风格字符串char *。

C++对C风格字符串的输入输出需要用istrstream、ostrstream和strstream类,istrstream类支持字符串的输入操作,ostrstream类支持字符串的输出操作,strstream类支持字符串的输入输出操作,它们定义在头文件＜strstream＞中。

还有一个与ios平行的基类streambuf,称为缓冲区流类,其作用如下。

(1) 提供物理设备的接口、缓冲或处理流的通用方式。

（2）缓冲区的低级操作，如设置缓冲区、对缓冲区指针进行操作、从缓冲区取字符、向缓冲区存储字符等。

streambuf 类派生了 filebuf、strstreambuf 和 stringbuf 类，并且扩展出 conbuf 类。filebuf 类使管理文件缓冲区，strstreambuf 和 stringbuf 类管理对字符串提取和插入操作的缓冲区，conbuf 类用于处理输出，提供控制光标、设置颜色、定义活动窗口、清屏和清行等功能，为输出操作提供缓冲区管理。一般情况下，很少直接使用 streambuf 类。

2. 提取和插入运算符

在 istream 类中已经将运算符＞＞重载为提取运算符，支持基本数据类型及其指针类型。在 ostream 类中已经将运算符＜＜重载为插入运算符，其适用类型除了前述类型外，还增加了 void * 类型。

如果希望提取运算符（＞＞）和插入运算符（＜＜）能够用于自定义类型的数据，需要按第 11 章的方法对它们进行重载。

3. 预定义流对象

标准库将常用 iostream 类的流对象定义在＜iostream＞头文件中。

cin：与标准输入设备相关联的标准输入流（istream 对象）。

cout：与标准输出设备相关联的标准输出流（ostream 对象）。

cerr：与标准错误输出设备相关联的非缓冲方式的标准输出流（ostream 对象）。

clog：与标准错误输出设备相关联的缓冲方式的标准输出流（ostream 对象）。

一般地，标准输入设备是键盘，标准输出设备是显示器，而不论何种情况，标准错误输出设备总是显示器。

cin 对象是从标准输入设备输入到内存的数据流，cout 对象是从内存输出到标准输出设备的数据流。cerr 对象和 clog 对象都是输出错误信息，它们的区别是：cerr 没有缓冲区，所有发送给它的出错信息都被立即输出；clog 对象带有缓冲区，所有发送给它的出错信息都先放入缓冲区，当缓冲区满时再进行输出，或通过刷新流的方式强迫刷新缓冲区。由于缓冲区会延迟错误信息的显示，所以建议使用 cerr 对象。需要注意的是，cout 对象也能输出错误信息，但当标准输出设备定向为其他设备时，cerr 对象仍然把信息发送到显示器。

综上所述，用键盘输入时使用 cin，用显示器输出时使用 cout，向显示器输出出错信息时一般使用 cerr。

本书前面已经给出 cin 和 cout 的详尽用法，而且贯穿全书，cerr 和 clog 与它们相似，因此这里不再重复介绍 iostream 类的内容。

14.2.2 文件流

1. 文件的概念

计算机信息根据存储时间可以分为临时性信息和永久性信息。临时性信息存储于计算机系统临时存储设备(如内存)中,在程序运行结束或系统断电时数据信息会消失。永久性信息存储于计算机系统持久性存储设备(如磁盘)中,在这些设备上的数据信息可以长久地保存下来。

程序常常需要将一些数据信息(如运行结果)永久性地保存下来,或者从永久性信息中读取有用的数据(如历史记录),这些都需要进行文件操作。C++文件操作是通过文件流实现的。

文件是指存放在磁盘上的数据的集合。操作系统以文件为单位对这些数据进行管理。也就是说,如果想得到存在磁盘上的数据,必须先按文件名找到指定的文件,然后再从该文件中读取数据。要向磁盘上存放数据也必须先以文件名为标识创建一个文件,才能向它输出数据。

文件按数据的组织形式可以分为两类。

(1) ASCII 文本文件。

文本(text)文件对于 ASCII 字符集而言,文件中每一字节存放的是一个 ASCII 码,表示一个字符;对于像汉字、日韩文字等字符集而言,使用双字节存放字符。文本文件有 UTF-8、UTF-16 和 UNICODE 等编码格式。本书不讨论复杂编码格式,仅以 ASCII 文本文件(又称 DOS 格式文本文件)为例。

例如,将字符型数据 123 输出到文本文件中,存放的是"123"的 ASCII 码序列,即 31H、32H、33H(十六进制),占用文件 3 字节。

ASCII 文本文件的数据以字符形式表示,因而便于按字符方式逐个处理,也便于打印输出字符。但 ASCII 文本文件一般占用存储空间较多,且存在编码转换的运行开销。

(2) 二进制文件。

二进制文件是将数据以内存中的存储形式直接存放到磁盘上。用二进制形式输出数据,可以节省存储空间和避免编码转换。由于 1 字节并不对应 1 字符,所以不能直接打印输出或编辑二进制文件。

例如,将字符型数据 123 输出到二进制文件中,存放的是 123 的值,即 7BH(十六进制),占用文件 1 字节。

2. 文件打开

已创建的文件流对象需要和指定的磁盘文件建立关联,以便使文件流流向指定的磁盘文件,这个过程称为文件打开。

打开文件有两种方式:一是定义文件流对象时使用带参数的构造函数;二是调用文件流成员函数 open。其函数原型如下:

```
ifstream();                                          //文件输入流构造函数
//文件输入流构造函数,用指定的 mode 方式打开 filename 文件
ifstream(const char * filename,ios_base::openmode mode=ios_base::in);
ofstream();                                          //文件输出流构造函数
//文件输出流构造函数,用指定的 mode 方式打开 filename 文件
ofstream(const char * filename,ios_base::openmode mode=ios_base::out);
```

```
fstream();                                              //文件输入输出流构造函数
//文件输入输出流构造函数,用指定的 mode 方式打开 filename 文件
fstream(const char *filename,ios_base::openmode mode=ios_base::in|ios_base::
out);
//用指定的 mode 方式打开 filename 文件
void open(const char *filename,ios_base::openmode mode=ios_base::in);
bool operator!();                                       //检测流对象是否为空
bool is_open();                                         //检测文件是否打开
```

其中打开方式 openmode 的取值如表 14.2 所示。

表 14.2 打开方式 openmode 的取值

取 值	含 义	作 用
ios_base::in	input	以输入方式打开文件(默认方式)
ios_base::out	output	以输出方式打开文件。若已存在该文件,则将其内容全部清空
ios_base::app	append	以输出方式打开文件,写入的数据添加在文件末尾
ios_base::ate	at end	打开一个已有的文件,文件指针指向文件末尾
ios_base::binary	binary	二进制文件,默认为 ASCII 文件
ios_base::trunc	truncate	打开一个文件,若文件已存在,则将其内容全部清空;若文件不存在,则建立新文件。若指定 ios::out 方式而未指定 ios::app、ios::ate 或 ios::in 时,默认为此方式

例如:

```
ofstream outfile("a.txt");                              //创建一个 ASCII 新文件准备写
ifstream infile("b.txt");                               //打开一个 ASCII 文件准备读
fstream iofile;                                         //定义文件输入输出流对象
iofile.open("io.txt");                                  //打开一个 ASCII 文件
```

说明:

(1) 可以用位或运算(|)对 openmode 进行组合,例如:

```
ofstream outfile("a.dat",ios_base::out|ios_base::binary);
                                                        //创建一个二进制新文件准备写
ifstream infile("b.dat",ios_base::in|ios_base::binary);
                                                        //打开一个二进制文件准备读
fstream iof;                                            //定义文件输入输出流对象
iof.open("io.txt",ios_base::in|ios_base::out);
                                                        //打开一个 ASCII 文件(若不存在则创建)
```

(2) 打开文件时操作可能会失败,其原因为文件名是错误的、按文件名中的路径找不到该文件,以及磁盘设备不存在或物理损坏等。一般地,创建新文件总是成功的,除非存储设备物理异常,如往系统不存在的 F 盘里写文件,往只读设备里写文件等。

如果打开操作失败,open 函数返回值为 0(假),如果是调用构造函数打开文件,则流

对象的值为 0(空对象)。可以据此测试打开是否成功,确定能否对该文件继续操作。

(3) 每一个打开的文件都有一个文件指针,该指针初始位置要么在文件末尾(当指定 ios_base::app 或 ios_base::ate 时),要么在文件开头。每次读写都从文件指针的当前位置开始。每读写一字节,指针就后移一字节。当文件指针移到最后,就会遇到文件结束 EOF(文件结束符)。

3. 文件关闭

当不再使用文件时,应该关闭该文件。关闭文件可以调用文件流成员函数:

```
void close();                           //关闭文件
```

当文件关闭后,就不能再通过流对象对文件进行操作了,除非再次打开。

4. 文件状态

文件流提供如下 4 个成员函数用来检测文件状态:

```
bool eof();
bool bad();
bool fail();
bool good();
```

如果文件已到末尾,eof 函数返回真(1),否则返回假(0)。

如果在读写文件过程中出错,bad 函数返回 true。例如,对一个不是以写状态打开的文件进行写入,或者要写入的设备没有剩余空间。

除了在与 bad 函数同样的情况下会返回 true 以外,格式错误时 fail 函数也会返回 true,如要读入一个整数而得到一个字母时。

如果调用以上任何一个函数返回 true 的话,good 函数返回 false。

5. 文件操作的基本形式

几乎所有文件应用中的打开和关闭的程序形式是相同的,为此下面给出通用的文件打开和关闭的操作步骤。

(1) 定义文件流对象。
(2) 通过构造函数或成员函数 open 打开文件(或创建文件)。
(3) 打开文件失败时中断文件处理。
(4) 对文件进行各种操作。
(5) 文件处理结束时关闭文件。

其代码形式为

```
ifstream infile(文件名,openmode);       //打开文件或创建文件
if (!infile) {                          //打开或创建成功继续操作
    …                                   //文件读写操作
    infile.close();                     //处理结束时关闭文件
```

```
        }
```
或
```
        ifstream infile;
        infile.open("文件名",openmode);                //打开文件或创建文件
            if (!infile.fail()) {                     //打开或创建成功继续操作
            ...                                       //文件读写操作
            infile.close();                           //处理结束时关闭文件
            }
```

通常,只要文件创建或打开后,数据就能顺利地写入文件中,而文件读入前需要判断是否还有数据可以读入(即文件是否到末尾)。

文件读写操作过程基本上也是通用的,写操作可以直接调用文件写函数,而读操作的基本形式为

```
        while (!infile.eof()) {                       //文件是否到末尾
            ...                                       //调用文件读函数
        }
```

流对象 eof 函数逻辑取反使 while 语句的条件为:如果文件没有到末尾则继续执行循环。当有多个文件操作时,循环条件应是多个流对象 eof 函数的组合逻辑。

文件操作包括读写和定位,除流提取和流插入运算符外,文件流还有如下有用的操作文件的成员函数:

```
        //用于文件输入流
        istream& read(char * s,streamsize n);         //从文件中读 n 字节到 s
        streampos tellg();                            //返回文件指针的位置
        istream& seekg(streampos pos);                //移动文件指针到 pos 位置
        istream& seekg(streamoff off,ios_base::seekdir dir);
                                                      //以 dir 参照 off 偏移移动文件指针
        //用于文件输出流
        ostream& write(const char * s,streamsize n);  //输出 s 的 n 字节到文件
        streampos tellp();                            //返回文件指针的位置
        ostream& seekp(streampos pos);                //移动文件指针到 pos 位置
        ostream& seekp(streamoff off,ios_base::seekdir dir);
                                                      //以 dir 参照 off 偏移移动文件指针
        flush();                                      //文件输出流刷新
```

其中,dir 表示参照位置,取值如下。

ios_base::beg:文件开头。
ios_base::cur:文件当前位置。
ios_base::end:文件末尾。

6. 文件操作举例

1) 对 ASCII 文件操作

对 ASCII 文件的读写操作可以用以下两种方法。

(1) 用流插入（<<）运算符和流提取（>>）运算符输入输出标准类型的数据。

(2) 用 3.2 节介绍的流对象成员函数 get、getline 和 put 等进行字符的输入输出。

【例 14.1】 将源文件每行文本前添加一个行号输出到目的文件中。

程序代码如下：

```
1   #include <fstream>                       //使用文件流
2   #include <iomanip>
3   using namespace std;                     //文件流定义在 std 命名空间
4   int main()
5   {
6       char s1[500]; int cnt=0;
7       ifstream inf("a.cpp");               //打开源文件读
8       if (!inf.fail()) {
9           ofstream outf("b.cpp");          //创建目的文件写
10          while (!inf.eof()) {             //是否到源文件末尾
11              inf.getline(s1,sizeof(s1)-1); //读源文件字符串
12              //将字符串添加行号输出到目的文件
13              outf<<setfill('0')<<setw(4)<<++cnt<<" "<<s1<<endl;
14          }
15          outf.close();                    //关闭目的文件
16          inf.close();                     //关闭源文件
17      }
18      return 0;
19  }
```

程序运行前提供 a.cpp 文件，运行后产生 b.cpp 新文件，两个文件的内容如下。

假定 a.cpp 内容：   则输出 b.cpp 内容：

```
#include<iostream>              0001  #include<iostream>
int main()                      0002  int main()
{                               0003  {
    std::cout<<"hello,world";   0004      std::cout<<"hello,world";
    return 0;                   0005      return 0;
}                               0006  }
```

2) 对二进制文件操作

二进制文件打开时要用 ios_base::binary 指定为以二进制形式读取和存储。二进制文件除可以作为输入文件或输出文件外，还可以是既能输入又能输出的文件。这是和 ASCII 文件不同的地方。

对二进制文件的读写操作主要使用流成员函数 read 和 write。

【例 14.2】 复制源文件到目的文件，支持命令行文件名输入。

程序代码如下：

```
1   #include <iostream>
2   #include <fstream>                       //使用文件流
```

```
3      using namespace std;                    //文件流定义在std命名空间
4      int main(int argc,char * argv[])        //使用带参数的main函数版本获取命令行信息
5      {
6          char src[260],dest[260],buff[16384];    //读写缓冲达到16K
7          if (argc<2) cin>>src;                //若无命令行参数,输入源文件名
8          else strcpy(src,argv[1]);            //否则第1个命令行参数为源文件名
9              if (argc<3) cin>>dest;           //若只有1个命令行参数,输入目的文件名
10             else strcpy(dest,argv[2]);      //否则第2个命令行参数为目的文件名
11         ifstream inf(src,ios_base::in|ios_base::binary);        //二进制读
12         if (!inf.fail()) {
13             ofstream outf(dest,ios_base::out|ios_base::binary);  //二进制写
14             while (!inf.eof()) {            //是否到源文件末尾
15                 inf.read(buff,sizeof(buff));
16                 outf.write(buff,inf.gcount());//按实际读到的字节数写入
17             }
18             outf.close();                    //关闭目的文件
19             inf.close();                     //关闭源文件
20         }
21         return 0;
22     }
```

3) 随机访问二进制文件

一般情况下读写文件是顺序进行的,即逐字节进行读写。但是对于二进制文件来说,可以利用seekg或seekp成员函数移动文件指针,从而随机地访问文件中任一位置上的数据,还可以修改文件中的内容。

【例14.3】 已知文件book.dat中有100个书籍销售记录,每个销售记录由代码(char c[5])、书名(char n[11])、单价(int p)和数量(int q)4部分组成。文件每行包含代码、书名、单价、数量数据,用Tab间隔,格式如下:

```
1001    软件世界     5    100
1002    计算机工程   6    120
⋮
```

读取这100个销售记录,将每个销售记录的内存数据写入out.dat文件中;然后将out.dat的第1个记录(0为开头)覆盖到最后的记录中。

分析:根据题意,先设计结构体类型描述书籍销售记录,程序代码如下:

```
1  #include <fstream>                 //使用文件流
2  using namespace std;               //文件流定义在std命名空间
3  struct BOOK {                      //书籍销售记录类型
4      char c[5];                     //产品代码
5      char n[11];                    //产品名称
6      int p;                         //单价
7      int q;                         //数量
```

```cpp
 8      };
 9      int main()
10      {
11          BOOK a;                                             //书籍销售记录数组
12          ifstream inf("book.dat");                           //打开文件读
13          ios_base::openmode m=ios_base::in|ios_base::out;    //可读可写
14          fstream iof("out.dat",m|ios_base::trunc|ios_base::binary);
                                                                //新建二进制文件
15          if (inf.fail() || iof.fail()) return-1;             //文件打开失败,退出运行
16          while(!inf.eof()) {                                 //是否读到文件末尾
17              inf>>a.c>>a.n>>a.p>>a.q;                        //读 ASCII 文件
18              iof.write((char*)&a,sizeof(BOOK));              //写二进制文件
19          }
20          inf.close();                                        //关闭 book.dat 文件
21          iof.seekg(1*sizeof(BOOK),ios_base::beg);            //定位第 1 个结构体
22          iof.read((char*)&a,sizeof(BOOK));                   //读取第 1 个结构体
23          iof.seekg(1*sizeof(BOOK),ios_base::end);            //定位最后 1 个结构体
24          iof.write((char*)&a,sizeof(BOOK));                  //写入最后 1 个结构体
25          iof.close();                                        //关闭 out.dat 文件
26          return 0;
27      }
```

14.2.3 字符串流

字符串流以内存中的 string 对象或字符数组(C 语言风格字符串)为输入输出的对象,即将数据输出到内存中的字符串存储区域,或者从字符串存储区域读入数据,故字符串流也称为内存流。

字符串流的作用是利用输入输出操作方式将各种类型的数据转换成字符序列,或者相反。由于计算机物理的或逻辑的设备大多数能处理的数据是字符序列(或字节序列),因此字符串流就是程序数据与设备进行数据交换的重要桥梁。

字符串流也有相应的缓冲区,程序运行开始时流缓冲区是空的。如果向字符串写入(即输出)数据,随着向流插入数据,流缓冲区中的数据不断地增加,当缓冲区满(或刷新)时,缓冲区字符存入字符串中。如果从字符串读取(即输入)数据,先将字符串的数据读到流缓冲区,然后从流缓冲区中提取数据给变量。在上述过程中,流缓冲区中的数据始终是 ASCII 流或二进制流。

字符串流类有 istringstream、ostringstream、stringstream 和 istrstream、ostrstream、strstream 两种。前一种以 C++ string 串对象作为字符串,定义在头文件＜sstream＞中;后一种以字符数组作为字符串(即 C 语言风格字符串),定义在头文件＜strstream＞中。根据 C++ 标准的定义,strstream 是过时的(deprecated),未来版本的 C++ 标准可能不再支持 strstream,因此本书使用前一种。

字符串流类不需要像文件那样打开和关闭,并且也没有文件结束符。一般地,使用字符串流类的方法是建立字符串流对象,通过构造函数或成员函数 str() 与某个字符串关联,此后对字符串流对象按输入输出形式进行操作。字符串流类的构造函数和常用成员函数原型如下:

```
istringstream(openmode which=ios_base::in);           //构造字符串输入流对象
//构造字符串输入流对象,并初始化为 str 的内容
istringstream(const string&str,openmode which= ios_base::in);
ostringstream(openmode which=ios_base::out);          //构造字符串输出流对象
//构造字符串输出流对象,并初始化为 str 的内容
ostringstream(const string& str,openmode which= ios_base::out);
stringstream(openmode which=ios_base::out|ios_base::in);
                                                      //构造字符串输入输出流对象
//构造字符串输入输出流对象,并初始化为 str 的内容
stringstream(const string & str,openmode which=ios_base::out|ios_base::in);
string str();              //返回当前字符串流缓冲区关联的字符串对象的副本
void str(const string & s); //复制字符串 s 内容到字符串流缓冲区关联的 string 对象中
```

【例 14.4】 输入一个加减运算的表达式(如 $1000+200-30+4+0.4$),计算其值。

分析:C++ 本身是不能对字符串形式的表达式求值的,因此需要将字符串形式的表达式解析出"值"和"运算符",而将 $1000+200-30+4+0.4$ 看作"值 运算符"的输入序列能方便地进行解析。

程序代码如下:

```
1    #include <iostream>
2    #include <sstream>                                 //使用字符串流
3    using namespace std;                               //字符串流定义在 std 命名空间
4    int main()
5    {                                                  //字符串流示例
6        string s1,s2;                                  //定义 string 对象
7        ostringstream oss(ostringstream::out);         //字符串输出流
8        istringstream iss(istringstream::in);          //字符串输入流
9        char c1='+',c2;
10       double val,sum=0.0;
11       cin>>s2;                                       //从键盘输入字符串
12       iss.str(s2);                                   //复制 s2 内容到字符串输入流
13       while (c1!=' ') {                              //表达式结束
14           iss>>val>>c2;                              //读取一个值和运算符+或-
15           if (c1=='+') sum=sum+val;                  //由值前面的运算符决定运算
16           else if (c1=='-') sum=sum-val;
17           c1=c2,c2=' ';                              //保存当前运算符下次用
18       }
19       oss<<sum; s1 =oss.str();                       //运算结果输出到字符串流中,s1 是其副本
20       cout<<s1<<endl;                                //输出 s1 到显示器
```

```
21        return 0;
22    }
```

程序运行结果如下：

1000+200-30+4+0.4↙
1174.4

14.3 标准模板库

14.3.1 迭代器

迭代器(iterator)是一种允许检查容器内的元素，并实现元素遍历的数据类型。迭代器提供了比下标操作更一般化的方法：所有的标准库容器都定义了相应的迭代器类型，只有少数容器支持下标操作。因为迭代器对所有的容器都适用，现代 C++ 程序更倾向于使用迭代器而不是下标操作访问容器元素。

一个迭代器指向一个数据系列(如一个数组或一个容器)的元素对象，它至少支持自增运算(++)和间接引用运算(*)，从而遍历和引用元素。

迭代器依赖于它实现的功能分为4个类别。

(1) 输入和输出迭代器是最有限的迭代器类型，专门执行顺序输入或输出操作。

(2) 前向迭代器包含输入和输出迭代器的所有功能，且只限于向前遍历范围。

(3) 双向迭代器可以在两个方向遍历，所有的标准容器都至少支持双向迭代器类型。

(4) 随机访问迭代器实现双向迭代器的所有功能，并且还可以访问非连续范围，用类似指针的功能对所有元素进行迭代。

表 14.3 列出了 5 类迭代器所支持的功能和操作。

表 14.3 迭代器功能和操作

分 类				功 能	有效表达式
所有分类				可以复制和直接初始化	X b(a);b=a;
				可以自增	++a,a++,*a++
随机访问	双向	前向	输入	可以比较相等与不相等	a==b,a!=b
				可以间接引用为右值	*a,a->m
			输出	可以间接引用为左值	*a=t,*a++=t
				可以默认构造函数	X a;X()
				可以自减	--a,a--,*a--
				支持+或-算术运算	a+n,n+a,a-n,a-b
				支持大于、大于或等于、小于、小于或等于比较	a<b,a>b,a<=b,a=b
				支持复合赋值+=或-=	a+=n,a-=n
				支持下标	a[n]

迭代器 iterator 类成员函数原型如下：

```
void advance(InputIterator& i,Distance n);           //推进迭代器 n 个元素
distance(InputIterator first,InputIterator last);     //计算迭代器之间的元素个数
```

14.3.2　向量

向量(vector)类似于数组，但向量是动态的，即它的元素个数可以随时动态改变，并且可以使用迭代器遍历元素。向量定义在＜vector＞头文件。

向量类成员函数原型如下：

```
//----迭代器 iterators----
iterator begin();                           //返回向量第 1 个元素为迭代器起始
iterator end();                             //返回向量末尾元素为迭代器结束
reverse_iterator rbegin();                  //返回向量末尾元素为逆向迭代器起始
reverse_iterator rend();                    //返回向量第 1 个元素为逆向迭代器结束
//----容量 capacity----
size_type size();                           //返回向量元素数目
size_type max_size();                       //返回向量能容纳的最大元素数目(长度)
void resize(size_type sz,T c= T());         //重置向量长度为 sz,c 填充到扩充元素中
size_type capacity();                       //返回向量容器存储空间大小
bool empty();                               //测试向量是否为空
void reserve(size_type n);                  //为向量申请能容纳 n 个元素的空间
//----元素存取 element access----
operator[](size_type n);                    //返回向量第 n 个位置元素的运算符,n 从 0 起
at(size_type n);                            //返回向量第 n 个位置元素,n 从 0 起
front();                                    //返回向量第 1 个元素
back();                                     //返回向量末尾元素
//----向量调节器 modifiers----
void assign(size_type n,const T& u);        //向量赋 n 个 u 值
void push_back(const T& x);                 //增加一个元素到向量末尾
void pop_back();                            //删除向量末尾元素
//在向量 pos 处插入 n 个元素值 x,pos 从 1 起
void insert(iterator pos,size_type n,const T& x);
iterator erase(iterator pos);               //删除向量指定位置的元素,pos 从 1 起
void swap(vector<T,Allocator> & vec);       //与向量 vec 互换元素
void clear();                               //清空向量
```

【例 14.5】 向量的应用。

```
1    #include <iostream>
2    #include <vector>                //使用向量
3    using namespace std;             //向量定义在 std 命名空间
4    int main()
5    {                                //向量示例
6        vector<int>V1,V2;            //定义向量
```

```
7       int A[]={1949,10,1},i;
8       vector<int>::iterator It;
9       V1.assign(A,A+3);                    //V1:1949 10 1
10      V2.assign(3,10);                     //V2:10 10 10
11      for (i=1;i<=5;i++) V1.push_back(i);  //V1:1949 10 1 1 2 3 4 5
12      V1.pop_back();                       //V1:1949 10 1 1 2 3 4
13      V1.front()-=V1.back();               //V1:1945 10 1 1 2 3 4
14      for(It=V1.begin();It<V1.end();It++) V2.push_back(*It);  //遍历 V1 向量
15      //V2: 10 10 10 1945 10 1 1 2 3 4
16      V2.insert(V2.begin(),2,300);         //V2:300 300 10 10 10 1945 10 1 1 2 3 4
17      V2.erase(V2.begin()+5);              //V2:300 300 10 10 10 10 1 1 2 3 4
18      for(i=0;i<V2.size();i++) cout<<V2[i]<<" ";          //输出 V2 向量元素
19      return 0;
20    }
```

程序运行结果如下：

300 300 10 10 10 10 1 1 2 3 4

14.3.3 列表

列表(list)是一种序列容器，类似于线性表(linear list)，是一个具有相同特性的数据元素的有限序列。序列中所含元素的个数称为列表的长度。若不含任何元素时，列表是一个空表。列表第一个元素称为表头元素，最后一个元素称为表尾元素。列表定义在<list>头文件。

列表类成员函数原型如下：

```
//----迭代器 iterators----
iterator begin();                    //返回表头元素为迭代器起始
iterator end();                      //返回表尾元素为迭代器结束
reverse_iterator rbegin();           //返回表尾元素为逆向迭代器起始
reverse_iterator rend();             //返回表头元素为逆向迭代器结束
//----容量 capacity----
bool empty();                        //测试是否为空表
size_type size();                    //返回列表长度
size_type max_size();                //返回列表能容纳的最大长度
void resize(size_type sz,T c= T());  //重置列表长度为 sz,c 填充到扩充元素中
//----元素存取 element access----
front();                             //返回表头元素
back();                              //返回表尾元素
//----列表调节器 modifiers----
void assign(size_type n,const T& u); //列表赋 n 个 u 值
void push_front(const T& x);         //插入一个元素到表头
void pop_front();                    //删除表头元素
void push_back(const T& x);          //增加一个元素到表尾
```

```
void pop_back();                                    //删除表尾元素
//在列表 pos 处插入 n 个元素值 x,pos 从 1 起
void insert(iterator pos,size_type n,const T& x);
iterator erase(iterator pos);                       //删除列表指定位置的元素,pos 从 1 起
void swap(list<T,Allocator>& lst);                  //与列表 lst 互换元素
void clear();                                       //清空列表
//----列表运算 operations----
//从列表 x 迭代器 i 位置处移动元素到本列表中迭代器 pos 位置处
void splice(iterator pos,list<T,Allocator>& x,iterator i);
void remove(const T& value);                        //删除列表中值与 value 相同的所有元素
void remove_if(Predicate pred);                     //删除列表满足条件的元素
void unique();                                      //删除列表重复值
void merge(list<T,Allocator>& x);                   //合并列表 x,列表必须有序
void sort();                                        //列表排序
void sort(Compare comp);                            //列表按 comp 关系比较排序
void reverse();                                     //列表逆序
```

【例 14.6】 列表的应用。

```
1    #include <iostream>
2    #include <list>                                //使用列表
3    using namespace std;                           //列表定义在 std 命名空间
4    int main()
5    {                                              //列表示例
6        int i,A[]={15,36,7,17};
7        list<int>::iterator It;
8        list<int>L1,L2,L3(A,A+4);                  //L3:15 36 7 17
9        for(i=1;i<=6;i++) L1.push_back(i);         //L1:1 2 3 4 5 6
10       for(i=1;i<=3;i++) L2.push_back(i* 10);     //L2:10 20 30
11       It=L1.begin();advance(It,2);               //It 指向 3(第 3 个元素)
12       L1.splice(It,L2);                          //L1:1 2 10 20 30 3 4 5 6 L2(empty)
13       //It 仍然指向 3(第 6 个元素)
14       L2.splice(L2.begin(),L1,It);               //L1:1 2 10 20 30 4 5 6 L2:3
15       L1.remove(20);                             //L1:1 2 10 30 4 5 6
16       L1.sort();                                 //L1:1 2 4 5 6 10 30
17       L1.merge(L3);                              //L1:1 2 4 5 6 10 15 30 36 7 17
18       L1.push_front(L2.front());                 //L1:3 1 2 4 5 6 10 15 30 36 7 17
19       L1.reverse();                              //L1:17 7 36 30 15 10 6 5 4 2 1 3
20       for (It=L1.begin();It!=L1.end();++It) cout<< * It<<" ";
21       return 0;
22   }
```

程序运行结果如下：

17 7 36 30 15 10 6 5 4 2 1 3

14.3.4 队列

队列(queue)是一种先进先出(first in first out,FIFO)的线性表。它只允许在表的一端插入元素,而在另一端删除元素,最早进入队列的元素最早离开。在队列中,插入的一端称为队尾(back),删除的一端称为队头(front),队列定义在＜queue＞头文件。

队列类成员函数原型如下:

```
//----容量 capacity----
bool empty();                          //测试是否为空队列
size_type size();                      //返回队列长度
//----元素存取 element access----
front();                               //返回队头元素
back();                                //返回队尾元素
//----队列运算 operations----
void push(const T& x);                 //插入一个元素到队尾
void pop();                            //删除队列下一个元素
```

【例 14.7】 队列的应用。

```
1   #include <iostream>
2   #include <queue>                    //使用队列
3   using namespace std;                //队列定义在 std 命名空间
4   int main()
5   {                                   //队列示例
6       queue<int>Q;
7       for (int i=1;i<=6;i++) Q.push(i);  //进队 Q:1 2 3 4 5 6
8       Q.front()-=Q.back();            //Q:-5 2 3 4 5 6
9       while (!Q.empty()) {
10          cout<<Q.front()<<" ";Q.pop();   //出队
11      }
12      return 0;
13  }
```

程序运行结果如下:

-5 2 3 4 5 6

14.3.5 栈

栈(stack)是后进先出(last in first out,LIFO)的线性表。因此,对栈来说表尾有其特殊含义,称为栈顶(top),相应地,表头称为栈底(bottom),不含元素的空表称为空栈。栈定义在＜stack＞头文件。

栈类成员函数原型如下:

//----容量 capacity----

```
bool empty();                              //测试是否为空栈
size_type size();                          //返回栈长度
//----元素存取 element access----
top();                                     //返回栈顶元素
//----栈运算 operations----
void push(const T& x);                     //进栈
void pop();                                //出栈
```

【例 14.8】 栈的应用。

```
1    #include <iostream>
2    #include <stack>                      //使用栈
3    using namespace std;                  //栈定义在 std 命名空间
4    int main()
5    {                                     //栈示例
6        stack<int>S;
7        for (int i=1;i<=6;i++) S.push(i); //进栈 S: 1 2 3 4 5 6
8        while (!S.empty()) {
9            cout<<S.top()<<" ";S.pop();   //出栈
10       }
11       return 0;
12   }
```

程序运行结果如下：

6 5 4 3 2 1

习题

1. 从键盘输入字符串数组,按升序排列后输出到文件中。

2. 统计一批文件(文件名为 dataNN.txt,NN 为 0～99)的行数和字符数。

3. 在一个文件的末尾追加另一个文件的内容。

4. 将一个单链表保存到文件中,再从文件中读入数据创建一个新的单链表。

5. 打开两个文件,屏幕上一行左右分别显示两个文件中每一行的信息。

6. 以十六进制数据形式显示一个二进制文件(如可执行文件)。

7. 有 30 个学生,每个学生有 3 门课的成绩,从键盘输入数据(包括学号、姓名和 3 门课成绩),计算出平均成绩,将原有数据和计算出的平均分数存放在文件中。

8. 管理职员记录文件,包括增加、插入和删除职员记录。职员信息包含职工号、姓名、性别、出生日期、邮箱地址和工资等。

9. 编写程序统计一个文件中出现 C 语言关键字的频度。

10. 利用文件和链表实现学生信息的录入、浏览、查询、添加和删除管理操作。

11. 编写程序解析出 HTML 网页文件中的各个网页元素。

12. 利用文件和链表读取 XML 格式文件。

13. 一元 n 项式 $P_n(x)=p_0+p_1x+p_2x^2+\cdots+p_nx^n$ 是由 $n+1$ 个系数确定的,设计表示该系数集合的线性表,能够完成两个多项式 $P_n(x)$ 和 $Q_m(x)$ 的相加、相减、相乘等运算。

14. 有 5 个元素,其进栈次序为 A、B、C、D、E。在各种可能的出栈次序中,以元素 C、D 最先出栈的次序有哪几个?

15. 假定以 I 和 O 表示进栈和出栈操作,栈的初态和终态均为空栈。设计一个算法判定输入的进栈出栈操作序列(如 IOIIOIOO、IOOIOIIO、IIIOIOIO、IIIOOIOO)是否合法。

16. 应用栈设计一个算法判断输入的表达式字符串中()、[ ]、{ }括号是否匹配。

17. 应用栈设计一个算法实现对输入的表达式字符串求值,例如 10+3*(1+2)。

18. 某火车站进出列车只有一个方向(即火车离站时只能原路返回),假定 4 辆火车进站的时间顺序依次是 A、B、C、D(即 A 最先抵达,D 最后抵达),编写程序实现 4 辆火车的调度管理。

19. 已知有 n 个人站成一圈,编号为 $1,2,\cdots,n$。现在从编号 s 的人开始报数,数到 m 的人出列。应用队列设计算法求解所有人的出列顺序。

20. 给定一个 $M\times N$ 的迷宫图(用二维数组表示),用 0 表示通道,用 1 表示墙。应用队列设计一条从指定入口到出口的路径。所求路径必须是简单路径,即求得的路径上不能重复出现同一通道。

附录A

ASCII码对照表

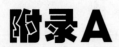

附录B C++关键字

关 键 字	含 义	章 节	关 键 字	含 义	章 节
asm	汇编指示		auto	自动存储类别	4.9.5
bool	逻辑型	2.1.4	break	终止 switch 或循环	3.5.4
case	switch 语句分支	3.4.2	catch	捕获异常	12.2.2
char	字符类型	2.1.3	class	类类型	9.1.1
const	只读类型限定	2.3.5	const_cast	限定类型转换	10.7
continue	继续循环	3.5.5	default	switch 语句默认分支	3.4.2
delete	动态释放	7.6.2	do	do 语句	3.5.2
double	双精度浮点类型	2.1.2	dynamic_cast	动态类型转换	10.7
else	if 语句分支	3.4.1	enum	枚举类型	8.7.1
explicit	显式构造函数	9.3.5	export	模板外部定义	9.10.1
extern	外部存储类别	4.9.3	false	逻辑假值	2.1.4
float	单精度浮点型	2.1.2	for	for 语句	3.5.3
friend	友元	9.9	goto	直接跳转	3.3.2
if	if 语句	3.4.1	inline	内联函数	4.4
int	整型	2.1.1	long	长整型	2.1.1
mutable	可变数据成员	9.7.1	namespace	命名空间	13.2.1
new	动态分配	7.6.2	operator	重载运算符	11.2.1
private	私有存取标号	9.1.2	protected	保护存取标号	9.1.2
public	公有存取标号	9.1.2	register	寄存器存储类别	4.9.5
reinterpret_cast	重新解释转换	10.7	return	函数返回语句	4.1.2
short	短整型	2.1.1	signed	有符号类型	2.1.1
sizeof	取长度运算符	2.4.9	static	静态存储类别	4.9.5
static_cast	静态类型转换	10.7	struct	结构体类型	8.1

续表

关　键　字	含　　义	章　节	关　键　字	含　　义	章　节
switch	switch 语句	3.4.2	template	函数模板/类模板	4.7.2/9.10
this	this 指针	9.5.3	throw	异常抛出	12.2.1
true	逻辑真	2.1.4	try	检测异常	12.2.2
typedef	类型重命名	8.9	typeid	类型标识	10.7
typename	模板类型名	4.7.2	union	共用体类型	8.6.1
unsigned	无符号类型	2.1.1	using	命名空间指示	13.3.1
virtual	虚基类/虚函数	10.4.2/10.6.2	void	空类型	2.1
volatile	易变类型限定	2.3.5	wchar_t	宽字符类型	2.1.3
while	while 语句	3.5.1			

附录C C++运算符及其优先级、结合性

优先级	运算符	目	结合性	可重载	含义	用法	章节
1	::		自左向右	否	1. 全局作用域 2. 类作用域 3. 命名空间域	::name class::name namespace::name	13.2.1 9.1.4 13.2.1
2	( )	单目	自左向右	是	1. 圆括号 2. 函数调用 3. 类型转换	（expr） name(exprlist) type(expr)	2.4.11 4.3.1 2.5.2
	[ ]	单目		是	下标引用	variable[expr]	6.1.3
	->	双目		是	指针成员引用	pointer->member	8.4.1
	.	双目		否	对象成员引用	object.member	8.2.3
	++	单目		是	后置自增	lvalue++	2.4.3
	--	单目		是	后置自减	lvalue--	2.4.3
	typeid			否	类型识别	typeid(expr)	10.7
	dynamic_cast			否	动态类型转换	dynamic_cast<type>(expr)	10.7
	static_cast			否	静态类型转换	static_cast<type>(expr)	10.7
	reinterpret_cast			否	重新解释转换	reinterpret_cast<type>(expr)	10.7
	const_cast			否	限定类型转换	const_cast<type>(expr)	10.7
3	++		自右向左	是	前置自增	++lvalue	2.4.3
	--			是	前置自减	--lvalue	2.4.3
	~			是	按位取反	~expr	2.4.7
	!	单目		是	逻辑非	!expr	2.4.5
	+			是	取正值	+expr	2.4.2
	-			是	取负值	-expr	2.4.2
	*			是	间接引用	*expr	7.2.2

续表

优先级	运算符	目	结合性	可重载	含义	用法	章节
3	&	单目	自右向左	是	取地址	&expr	7.2.1
	(类型)			是	类型转换	(type)expr	2.5.2
	sizeof			否	取长度	sizeof(type), sizeof(expr), sizeof expr	2.4.9
	new			是	动态分配	new type	7.6.2
	new[]			是	动态分配数组	new [] type	7.6.2
	delete			是	释放空间	delete expr	7.6.2
	delete[]			是	释放数组空间	delete [] expr	7.6.2
4	.*	双目	自左向右	否	对象成员指针引用	pointer−>*pointer	9.5.2
	−>*			是	指针成员指针引用	object.*pointer	9.5.2
5	* / %	双目	自左向右	是	乘法 除法 求余/模数	expr1*expr2 expr1/expr2 expr1%expr2	2.4.2
6	+ −	双目	自左向右	是	加法 减法	expr1+expr2 expr1−expr2	2.4.2
7	<< >>	双目	自左向右	是	按位左移 按位右移	expr1<<expr2 expr1>>expr2	2.4.7
8	< <= > >=	双目	自左向右	是	小于关系 小于或等于关系 大于关系 大于或等于关系	expr1<expr2 expr1<=expr2 expr1>expr2 expr1>=expr2	2.4.4
9	== !=	双目	自左向右	是	等于关系 不等于关系	expr1==expr2 expr1!=expr2	2.4.4
10	&	双目	自左向右	是	按位与	expr1&expr2	2.4.7
11	^	双目	自左向右	是	按位异或	expr1^expr2	2.4.7
12	|	双目	自左向右	是	按位或	expr1|expr2	2.4.7
13	&&	双目	自左向右	是	逻辑与	expr1&&expr2	2.4.5
14	||	双目	自左向右	是	逻辑或	expr1||expr2	2.4.5
15	?:	三目	自右向左	否	条件	expr1?expr2:expr3	2.4.6
16	=	双目	自右向左	是	赋值	lvalue=expr	2.4.8
	+= −= *= /= %= &= ^= |= <<= >>=				复合赋值	lvalue+=expr 等	2.4.8
17	throw	单目	自右向左	否	异常抛出	throw expr	12.2.1
18	,	双目	自左向右	是	逗号	expr1,expr2	2.4.10

说明:

(1) 用法中 expr 表示表达式, type 表示类型, class 表示类, namespace 表示命名空间, exprlist 表示表达式列表, variable 表示变量, pointer 表示指针, object 表示对象, member 表示成员, lvalue 表示左值。

(2) 表格中每行运算符优先级相同, 上一行的运算符比下一行的运算符优先级高。例如"*"优先级比"+"高, 因此 a+b*c 的含义是 a+(b*c); 类似地, *p++ 的含义是 *(p++) 而不是(*p)++。

参 考 文 献

1. ISO/IEC. ISO/IEC14882 Second edition Programming languages-C++. 2003.
2. STROUSTRUP B. The C++ Programming Language[M]. 3rd ed. Addison-Wesley Pub Co,1997.
3. LIPPMAN S B,Lajoie J. C++ Primer(3rd Edition)中文版[M]. 潘爱民,译. 北京：中国电力出版社,2002.
4. 谭浩强. C++程序设计[M]. 4版. 北京：清华大学出版社,2021.
5. DEITEL H M,Deitel P J. C++ How to Program[M]. 5th ed. Prentice Hall,2005.
6. DAVIS S R. C++ for Dummies[M]. 5th ed. Wiley Publishing, Inc,2004.
7. PRATA S. C++ Primer Plus[M]. 5th ed. Sams Publishing,2005.
8. LEE M. C++ Programming for the Absolute Beginner[M]. 2nd ed. Course Technology PTR,2008.
9. Ramteke T S. C和C++基础教程与题解[M]. 施平安,译. 2版. 北京：清华大学出版社,2005.
10. WEISS M A. 数据结构与算法分析C语言描述[M]. 冯舜玺,译. 2版. 北京：机械工业出版社,2004.
11. 王晓东. 算法设计与分析[M]. 2版. 北京：清华大学出版社,2008.

大学计算机基础教育特色教材系列　近期书目

大学计算机基础(第5版)("国家精品课程""高等教育国家级教学成果奖"配套教材、
　　普通高等教育"十一五"国家级规划教材)
大学计算机应用基础(第3版)("国家精品课程""高等教育国家级教学成果奖"配套教材、
　　教育部普通高等教育精品教材、"十二五"普通高等教育本科国家级规划教材)
大学计算机：技术、思维与人工智能("陕西省高等教育教学成果奖"配套教材、西安交通
　　大学"十四五"规划教材)
大学计算机基础——计算思维初步
计算机程序设计基础——精讲多练 C/C++语言("国家精品课程""高等教育国家级教学
　　成果奖"配套教材、教育部普通高等教育精品教材)
C/C++语言程序设计案例教程("国家精品课程""高等教育国家级教学成果奖"配套教材)
C 程序设计(第2版)(首批"国家精品在线开放课程""国家级一流本科课程"主讲教材、
　　"高等教育国家级教学成果奖"配套教材、陕西普通高校优秀教材一等奖)
C++程序设计(第2版)(首批"国家精品在线开放课程"主讲教材、"高等教育国家级教
　　学成果奖"配套教材)
C♯ 程序设计("高等教育国家级教学成果奖""陕西省精品课程"主讲教材)
Visual Basic .NET 程序设计("高等教育国家级教学成果奖"配套教材)
Java 语言程序设计基础(第2版)(普通高等教育"十一五"国家级规划教材)
Java 语言应用开发基础(普通高等教育"十一五"国家级规划教材)
微机原理及接口技术(第2版)
单片机及嵌入式系统(第2版)
微机原理·接口技术及应用
Access 数据库基础教程(2010版)
SQL Server 数据库应用教程(第2版)(普通高等教育"十一五"国家级规划教材)
多媒体技术及应用("高等教育国家级教学成果奖"配套教材、普通高等教育"十一五"国家
　　级规划教材)
多媒体文化基础(北京市高等教育精品教材立项项目)
网络应用基础("高等教育国家级教学成果奖"配套教材)
计算机网络技术及应用(第2版)
计算机网络基本原理与 Internet 实践
MATLAB 基础教程
可视化计算("高等教育国家级教学成果奖"配套教材)
Web 应用程序设计基础(第2版)
Web 标准网页设计与 ASP
Python 程序设计基础
Web 标准网页设计与 PHP
Qt 图形界面编程入门